21世纪高等学校信息安全专业规划教材

信息安全基础

李拴保　主编

清华大学出版社
北　京

内容简介

信息安全是一门涉及通信工程、计算机科学与技术、电子信息工程、数学、物理学、管理学、法学等领域的新兴交叉学科，本书用通俗易懂的语言阐述了信息安全面临的威胁以及所涉及的关键技术。

本书内容面向市场，简单易学，全面、专业。全书共9章，主要包括信息安全概述、物理安全、密码学基础与应用、网络攻击与安全防范、网络安全技术、信息系统安全、信息内容安全、云计算与云安全、信息安全管理。

本书配有习题和实训，可作为应用型本科、独立学院和高职高专院校信息安全、网络工程、计算机网络技术等相关专业教材，也可作为计算机科学与技术、软件工程、电子商务、信息管理与信息系统等专业的选修课教材。

图书在版编目(CIP)数据

信息安全基础/李拴保主编. —北京：清华大学出版社，2014(2023.7重印)
21世纪高等学校信息安全专业规划教材
ISBN 978-7-302-37034-5

Ⅰ. ①信… Ⅱ. ①李… Ⅲ. ①信息系统—安全技术—高等学校—教材 Ⅳ. ①TP309

中国版本图书馆CIP数据核字(2014)第143057号

责任编辑：郑寅堃 赵晓宁
封面设计：杨 兮
责任校对：白 蕾
责任印制：杨 艳

出版发行：清华大学出版社
网 址：http://www.tup.com.cn，http://www.wqbook.com
地 址：北京清华大学学研大厦A座 **邮 编**：100084
社 总 机：010-83470000 **邮 购**：010-62786544
投稿与读者服务：010-62776969，c-service@tup.tsinghua.edu.cn
质量反馈：010-62772015，zhiliang@tup.tsinghua.edu.cn
课件下载：http://www.tup.com.cn，010-83470236
印 装 者：北京国马印刷厂
经 销：全国新华书店
开 本：185mm×260mm **印 张**：16.25 **字 数**：396千字
版 次：2014年8月第1版 **印 次**：2023年7月第11次印刷
印 数：10501～11000
定 价：45.00元

产品编号：057015-03

出版说明

由于网络应用越来越普及，信息化的社会已经呈现出越来越广阔的前景，可以肯定地说，在未来的社会中电子支付、电子银行、电子政务以及多方面的网络信息服务将深入到人类生活的方方面面。同时，随之面临的信息安全问题也日益突出，非法访问、信息窃取、甚至信息犯罪等恶意行为导致信息的严重不安全。信息安全问题已由原来的军事国防领域扩展到了整个社会，因此社会各界对信息安全人才有强烈的需求。

信息安全本科专业是2000年以来结合我国特色开设的新的本科专业，是计算机、通信、数学等领域的交叉学科，主要研究确保信息安全的科学和技术。自专业创办以来，各个高校在课程设置和教材研究上一直处于探索阶段。但各高校由于本身专业设置上来自于不同的学科，如计算机、通信和数学等，在课程设置上也没有统一的指导规范，在课程内容、深浅程度和课程衔接上，存在模糊不清、内容重叠、知识覆盖不全面等现象。因此，根据信息安全类专业知识体系所覆盖的知识点，系统地研究目前信息安全专业教学所涉及的核心技术的原理、实践及其应用，合理规划信息安全专业的核心课程，在此基础上提出适合我国信息安全专业教学和人才培养的核心课程的内容框架和知识体系，并在此基础上设计新的教学模式和教学方法，对进一步提高国内信息安全专业的教学水平和质量具有重要的意义。

为了进一步提高国内信息安全专业课程的教学水平和质量，培养适应社会经济发展需要的、兼具研究能力和工程能力的高质量专业技术人才。在教育部相关教学指导委员会专家的指导和建议下，清华大学出版社与国内多所重点大学共同对我国信息安全人才培养的课程框架和知识体系，以及实践教学内容进行了深入的研究，并在该基础上形成了“信息安全人才需求与专业知识体系、课程体系的研究”等研究报告。

本系列教材是在课程体系的研究基础上总结、完善而成，力求充分体现科学性、先进性、工程性，突出专业核心课程的教材，兼顾具有专业教学特点的相关基础课程教材，探索具有发展潜力的选修课程教材，满足高校多层次教学的需要。

本系列教材在规划过程中体现了如下一些基本组织原则和特点。

(1) 反映信息安全学科的发展和专业教育的改革，适应社会对信息安全人才的培养需求，教材内容坚持基本理论的扎实和清晰，反映基本理论和原理的综合应用，在其基础上强调工程实践环节，并及时反映教学体系的调整和教学内容的更新。

(2) 反映教学需要，促进教学发展。教材要适应多样化的教学需要，正确把握教学内容和课程体系的改革方向，在选择教材内容和编写体系时注意体现素质教育、创新能力与实践能力的培养，为学生知识、能力、素质协调发展创造条件。

(3) 实施精品战略，突出重点。规划教材建设把重点放在专业核心(基础)课程的教材建设上；特别注意选择并安排一部分原来基础比较好的优秀教材或讲义修订再版，逐步形成精品教材；提倡并鼓励编写体现工程型和应用型的专业教学内容和课程体系改革成果的教材。

(4) 支持一纲多本，合理配套。专业核心课和相关基础课的教材要配套，同一门课程可以有多本具有各自内容特点的教材。处理好教材统一性与多样化，基本教材与辅助教材、教学参考书，文字教材与软件教材的关系，实现教材系列资源的配套。

(5) 依靠专家，择优落实。在制定教材规划时依靠各课程专家在调查研究本课程教材建设现状的基础上提出规划选题。在落实主编人选时，要引入竞争机制，通过申报、评审确定主编。书稿完成后认真实行审稿程序，确保出书质量。

繁荣教材出版事业，提高教材质量的关键是教师。建立一支高水平的、以老带新的教材编写队伍才能保证教材的编写质量，希望有志于教材建设的教师能够加入到我们的编写队伍中来。

21世纪高等学校信息安全专业规划教材

联系人：魏江江 weijj@tup.tsinghua.edu.cn

前　　言

21世纪是信息的时代。信息已经成为一种重要的战略资源，以 Internet 为代表的计算机网络正引起社会和经济的深刻变革，极大地改变了人们的生活和工作方式，是人们生活和工作不可分割的组成部分。因此，确保网络与信息安全已经成为全球关注的重要问题和信息技术领域的研究热点。

本书融入了作者最近几年从事计算机网络与信息安全教学、科研的成果。全书内容面向市场需求，简单易学，全面、专业，所有软件实训方案均由 Windows Server 2003 真实验证，所有硬件实训方案均可在神州数码网络安全设备实现。

本书编写的方法是尊重人类认识事物的基本规律，即从简单到复杂、从具体到抽象、从特殊到一般，以实践为基础；认识信息安全的基本规律、信息安全面临的威胁、解决威胁的主要技术，硬件设备的安全和操作系统的安全是信息安全的基础，密码技术、网络安全技术是关键技术，遵循这一主线，阐述物理安全、密码技术、网络安全等主要防御机制。

全书共 9 章，第 1 章介绍信息安全的根源、意义、含义和方向；第 2 章阐述物理安全；第 3 章引入密码学基础与应用；第 4 章论述网络攻击与安全防范；第 5 章介绍网络安全技术；第 6 章阐述信息系统安全；第 7 章探讨信息内容安全；第 8 章介绍云计算与云安全；第 9 章引入信息安全管理。内容编排符合认识规律，逻辑性强；案例贯穿于每一章，内容讲解清晰透彻，重要知识技能引入实训。

读者最好具有计算机与通信系统的基本知识，包括数据结构、操作系统、计算机原理、计算机网络和现代通信原理。作为应用型教材，网络安全技能知识可以作为一门课程独立开设。作者主编的《网络安全技术》(清华大学出版社出版)是一本很不错的教材。对于信息安全专业的学生，可选修“信息安全数学基础”和“现代密码学”等相关课程。

本书由李拴保主编。建议学时数为 64～72 学时。对于网络实训设备不够的学校，建议采用思科模拟器 Packet Tracer 5.3 进行实训。

本书配有习题、素材和实训，相关内容可从清华大学出版社网站下载，对本书的建议可发送至邮箱：shbli@126.com。

本书的出版得到了清华大学出版社的鼎力支持和帮助，在此致以衷心的感谢！

限于笔者学识，不足之处恳请同行专家批评指正。

编　者

2014 年 6 月

目　录

第1章　信息安全概述

信息作为一种重要的战略资源，信息的获取、处理和安全保障能力成为一个国家综合国力的重要组成部分。信息安全事关国家安全、事关社会稳定。信息安全问题已威胁到国家的政治、经济、文化和意识形态等领域，成为社会稳定安全的必要前提条件。本章简要介绍信息安全问题产生需要掌握的一些基本概念，重点介绍网络空间的黑客攻击、信息安全的基本内涵、信息安全的发展历程、信息安全威胁、信息安全技术和信息安全管理。

1.1　网络空间的黑客攻击

随着计算机网络、移动互联网、物联网和云计算在商业领域的普及应用，社会对网络空间的信息共享资源依赖性越来越强。企业和个人利用移动通信网络感知、处理、传递和存储一些机密数据，使其免受未经授权人员的窃取、伪造、篡改和破坏等极端行为的威胁。

近年来，"黑客"攻击已成为危害计算机网络、移动智能终端、云计算服务和信息安全的多发性事件，下面列出一些经典的真实案例。

2009年12月，某国武装分子使用标价仅为25.95美元的黑客软件，成功侵入美国中央情报局(CIA)的"捕食者"无人机攻击系统。单价2000万美元的"捕食者"无人机上搭载有"地狱火"导弹，经常在伊拉克、阿富汗以及巴基斯坦境内对武装分子发动攻击。

2010年9月，Stuxnet蠕虫入侵伊朗Bushehr核电站电网和工业控制计算机系统，远程控制一些核心计算机信息系统，造成核电站大规模运行故障。

2014年1月，我国免费DNSPON解析服务器遭受不明来源的流量攻击，导致全国出现大范围DNS故障，包括baidu.com、qq.com、sina.com等使用顶级域名的网站解析出现异常，域名访问请求被跳转到几个没有响应的美国IP上，不同省份的用户均出现不同程度的网络故障。

以上只是少数案例，实际上还有更多案例未被报道。

信息安全的威胁，总体上可以分为两大类。

1. 自然因素

自然因素是指地震、水灾、火灾、飓风、雷电等人类不可抗拒力量导致信息本身或访问通道遭到破坏。例如，在数据传输的过程中，闪电、鼠灾、电气设备老化等会造成传输时的信号干扰、衰减与数据完整性改变等问题。

2. 人为因素

人为因素是指黑客企图攻破信息系统的安全访问控制，从中获取不当的利益。特别是由于云计算的移动性、共享性和服务性，网民在享受Internet带来的无穷乐趣的同时，黑客利用掌握的专业知识不断探测云计算系统的漏洞，非法盗取计算机资源，破坏计算机系统的正常运行机制。信息安全的目的主要是保护所有信息系统内的资源,包括机密数据、计算机软件资源、计算机硬件资源及网络通信设备。计算机系统的长期运行,会造成物理硬件的疲劳和损坏,致使存储系统重要数据丢失和运算错误。因此,经常性保养硬件系统安全,是信息安全管理的重要课题。

1.2 信息安全的基本内涵

从信息安全的发展过程来看,在计算机出现以前,通信安全以保密为主,密码学是信息安全的基础和核心;随着计算机的出现,计算机系统安全保密成为现代信息安全的重要内容;网络普及和云计算的出现,使得分布式跨平台的信息系统的安全保密成为信息安全的主要内容。

信息安全之所以引起人们的普遍关注,是由于信息安全问题目前已经涉及人们日常生活学习工作的各个方面。以电子商务网络交易为例,2009 年 11 月 11 日(双十一,"光棍节"),淘宝网销售额为 0.5 亿元;2010 年,销售额提高到 9 亿元;2011 年,销售额已跃升到 33 亿元;2012 年,交易额实现飞速增长,达到 191 亿元;2013 年,总交易额突破 350 亿元。漂亮的数字背后,电子商务交易必须遵循客观事实:交易双方都是谁?信息在传输过程中是否被篡改(信息的完整性)?信息在传送途中是否会被外人看到(信息的保密性)?网上支付后,对方是否会不认账(不可抵赖性)?因此,商家、银行、个人对电子交易安全的担忧是必然的,电子商务的安全问题已经成为阻碍现代服务业发展的瓶颈。推动信息安全技术不断发展和普及,是信息服务产业的重要使命。

信息安全涉及的领域相当广泛,人们对信息财产的使用主要通过计算机网络来实现,信息的处理在计算机和网络上是以数据的形式进行的。从这个角度来说,信息就是数据,信息安全可以分为数据安全和系统安全。因此,信息安全可以从两个层次来看。

从消息的层次,包括信息的完整性(Integrity),即保证消息的来源、去向、内容真实无误;保密性(Confidientiality),即保证消息不会被非法泄露扩散;不可否认性(Non-repudiation),也称为不可抵赖性,即保证消息的发送者和接收者无法否认自己所做过的操作行为等。从网络层次,包括可用性(Availability),即保证网络和信息随时可用,运行过程中不出现故障,若遇意外打击尽可能减少损失并尽快恢复正常;可控性(Controllability),即对网络信息的传播及内容具有控制能力的特性。信息安全的基本属性主要表现在以下五个方面。

1. 完整性

完整性是指未经授权不能修改数据的内容,保证数据的一致性。在网络传输和存储过程中,系统必须保证数据不被篡改、破坏和丢失。因此,网络系统有必要采用某种安全机制确认数据在此过程中没有被修改。

2. 保密性

保密性是指由于网络系统无法确认是否有未经授权的用户截取数据或非法使用数据,这就要求使用某种手段对数据进行保密处理。数据保密可分为网络传输保密和数据存储保密。对机密敏感的数据使用加密技术，将明文转化为密文，只有经过授权的合法用户才能利用密钥将密文还原成明文。反之，未经授权的用户无法获得所需信息。这就是数据的保密性。

3. 可用性

可用性是指信息可被授权者访问并按需求使用的特性，即保证合法用户对信息和资源的使用不会被不合理地拒绝。对可用性的攻击就是阻断信息的合理使用，例如，破坏系统的正常运行就属于这种类型的攻击。

4. 不可否认性

不可否认性是指建立有效的责任机制，防止网络系统中合法用户否认其行为，这一点在电子商务中是极其重要的。抗否认包含两个方面：数据来源的抗否认，为数据接收者B提供数据的来源证据，使发送者A不能否认其发送过这些数据或不能否认发送数据的内容；数据接收的抗否认，为数据的发送者A提供数据的交付证据，使接收者B不能否认其接收过这些数据或不能否认接收数据的内容。

5. 可控性

可控性是指对信息的传播及内容具有控制能力的特性。授权机构可以随时控制信息的机密性，能够对信息实施安全监控。

1.3　信息安全的发展历程

信息安全自古以来就受到人们的持续关注，但在不同的发展时期，信息安全的侧重点和控制方式是不同的。需要全面理解信息安全的发展历程，粗略地讲，可把信息安全分成三个基本阶段。

1. 通信安全

早期，所有的资产是物理的，重要的信息也是物理的，如古代把文字刻在骨头上即甲骨文，到后来把文字写在纸上。信息传递通常由信使完成，如果信使被敌人武力劫持，报文的信息就会被敌人知悉，因此就产生了通信安全的问题，可见物理安全是存在缺陷的。

第二次世界大战期间，德国人发明了一种称为Enigma的机器来加密报文(图1-1所示)，用于军队，当时他们认为Enigma是不可破译的。确实是这样，如果使用恰当，要破译它非常困难。但经过一段时间发现，由于某些操作员的使用差错，Enigma被破译了。

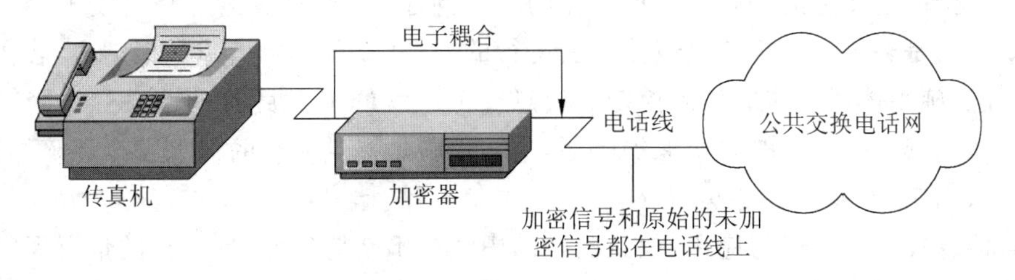

图1-1　Enigma加密报文

军事通信也使用编码技术，将每个字编码后放入报文传输。在战争期间，日本人曾用编码后的字通信，即使美国人截获了这些编码也难以识别该报文。在准备 Midway 之战时，日本人曾传送编码后的报文，使日美之间在编码和破译之间展开了一场有关通信安全的对抗。

2. 计算机安全

1938 年，德国人康拉德·楚泽发明了运行二进制数据的计算机；1985 年，美国微软公司开发出了 Windows 操作系统。从此，计算机系统以指数的速度发展，互联网普及率迅速提升，大部分信息资产以电子形式移植到计算机上，人们用交互会话的方式访问计算机系统。

20 世纪 70 年代，David Bell 和 Leonard La Padula 开发了一个安全计算机的操作模型，该模型基于政府概念的各种级别分类信息（一般、秘密、机密、绝密）和各种许可级别。如果主体的许可级别高于文件（客体）的分类级别，则主体能访问客体。如果主体的许可级别低于文件（客体）的分类级别，则主体不能访问客体。这个模型的概念进一步发展，1983 年，美国国防部发布了橘皮书标准 500.28——可信计算机系统评估准则（the Trusted Computing System Evaluation Criteria，TCSEC）。

TCSEC 共分为四类七级：①D 级，安全保护欠缺级；②C1 级，自主安全保护级；③C2 级，受控存取保护级；④B1 级，标记安全保护级；⑤B2 级，结构化保护级；⑥B3 级，安全域保护级；⑦A1 级，验证设计级。

橘皮书对每一级定义了功能要求和保证要求，也就是说要符合某一安全级要求，必须既满足功能要求，又满足保证要求。为了使计算机系统达到相应的安全要求，计算机厂商要花费很长时间和很多资金。有时当产品通过级别论证时，该产品已经过时了。计算机技术发展得如此之迅速，当老的系统取得安全认证之前新版的操作系统和硬件已经出现。

1999 年，我国发布了计算机信息系统安全保护等级划分准则（Classified Criteria for Security Protection of Computer Information System）的国家标准，序号为 GB 17859—1999，评估准则的制定为我们评估、开发、研究计算机系统的安全提供了指导准则。

3. 信息安全保障

通信安全解决的是远距离点到点长途通信的安全问题。随着 Internet 的发展及其普及应用，如何解决开放网络环境下局域网、城域网的安全问题便成为迫切需要解决的问题。

橘皮书不解决联网计算机的安全问题。为此，1987 年，美国国防部制定了 TCSEC 的可信网络解释 TNI，又称红皮书。除了满足橘皮书的要求外，红皮书还企图解决计算机的联网环境的安全问题。红皮书主要说明联网环境的安全功能要求，较少阐述保证要求。

通信安全的主要目的是解决数据传输的安全问题，主要的措施是密码技术。计算机安全的主要目的是解决计算机信息载体及其运行的安全问题，主要措施是根据主、客体的安全级别，正确实施主体对客体的访问控制。信息安全保障的主要目的是解决分布网络环境中对信息载体及其运行提供的安全保护问题，主要措施是提供完整的信息安全保障体系，包括防护、检测、响应、恢复。

随着信息技术的发展与应用，信息安全的内涵在不断地延伸，从最初的信息保密性发展到信息的完整性、可用性、可控性和不可否认性，进而又发展为“攻（攻击）、防（防范）、测（检测）、控（控制）、管（管理）、评（评估）”等多方面的基础理论和实施技术。信息安全逐渐演变成一个综合、交叉的学科领域,不再仅仅限于对传统意义上的网络和计算机技术进行研究,必须要综合利用数学、物理、通信、计算机以及经济学等诸多学科的长期知识积累和最新发展成果,进行自主创新研究,并提出系统的、完整的、协同的解决方案。例如,防电磁辐射、密码技术、数字签名、信息安全成本和收益等方面的研究都分别涉及并综合了计算机、物理学、数学以及经济学上的一些原理。信息安全保障体系,就是由信息系统、信息安全技术、人、管理、操作等元素有机结合,能够对信息系统进行综合防护,保障信息系统安全可靠运行、保障信息的“保密性、完整性、可用性、可控性、抗抵赖性”的具有“WPDRR”能力的综合性信息系统防护体系。1995年,美国国防部提出了“保护—监测—响应”的动态模型,即PDR模型,后来增加了恢复,成为PDR2(Protection,Detection,Reaction,Restore)模型,再后来又增加了政策(Policy),即P2DR2,如图1-2所示。

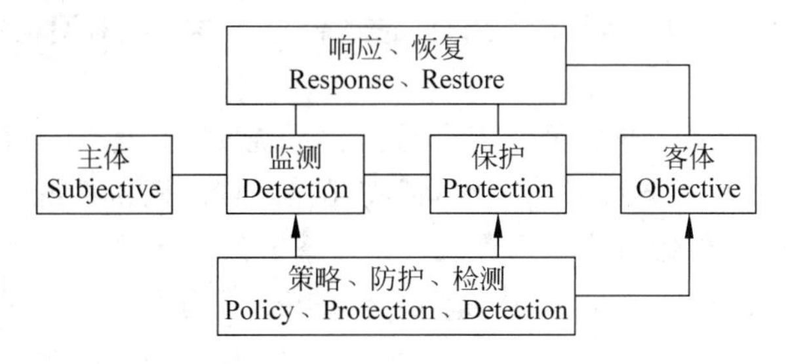

图1-2 P2DR2动态安全模型

1.4 信息安全威胁

熟悉了信息安全的发展历史,对进一步全面系统认识信息系统的安全分析打下了基础,首先了解信息安全的威胁以及产生威胁的根源。信息安全威胁是指某个人、物、事件或概念对信息资源的保密性、完整性、可用性或合法使用的危害。攻击是对安全威胁的具体体现,根本原因就是利用网络的脆弱性,入侵系统的有价值信息资产。

网络脆弱性(Network Vulnerability)主要体现在以下三个方面。

1. 开放的网络环境

互联网是一个无中心的、地位对等的自由网络,你和每个人都能互相连接,可怕之处在于每个人都能和你互相连接。

2. 协议本身的缺陷

网络传输离不开TCP/IP通信协议栈,每一层都有不同的漏洞,针对协议漏洞的攻击非常多。

3. 操作系统的漏洞

Windows、Linux、UNIX等多种类型网络操作系统都不可避免地存在诸多安全隐患,如非法存取、远程控制、缓冲区溢出以及系统后门等称为操作系统漏洞。微软报告显示,2013年Windows XP、Windows 7和Windows 8的漏洞为350多个,Windows 7漏洞为102个,Windows XP漏洞为99个,Windows 8漏洞则高达156个,这一数字相较于2012年翻了一番。2012年 Windows 7漏洞为50个，Windows XP漏洞为49个。

利用开放的网络环境、协议缺陷和操作系统漏洞，许多人为因素和非人为因素可以对信息系统构成威胁，但是尽心设计的人为攻击威胁最大。针对信息系统，常见的威胁有以下几类。

(1) 物理安全威胁：是指对系统所用设备的威胁。物理设备安全是信息系统安全的首要问题。物理安全威胁主要有：自然灾害(地震、水灾、火灾等)造成整个系统毁灭；电源故障造成设备断电以致操作系统引导失败或数据库信息丢失；设备被盗、被毁造成数据丢失或信息泄露。计算机存储的数据价值远远超过计算机本身，必须采取严格的防范措施以确保不会被入侵者窃取。

(2) 通信链路安全威胁：网络入侵者可能在传输线路上安装窃听装置，窃听网上传输的信号，再通过一些技术手段读出数据信息，造成信息泄露；或对通信链路进行干扰，破坏数据的完整性。

(3) 操作系统安全威胁：操作系统安全是信息系统安全的基础。系统平台最危险的是在系统软件或硬件芯片中植入威胁，如"木马"或"陷阱门"。操作系统的安全漏洞通常是由开发者有意设置的，这样他们就能在用户失去了对系统的所有访问权后仍能进入系统。

(4) 应用系统安全威胁：是指对于网络服务或用户业务系统安全的威胁。应用系统对应用安全的需求有足够的保障能力。应用系统也受到"木马"和"陷阱门"的威胁。

(5) 管理系统安全威胁：不管是什么样的网络系统都离不开人员的管理，必须从人员管理上杜绝安全漏洞。再先进的安全技术也不能完全防范由于人员不慎造成的信息泄露，管理安全是信息安全有效的前提。

(6) 网络安全威胁：计算机网络的使用对数据造成了新的安全威胁，由于在网络上存在电子窃听，分布式计算机的特征是各个独立的计算机通过一些媒介相互通信。当内部网络和国际互联网相接时，由于互联网的开放性、国际性和无安全关联性，对内部网络形成严重的安全威胁。

目前还没有统一的方法来对各种威胁进行分类，也没有统一的方法来对各种威胁加以区别。信息安全所面临的威胁与环境密切相关，不同威胁的存在及重要性是随环境的变化而变化的。

1.5 信息安全技术

信息安全学科是研究信息获取、信息存储、信息传输和信息处理领域中信息安全保障问题的一门新兴学科。信息安全学科是计算机、电子、通信、数学、物理、生物、管理、法律和教育等学科交叉融合而形成的一门新型学科。它与这些学科既有紧密的联系，又有本质的不同。信息安全学科已经形成了自己的内涵、理论、技术和应用，并服务于信息社会，从而构成一个独立的学科。信息安全学科包含五大研究方向，分别为密码学、网络安全、信息系统安全、信息内容安全和信息对抗。

密码学由密码编码学和密码分析学组成，其中密码编码学主要研究对信息进行编码以实现信息隐蔽，而密码分析学主要研究通过密文获取对应的明文信息；密码学研究密码理论、密码算法、密码协议、密码技术和密码应用等。

网络安全的基本思想是在网络的各个层次和范围内采取防护措施，以便能对各种网络安全威胁进行检测和发现，并采取相应的响应措施，确保网络环境的信息安全；网络安全研究网络安全威胁、网络安全理论、网络安全技术和网络安全应用等。

信息系统是信息的载体，是直接面对用户的服务系统。信息系统安全的特点是从系统级的整体上考虑安全威胁与防护；它研究信息系统的安全威胁、信息系统安全的理论、信息系统安全技术和应用。

信息内容安全是信息安全在政治、法律、道德层次上的要求；我们要求信息内容是安全的，就是要求信息内容在政治上是健康的，在法律上是符合国家法律法规的，在道德上是符合中华民族优良的道德规范的。

信息对抗是为削弱、破坏对方电子信息设备和信息的使用效能，保障己方电子信息设备和信息正常发挥效能而采取的综合技术措施，其实质是斗争双方利用电磁波和信息的作用来争夺电磁频谱和信息的有效使用和控制权；信息对抗研究信息对抗的理论、信息对抗技术和应用。

信息安全技术涉及信息传输的安全、信息存储的安全以及对网络传输信息内容的审计三个方面。为了保障数据传输的安全，需要采用数据传输加密技术、数据完整性鉴别技术；为保证信息存储的安全，需要进行数据备份以及灾难恢复和保证终端安全；信息内容审计则是实时地对进出内部网络的信息进行内部审计，以保证防止或追查可能的泄密行为。

1.5.1　信息保密技术

信息保密技术包括信息加密技术和信息隐藏技术。

信息加密是指使有用的信息变为看上去似为无用的乱码，使攻击者无法读懂信息的内容从而保护信息。信息加密是保障信息安全的最基本、最核心的技术理论措施和理论基础，它也是现代密码学的主要组成部分。信息加密过程由形形色色的加密算法来具体实施，它以很小的代价提供很大的安全保护。到目前为止，据不完全统计，已经公开发表的各种加密算法多达数百种。如果按照首发双方密钥是否相同来分类，可以将这些加密算法分为单钥密码算法和公钥密码算法。

当然，在实际应用中，单钥密码和公钥密码结合在一起使用，比如利用AES来加密信息，采用RSA来传递会话密钥。如果按照每次加密所处理的比特数来分类，可以将加密算法分为序列密码和分组密码。序列密码每次只加密一个比特，而分组密码则先将信息序列分组，每次处理一个组。

加密是网络安全的核心技术。加密技术不仅应用于数据的存储和传输的过程中，而且应用于程序的执行中。

网络中的数据加密，与选择的加密算法密切相关。加密算法可分为对称密钥算法和非对称密钥算法，对称密钥属于私钥体制，即加密密钥和解密密钥相同，典型算法有DES、AES；非对称密钥属于公钥体制，有两把密钥（公钥加密和私钥解密），典型算法有RSA，它解决了网络环境中密钥的分发问题，简化了密钥管理。

数据加密主要与选择的加密方式有关，链路层点对点加密、网络层主机对主机加密、传输层进程对进程加密和应用层内容加密。加密算法除了提供信息的保密性之外，与其他技术结合,如单向哈希(Hash)函数,保证数据的完整性。

随着计算机网络通信技术的飞速发展,信息隐藏技术作为新一代的信息安全技术也很快地发展起来。加密虽然隐藏了消息内容,但同时也暗示了攻击者所截获的信息是重要信息,从而引起攻击者的兴趣,攻击者在破译失败的情况下将信息破坏掉;而信息隐藏是将有用的信息隐藏在其他信息中,使攻击者无法发现,不仅能够保护信息,也能够保护通信本身,因此信息隐藏不仅隐藏了消息内容而且还隐藏了消息本身。虽然至今,信息加密仍是保障信息安全的最基本的手段,但信息隐藏作为信息安全领域的一个新的方向,对其的研究越来越受到人们的重视。

1.5.2 信息认证技术

在信息系统中,安全目标的实现除了保密技术外,还有一个重要方面就是认证技术。认证技术主要用于防治对手对系统进行的主动攻击,如伪装、窜扰等,这对于开放环境中的各种信息系统的安全性尤为重要。认证的目的有两个方面,一是验证信息的发送者是合法的而不是冒充的,即实体认证,包括信源、信宿的认证和识别;二是验证的消息的完整性,验证数据在传输和存储过程中是否被篡改、重放或延迟等。

数字签名在身份认证、数据完整性以及不可否认性等方面有重要作用,是实现信息认证的重要工具。数字签名与日常的手写签名效果一样,可以为仲裁者提供发信者对消息签名的证据,而且能使消息接收者确认消息是否来自合法方。签名过程是利用签名者的私有信息作为密钥,或对数据单元进行加密,或产生该数据单元的密码校验值;验证过程是利用公开的规程和信息来确定签名是否利用该签名者的私有信息产生的,但并不能推出签名者的私有信息。

数据完整性保护用于防止非法篡改,利用密码理论的完整性保护能够很好地对付非法篡改。完整性的另一作用是提供不可抵赖服务,当消息源的完整性可以被验证却无法模仿时,收到信息的一方可以认定信息的发送者,数字签名就可以提供这种手段。数据完整性有两个方面:数据单元的完整性和数据单元序列的完整性。数据单元的完整性是指组成一个单元的一段数据不被破坏或篡改。保证单元数据完整性的一般做法是发送方在有数据签名的文件上用哈希函数产生一个标记,接收方在收到文件后,也用相同的哈希函数进行处理。如果接收方与发送方生成的标记相同,就可以确定在传输过程中数据没有被修改过,即数据的完整性得以保持。数据单元序列的完整性是指发送方在发送数据前,应将数据分割为按序列号编排的许多数据单元,待数据传输到接收方时还能按照原有的序列,保持序列号的连续性和时间标记的正确性。这样,就可以防止丢失、重复、乱序或假冒数据单元等情况发生。

数据签名机制是对加密机制和数据完整性机制的重要补充,也是解决网络通信安全问题的有效方法。数字签名机制解决了下列问题。①否认。发送方事后否认自己曾发送过某文件。接收方否认自己曾接收过某文件。②伪造。接收方伪造一份文件,声称文件来自发送方。③冒充。网上某个用户冒充别人的身份收发信息。④篡改。接收方私自更改发送方发出的信息内容。数据签名机制保证数据来源的真实性、通信实体的真实性、抗否认性、数据完整性和不可重用性。

鉴别交换机制是通过互相交换信息的方式来确认彼此的身份。鉴别交换技术有多种,常见方法有3类。①口令鉴别。发送方提供口令(Password)以证明自己的身份,接收方根据口令以检测对方的身份。②数据加密鉴别。将交换的数据加密后进行传送，只有合法用户才能通过自己掌握的密钥解密，得出明文并确认发送方是掌握另一个密钥的人。通常，数据加密与握手协议、数字签名和 PKI 等结合使用，使得身份鉴别更加可靠。③实物属性鉴别。利用通信双方的固有特征或所拥有的实物属性进行身份鉴别，例如指纹、声谱识别、身份卡识别。

身份认证是一门新兴的理论，是现代密码学发展的重要分支。身份认证是信息安全的基本机制，通信的双方之间应相互认证对方的身份，以保证赋予正确的操作权限和数据的存取控制。网络也必须认证用户的身份，以保证合法的用户进行正确的操作并进行正确的审计。通常有三种方法验证主体身份：一是只有该主体了解的秘密，如口令、密钥；二是主体携带的物品，如智能卡和令牌卡；三是只有该主体具有独一无二的特征和能力，如指纹、声音、视网膜或签字等。

1.5.3　访问控制技术

访问控制是网络安全防范和保护的重要手段，是信息安全的一个重要组成部分。访问控制涉及主体、客体和访问策略，三者之间关系的实现构成了不同的访问模型，访问控制模型是探讨访问控制实现的基础，针对不同的访问控制模型会有不同的访问控制策略，访问控制策略的制定应该符合安全原则。访问控制机制是按事先确定的规则防止未经授权的用户或用户组非法使用系统资源。当一个用户企图非法访问未经授权的资源时，系统访问控制机制将拒绝这一企图，并向审计系统报告，审计系统发出报警并形成部分追踪审计日志。

访问控制的主体能够访问与使用客体的信息资源的前提是主体必须获得授权，授权与访问控制密不可分。访问控制可分为自主访问控制和强制访问控制两大类。自主访问控制，是指用户有权对自身所创建的访问对象(文件、数据表等)进行访问，并可将对这些对象的访问权授予其他用户和从授予权限的用户收回其访问权限；强制访问控制，是指由系统(通过专门设置的系统安全员)对用户所创建的对象进行统一的强制性控制，按照规定的规则决定哪些用户可以对哪些对象进行什么样的操作系统类型访问，即使是创建者用户，在创建一个对象后，也可能无权访问该对象。

审计是访问控制的重要内容与补充，可以对用户使用何种信息资源、使用的时间以及如何使用进行记录与监控。审计的意义在于客体对其自身安全的监控，便于查漏补缺，追踪异常事件，从而达到威慑和追踪不法使用者的目的。访问控制的最终目的是通过访问控制策略显式地准许或限制主体的访问能力及范围，从而有效地限制和管理合法用户对关键资源的访问，防止和追踪非法用户的侵入以及合法用户的不慎操作等行为对权威机构所造成的破坏。

1.5.4　信息安全监测

入侵检测技术作为一种网络信息安全新技术，对网络进行检测，提供对内部攻击、外部攻击和误操作的实时监测以及采取相应的防护手段，如记录证据用于跟踪、恢复和断开网络连接。

入侵检测系统(Intrusion Detection System，IDS)是从计算机网络系统中的若干关键点收集信息并对其进行分析,检查网络中是否有违反安全策略的行为和遭到袭击的迹象。将收集完成入侵检测功能的软件和硬件进行组合便是入侵检测系统。与其他安全产品不同的是,入侵检测系统需要更多的智能,它必须可以对得到的数据进行分析,并得出有用的结果。一个合格的入侵检测系统能大大地简化管理员的工作,保证网络安全地运行。

随着入侵检测技术的发展,到目前为止出现了很多入侵检测系统,不同的检测系统具有不同的特征。根据不同的分类标准,入侵检测系统可以分为不同的类别。按照信息源划分入侵检测系统是目前最通用的方法。入侵检测系统主要分为两类,基于网络的 IDS 和基于主机的 IDS。

入侵检测技术是主动保护自己免受攻击的一种网络安全技术,能够帮助系统对付网络攻击,扩展系统管理员的安全管理能力(包括安全审计、监视、攻击识别和响应),提高信息安全基础结构的完整性。IDS 的主要功能：监控、分析用户和系统的活动；系统构造及其安全漏洞的审计；识别入侵的活动模式并向网络管理员报警；对异常活动的统计分析；操作系统的审计跟踪管理,识别别违反安全策略的用户行为；评估关键或重要系统及其数据文件的完整性。

1.5.5 信息内容安全

信息内容安全主要是信息安全在政治、法律、道德层次上的要求。我们要求信息内容是安全的,就是要求信息内容在政治上是健康的,在法律上是符合国家法律法规的,在道德上是符合中华民族优良的道德规范的。

信息内容安全是指对信息在网络内流动中的选择性阻断,以保证信息流动的可控能力。在此,被阻断的对象可以是通过内容判断出来的可对系统造成威胁的脚本病毒；因无限制扩散而导致消耗用户资源的垃圾类邮件；导致社会不稳定的有害信息；等等。主要涉及信息的机密性、真实性、可控性、可用性、完整性、可靠性等；所面对的难题包括信息不可识别(因加密)、信息不可更改、信息不可阻断、信息不可替换、信息不可选择、系统不可控等；主要的处置手段是密文解析或形态解析、流动信息的裁剪、信息的阻断、信息的替换、信息的过滤、系统的控制等。

1.6 信息安全管理

信息系统的安全管理目标是管好信息资源安全,信息安全管理是信息系统安全的重要组成部分,管理是保障信息安全的重要环节,是不可或缺的。信息安全管理主要涉及人事管理、设备管理、场地管理、存储媒体管理、软件管理、网络管理、密码和密钥管理几个方面。信息安全管理应遵循的原则为规范原则、预防原则、立足国内原则、选用成熟技术原则、系统化原则、均衡防护原则、分权制衡原则、应急原则和灾难恢复原则。信息安全管理贯穿于信息系统规划、设计、建设、运行、维护等各个阶段,内容十分广泛。

信息系统的安全管理目标是管好信息资源安全,信息安全管理是信息系统安全的重要组成部分,是保障信息安全的重要环节。20 世纪 90 年代,信息安全管理步入了标准化与系统化管理时代。2000 年,国际化标准组织公布了全球第一个信息安全管理国际标准 ISO/

IEC 7799 标准。2004 年,我国启动了全国信息安全标准化技术委员会,启动了信息安全管理工作组(WG7),已发布了一些信息安全管理国家标准。我国下一步将围绕信息安全等级保护、信息安全管理体系标准族、信息安全应急与灾备、信息安全服务管理四方面展开。

信息安全管理体系(Information Security Management System,ISMS)是 1998 年前后从英国发展起来的信息安全领域中的一个新概念,是管理体系(Management System,MS)思想和方法在信息安全领域的应用。近年来,伴随着 ISMS 国际标准的修订,ISMS 迅速被全球接受和认可,成为世界各国、各种类型、各种规模的组织解决信息安全问题的一个有效方法。ISMS 认证随之成为组织向社会及其相关方证明其信息安全水平和能力的一种有效途径。

信息安全管理体系是组织机构单位按照信息安全管理体系相关标准的要求,制定信息安全管理方针和策略,采用风险管理的方法进行信息安全管理计划、实施、评审、检查、改进的信息安全管理执行的工作体系。信息安全管理体系是按照 ISO/IEC 27001 标准《信息技术 安全技术 信息安全管理体系要求》的要求建立的,ISO/IEC 27001 标准是由 BS 7799—2 标准发展而来的。

信息安全管理体系 ISMS 是建立和维持信息安全管理体系的标准,标准要求组织通过确定信息安全管理体系范围、制定信息安全方针、明确管理职责、以风险评估为基础选择控制目标与控制方式等活动建立信息安全管理体系;体系一旦建立组织应按体系规定的要求进行运作,保持体系运作的有效性;信息安全管理体系应形成一定的文件,即组织应建立并保持一个文件化的信息安全管理体系,其中应阐述被保护的资产、组织风险管理的方法、控制目标及控制方式和需要的保证程度。

作为目前国际上具有代表性的信息安全管理体系标准,ISO 27001 已在世界各地的政府机构、银行、证券、保险公司、电信运营商、网络公司及许多跨国公司得到了广泛应用,该标准重新定义了对信息安全管理体系(ISMS)的要求,旨在帮助企业确保有足够并具有针对性的安全控制选择。通过信息安全管理体系的建立、运行和改进,可以进一步规范企业相关的信息管理工作,从而确保企业云计算服务的安全问题。

此外,开展 ISO 27001 的培训也是十分必要的,而且要从不同的层面开展针对性的培训。首先,需要开展管理层的培训,让管理者对信息安全管理体系有一个初步的了解,让领导们初步了解信息安全管理体系的理念和作用,因为信息安全体系架构的实施和运行,会跨越不同的部门,在部门与部门的协调上,就需要上层领导的协调了。此外,让各部门主要信息安全专员参与标准的内审培训,从而让内审员认识信息安全体系应该做哪些工作,哪些是重点工作,并且在培训中进行讨论,形成统一的认识。

通过实施 ISO 27001 信息安全管理体系,将为企业带来多方面的益处,包括:证明企业内部控制具备独立保障,并满足公司信息管理和业务连续性要求;独立证明已遵守各项适用法律法规;通过满足合同要求以提供竞争优势,并向客户展示其云计算安全已受到保护;在使信息安全流程、程序和文件材料正式化的同时,能够独立地证明您的云服务相关风险已得到妥善识别、评估和管理;证明高级管理层对其信息安全的承诺;定期的评估流程有助于不断监控企业的绩效并最终得到改善。

1.7 实　　训

实训 1　查阅资料，图 1-3 中 SSL 的作用是什么？

图 1-3　邮件登录界面

实训 2　查阅资料，图 1-4 中小锁作用是什么？

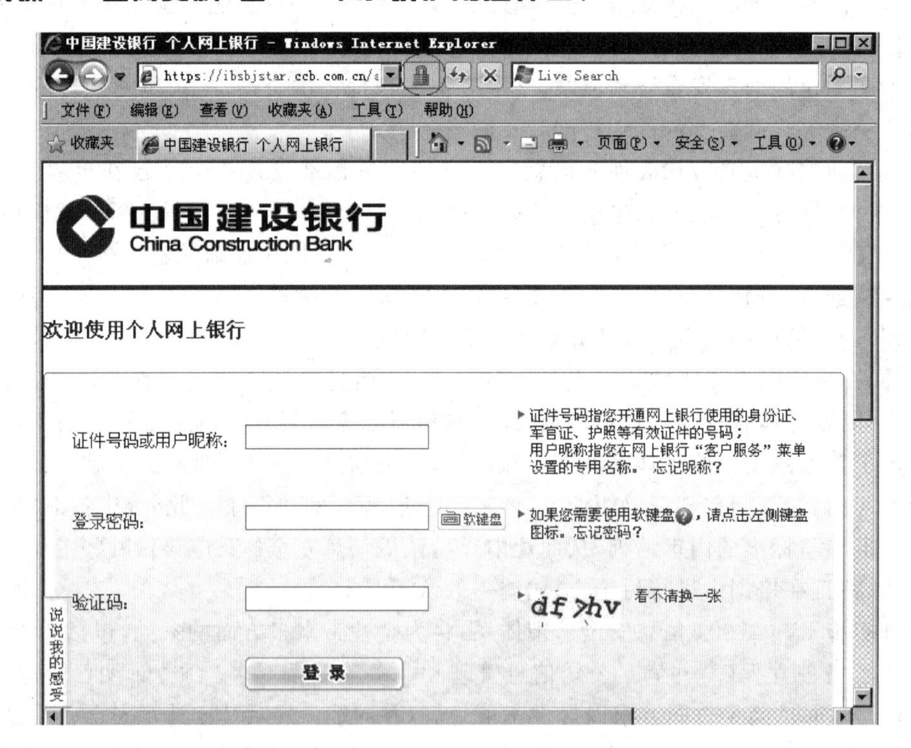

图 1-4　中国建设银行网络银行登录界面

实训 3　熟悉网络环境

实训目的：掌握局域网的特性，熟悉局域网的几种拓扑结构，比较它们各自的特点；初步理解 TCP/IP；学会使用 TCP/IP 常用命令，能通过使用相关命令进行网络连接测试与故障排除。

实训准备：熟悉常用的网络命令。

(1) ipconfig 命令。配置 TCP/IP 后，可以使用 ipconfig 命令来验证主机上的 TCP/IP 配置参数，这包括验证 IP 地址、子网掩码和默认网关。

(2) ping 命令。ping 命令用来测试本机的 TCP/IP 的配置，检测数据包到达目的主机的可能性，以及其他运行 TCP/IP 的主机和网络的连接状况。

(3) arp 命令。arp 命令用来查看同一物理网络上特定 IP 地址对应的网卡地址。

(4) net 命令。net 命令功能十分强大，可用来查看计算机上用户列表、添加和删除用户、与对方计算机建立连接、起动或停止某网络服务等。

(5) nslookup 命令。nslookup 命令用来监测网络中 DNS 服务器是否能正确实现域名解析。

(6) netstat 命令。netstat 是一种显示网络连接和有关协议的统计信息工具，主要用于了解网络接口的状况、程序表的状况、协议类的统计信息显示等内容。

实训内容：熟悉局域网的部署。

(1) 参观机房的网络架构，了解网络的拓扑结构、硬件、操作系统和协议等方面的问题。记录有关方面的内容，画出网络拓扑结构示意图。

(2) 熟悉网络配置的基本属性，以及网络的通信协议。通过“我的电脑”→“控制面板”→“网络”→“配置选项卡”，查看本地计算机所安装的网络组件，记录下各组件的内容，并了解各组件的作用。

(3) 了解局域网的网卡、集线器等网络传输介质和交换机、网桥、路由器、网关等网络互连设备。

(4) 区分共享式网络和交换式网络。

(5) 练习网络常用命令，分别查看网络连通情况，显示本机所有网络接口的 IP 配置信息，显示网卡的物理地址，显示本机 arp 缓冲区中存放的内容。

实训报告：验证网络命令的使用方法。

(1) 按要求填写实验内容中需要记录的内容。

(2) 先打开 IE 浏览器，登录 www.ip.cn，这是一个 IP 地址归属地的查询网址。接着在“开始”→“运行”下输入 CMD，在后面的黑色窗口中输入 nslookup＜空格＞ www.taobao.com＜回车＞，把“Address：”后面那串数字复制到刚才那个网页里进行查询，填写你看到的结果。

(3) 通过国际标准的查询方法查找阿里巴巴淘宝网的注册地址。在 IE 地址栏输入 http://whois.webhosting.info/TAOBAO.COM，同样地，把“IP Addresses：121.14.24.241”中的 IP 地址复制到 IP.CN 上查询，填写你看到的结果。

第2章　物理安全

对于信息系统的威胁和攻击,依据受攻击对象可分为两类:一类是对信息系统实体的威胁和攻击;另一类是对信息资源的威胁和攻击。一般来说,对网络实体的威胁和攻击主要是指对计算机及其外部设备、场地环境和网络通信线路的威胁和攻击,致使场地环境遭受破坏、设备损坏、电磁场的干扰和泄露、通信中断、各种媒体的被盗和失散等。本章介绍物理安全的一些基本概念,重点介绍安全管理的重要性、物理安全涉及的内容和物理安全的技术要求。

2.1　物理安全概述

物理安全是整个计算机网络系统安全的前提,是保护计算机网络设备、设施以及其他媒体免遭地震、水灾、火灾等环境事故、人为操作失误或各种计算机犯罪行为导致的破坏的过程。物理安全主要考虑的问题是环境、场地和设备的安全及物理访问控制和应急处置计划等。物理安全在整个计算机网络信息系统安全中占有重要地位。它主要包括以下几个方面:机房环境安全、通信线路安全、设备安全、电源安全。

可采取以下措施保证物理安全。

1. 保证机房环境安全

信息系统中的计算机硬件、网络设施以及运行环境是信息系统运行的基础。要从以下三个方面考虑:自然灾害、物理损坏和设备故障,电磁辐射、乘虚而入、痕迹泄漏等,操作失误、意外疏漏等。

2. 选用合适的传输介质

屏蔽式双绞线的抗干扰能力更强,且要求必须配有支持屏蔽功能的连接器件和要求介质有良好的接地(最好多处接地),对于干扰严重的区域应使用屏蔽式双绞线,并将其放在金属管内以增强抗干扰能力。光纤是超长距离和高容量传输系统最有效的途径,从传输特性等分析,无论何种光纤都有传输频带宽、速率高、传输损耗低、传输距离远,抗雷电和电磁的干扰性好、保密性好,不易被窃听或被截获数据、传输的误码率很低,可靠性高,体积小和重量轻等特点。与双绞线或同轴电缆不同的是光纤不辐射能量,能够有效地阻止窃听。

3. 保证供电安全可靠

计算机和网络主干设备对交流电源的质量要求十分严格,对交流电的电压和频率,对电源波形的正弦性,对三相电源的对称性,对供电的连续性、可靠性、稳定性和抗干扰性等各项指标,都要求保持在允许偏差范围内。机房的供配电系统设计既要满足设备自身运转的要求,又要满足网络应用的要求,必须做到保证网络系统运行的可靠性,保证设备的设计寿命,保证信息安全,保证机房人员的工作环境。

物理安全包括实体安全和环境安全(如图 2-1 所示),它们是研究如何保护网络与信息系统物理设备,主要涉及网络与信息系统的机密性、可用性、完整性等属性。物理安全技术则用来解决两个方面问题,一方面是针对信息系统实体的保护;另一方面针对可能造成信息泄漏的物理问题进行防范。因此物理安全技术应该包括防盗、防火、防静电、防雷击、防信息泄漏、物理隔离等安全技术。另外,基于物理环境的容灾技术和物理隔离技术也属于物理安全技术范畴。物理安全是信息安全的必要前提,如果不能保证信息系统的物理安全,其他一切安全内容均没有意义。

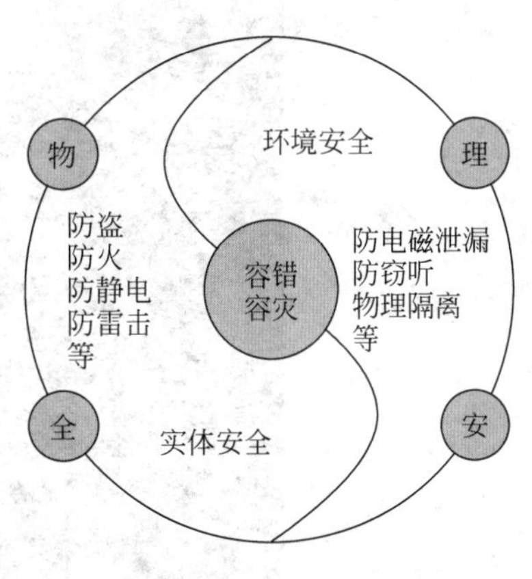

图 2-1　物理安全的内涵

2.2　安全管理的重要性

安全是一个整体,完整的安全解决方案不仅包括物理安全、系统安全技能和应用安全等技术手段,还需要以人为核心的策略和管理支持。物理安全重要的往往不是技术手段,而是人为主导的管理手段。这里需要谈到安全遵循的“木桶原理”,即一个木桶的容积决定于最短的一块木板,一个系统的安全设置取决于最薄弱环节的安全强度。无论采用了多么先进的技术设备,只要安全管理上有漏洞,那么这个系统的安全一样没有保障。例如,设置电子邮箱或银行卡口令太简单,非常容易遭黑客攻击。

据大众网报道,2013 年 10 月 29 日下午,衢州市民杨某一直采用 123456 作为银行卡密码,杨某在丽水市区一 ATM 上取款后,把卡遗留在了 ATM 中。陶某发现了这张卡,到另一台 ATM 上开始尝试输入口令,输入 123456 后,竟顺利通过了验证,从卡中取走了 9 千元。几乎同一时间,杨某发现了信用卡遗失,他想着“反正有口令”,打算等第二天再去银行挂失,没想到取款的短信提示连续传来,赶紧向公安报警,两天后警方将陶某逮捕归案。这就是人类天生有“疏忽基因”所致,现在人们应该严肃对待口令安全问题。事实上,在现实生活中,信息安全的问题不仅出现在技术上,更多出现在安全管理方面。

案例 1:襄阳网吧火灾

2013 年 4 月 14 日晨 6 时左右,湖北省襄阳市樊城区前进东路一景城市花园酒店发生火灾,大火直至 8 时 50 分才被扑灭。据悉,大火从二楼网吧烧起,一直蔓延到整个酒店,如图 2-2 所示。当晚酒店有 67 名客人住宿,网吧有 25 人在线,火灾发生后,部分客人逃出了酒店,另有部分被消防官兵救出。共造成伤亡 61 人,其中 14 人遇难。消防部门指出,起火的网吧是 2 楼,一整层共有 9 个窗口,在临街的一层,通往网吧的楼道是一个狭窄的门,里面有 100 多台计算机;起火原因是选址不当,安全通道不畅,网吧有限空间上百台计算机长时间使用,计算机元件大量放热造成电线短路。

图 2-2 襄阳网吧火灾现场

案例 2：网络诈骗案

2013 年末，互联网理财从各种互联网产品中突围而出成为行业焦点，各大互联网公司纷纷推出互联网理财产品，收益率节节攀升。本案例介绍一种叫做 PDT 新概念理财的网络诈骗，此种理财相当于炒股，是一种稳赚不赔的游戏股，用户投资购买股票，靠股票升值获利。投资分为不同档次，从 3500 元到数万元不等，用户可以随时取现，但每次只能取出投入金额的 70%，剩下的 30%必须留下继续投资，而且取出的 70%需要另外收取 20%的手续费。

杭州苏某选择了 3500 元这个档次，由于取现被扣除手续费不划算，至今都没有动过投资的 3500 元。起初，苏某及其同事没有发现有什么问题，直到三个月前相关网站登录选项突然消失，无法进行登录，他们才感觉有些蹊跷。之后，苏某发现受骗了。苏某交了钱，其他的都是对方代为处理，所以对方没有留下行骗的任何证据。

互联网金融产品被炒得火热，而以“宝宝们”为首的互联网理财产品因为其低门槛、便捷、高流动性的特性深得大众青睐。在互联网金融产品逐渐成为人们投资理财重要渠道的同时，越来越多不法分子也盯上了互联网金融这一新概念，各种诈骗花样层出不穷。如今，互联网金融产品良莠不齐，真假难辨，理财产品低风险高收益陷阱、金融类钓鱼网站、二维码钓鱼网站和非法集资非法发行证券陷阱等各种诈骗陷阱更是如潮水般席卷而来。

2.3 物理安全涉及的内容

保证信息系统各种设备的物理安全是保障整个信息系统安全的前提。物理安全是保护计算机网络设备、设施及其他媒体免遭地震、水灾、火灾等环境安全事故及人为操作失误及各种计算机犯罪行为的破坏过程。为确保计算机硬件和计算机中信息的安全，机房安全是最重要的因素。设施安全就是对放置计算机系统的空间进行细致周密的规划，确保计算机设备的安全。对计算机系统加以物理上的保护，尽量避免可能存在的安全隐患。

1. 机房安全等级

为了对信息提供足够的保护，而又不浪费资源，应该根据计算机机房的安全需求对机房划分不同的安全等级。相应的机房场地应提供相应的保护。根据 GB 9361—1988 标准《计算站场地安全要求》，计算机机房的安全等级划分为 A、B、C 三个基本类型，如表格 2-1 所示，表中符号：+表示有需求或增加要求，—表示无需求，* 表示要求。

表 2-1　计算机机房安全要求

	C 类安全机房	B 类安全机房	A 类安全机房
场地选择	—	+	+
防火	+	+	+
内部装修	—	+	*
供配电系统	+	+	*
空调系统	+	+	*
火灾报警及消防设施	+	+	*
防水	—	+	*
防静电	—	+	*
防雷击	—	+	*
防鼠害	—	+	*
电磁波的防护	—	+	+

另外，计算机机房的安全等级可分为七个级别：D1、C1、C2、B1、B2、B3 和 A。

D1 级是计算机安全最低一级，整个计算机系统是不可信任的，硬件和操作系统很容易被侵袭。D1 级计算机系统标准规定对用户没有验证，任何人都可以使用。

C1 级系统要求硬件有一定的安全机制（如硬件带锁装置和需要钥匙才能使用计算机等），用户在使用前必须登录到系统。C1 级系统还要求具有完全访问控制的能力，应当允许系统管理员为一些程序或数据设立访问许可权限。

C2 级针对 C1 级的某些不足之处加强了几个特性，C2 级引进了受控访问环境（用户权限级别）的增强特性。这一特性不仅以用户权限为基础，还进一步限制了用户执行某些系统指令。授权分级使系统管理员能够分用户分组，授予他们访问某些程序的权限或访问分级目录。另外，用户权限以个人为单位授权用户对某一程序所在目录的访问。

B1 级系统支持多级安全，多级是指这一安全保护安装在不同级别的系统中（网络、应用程序、工作站等），它对敏感信息提供更高级的保护。例如，安全级别可以分为解密、保密和绝密级别。

B2 级安全要求计算机系统中所有对象加标签，而且给设备（如工作站、终端和磁盘驱动器）分配安全级别。如用户可以访问一台工作站，但可能不允许访问装有人员工资资料的磁盘子系统。

B3 级要求用户工作站或终端通过可信任途径连接网络系统，这一级必须采用硬件来保护安全系统的存储区。

A 级是橙皮书中的最高安全级别，这一级有时也称为验证设计（verified design）。与前面提到的各级级别一样，这一级包括了它下面各级的所有特性。A 级还附加一个安全系统受监视的设计要求，合格的安全个体必须分析并通过这一设计。另外，必须采用严格的形式化方法来证明该系统的安全性。

2. 机房场地的环境选择

B、C类安全机房的选址要求：应避开易发生火灾、危险程度高的区域，应避开有害气体来源以及存放腐蚀、易燃、易爆物品的地方，应避开低洼、潮湿、落雷区域和地震频繁的地方，应避开强振动源和强噪音源，应避开强电磁场的干扰，应避免设在建筑物的高层或地下室，以及用水设备的下层或隔壁，应避开重盐害地区。A类安全机房除上述要求外，还应将其置于建筑物的安全区内。

3. 机房的环境条件

机房基本环境条件包括温度湿度、空气含尘浓度、噪声和静电电磁干扰。《电子计算机机房设计规范》(GB 50174—1993)中，明确规定了机房的环境要求，如表2-2所示。主机房的温度、湿度应执行A级，基本工作间可根据设备要求按A、B两级执行，其他辅助房间应按工艺要求确定。

表2-2 机房温、湿度要求

项 目	A级		B级
	夏 季	冬 季	全 年
湿度	23±2℃	20±2℃	18～28℃
相对湿度	45%～65%		40%～70%
温度变化率	<5℃/h并不得结露		<10℃/h并不得结露

主机房内的空气含尘浓度，在静态条件下测试，每升空气中大于或等于0.5μm的尘粒数，应少于18 000粒。主机房内的噪声，在计算机系统停机条件下，在主操作员位置测量应小于68dB(A)。主机房地面及工作台面的静电泄漏电阻，应符合现行国家标准《计算机机房用活动地板技术条件》的规定。主机房内绝缘体的静电电位不应大于1kV。

4. 机房电源

电子计算机机房用电负荷等级及供电要求应按《供配电系统设计规范》的规定执行。根据机房的重要性，考虑是否双电源接入，或考虑设置UPS室，计算机机房应设置专用的动力箱。

根据《电子计算机机房设计规范》的规定：电子计算机供电电源质量根据电子计算机的性能、用途和运行方式(是否联网)等情况，可划分为A、B、C三级(供电电源质量见表2-3)。电子计算机机房供配电系统应考虑计算机系统有扩散、升级等可能性，并应预留备用容量。

表2-3 供电电源质量

项 目	A	B	C
稳态电压偏移范围/%	±2	±5	+7－13
稳态频率偏移范围/Hz	±0.2	±0.5	±1
电压波形畸变率/%	3～5	5～8	8～10
允许断电持续时间/ms	0～4	4～200	200～1500

2.4　物理安全技术标准

信息系统是指基于计算机和计算机网络，按照一定的应用目标和规则对信息进行采集、加工、存储、传输、检索等处理的人机系统。信息系统可以看做承载信息的各种硬件设备、信息系统所处的物理环境以及由软件、硬件构建而成的信息系统这三者相互作用形成的有机结合体。因此，信息系统的物理安全涉及整个系统的配套部件、设备和设施的安全性能、所处的环境安全以及整个系统可靠运行等方面，是信息系统安全运行的基本保障。

硬件设备的安全性能直接决定了信息系统的保密性、完整性、可用性，如设备的抗电磁干扰能力、防电磁信息泄露能力、电源保护能力以及设备振动、碰撞、冲击适应性等。信息系统所处物理环境的优劣直接影响了信息系统的可靠性，如机房防火、防水、防雷、防静电、防盗防毁能力，供电能力，通信线路安全等。系统自身的物理安全问题也会对信息系统的保密性、完整性、可用性带来安全威胁，如灾难备份与恢复能力、物理访问控制能力、边界保护能力、设备管理能力等。信息系统物理安全(简称“物理安全”)是指为了保证信息系统安全可靠运行，确保信息系统在对信息进行采集、处理、传输、存储过程中，不致受到人为或自然因素的危害，而使信息丢失、泄露或破坏，对计算机设备、设施(包括机房建筑、供电、空调等)、环境人员、系统等采取适当的安全措施。

我国制定了五个安全等级的信息系统物理安全标准 GB/T 20271—2006，其中提出的技术要求包括三方面：①信息系统的配套部件、设备安全技术要求；②信息系统所处物理环境的安全技术要求；③保障信息系统可靠运行的物理安全技术要求。设备物理安全、环境物理安全及系统物理安全的安全等级技术要求，确定了为保护信息系统安全运行所必须满足的基本的物理技术要求。

GB/T 20271—2006 标准以 GB 17859—1999 对于五个安全等级的划分为基础，依据五个安全等级中对于物理安全技术的不同要求，结合当前我国计算机、网络和信息安全技术发展的具体情况，根据适度保护的原则，将物理安全技术等级分为五个不同级别，并对信息系统安全提出了物理安全技术方面的要求。不同安全等级的物理安全平台为相对应安全等级的信息系统提供应有的物理安全保护能力。第一级物理安全平台为第一级用户自主保护级提供基本的物理安全保护，第二级物理安全平台为第二级系统审计保护级提供适当的物理安全保护，第三级物理安全平台为第三级安全标记保护级提供较高程度的物理安全保护，第四级物理安全平台为第四级结构化保护级提供更高程度的物理安全保护，第五级物理安全平台为第五级访问验证保护级提供最高程度的物理安全保护。

随着物理安全等级的依次提高，信息系统物理安全的可信度也随之增加，信息系统所面对的物理安全风险也逐渐减少。

1. GB/T 20271—2006 标准基本术语和定义

信息系统由计算机及其相关的配套部件、设备和设施构成，是按照一定的应用目的和规则对信息进行采集、加工、存储、传输、检索等的人机系统。信息系统物理安全，是指为了保证信息系统安全可靠运行，确保信息系统在对信息进行采集、处理、传输、存储过程中，不致受到人为或自然因素的危害，而使信息丢失、泄露或破坏，对计算机设备、设施（包括机房建筑、供电、空调）、环境、人员、系统等采取适当的安全措施。

设备物理安全，是指为保证信息系统的安全可靠运行，降低或阻止人为或自然因素对硬件设备安全可靠运行带来的安全风险，对硬件设备及部件所采取的适当安全措施。环境物理安全，是指为保证信息系统的安全可靠运行所提供的安全运行环境，使信息系统得到物理上的严密保护，从而降低或避免各种安全风险。系统物理安全，是指为保证信息系统的安全可靠运行，降低或阻止人为或自然因素从物理层面对信息系统保密性、完整性、可用性带来的安全威胁，从系统的角度采取的适当安全措施。传统意义的物理安全包括设备安全、环境安全、设施安全以及介质安全。

设备安全的安全技术要素包括设备的标志和标记、防止电磁信息泄露、抗电磁干扰、电源保护以及设备振动、碰撞、冲击适应性等方面。环境安全的安全技术要素包括机房场地选择、机房屏蔽、防火、防水、防雷、防鼠、防盗、防毁、供配电系统、空调系统、综合布线、区域防护等方面。介质安全的安全技术要素包括介质自身安全以及介质数据的安全。上述物理安全涉及的安全技术解决了由于设备、设施、介质的硬件条件所引发的信息系统物理安全威胁问题，从系统的角度看，这一层面的物理安全是狭义的物理安全，是物理安全的最基本内容。广义的物理安全还应包括由软件、硬件、操作人员组成的整体信息系统的物理安全，即包括系统物理安全。信息系统安全体现在信息系统的保密性、完整性、可用性三方面，从物理层面出发，系统物理安全技术应确保信息系统的保密性、可用性、完整性，如通过边界保护、配置管理、设备管理等措施保护信息系统的保密性，通过容错、故障恢复、系统灾难备份等措施确保信息系统可用性，通过设备访问控制、边界保护、设备及网络资源管理等措施确保信息系统的完整性。三者关系如图 2-3 所示。

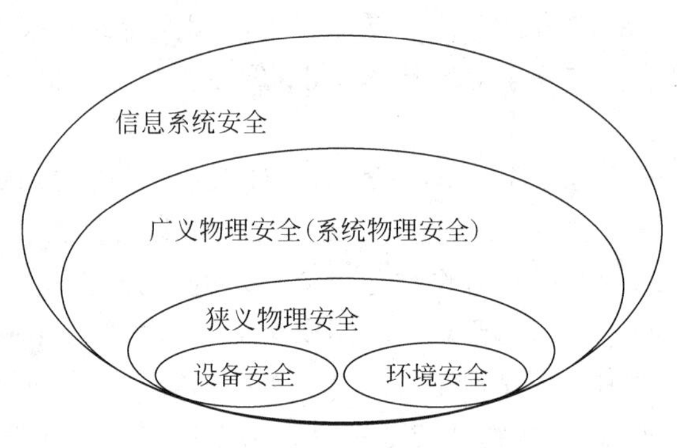

图 2-3 广义物理安全

完整性，是指保证信息与信息系统不会被有意地或无意地更改或破坏的特性。可用性，是指保证信息与信息系统可被授权者正常使用。保密性，是指保证信息与信息系统不可被非授权者利用。

浪涌保护器，是用于对雷电电流、操作过电压等进行保护的器件。电磁骚扰，是指任何可能引起装置、设备或系统性能降低或对有生命或无生命物质产生损害作用的电磁现象。电磁干扰，是指电磁骚扰引起的设备、传输通道或系统性能的下降。抗扰度，是指装置、设备或系统面临电磁骚扰不降低运行性能的能力。不间断供电系统，是指确保计算机不停止工作的供电系统。安全隔离设备，包括安全隔离计算机、安全隔离卡和安全隔离线路选择器等设备。抗扰度限值,是指规定的最小抗扰度电平。非燃材料,是指材料在受燃烧或高温作用时,不起火、不微燃、难炭化的材料。难燃材料,是指材料在受到燃烧或高温作用时,难起火、难微燃、难炭化的材料。标志,是指用来表明设备或部件的生产信息。标记,是指用来识别、区分设备、部件或人员等级的表示符号。

2. 物理安全平台

信息系统物理安全五个等级具体标准不同,下面分别给出设备物理安全、环境物理安全和系统物理安全每个级别的具体要求,第五级安全标准省略,分别见表 2-4～表 2-6。

表 2-4　设备安全技术要求各级别项目

内　容	级　别			
	第一级	第二级	第三级	第四级
标志	标志明显,清晰	标志明显,清晰	标志明显,清晰	标志明显,清晰
标记和外观	标记明显、无法擦去	增加对表面外观的要求	增加对表面外观的要求	增加对表面外观的要求
静电放电抗扰	2 级,判据分类 C	3 级,判据分类 C	4 级,判据分类 B	4 级,判据分类 A
电磁辐射骚扰		A 级	B 级	B 级
电源端口电磁传导骚扰			B 级	B 级
信号端口电磁传导骚扰			B 级	B 级
电磁辐射抗扰	1 级,判据分类 C	2 级,判据分类 C	3 级,判据分类 B	3 级,判据分类 A
电源端口电磁传导抗扰			2 级,判据分类 B	3 级,判据分类 A
电源线浪涌(冲击)抗扰		2 级,判据分类 C	3 级,判据分类 B	4 级,判据分类 A
信号线浪涌(冲击)抗扰			3 级,判据分类 B	4 级,判据分类 A
电源端口电快速瞬变脉冲群抗扰	2 级,判据分类 C	2 级,判据分类 C	3 级,判据分类 B	4 级,判据分类 A
信号端口电快速瞬变脉冲群抗扰			3 级,判据分类 B	4 级,判据分类 A
电压暂降抗扰			70%U_T,判据分类 B	70%U_T,判据分类 A
电压短时中断抗扰			60%U_T,判据分类 B	70%U_T,判据分类 A
工频磁场抗扰				2 级,判据分类 A
脉冲磁场抗扰				3 级,判据分类 A
电源适应能力		±10%(DC、AC)	+10%～15%(AC)	+10%～15%(AC)
抗电强度	GB 4953 5.2	GB 4953 5.2	GB 4953 5.2	GB 4953 5.2
泄漏电流	不超过 5mA	不超过 5mA	不超过 5mA	不超过 5mA
电源线		三芯电源	三芯电源	三芯电源
绝缘电阻	不小于 5MΩ	不小于 5MΩ	不小于 5MΩ	不小于 5MΩ

续表

内　容	级　　别			
	第一级	第二级	第三级	第四级
防过热			操作人员接触区的零部件	操作人员接触区的零部件
阻燃				对设备的防火提出要求
防爆裂				对设备的防爆裂提出要求
温度和湿度适应性			温度 10～35℃ 湿度 35%～80%(40℃)	温度 0～40℃ 湿度 30%～90%(40℃)
振动适应性			对设备的振动适应性提出要求	在三级的基础上增大振动的频率范围和振幅
冲击适应性			对设备的冲击适应性提出要求	在三级的基础上增大冲击的峰值加速度
碰撞适应性			对设备的碰撞适应性提出要求	在三级的基础上增大碰撞的峰值加速度
可靠性			对设备的可靠性提出要求	对设备的可靠性提出要求

(1) 第一级物理安全平台

第一级物理安全平台为第一级用户自主保护级提供基本的物理安全保护。在设备物理安全方面,为保证设备的基本运行,对设备提出了抗电强度、泄露电流、绝缘电阻等要求,并要求对来自静电放电、电磁辐射、电快速瞬变脉冲群等的初级强度电磁干扰有基本的抗扰能力。在环境物理安全方面,为保证信息系统支撑环境的基本运行,提出了对场地选择、防火、防雷电的基本要求。在系统物理安全方面,为保证系统整体的基本运行,对灾难备份与恢复、设备管理提出了基本要求,系统应利用备份介质以降低灾难带来的安全威胁,对设备信息、软件信息等资源信息进行管理。

(2) 第二级物理安全平台

第二级物理安全平台为第二级系统审计保护级提供适当的物理安全保护。在设备物理安全方面,为支持设备的正常运行,本级在第一级物理安全技术要求的基础上,增加了设备对电源适应能力的要求,增加了对来自射电磁辐射、浪涌(冲击)的电磁干扰具有基本的抗扰能力要求,以及对设备及部件产生的电磁辐射骚扰具有基本的限制能力要求。在环境物理安全方面,为保证信息系统支撑环境的正常运行,本级在第一级物理安全技术要求的基础上,增加了对机房建设、记录介质、人员要求、机房综合布线、通信线路的适当要求,机房应具备一定的防火、防雷、防水、防盗、防毁、防静电、电磁防护能力、温湿度控制能力、一定的应急供配电能力。在系统物理安全方面,为保证系统整体的正常运行,本级在第一级物理安全技术要求的基础上,增加了设备备份、网络性能监测、设备运行状态监测、告警监测的要求,系统应对易受到损坏的计算机和网络设备有一定的备份，对网络环境进行监测以具备网络、设备告警的能力。

(3) 第三级物理安全平台

第三级物理安全平台为第三级安全标记保护级提供较高程度的物理安全保护。在设备物理安全方面，为支持设备的稳定运行，本级在第二级物理安全技术要求的基础上，增加了对来自感应传导、电压变化产生的电磁干扰具有一定的抗扰能力要求，以及对设备及部件产生的电磁传导骚扰具有一定的限制能力要求，并增加了对设备防过热能力、温湿度、振动、冲击、碰撞适应性能力的要求。在环境物理安全方面，为保证信息系统支撑环境的稳定运行，本级在第二级物理安全技术要求的基础上，增加了对出入口电子门禁、机房屏蔽、监控报警的要求，机房应具备较高的防火、防雷、防水、防盗、防毁、防静电、电磁防护能力、温湿度控制能力、较强的应急供配电能力，提出了对安全防范中心的要求。在系统物理安全方面，为保证系统整体的稳定运行，本级在第二级物理安全技术要求的基础上，对灾难备份与恢复增加了灾难备份中心、网络设备备份的要求，对设备管理增加了网络拓扑、设备部件状态、故障定位、设备监控中心的要求，并对设备物理访问、网络边界保护、设备保护、资源利用提出了基本要求，如表 2-5 所示。

表 2-5　环境安全技术要求各级别项目 1

内　容	级　　别			
	第一级	第二级	第三级	第四级
场地选择	保障系统正常运行	按一般建筑物要求选址	第二类建筑物防雷	避免设在建筑物的高层或地下室，第二类建筑物防雷
机房防火	灭火设备，装修材料	机房二级耐火、辅助间三级耐火，灭火设备	机房、辅助间二级耐火，火灾自动报警系统	自动火灾消防系统，机房、辅助间二级耐火，火灾自动报警系统
电磁辐射卫生防护			电磁辐射电场强度达到要求	电磁辐射电场强度达到要求
机房屏蔽			机房采取屏蔽措施	机房采取屏蔽措施
供电系统		机房电源质量 C 级，备电 30 分钟	机房电源质量 B 级，备电 24 小时	机房电源质量 A 级，备电 24 小时
静电防护		单独接地线汇集点	静电电位$\leqslant$1kV	接地母线截面积
防雷电	三类防雷	电源浪涌保护器表 5	二类防雷 电源浪涌保护器表 3、I/O 线涌保护器表 4	二类防雷 电源浪涌保护器表 1、I/O 线涌保护器表 2
接地		等电位连接网，截面积$\geqslant 35mm^2$	等电位连接网，截面积$\geqslant 50mm^2$	等电位连接网，截面积$\geqslant 50mm^2$
温湿度控制		空调设备	完备空调系统	完备中央空调系统
防水		水管安装、防渗漏措施	应有漏水检测报警装置	应有漏水检测报警装置

续表

内　容	级　　别			
	第一级	第二级	第三级	第四级
防虫鼠害		机房投捕鼠或驱鼠装置,线缆敷驱虫药和鼠药	机房投捕鼠或驱鼠装置,线缆敷驱虫药和鼠药	机房投捕鼠或驱鼠装置,线缆敷驱虫药和鼠药
防盗防毁		机房门窗装防护窗、防盗门或24h值守	增加防盗报警、监控装置	增加对机房出入人员、重要部位监视
出入口控制		设单独出入口专人负责	增加电子门禁系统	增加第二道电子门禁
安全防范中心			建立安全防范管理系统	建立完善的安全防范管理系统
记录介质安全		防止盗、毁、损和非法复制	增加出入登记,防火,借用审批	增加无关人员不得入内
人员与职责要求		建立安全管理机构,授权并管理	增加岗位责任制,定期培训,限制不同区域人员进入	建立质量管理体系,非本区人员进入登记
机房综合布线要求		最小平行距离大于1m以上	最小平行距离大于1.5m以上	最小平行距离大于1.5m以上
通信线路安全		远离强电磁场辐射源	具有防止被截获及抗干扰功能	应埋于地下或采用金属套管;应铺设或租用专线
信息传输、交换与共享范围要求			系统访问控制;数据保护和系统安全保管监控管理;访问权限控制;系统与外网需使用物理隔离部件	不得留有与外界传输的通道与接口,当信息安全受到威胁时,暂停系统运行

(4) 第四级物理安全平台

第四级物理安全平台为第四级结构化保护级提供更高程度的物理安全保护。在设备物理安全方面,为支持设备的可靠运行,本级在第三级物理安全技术要求的基础上,增加了对来自工频磁场、脉冲磁场的电磁干扰具有一定的抗扰能力要求,并要求应对各种电磁干扰具有较强的抗扰能力,增加了设备对防爆裂的能力要求。在环境物理安全方面,为保证信息系统支撑环境的可靠运行,本级在第三级物理安全技术要求的基础上,要求机房应具备更高的防火、防雷、防水、防盗、防毁、防静电、电磁防护能力、温湿度控制能力、更强的应急供配电能力,并建立完善的安全防范管理系统。在系统物理安全方面,为保证系统整体的可靠运行,本级在第三级物理安全技术要求的基础上,对灾难备份与恢复增加了异地灾难备份中心、网络路径备份的要求,对设备管理增加了性能分析、故障自动恢复以及建立多层次分级设备监控中心的要求,并对设备物理访问、网络边界保护、设备保护、资源利用提出了较高要求,如表2-6所示。

表 2-6　系统安全技术要求各级别项目 2

内　容	级　别			
	第一级	第二级	第三级	第四级
灾难备份与恢复	备份介质、系统手工恢复	增加设备备份	增加灾难备份中心、网络设备备份	增加异地灾备中心、网络路径备份
物理设备访问			增加设备标识与鉴别、访问控制策略	增加端口访问控制
边界保护			非法接入探测、非法外联探测	增加非法接入阻断，非法外联阻断
资源管理	设备信息、软件信息	增加网络信息、地址信息	增加器材信息、电路信息，增加网络拓扑服务管理	增加器材信息、电路信息，增加网络拓扑服务管理
性能管理		网络性能监控、设备运行状态监视	增加设备部件状态监视	增加性能分析
故障管理		故障告警监测	增加故障定位	增加故障自动恢复
管理信息保护		采取措施保障管理信息的存储、传输安全	采取措施保障管理信息的存储、传输安全	采取措施保障管理信息的存储、传输安全
安全管理角色			设置安全管理角色	设置安全管理角色
设备监控中心			设置设备监控中心	多层次的分级设备监控中心
设备保护			物理攻击被动检测、可信时间戳、设备自检	增加物理攻击自动报告
资源利用			降级故障容错、有限服务优先级、最大限额资源分配	受限故障容错、全部服务优先级、最小和最大限额资源分配

第 3 章　密码学基础与应用

密码学是一门古老而深奥的学科，是结合数学、计算机科学、电子与通信等诸多学科于一体的交叉学科，是研究信息系统安全保密的一门科学。密码学主要包括密码编码学和密码分析学两个分支，其中密码编码学的主要目的是寻求保证信息保密性或认证性的方法，密码分析学的主要目的是研究加密消息的破译或消息的伪造。密码学经历了从古代密码学到现代密码学的演变。密码技术是信息系统安全的关键技术。本章简要介绍密码技术的发展历程、基本知识，重点介绍对称密码体制、非对称密码体制和密钥管理技术。

3.1　密码学概述

3.1.1　密码学的发展历程

密码学的应用可以追溯到几千年前，自从人类社会有了战争，就有了保密通信，也有了密码的应用。由于很长时间内，密码仅限于军事、政治和外交的用途，密码学的知识和经验也仅掌握在与军事、政治和外交有关的密码机关中，再加上通信手段比较落后，所以不论密码理论还是密码技术，发展都很缓慢。随着计算机网络、物联网、云计算和大数据的发展，密码技术已广泛应用于诸多商业领域，如金融、电网、电信、遥感、石油、水利等，发展前景广阔。

在密码学史中，恩尼格玛密码机（德语为 Enigma，又译作哑谜机，或谜）是一种用于加密与解密文件的密码机。确切地说，Enigma 是一系列相似的旋转机的统称，它包括了一系列不同的型号，图 3-1 所示的是 Enigma 关键部件。Enigma 在 20 世纪 20 年代早期开始用于商业，一些国家的军队与政府采用过，最著名的是第二次世界大战时的纳粹德国。德国使用的军用版德国防卫军 Enigma 机是最早被人们提到的版本。在使用中，Enigma 密码机每天需要一份键盘清单和一些附加文件。德国海军用 Enigma 密码机的操作步骤非常复杂，密码本也是用水溶性的红色墨水在粉色纸上印制而成的，在被敌方缴获时可以轻松地将它销毁，图 3-2 所示为密码本。

最早将现代密码学概念运用于实际的是 Caesar 大帝，他是古罗马帝国末期著名的统帅和政治家。Caesar 发明了一种简单的加密算法把他的信息加密用于军队传递，后来被称为 Caesar 密码。它是将字母按字母表的顺序排列，并且最后一个字母与第一个字母相连。加密方法是将明文中的每个字母用其后边的第三个字母代替（如表 3-1 所示），就变成了密文。例如，明文为 E X P O S H A N G H A I，代替的密文为 H A S R V K D Q J K D L；密文为 K D F C A A J F A Q H W，相应的明文为 H A C Z X X G C X N E T。Caesar 密码是替换加密法，属于经典密码学中第一种，它将字母换成其他字母或符号，称为替代密码。

图 3-1　Enigma 关键部件——转子，三个转子位于右边的固定界面和左边（标着 B）的反射器两个装置之间

图 3-2　Enigma 密码本

表 3-1　Caesar 密码的代替表

明文	a	b	c	d	e	f	g	h	i	j	k	l	m
密文	D	E	F	G	H	I	J	K	L	M	N	O	P
明文	n	o	p	q	r	s	t	u	v	w	x	y	z
密文	Q	R	S	T	U	V	W	X	Y	Z	A	B	C

替代密码的基本思想，是将明文中的每个字母用此字符在字母表中后面第 k 个字母替代，加密过程可以表示为函数 $E(m)=(m+k) \bmod n$。其中：m 为明文字母在字母表中的位置数，n 为字母表中的字母个数，k 为密钥，$E(m)$ 为密文字母在字母表中对应的位置数。其解密过程可以表示为函数 $E(m)=(m-k) \bmod n$。

例如，对于明文字母 H，其在字母表中的位置数为 8，设 $k=4$，按照上式计算密文为 L：$E(8)=(m+k) \bmod n=(8+4) \bmod 26=12=L$。其解密明文为 H：$E(12)=(m-k) \bmod n=(12-4) \bmod 26=8=H$。替代密码还有多种类型，如单表替代密码、多明码替代密码、多字母替代密码、多表替代密码等。

置换密码的基本思想是，不改变明文字符，只是将字符在明文中的排列顺序改变，从而实现明文信息的加密，又称为换位密码。矩阵换位法是实现置换密码的一种常用方法，它将明文中的字母按照给定的顺序安排在一个矩阵中，然后根据密钥提供的顺序重新组合矩阵中的字母，从而形成密文。

例如，明文为 attack begins at five，密钥为 cipher，将明文按照每行 6 列的形式排在矩阵中，形成如下形式：

a　t　t　a　c　k
b　e　g　i　n　s
a　t　f　i　v　e

根据密钥 cipher 中各字母在字母表中出现的先后顺序，给定一个置换：

$$f=\begin{bmatrix}1 & 2 & 3 & 4 & 5 & 6 \\ 1 & 4 & 5 & 3 & 2 & 6\end{bmatrix}$$

根据上面的置换，将原有矩阵中的字母按照第 1 列、第 4 列、第 5 列、第 3 列、第 2 列、第 6 列的顺序排列，则有下面的形式：

a a c t t k

b i n g e s

a i v f t e

从而得到密文 abatgftetcnvaiikse。其解密的过程是将密钥的字母数作为列数，将密文按照列、行的顺序写出，再根据由密钥给出的矩阵置换产生新的矩阵，从而恢复明文。

计算机的出现，大大地促进了密码学的变革，现代密码学从半军事性的角落解脱出来，成为通信科学一切领域中的中心研究课题。由于商业应用和大量计算机网络通信的需要，人们对数据保护、数据传输的安全性越来越重视，这更大地促进了密码学的发展与普及。密码学的发展大致分为三个阶段。

(1) 第一阶段：古代至 1949 年。

这阶段的密码技术可以说是一种艺术，而不是一种科学，密码学专家常常是凭知觉和信念来进行密码设计和分析，而不是推理和证明，没有形成密码学的系统理论。这一阶段设计的密码称为经典密码或古典密码，并且密码算法在现代计算机技术条件下都是不安全的。

(2) 第二阶段：1949—1975 年。

1949 年 C. E. Shannon(香农)发表在《贝尔实验室技术杂志》上的《保密系统的信息理论》(Communication Theory of Secrecy System)为私钥密码体系(对称加密)建立了理论基础，从此密码学成为一门科学。图 3-3 所示为香农提出的保密通信模型。密码学直到今天仍具有艺术性，是具有艺术性的一门科学。这段时期密码学理论的研究工作进展不大。1967 年 David Kahn 出版了 *The Code Breakers*(破译者)一书，详尽地阐述了密码学的发展和历史，使人们开始了解和接触密码。1976 年，Pfister(菲斯特)和美国国家安全局(National Security Agency，NSA)一起制定了数据加密标准(Data Encryption Standard，DES)，这是一个具有深远影响的分组密码算法。

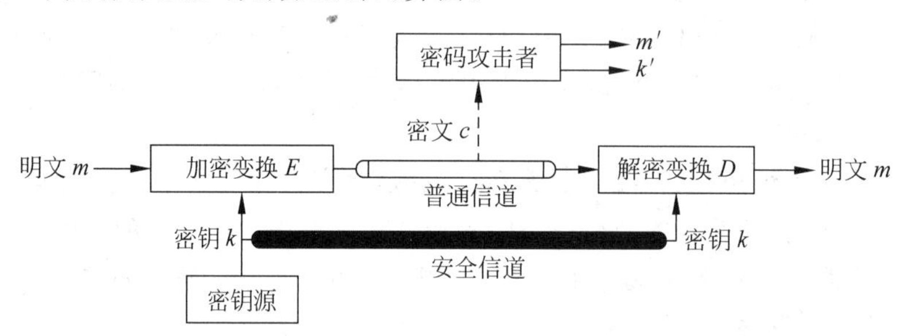

图 3-3 香农提出的保密通信模型

(3) 第三阶段：1976 年至今。

1976 年 Diffie 和 Hellman 发表的文章《密码学发展的新方向》导致了密码学上的一场革命，他们首先证明了在发送端和接收端无密钥传输的保密通信是可能的，从而开创了公钥密码学的新纪元。从此，密码开始充分发挥它的商用价值和社会价值。1978 年，在 ACM 通信中，Rivest、Shamir 和 Adleman 公布了 RSA 密码体系，这是第一个真正实用的公钥密码体系，可以用于公钥加密和数字签名。由于 RSA 算法对计算机安全和通信的巨大贡献，该算法的 3 个发明人因此获得计算机界的诺贝尔奖——图灵奖(A. M. Turing Award)。在

EuroCrypt'91 年会上，中国旅居瑞士学者来学嘉(X. J. Lai)和 James L. Massey 提出了 IDEA，成为分组密码发展史上的又一个里程碑。

现代密码学的另一个主要标志是基于计算机复杂度理论的密码算法安全性证明。清华大学姚期智教授在保密通信计算复杂度理论上有重大的贡献，并因此获得 2000 年度图灵奖。随着计算能力的不断增强，现在 DES 已经变得越来越不安全。1997 年美国国际标准研究所(American National Standards Institute，ANSI)公开征集新一代分组加密算法，并于 2000 年选择 Rijndael 作为高级加密算法(Advanced Encryption Standard，AES)以取代 DES。为了对付美国联邦调查局(FBI)对公民通信的监控，Zimmerman 在 1991 年发布了基于 IDEA 的免费邮件加密软件 PGP。

总之，在实际应用方面，古典密码算法有替代加密和置换加密；对称加密算法包括 DES 和 AES；非对称加密算法包括 RSA、背包密码、Rabin 密码和椭圆曲线等。目前数据通信中使用最普遍的算法有 DES 算法和 RSA 算法等。

3.1.2　密码学的基本知识

密码学的基本目的是使得两个在不安全信道中通信的人，通常称为 Alice 和 Bob，以一种使他们的敌手 Oscar 不能明白和理解通信内容的方式进行通信。不安全信道在实际中是普遍存在的，如电话线或计算机网络。Alice 发送给 Bob 的信息，通常称为明文(Plaintext)，如英文单词、数据或符号。Alice 使用预先商量好的密钥(Key)对明文进行加密，加密过的明文称为密文(Ciphertext)，Alice 将密文通过信道发送给 Bob。对于敌手 Oscar 来说，他可以窃听到信道中 Alice 发送的密文，但是无法知道其所对应的明文；而对于接收者 Bob，由于知道密钥，可以对密文进行解密，从而获得明文。图 3-4 给出加密通信的基本过程，包括加密算法 E、解密算法 D、明文 M 和密文 C；要传输明文 M，首先要加密得到密文 C，即 $C=E(M)$，接收者收到 C 后，要对其进行解密，即 $D(C)=M$，为了保证将明文恢复，要求 $D(E(M))=M$。

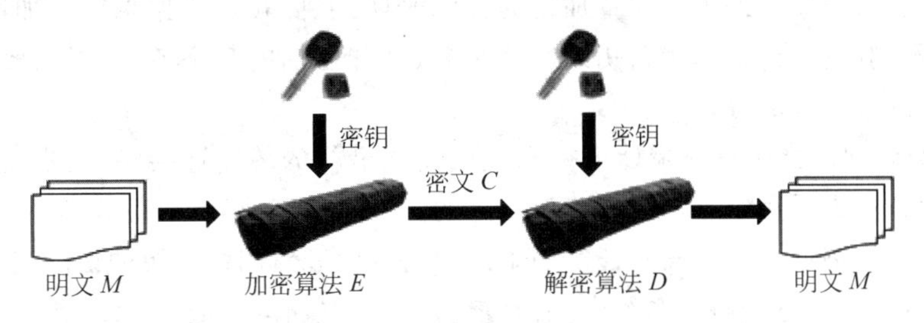

图 3-4　加密通信的基本过程

1. 基本概念

明文消息(Plaintext)：未加密的原消息，简称明文。

密文消息(Ciphertext)：加密后的消息，简称密文。

加密(Encryption)：明文到密文的变换过程。

解密(Decryption)：密文到明文的恢复过程。

加密算法(Encryption Algorithm)：对明文进行加密时所采用的一组规则或变换。

解密算法(Decryption Algorithm)：对密文进行解密时所采用的一组规则或变换。

密码算法强度(Algorithm Strength):对给定密码算法的攻击难度。

密钥(Key):加解密过程中只有发送者和接收者知道的关键信息,分为加密密钥(Encryption Key)和解密密钥(Decryption Key)。

密码分析(Cryptanalysis):虽然不知道系统所用的密钥,但通过分析可能从截获的密文中推断出原来的明文,这一过程称为密码分析。

一个密码系统(或称为密码体制,Cryptosystem)由加密算法、解密算法、明文空间(全体明文的集合)、密文空间(全体密文的集合)和密钥空间(全体密钥的集合)组成。

什么是密码学?密码学(Cryptology)是研究如何实现秘密通信的科学,包含密码编码学和密码分析学。密码编码学(Cryptography)是研究对信息进行编码以实现信息隐蔽;密码分析学(Cryptanalytics)是研究通过密文获取对应的明文信息。

2. 密码技术的基本应用

密码技术不仅用于对网上传送数据的加解密,也用于认证(认证信息的加解密)、数字签名、完整性以及 SSL(安全套接字)、SET(安全电子交易)、S/MIME(安全电子邮件)等安全通信标准和 IPSec 安全协议中,因此密码技术是网络安全的基础。其基本的应用如下。

(1) 用加密来保护信息。利用密码变换将明文变换成只有合法者才能恢复的密文,这是密码的最基本的功能。利用密码技术对信息进行加密是最常用的安全交易手段。

(2) 采用密码技术对发送信息进行验证。为防止传输和存储的消息被有意或无意地篡改,采用密码技术对消息进行运算生成消息验证码(MAC),附在消息之后发出或与信息一起存储,对信息进行认证。它在票据防伪中具有重要应用(如税务的金税系统和银行的支付密码器)。

(3) 数字签名。在信息时代,电子信息的收发使过去所依赖的个人特征都被数字代替,数字签名的作用有两点:一是接收方可以鉴别发送方的真实身份,且发送方事后不能否认发送过该报文这一事实;二是发送方或非法发送者不能伪造、篡改报文。数字签名并非用手书签名的图形标志,而是采用双重加密的方法来防伪、防赖。根据采用的加密技术不同,数字签名有不同的种类,如私用密钥的数字签名、公开密钥的数字签名、只需签名的数字签名、数字摘要的数字签名等。

(4) 身份识别。当用户登录计算机系统或建立最初的传输连接时,用户需要证明他的身份,典型的方法是采用口令机制来确认用户的真实身份。此外,采用数字签名也能够进行身份鉴别,数字证书用电子手段来证实一个用户的身份和对网络资源的访问权限,是网络正常运行所必需的。在电子商务系统中,所有参与活动的实体都需要用数字证书来表明自己的身份。

3. 密码学的体制

按密钥使用的数量不同,将密码体制分为对称密码体系(Symmetric)(又称为单钥密码)和非对称密码体系(Asymmetric)(又称为公钥密码)。

在对称密码体系中,加密密钥和解密密钥相同,彼此之间很容易相互确定。对于对称密码而言,按照明文加密方式的不同,又可分为分组密码(Block Cipher)和流密码(Stream Cipher)。流密码是指将明文消息按字符逐位地进行加密。分组密码是指将明文消息分组(每组含有多个字符)逐组地进行加密。对称密码加密过程如图 3-5 所示。

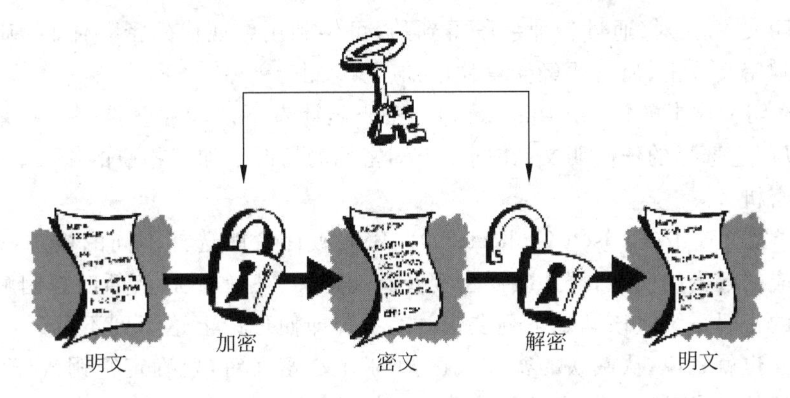

图 3-5 对称密码加密示意

在公钥密码体系中，加密密钥（又称为公钥，Public Key）和解密密钥（又称为私钥，Private Key）不同，从一个密钥很难推出另一个密钥，可将加密能力和解密能力分开，不需要通过专门的安全通道来传送密钥。大多数公钥密码属于分组密码。公钥密码加密过程如图 3-6 所示。

图 3-6 公钥密码加密示意图

对称密码安全性高、速度快，适用于数据量较大的保密通信，缺点是随着网络规模扩大，密钥管理成为一个难点。公钥密码常用于数字签名、密钥分发等，缺点是算法比较复杂，加密解密速度慢，优点是简化了密钥管理的问题。网络中的加密普遍采用对称密码和公钥密码相结合的混合密码体制，即加解密采用对称密码，密钥传送采用公钥密码，这样既解决了密钥管理的难题，又解决了加解密速度慢的问题。

4. 对密码的攻击

对密码的攻击是指密文分析者在不知道密钥的情况下，从密文恢复出明文。成功的密码分析不仅能够恢复消息明文和密钥，而且能够发现密码体制的弱点，从而控制通信。常见的密码分析方法有以下四类。

(1) 唯密文攻击(Ciphertext Only)。密码破译者除了拥有截获的密文，以及对密码体制和密文信息的一般了解外，没有什么其他可以利用的信息用于破译密码。在这种情况下进行密码破译是最困难的，经不起这种攻击的密码体制被认为是完全不保密的。

(2) 已知明文攻击(Known Plaintext)。密码破译者不仅掌握了相当数量的密文，还有一些已知的明文-密文对(通过各种手段得到的)可供利用。现代的密码体制(基本要求)不仅要经受住唯密文攻击,而且要经受得住已知明文攻击。

(3) 选择明文攻击(Chosen Plaintext)。密码破译者不仅能够获得一定数量的明文-密文对,还可以用它选择的任何明文,在同一未知密钥的情况下加密相应的密文。密码破译者暂时控制加密机。

(4) 选择密文攻击(Chosen Ciphertext)。密码破译者能选择不同的被加密的密文,并还可得到对应的解密的明文,据此破译密钥及其他密文。密码破译者暂时控制解密机。

一个好的密码系统应该满足下列要求:①系统即使理论上达不到不可破,实际上也要做到不可破。也就是说,从截获的密文或已知的明文-密文对,要确定密钥或任何明文在计算上是不可行的。②系统的保密性是依赖于密钥的,而不是依赖于对加密体制或算法的保密。③加密和解密算法适用于密钥空间的所有元素。④系统既易于实现又便于使用。

3.2 对称密码体制

在对称加密体制中,加密算法 E 和解密算法 D 使用相同的密钥 k,如图 3-7 所示。发送方 Alice 利用加密算法 E 和密钥 k 将明文 m 加密成密文 c,即 $c=E(k,m)$。接收方 Bob 利用解密算法 D 和密钥 k 将密文 c 解密成明文 m,即 $m=D(k,c)$。因此,在对称加密体制中,对于明文 m,有 $D(k,E(k,m))=m$。

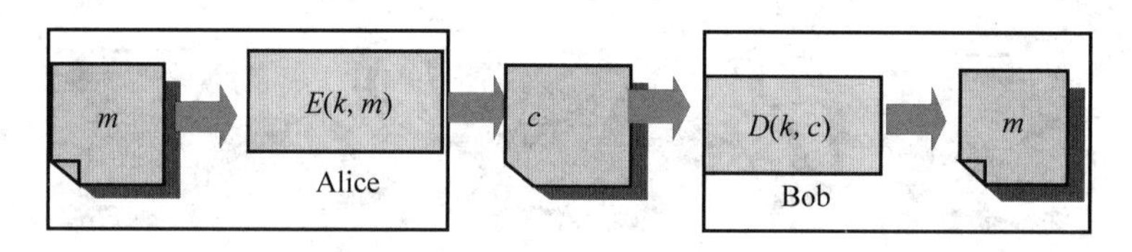

图 3-7 对称密码体制

对称密码体制根据对明文加密方式的不同又分为流密码和分组密码。流密码的基本思想是按比特位同时进行加解密,利用密钥 K 产生一个密钥流 $Z=Z_1Z_2\cdots$,并使用如下规则加密明文串:$X=X_1X_2\cdots$,$Y=Y_1Y_2\cdots=E_{Z1}(X_1)E_{Z2}(X_2)\cdots$。分组密码按固定长度(若干比特 64B、128B)对明文进行分组,系统对不同的组采用同样的密钥 K 来同时进行加解密。设密文组为 $Y=Y_1Y_2\cdots Y_m$,则对明文组 $X=X_1X_2\cdots X_m$ 用密钥 K 加密可得到 $Y=E_K(X_1)E_K(X_2)\cdots E_K(X_m)$。其示意图分别如图 3-8 和图 3-9 所示。

1. 维基尼亚密码

维基尼亚密码是古典密码的典型代表,这是一个多表替换密码,其基本原理如图 3-10 所示。图中明文是"MESSAGE FROM…",密钥是 WHITE,对应的密码文是"ILALECLNKS…"。明文第一个字母为 M,则先在表格中找到 M 列。由于密钥的第一个字母为 W,于是在表格中找到 W 行,W 行与 M 列交叉处字母为 I,密文就为 I。解密方法,密钥在 W 行找到密文 I,对应的列为 M,即为明文。古典密码在历史上发挥了巨大作用,香农曾把古典密码的编制思想概括为"混淆"和"扩散",这种思想对于现代密码编制仍具有非常重要的指导意义。

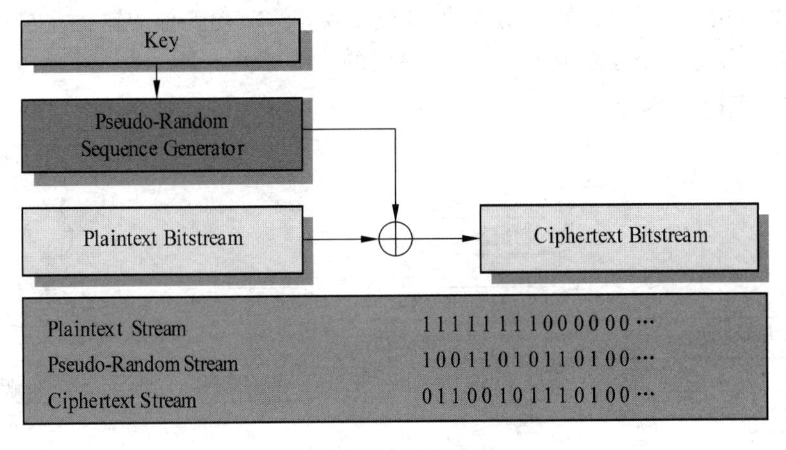

图 3-8　流密码示意

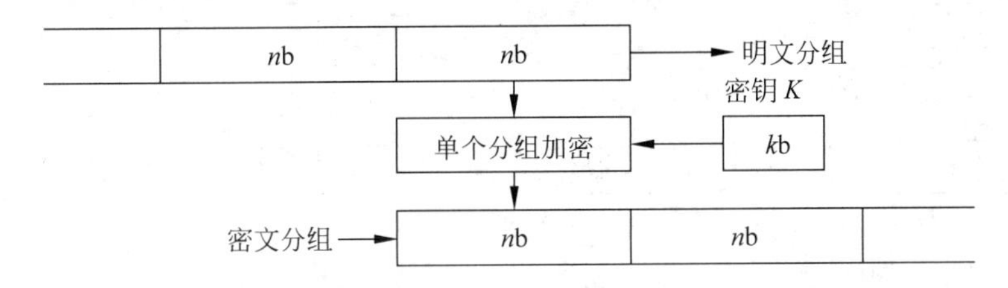

图 3-9　分组密码示意

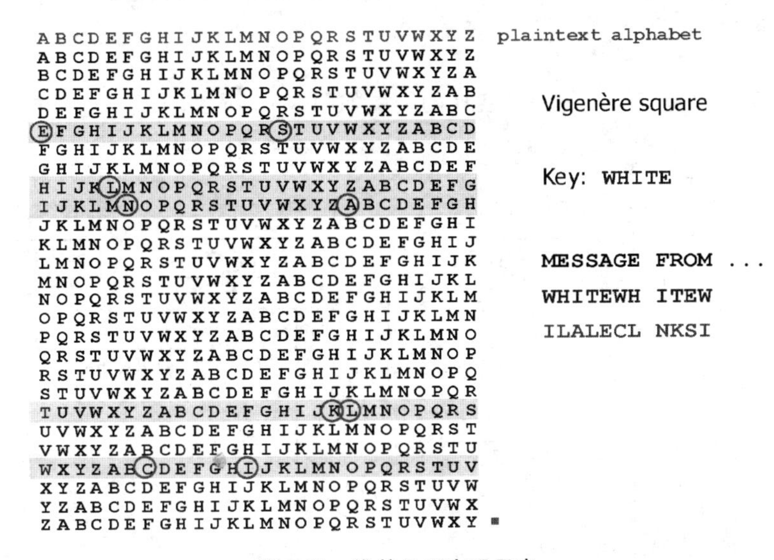

图 3-10　维基尼亚密码示意

2. 数据加密标准

数据加密标准(Data Encryption Standard,DES)是最著名的分组加密算法之一。1977 年的 FIPS PUB 46 中给出了 DES 的完整描述。DES 的明文分组长度 n 为 64b,密钥长度也是 64b,其中每 8b 有一位奇偶校验位,因此有效密钥长度为 56b,加密后产生 64b 的密文分组,其安全性依赖于密钥的保密程度。加密分为三个阶段,首先是一个初始置换 IP,用于重排 64b 的明文分组；然后进行相同功能的 16 轮变换，第 16 轮变换的输出分左右两半，并被交换次序；最后经过一个逆置换 IP^{-1}，产生最终的 64b 密文。DES 加密算法的基本过程如图 3-11 所示。框图如图 3-12 所示。

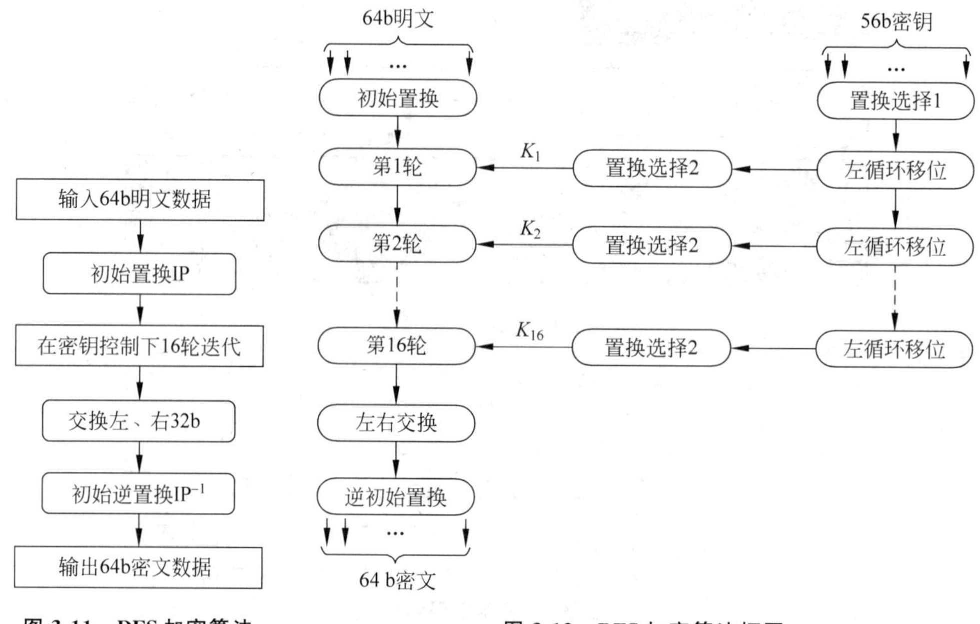

图 3-11　DES 加密算法基本过程

图 3-12　DES 加密算法框图

DES 的 16 轮加密变换中每一轮变换的结构如图 3-13 所示。

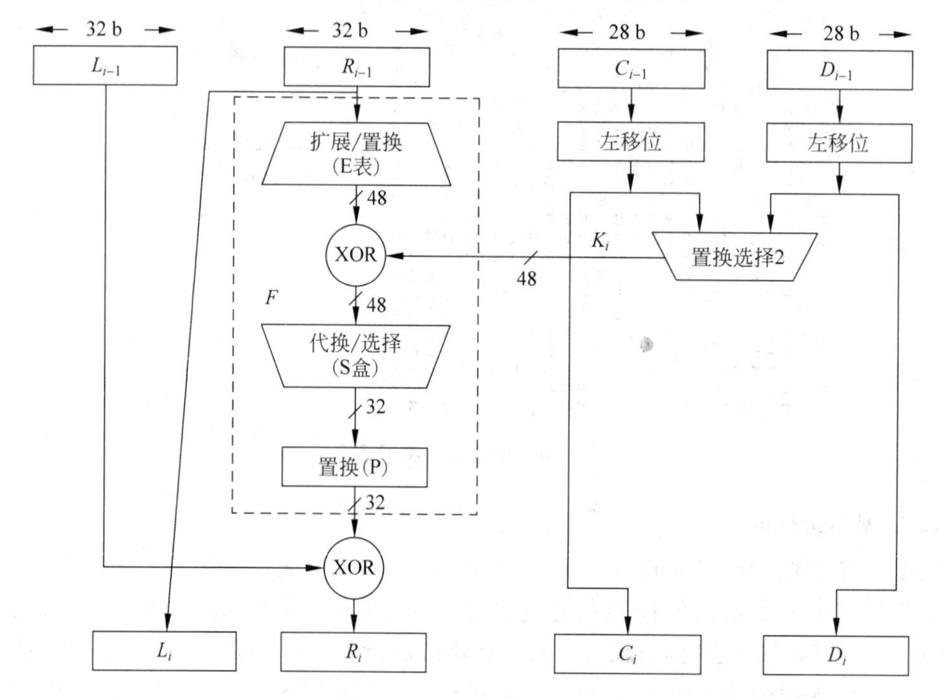

图 3-13　DES 加密算法的轮结构

每一轮加密过程可用数学表达式表述为 $L_i = R_i - 1, R_i = L_i - 1 \oplus F(R_i - 1, K_i)$。图 3-12 和图 3-13 中用到的初始置换 IP、初始逆置换 IP^{-1}、扩展运算表 E 和置换运算 P 分别见表 3-2～表 3-5。函数 $F(R,K)$的计算过程如图 3-14 所示。

表 3-2　初始置换 IP

58	50	42	34	26	18	10	2
60	52	44	36	28	20	12	4
62	54	46	38	30	22	14	6
64	56	48	40	32	24	16	8
57	49	41	33	25	17	9	1
59	51	43	35	27	19	11	3
61	53	45	37	29	21	13	5
63	55	47	39	31	23	15	7

表 3-3　初始逆置换 IP^{-1}

40	8	48	16	56	24	64	32
39	7	47	15	55	23	63	31
38	6	46	14	54	22	62	30
37	5	45	13	53	21	61	29
36	4	44	12	52	20	60	28
35	3	43	11	51	19	59	27
34	2	42	10	50	18	58	26
33	1	41	9	49	17	57	25

表 3-4　轮结构扩展置换 E

32	1	2	3	4	5
4	5	6	7	8	9
8	9	10	11	12	13
12	13	14	15	16	17
16	17	18	19	20	21
20	21	22	23	24	25
24	25	26	27	28	29
28	29	30	31	32	1

表 3-5　轮结构置换运算 P

16	7	20	21
29	12	28	17
1	15	23	26
5	18	31	10
2	8	24	14
32	27	3	9
19	13	30	6
22	11	4	25

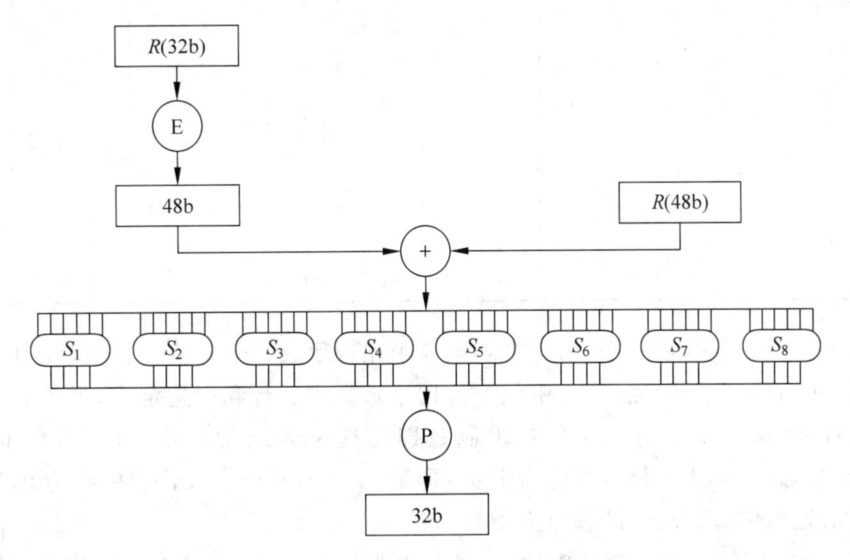

图 3-14　函数 $F(R,K)$的计算过程

在计算 $F(R,K)$的过程中，要用到 8 个 S 盒。这 8 个 S 盒的具体定义见表 3-6。

表 3-6 DES 中的 8 个 S 盒

		0	**1**	**2**	**3**	**4**	**5**	**6**	**7**	**8**	**9**	**10**	**11**	**12**	**13**	**14**	**15**
S_1	0	14	4	13	1	2	15	11	8	3	10	6	12	5	9	0	7
	1	0	15	7	4	14	2	13	1	10	6	12	11	9	5	3	8
	2	4	1	14	8	13	6	2	11	15	12	9	7	3	10	5	0
	3	15	12	8	2	4	9	1	7	5	11	3	14	10	0	6	13
S_2	0	15	1	8	14	6	11	3	4	9	7	2	13	12	0	5	10
	1	3	13	4	7	15	2	8	14	12	0	1	10	6	9	11	5
	2	0	14	7	11	10	4	13	1	5	8	12	6	9	3	2	15
	3	13	8	10	1	3	15	4	2	11	6	7	12	0	5	14	9
S_3	0	10	0	9	14	6	3	15	5	1	13	12	7	11	4	2	8
	1	13	7	0	9	3	4	6	10	2	8	5	14	12	11	15	1
	2	13	6	4	9	8	15	3	0	11	1	2	12	5	10	14	7
	3	1	10	13	0	6	9	8	7	4	15	14	3	11	5	2	12
S_4	0	7	13	14	3	0	6	9	10	1	2	8	5	11	12	4	15
	1	13	8	11	5	6	15	0	3	4	7	2	12	1	10	14	9
	2	10	6	9	0	12	11	7	13	15	1	3	14	5	2	8	4
	3	3	15	0	6	10	1	13	8	9	4	5	11	12	7	2	14
S_5	0	2	12	4	1	7	10	11	6	8	5	3	15	13	0	14	9
	1	14	11	2	12	4	7	13	1	5	0	15	10	3	9	8	6
	2	4	2	1	11	10	13	7	8	15	9	12	5	6	3	0	14
	3	11	8	12	7	1	14	2	13	6	15	0	9	10	4	5	3
S_6	0	12	1	10	15	9	2	6	8	0	13	3	4	14	7	5	11
	1	10	15	4	2	7	12	9	5	6	1	13	14	0	11	3	8
	2	9	14	15	5	2	8	12	3	7	0	4	10	1	13	11	6
	3	4	3	2	12	9	5	15	10	11	14	1	7	6	0	8	13
S_7	0	4	11	2	14	15	0	8	13	3	12	9	7	5	10	6	1
	1	13	0	11	7	4	9	1	10	14	3	5	12	2	15	8	6
	2	1	4	11	13	12	3	7	14	10	15	6	8	0	5	9	2
	3	6	11	13	8	1	4	10	7	9	5	0	15	14	2	3	12
S_8	0	13	2	8	4	6	15	11	1	10	9	3	14	5	0	12	7
	1	1	15	13	8	10	3	7	4	12	5	6	11	0	14	9	2
	2	7	11	4	1	9	12	14	2	0	6	10	13	15	3	5	8
	3	2	1	14	7	4	10	8	13	15	12	9	0	3	5	6	11

对每个盒 S_i，其 6b 输入中，第 1 个和第 6 个比特形成一个 2 位二进制数，用来选择 S_i 的 4 个代换中的一个。6b 输入中，中间 4 位用来选择列。行和列选定后，得到其交叉位置的十进制数，将这个数表示为 4 位二进制数即得这一 S 盒的输出。例如，S_1 的输入为 011001，行选为 01(即第 1 行)，列选为 1100(即第 12 列)，行列交叉位置的数为 9，其 4 位二进制数表示为 1001，所以 S_1 的输出为 1001。

DES 16 轮迭代中，每一轮子密钥 K_i 的长度都是 48b。输入的 56b 密钥首先经过一个置换 PC-1，然后将置换后的 56b 分为各为 28b 的左、右两半，分别记为 C_0 和 D_0。在第 i 轮

分别对 C_{i-1} 和 D_{i-1} 进行左循环移位，所移位数由表给出。移位后的结果作为求下一轮子密钥的输入，同时也作为置换选择 PC-2 的输入。通过置换选择 2 产生的 48b 的 K_i，即为本轮的子密钥，作为函数 $F(R_{i-1}, K_i)$ 的输入。两个置换 PC-1 和 PC-2 分别见表 3-7 和表 3-8。每一轮左循环移位数见表 3-9。

表 3-7 PC-1

57	49	41	33	25	17	9
1	58	50	42	34	26	18
10	2	59	51	43	35	27
19	11	3	60	52	44	36
63	55	47	39	31	23	15
7	62	54	46	38	30	22
14	6	61	53	45	37	29
21	13	6	28	20	12	4

表 3-8 PC-2

14	17	11	24	1	5
3	28	15	6	21	10
23	19	12	4	26	8
16	7	27	20	13	2
41	52	31	37	47	55
30	40	51	45	33	48
44	49	39	56	34	53
46	42	50	36	29	32

表 3-9 左循环移位数

1	2	3	4	5	6	7	8	9	10	11	12	13	14	15	16
1	1	2	2	2	2	2	2	1	2	2	2	2	2	2	1

表 3-10 一些著名的分组密码算法

算法名称	分组长/b	密钥长/b
DES(Data Encryption Standard, IBM)	64	56
Skipjack(NSA, clipper chip, was classified)	64	80
3DES(Triple DES)	64	168
IDEA(Lai/Massey, ETH Zürich)	64	128
CAST(Canada)	64	128
Blowfish(Bruce Schneier)	64	128～448
RC2(Ron Rivest, RSA)	64	40～1024
RC5(Ron Rivest, RSA)	64～256	64～256

DES 的解密和加密使用同一算法,但子密钥使用的顺序相反。

DES 已走到了它生命的尽头,其 56b 密钥实在太小。2000 年 10 月,美国国家标准技术研究所(NIST)选择 Rijndael 密码作为高级加密标准(AES)。Rijndael 密码是一种迭代型分组密码,由比利时密码学家 Joan Daemon 和 Vincent Rijmen 设计,使用了有限域 GF(28)上的算术运算。数据分组长度和密钥长度都可变,并可独立指定为 128b、192b 或 256b,随着分组长度不同迭代次数也不同。Rijndael 密码可在很多处理器和专用硬件上高效地实现。

对称密码具有加解密速度快、密钥短、易于硬件或其他机械装置实现等优点,但这种算法初始化比较困难,系统需要的密钥量也很大。表 3-10 给出了一些历史上著名的分组密码算法,著名的电子邮件安全软件 PGP(Pretty Good Privacy)就采用了 IDEA 算法进行数据加密。

流行的经典 DES 软件工具很多,DES Tool 演示加密、解密效果如图 3-15 所示。

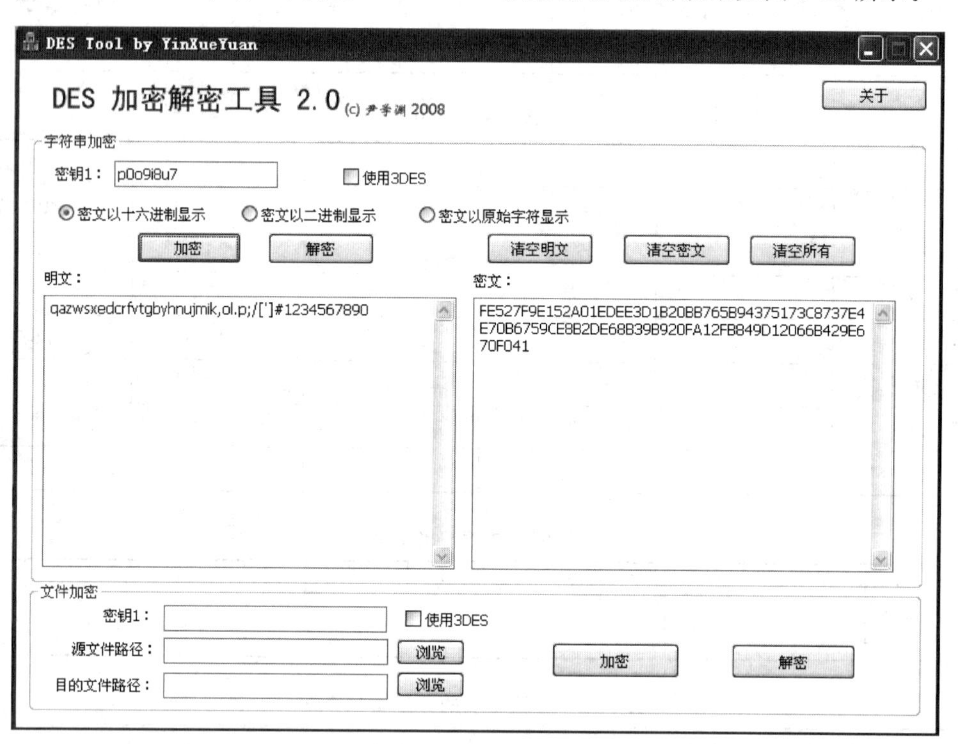

图 3-15 DES Tool 加解密效果

3.3 公钥密码体制

在对称密码体制中,加密密钥和解密密钥相同或者说通过加密密钥进行简单的推导和运算后能够得到解密密钥。在对称密码系统中,消息的发送方和接收方必须在密文传输之前通过安全隧道进行密钥传输,但是由于实际的传输信道的安全性并不理想,所以密钥在传输的过程中可能会暴露,于是提出了公钥密码体制。

在公钥密码体制中，每一个用户都拥有一对个人密钥 $k=(\mathrm{pk},\mathrm{sk})$，其中 pk 是公开的，任何用户都可以知道，sk 是保密的，只有拥有者本人知道。假如 Alice 要把消息 m 保密地发送给 Bob，则 Alice 利用 Bob 的公钥 pk 加密明文 m，得到密文 $c=E(\mathrm{pk},m)$，并把密文传送给 Bob。Bob 得到 Alice 传过来的 c 后，利用自己的私钥 sk 解密密文 c 得到明文 $m=D(\mathrm{sk},c)$，如图 3-16 所示。

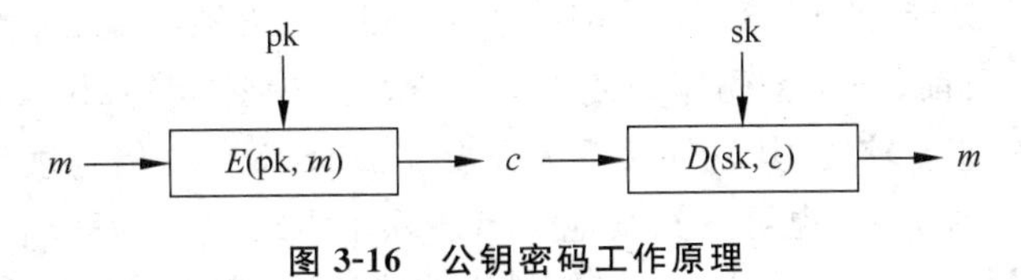

图 3-16　公钥密码工作原理

公钥密码体制与对称密码体制的主要区别是前者的加密密钥和解密密钥是不同的。这个不同导致了：①在公钥密码系统中，密钥维护总量大大减少；②在公钥密码系统中可以很容易实现抗否认性。

在公钥体制中，用户的公钥 pk 和私钥 sk 是紧密关联的，否则加密后的数据是不可能解密的。但在安全的体制中，这种关联也是敌手无法利用的，即想通过公钥获取私钥或部分私钥在计算上是不可行的。公钥和私钥的关联性设计一般是建立在诸如大整数分解、离散对数求解、椭圆曲线上的离散对数求解等困难问题上的，假如敌手能通过公钥想办法获取私钥信息，则敌手应该能解决数千年没解决的数学难题。

1. RSA 公钥密码体制

RSA 密码体制是世界上应用最为广泛的公钥密码体制。RSA 体制的安全性基于大整数分解的困难性，即已知两个大素数 p 和 q，求 $n=pq$ 是容易的，而由 n 求 p 和 q 则是困难的。

RSA 算法包括密钥生成算法和加解密算法两部分。密钥生成算法如下：

(1) 选择不同的大素数 p 和 q，要保密，计算 $n = p\cdot q$，将 n 公开，$\varphi(n) = (p-1)(q-1)$，$\varphi(n)$要保密。

(2) 选择 e，满足 $1<e<\varphi(n)$，且 $\gcd(\varphi(n),e) = 1$，(n,e)作为公钥，将 e 公开。

(3) 通过计算 $ed \equiv 1 \bmod \varphi(n)$，且 $e\neq d$，$d \equiv e-1 \bmod \varphi(n)$，$(n,d)$作为私钥，$d$ 要保密。

RSA 加解密算法如下：RSA 加密运算 $c \equiv m^e \pmod n$，RSA 解密运算 $m \equiv c^d \pmod n$。加密时首先应对明文比特串分组，使得每个分组对应的十进制数小于 n，即分组长度小于 n。

例 3-1　取素数 $p=101$，$q=113$，则

$$n = p\times q = 101\times 113 = 11\,413$$

$$\varphi(n) = (p-1)(q-1) = 100\times 112 = 11\,200$$

选择 $e=3533$，验证

$$\gcd(e,\varphi(n)) = \gcd(3533,11\,200) = 1$$

则

$$d \equiv e^{-1} \bmod \varphi(n) = 3533^{-1} \bmod\varphi(n) = 6597$$

公钥

$$(n,e) = (11\,413,3533)$$

私钥

$$(n,d) = (11\,413,6597)$$

加入要加密的明文为 $m=9276$，则密文为

$$c \equiv m^e (\bmod\ n) = 9276^{3533} (\bmod\ 11\,413) = 5761$$

接收方用私钥解密明文得

$$m \equiv c^d (\bmod\ n) = 5761^{6597} (\bmod\ 11\,413) = 9726$$

基于安全考虑，目前 RSA 密码体制使用的大素数至少要在 512b 以上。由于要进行大数的计算，RSA 运算速度较慢，其软件实现大概要比 DES 慢 100 倍。读者可以对有关 RSA 算法的安全性作进一步分析，也可参阅其他文献。除了 RSA 以外，著名的公钥密码算法还有 Rabin 算法(1979)、ElGamal 算法(1985)、椭圆曲线算法 ECC(1985)、基于格的 NTRU 算法(1996)和基于 6 次扩域上的离散对数 XTR 算法(2000)等。

2. RSA 软件工具

流行的经典 RSA 软件工具很多，RSA Tool 演示加密、解密效果如图 3-17 所示。

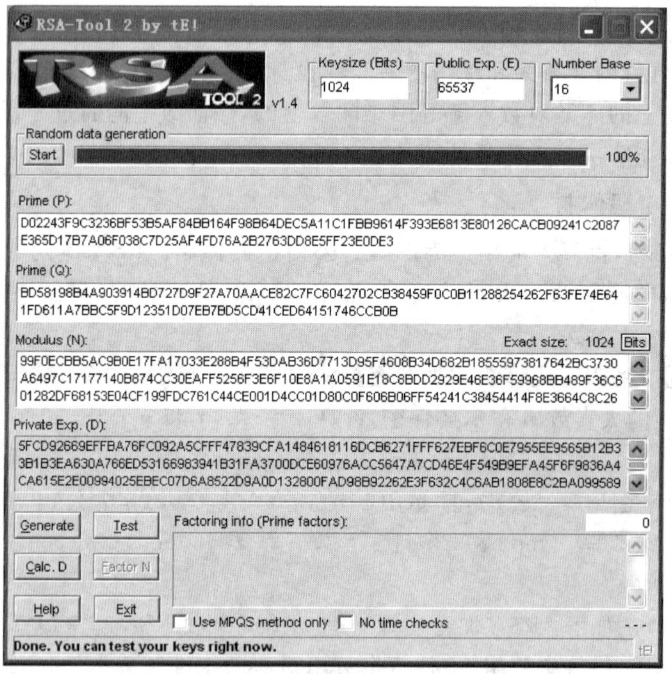

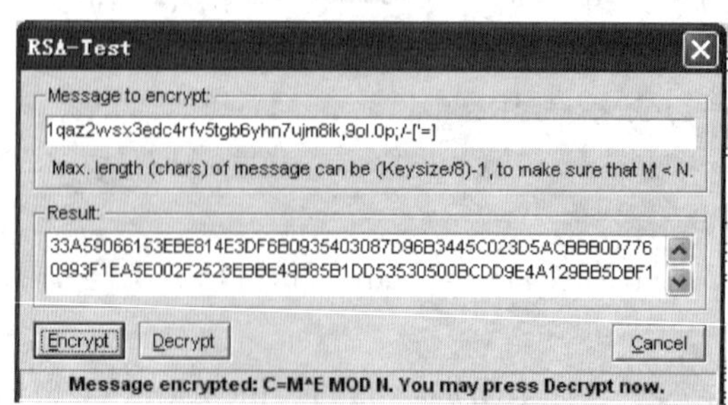

图 3-17 RSA 加解密效果

3.4　密钥管理技术

在采用密码技术保护的现代通信系统中，密码算法通常是公开的，因此其安全性就取决于对密钥的保护。密钥生成算法的强度、密钥的长度、密钥的保密和安全管理是保证系统安全的重要因素。密钥管理的任务就是管理密钥的产生到销毁全过程，包括系统初始化，密钥的产生、存储、备份、恢复、装入、分配、保护、更新、控制、丢失、吊销和销毁等。所有密钥都有生命周期，这是因为拥有大量的密文有助于密码分析。一个密钥使用时间太长，为攻击者收集大量密文提供了机会。破译一个密钥需要时间，限制密钥的使用时间也就限制了密钥的破译时间，降低了密钥被破译的可能性。从网络应用来看，密钥一般分为基本密钥、会话密钥、密钥加密密钥和主机密钥等。

基本密钥又称初始密钥，由用户选定或由系统分配，可在较长时间内由一对用户专门使用的秘密密钥，也称用户密钥；基本密钥既要安全，又要便于更换。会话密钥即两个通信终端用户在一次通话或交换数据时所用的密钥。密钥加密密钥是对传送的会话或文件密钥进行加密时采用的密钥，也称为次主密钥、辅助密钥或密钥传送密钥。每个节点都分配有一个这类密钥，为了安全，各节点的密钥加密密钥应该互不相同。主机密钥是对密钥加密密钥进行加密的密钥，存于主机处理器中。密钥长度的选择与具体的应用有关，密钥长度和每秒可实现的搜索密钥数决定了密码体制的安全性。目前，长度在 128 位以上的密钥才是安全的。

密钥的产生必须考虑具体密码体制的公认的限制。在网络系统中加密需要大量的密钥，以分配给各主机、节点和用户。可以用手工的方法，也可以用密钥产生器产生密钥。基本密钥是控制和产生其他加密密钥的密钥，而且长度合适其安全性非常关键，需要保证其完全随机性、不可重复性和不可预测性。基本密钥量小，可以用掷硬币等方法产生。密钥加密密钥可以用伪随机数产生器、安全算法等产生。会话密钥、数据加密密钥可在密钥加密密钥控制下通过安全算法产生。

3.4.1　对称密钥的分配

在对称密码体制中，需要通信双方共享一把密钥，而且为了防止攻击者得到密钥，还必须时常更新密钥。相关密钥的产生和分发办法不外乎三种形式：①一方产生，然后安全地传给另一方；②两方协商产生；③通过可信赖第三方的参与产生。

上述第一种办法的使用在现实生活中是很普遍的。很多机构的内部网络在投入使用时，其初始的对称密钥往往是员工的身份证号码。当然，这种密钥的传送方式的安全性是值得商榷的。物理手段亲自递送、通过挂号信或电子邮件传送密钥等方法也属于这种类型。上述第二种方法也是可以实现的，即便是参与的双方处在不安全的网络环境下。Diffie-Hellman 密钥协商协议提供了第一个实用的解决办法，该协议能使互不认识的双方通过公共信道建立一个共享的密钥。

Diffie-Hellman 密钥协商协议：假设 p 是一个大素数，g 是 GF(p)中的本原元，p 和 g 是公开的。Alice 和 Bob 可以通过执行下面的协议建立一个共享密钥。

(1) Alice 随机选择 a，满足 $1\leqslant a\leqslant p-1$，计算 $c=g^a$ 并把 c 传送给 Bob。

(2) Bob 随机选择 b，满足 $1\leqslant b\leqslant p-1$，计算 $d=g^b$ 并把 d 传送给 Alice。

(3) Alice 计算共享密钥 $k = d^a = g^{ab}$。

(4) Bob 计算共享密钥 $k = c^b = g^{ab}$。

Diffie-Hellman 密钥协商是一种指数密钥交换，其安全性基于循环群 Z_p^* 中离散对数难解问题。

例 3-2 Diffie-Hellman 密钥协商示例。

设 Alice 和 Bob 确定了两个素数 $p=47$，$g=3$。

(1) Alice 随机选择 $a=8$，计算 $c=g^a=3^8 \bmod 47=28$，并把 $c=28$ 传送给 Bob。

(2) Bob 随机选择 $b=10$，计算 $d=g^b=3^{10} \bmod 47=17$，并把 $d=17$ 传送给 Alice。

(3) Alice 计算共享密钥 $k=d^a=17^8 \bmod 47=4$。

(4) Bob 计算共享密钥 $k=c^b=28^{10} \bmod 47=4$。

当然，上述示例中选取的 p 太小，无法抗击穷举攻击。实用中的 p 应该选取大于 512b。

Diffie-Hellman 密钥协商协议能够抗击被动攻击，但假如一个主动攻击者 Eve 处在 Alice 和 Bob 之间，截获 Alice 发给 Bob 的消息然后扮演 Bob，而同样又对 Bob 扮演 Alice，则 Eve 能成功实施所谓的“中间人攻击”。因此，在实际应用中，Diffie-Hellman 密钥协商必须结合认证技术使用。

上述第三种方法的实施，需要通信双方均与可信赖第三方有一个安全的通信信道。如下是利用可信赖第三方构建共享密钥的一个实例。

例 3-3 如图 3-18 所示，假如可信赖第三方为 KDC，提供密钥的产生、鉴别、分发等服务。用户 A、B 分别与密钥分配中心 KDC 有一个共享密钥 K_A 和 K_B，A 希望与 B 建立一个共享密钥，可通过以下几步来完成：

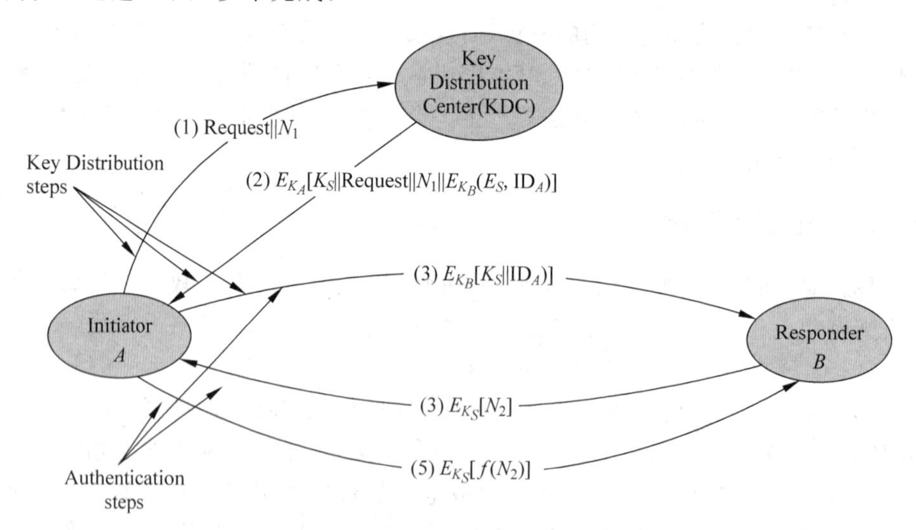

图 3-18 通过可信赖第三方 KDC 建立会话密钥

(1) A 向 KDC 发出请求。表示请求的消息由两个数据项组成，第一项是 A 和 B 的身份，第二项是这次业务的唯一识别符 N_1，N_1 为一个随机数。每次请求所用的 N_1 都应不同，以防止假冒。

(2) KDC 为 A 的请求发出应答。应答是由 K_A 加密的消息，消息中包括 A 希望得到的

与 B 的共享密钥 K_S 和 A 在图 3-18（1）中发出的请求。因此只有 A 才能成功地解密这一消息，并且 A 可相信这一消息的确是由 KDC 发出的，而且 A 还能根据一次性随机数相信自己收到的应答不是重放的过去的应答。

（3）A 存储密钥 K_S，并向 B 转发 $E_{K_B}[K_S \| ID_A]$。因为转发的是由 K_B 加密后的密文，所以转发过程不会被窃听。B 收到后，可得会话密钥 K_S，并从 ID_A 可知另一方是 A，而且还可知道 K_S 的确来自 KDC。

（4）B 用共享密钥 K_S 加密另一个一次性随机数 N_2，并将加密结果发送给 A。

（5）A 以 $f(N_2)$ 作为对 B 的应答，其中 f 是对 N_2 进行某种变换的函数，并将应答用密钥 K_S 加密后发送给 B。

上述协议中，第(3)步完成后，共享密钥 K_S 就已经安全地分配给了 A 和 B，第(4)、(5)两步结合第(3)步执行的其实是认证功能，目的是使 B 相信第(3)步收到的消息不是一个重放。

3.4.2　数字证书与公钥基础设施

1. 数字证书

在使用公钥体制的环境中，如何保证验证者得到的公钥是真实的？一个切实可行的办法是使用数字证书。《现代汉语词典》解释，证书是由机关、学校、团体等颁发的证明资格或权力等的文件。我们在生活中证明一个人真实身份的办法是查验由公安机关为其颁发的身份证。数字证书也称公钥证书，是由一个可信机构颁发的、证明公钥持有者身份的一个电子凭据。如图 3-19 所示，可信机构在详细核实用户身份后，利用自己的私钥对核实的内容 m 进行签名生成 S，(m，S)即为持有者的数字证书。

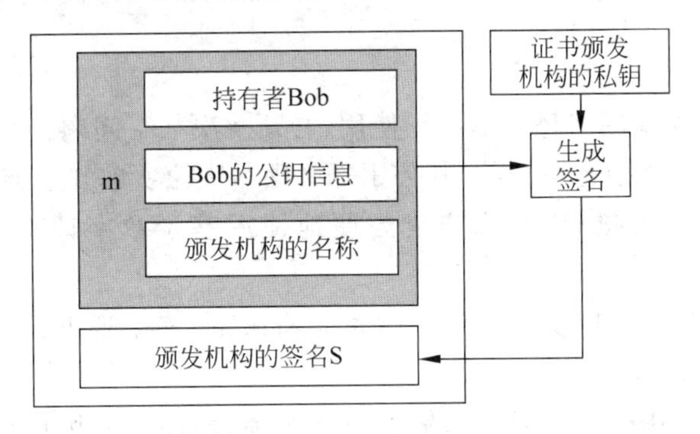

图 3-19　数字证书颁发示意

证书中 m 的内容一般包含持有者、持有者公钥、签发者、签发者使用的签名算法标识、证书序列号、有效期限等，目前广泛采用的是 X.509 标准。图 3-20 是一个典型的数字证书样式。

X.509 公钥证书原始的含义非常简单，即证明持有者公钥的真实性。但是，人们很快发现，在许多应用领域，比如电子政务、电子商务应用中，需要的信息远不止身份信息，尤其是当交易双方以前彼此没有过任何关系的时候。在这种情况下，关于一个人的权限或者属性信息远比其身份信息更为重要。为了使附加信息能够保存在证书中，X.509 v4 引入了公钥证书扩展项，这种证书扩展项可以保存任何类型的附加数据，以满足应用的需求。

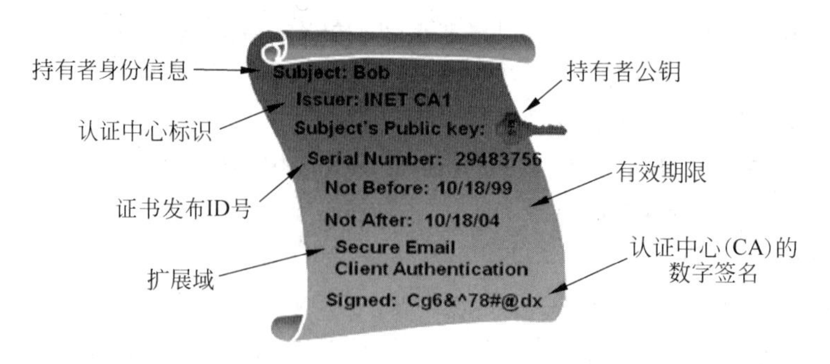

图 3-20 X.509 数字证书示意

数字证书与用户的公钥是紧密绑定的。由于用户密钥的使用是有期限的,因此,用户的数字证书必须要随用户密钥的变更而变更。图 3-21 说明了这种变更关系。

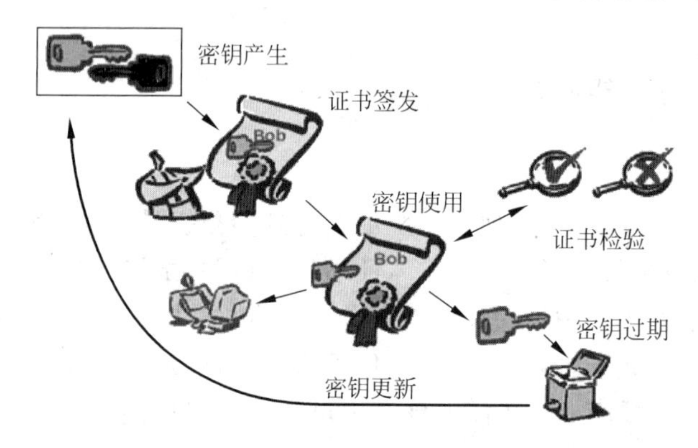

图 3-21 数字证书更新示意

2. 公钥基础设施

若上述数字证书能在网络环境下广泛使用,必须解决如下问题:

(1) 证书颁发机构必须是可信的,其公钥也必须被大家所熟知或能够被查证。

(2) 必须提供统一的接口,使用户能方便地使用基于数字证书的加密、签名等安全服务。

(3) 一个证书颁发机构所支持的用户数量是有限的,多个证书颁发机构需要解决相互之间的承认与信任等问题。

(4) 用户数字证书中公钥所对应私钥有可能被泄露或过期,因而必须要有一套数字证书作废管理办法,避免已经泄露私钥的数字证书再被使用。

公钥基础设施(Public Key Infrastructure,PKI),是基于公钥理论和技术解决上述问题的一整套方案。PKI 的构建和实施主要围绕认证机构(CA)、证书和证书库、密钥备份及恢复系统、证书作废处理系统、证书历史档案系统和多 PKI 间的互操作性来进行。

认证机构(CA)是 PKI 的核心,负责发放、更新、撤销和验证证书。大型公钥基础设施往往包含多个 CA,当一个 CA 相信其他的公钥证书时,也就信任该 CA 签发的所有证书。多数 PKI 中的 CA 是按照层次结构组织在一起的,如图 3-22 所示。在一个 PKI 中,只有一个根 CA,通过这种方式用户总可以通过根 CA 找到一条连接任意一个 CA 的信任路径。

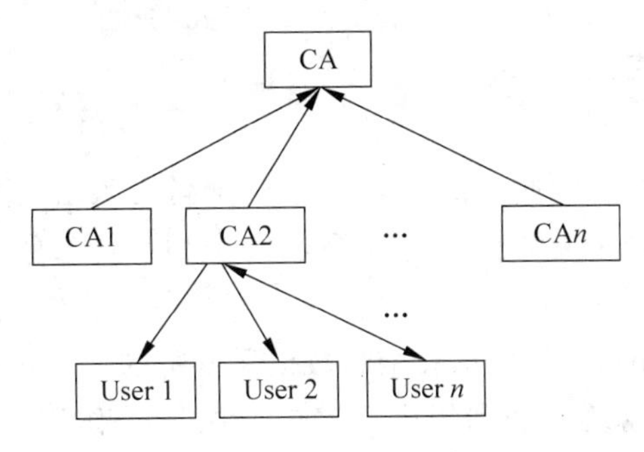

图 3-22　CA 的层次结构

不同的 PKI 体系之间还存在互操作性问题。交叉认证的目的就是在多个 PKI 域之间实现互操作。交叉认证实现的方法有多种：一种方法是桥接 CA，即用一个第三方 CA 作为桥，将多个 CA 连接起来，成为一个可信任的统一体；另一种方法是多个 CA 的根 CA（RCA）互相签发根证书，这样当不同 PKI 域中的终端用户沿着不同的认证链检验认证到根时，就能达到互相信任的目的。

3. 国家网络信任体系建设

诚信是市场经济的基石，是社会文明的象征。诚信体系建设包括组织管理、法规标准、技术保障、基础设施等方面。世界各国都十分重视诚信体系的建设。

在网络空间领域，以数字证书和 PKI 为基础，以解决网络应用中身份认证、授权管理和责任认定等为目的的网络信任体系建设得到了世界各国的高度重视。我国正按照国办发[2006]11 号文件要求，在全国稳步推进这项工作，并且已经在报税、报关、网络银行、网上证券、网上支付等电子商务领域取得了良好的应用效果。我国电子政务外网信任体系总体框架如图 3-23 所示。

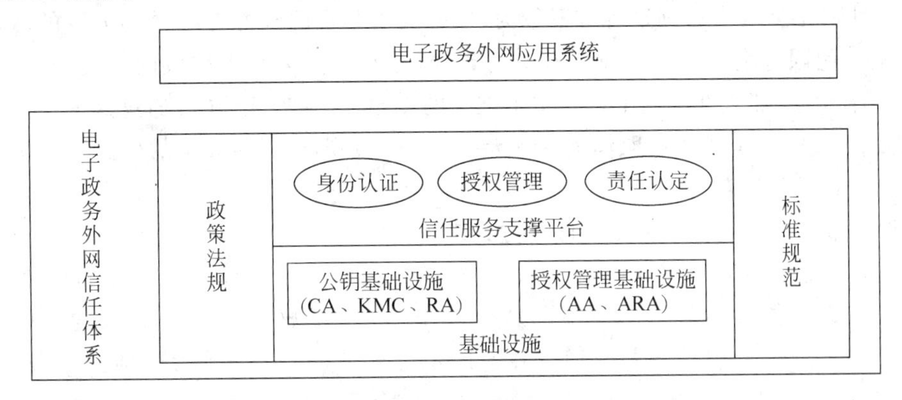

图 3-23　我国电子政务外网信任体系总体框架

从图 3-23 不难看出，建立国家或行业范围内的大型 PKI 基础设施是一个非常庞大的工程，它不仅涉及技术，还涉及政策、法规和标准等方面的问题。目前我国 CA 的运营尚处在各自为政、自成体系的状态，没有统一的证书分类、分级规范和方法，各电子认证机构间不能互连互通，缺乏统一技术、应用、服务标准，国内跨区域、跨行业的各 CA 机构之间不能实现交叉认证。因此，推动基于数字证书和 PKI 的全国网络信任体系建设，有效打击网络犯罪，还有很长的路要走。

3.4.3 秘密分享

在导弹控制发射、重要场所通行检验等情况下，通常必须由两人或多人同时参与才能生效，这时都需要将密钥分给多人掌管，并且必须有一定的掌管部分密钥的人同时到场才能恢复这一密钥。

秘密分享(Secret Sharing)是信息安全和数据保密中的一项重要技术，它在重要信息和秘密数据的安全保存、传输及合法利用中起着非常关键的作用。秘密分享的概念最早由Shamir和Blakey独立提出。基本的秘密分享方案由秘密份额的分配算法和秘密的恢复算法构成。在执行秘密份额的分配算法时，分发者(dealer)将秘密分割成若干份额(share或piece，或shadow)在一组参与者(shareholder或participant)中进行分配，使得每一个参与者都得到关于该秘密的一个秘密份额；秘密的恢复算法保证只有参与者的一些特定子集(称为合格子集或接入结构，qualified set或access structure)才能正确恢复秘密，而其他子集不能恢复秘密，甚至得不到关于秘密的任何有用信息，此时称该秘密分享体制是完美的。

1. 门限秘密分享与Shamir方案

在秘密分享系统中最常见的是门限体制。已提出的门限体制有多种，其中Shamir的Lagrange内插多项式体制、Blakey的矢量体制、Asmuth等人的同余类体制及Karnin等人的矩阵法体制是主要代表，并已得到广泛的应用。下面我们对门限体制和Shamir方案作一一介绍。

若在一个秘密分享方案中，秘密s被分成n个部分信息，每一部分信息由一个参与者持有，使得由k个或多于k个参与者所持有的部分信息可重构s，而由少于k个参与者所持有的部分信息则无法重构s，则这种方案称为(k,n)秘密分享门限方案，k称为方案的门限值。

Shamir门限方案：设$\{(x_1,y_1),\cdots,(x_k,y_k)\}$是平面上$k$个点构成的点集，其中$x_i$，$i=1,\cdots,k$均不相同，那么在平面上存在一个唯一的$k-1$次多项式$f(x)$通过这$k$个点。若把密钥$s$取作$f(0)$，$n$个子密钥取作$f(x_i)$，$i=1,2,\cdots,n$，那么利用其中的任意$k$个子密钥可重构$f(x)$，从而可得密钥$s$。

这种门限方案也可按如下更一般的方式来构造。

设GF(q)是一有限域，其中q是一大素数，满足$q\geqslant n+1$，秘密s是在GF$(q)\backslash\{0\}$上均匀选取的一个随机数，表示为$s\in \mathbf{R}$ GF$(q)\backslash\{0\}$。$k-1$个系数$a_1,a_2,\cdots,a_{k-1}$的选取也满足$a_i\in\mathbf{R}$ GF$(q)\backslash\{0\}$，$i=1,2,\cdots,k-1$。在GF(q)上构造一个$k-1$次多项式$f(x)=a_0+a_1x+\cdots+a_{k-1}x^{k-1}$。

n个参与者记为$P_1,P_2,\cdots,P_n$，P_i分配到的子密钥为$f(i)$。如果任意k个参与者要想得到秘密s，可使用$\{(i_l,f(i_l))\mid l=1,\cdots,k\}$构造如下的线性方程组：

$$\begin{cases}a_0+a_1(i_1)+\cdots+a_{k-1}(i_k)^{k-1}=f(i_1)\\ a_0+a_1(i_2)+\cdots+a_{k-1}(i_2)^{k-1}=f(i_2)\\ \vdots\\ a_0+a_1(i_k)+\cdots+a_{k-1}(i_k)^{k-1}=f(i_k)\end{cases}$$

因为 $i_l(1 \leqslant l \leqslant k)$ 均不相同，所以可由 Lagrange 插值公式构造如下的多项式：

$$f(x)=\sum_{j=1}^{k} f(i_j) \prod_{\substack{i=1 \\ i \neq j}}^{k} \frac{i_l}{i_j-i_l} \pmod q$$

从而可得秘密 $s=f(0)$。

其实，参与者仅需知道 $f(x)$ 的常数项 $f(0)$，而无须知道整个多项式 $f(x)$，所以仅需以下表达式就可求出 s：

$$s=(-1)^{k-1} \sum_{j=1}^{k} f(i_j) \prod_{\substack{i=1 \\ i \neq j}}^{k} \frac{i_l}{i_j-i_l} \pmod q$$

$k-1$ 个参与者是无法恢复出密钥 s 的，读者可以自己进行验证。

例 3-4　设 $k=3, n=5, q=19, s=11$，多项式为 $f(x)=(7x^2+2x+11) \bmod 19$。

分别计算：

$$\begin{aligned}
f(1) &= (7+2+11) \bmod 19 = 20 \bmod 19 = 1 \\
f(2) &= (28+4+11) \bmod 19 = 43 \bmod 19 = 5 \\
f(3) &= (63+6+11) \bmod 19 = 80 \bmod 19 = 4 \\
f(4) &= (112+8+11) \bmod 19 = 131 \bmod 19 = 17 \\
f(5) &= (175+10+11) \bmod 19 = 196 \bmod 19 = 6
\end{aligned}$$

得 5 个子密钥。

如果知道其中的 3 个子密钥 $f(2)=5, f(3)=4, f(5)=6$，就可按以下方式重构 $f(x)$：

$$\begin{aligned}
5\frac{(x-3)(x-5)}{(2-3)(2-5)} &= 5\frac{(x-3)(x-5)}{(-1)(-3)} = 5\frac{(x-3)(x-5)}{3} \\
&= 5 \cdot (3^{-1} \bmod 19) \cdot (x-3)(x-5) \\
&= 5 \cdot 13 \cdot (x-3)(x-5) = 65(x-3)(x-5)
\end{aligned}$$

$$\begin{aligned}
4\frac{(x-2)(x-5)}{(3-2)(3-5)} &= 4\frac{(x-2)(x-5)}{(1)(-2)} = 4\frac{(x-2)(x-5)}{-2} \\
&= 4 \cdot ((-2)^{-1} \bmod 19) \cdot (x-2)(x-5) \\
&= 4 \cdot 9 \cdot (x-2)(x-5) = 36(x-2)(x-5)
\end{aligned}$$

$$\begin{aligned}
6\frac{(x-2)(x-3)}{(5-2)(5-3)} &= 6\frac{(x-2)(x-3)}{(3)(2)} = 6\frac{(x-2)(x-3)}{6} \\
&= 6 \cdot (6^{-1} \bmod 19) \cdot (x-2)(x-3) \\
&= 6 \cdot 16 \cdot (x-2)(x-3) = 96(x-2)(x-3)
\end{aligned}$$

所以

$$\begin{aligned}
f(x) &= [65(x-3)(x-5)+36(x-2)(x-5)+96(x-2)(x-3)] \bmod 19 \\
&= [8(x-3)(x-5)+17(x-2)(x-5)+(x-2)(x-3)] \bmod 19 \\
&= (26x^2-188x+296) \bmod 19 \\
&= 7x^2+2x+11
\end{aligned}$$

从而得秘密为 $s=11$。

2. 秘密分享研究

秘密分享系统理论中有两个重要问题：一个是参与者的接入结构；另一个是给予参与者分享的秘密份额大小。任何体制的安全性都归结为必须保密的信息量。显然，若每个参与者所分享的秘密太大,分配算法就变得无效。秘密共享方案的一个基本问题是分配给参与者分享的份额的界。这可用系统接入结构的信息速率表示,它定义为采用最佳分配算法时分给任一参与者最大可能的秘密份额值。信息速率上、下界是秘密分享体制研究中的一个重要课题。目前已得到多个上、下界,但这些上、下界之间的间隙还相当大。

门限秘密分享方案只有在所有分享者具有完全平等的地位、可靠性和安全性的情况下才是有意义的,因此对一般接入结构的秘密分享的研究具有广泛的现实意义。在已有的一般接入结构的秘密分享方案中,属于多个最小合格子集的参与者需持有同一个秘密的多个秘密份额,这给参与者带来了不便,特别是在有多个秘密需要在同一组参与者中分享时,这一缺点显得尤为突出,故实用性较差。Ito、Saito 和 Nishizeki 证明了任何接入结构上的完美秘密分享方案。

基本的秘密分享模型中存在两个主要的安全问题:一是不能很好地抵抗分享者行骗,即有的分享者在恢复秘密时会提供假的份额,而使一些合格子集的成员不能恢复出正确的秘密;二是不能有效地防止分发者行骗,即分发者在分发秘密份额时可能会给某些分享者分发假的份额。Chor 等人在 1985 年提出了可验证秘密分享(Verifiable Secret Sharing, VSS)用以解决分发者欺骗问题,每个成员能够在不重构秘密的情况下证实所得的秘密份额是否有效。可验证秘密分享值得深入研究。

3.5 认证技术

认证技术主要用于防止对手对系统进行的主动攻击,如伪装、窜扰等,这对于开放环境中各种信息系统的安全性尤为重要。认证的目的有两个方面:一是验证信息的发送者是合法的,而不是冒充的,即实体认证,包括信源、信宿的认证和识别;二是验证消息的完整性,验证数据在传输和存储的过程中是否被篡改、重放和延迟等。

3.5.1 Hash 函数

1. Hash 函数的概念

在前面的章节里,我们不只一次地用到了 Hash 函数,已经初步知道了这是一类单向(计算 $h = H(m)$是容易的,但求逆运算是困难的)函数,本节我们对这类函数做进一步讨论。Hash 函数 $h = H(m)$也称为散列函数,它将任意长度的报文 m 映射为固定长度的输出 h(摘要),另外该函数除满足单向性外,还应具备下列两项条件之一:

(1) 抗弱碰撞性。对固定的 m,要找到,不同于 m 的 m',使得在计算上是不可行的。

(2) 抗强碰撞性。要找到 m 和 m',使得在计算上是不可行的。

显然,满足(2)的 Hash 函数的安全性要求更高,这是抗生日攻击的要求。有关 Hash 函数的描述可如图 3-24 所示。

2. Hash 函数的构造

可以用很多办法构造 Hash 函数,但使用最多的是迭代型结构,著名的 MD-5、SHA-1 等都是基于迭代型的,如图 3-25 所示。

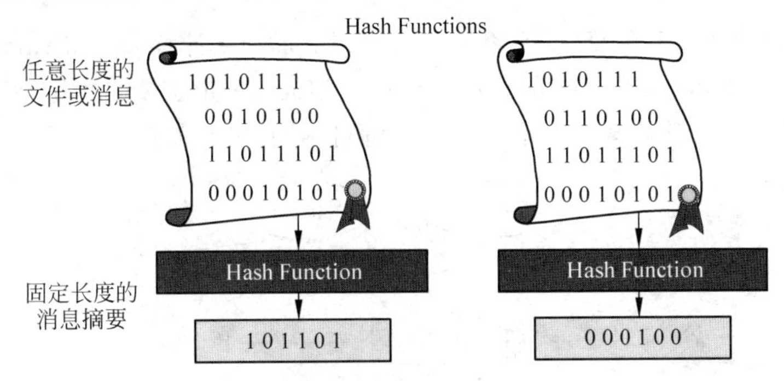

图 3-24　Hash 函数示意

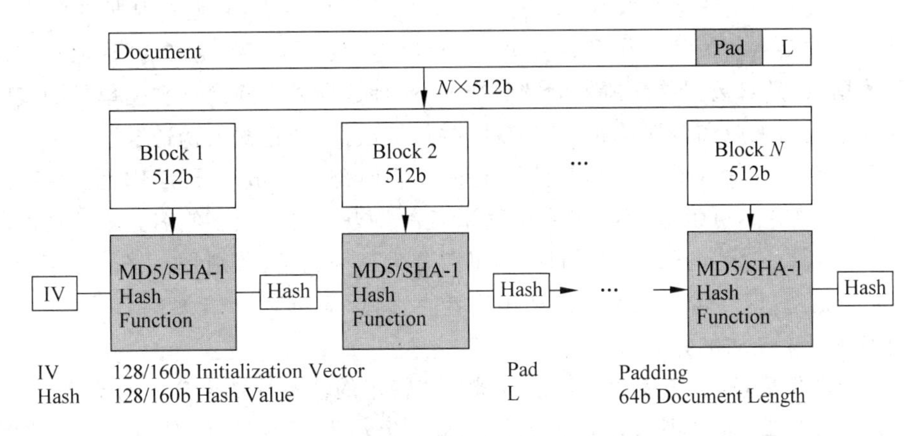

图 3-25　用迭代方法构造 Hash 函数示意

函数的输入 M 被分为 L 个分组 $Y_0, Y_1, \cdots, Y_{L-1}$，每一个分组的长度为 b 比特，最后一个分组的长度如果不够的话，需对其做填充。最后一个分组中还包括整个函数输入的长度值，这样一来，将使得敌手的攻击更为困难，即敌手若想成功地产生假冒消息，就必须保证假冒消息的杂凑值与原消息的杂凑值相同，而且假冒消息的长度也要与原消息的长度相等。

算法中重复使用一压缩函数 f，f 的输入有两项，一项是上一轮(第 $i-1$ 轮)输出，另一项是算法在本轮(第 i 轮)输入分组 Y_i。f 的输出又作为下一轮的输入。算法开始时还需指定一个初值 IV，最后一轮 n 比特输出即为最终产生的杂凑值。通常有 $b>n$，因此称函数 f 为压缩函数。算法的核心就是设计无碰撞的压缩函数 f。

对 Hash 函数的攻击就是想办法找出碰撞，相关攻击方法主要有生日攻击、中途相遇攻击、修正分组攻击和差分分析攻击等。MD-5 和 SHA-1 算法都已经被攻破，中国密码学者王小云在这方面做出了很优秀的研究成果。开发人员应该使用更为安全的 SHA-2(SHA-256、SHA-512)算法，研究人员目前已经开始讨论设计更安全的新 Hash 函数 SHA-3，2011 年筛选出了 Blasé、JH、Grostl、Keccak 和 Skein 共 5 个候选算法，最终将决定 SHA-3 算法。

3.5.2　数字签名

1. 数字签名的概念

在 RSA 公钥密码体制中，假如 Alice 用自己的私钥 d 来计算 $S \equiv m^d \pmod{n}$，然后把 S

连同消息 m 一起发送给 Bob，而 Bob 用 Alice 的公钥(n,e)来计算 $m'\equiv c^e \pmod n$，那么则有 $m'=m$。大家想一下，这是否意味着 Bob 相信所收到的 s 一定是来自 Alice？上述过程中的 S 是否相当于 Alice 对消息 m 的签名？上述过程可用图 3-26 来概括。

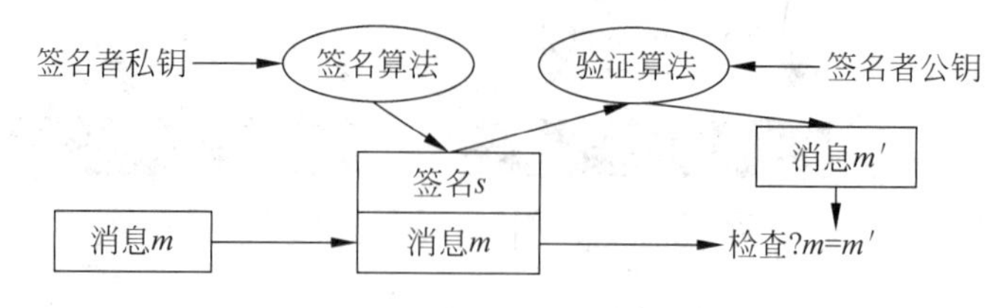

图 3-26　数字签名过程示意

数字签名是利用密码运算实现“手写签名”效果的一种技术，它通过某种数学变换来实现对数字内容的签名和盖章。在 ISO 7498—2 标准中，数字签名的定义为“附加在数据单元上的一些数据，或是对数据单元所做的密码变换，这种数据或变换允许数据单元的接收者用以确认数据单元的来源和数据单元的完整性，并保护数据，防止被人伪造”。

一个数字签名方案一般由签名算法和验证算法两部分组成。要实现“手写签名”的效果，数字签名应具有不可伪造、不可抵赖和可验证的特点。对于数字签名方案的攻击主要是想办法伪造签名。按照方案被攻破的程度，可以分为三种类型，分别是：

(1) 完全伪造，即攻击者能计算出私钥或者能找到一个能产生合法签名的算法，从而可以对任何消息产生合法的签名；

(2) 选择性伪造，即攻击者可以实现对某一些特定的消息构造出合法的签名；

(3) 存在性伪造，即攻击者能够至少伪造出一个消息的签名，但对该消息几乎没有控制力。

2. 基本签名算法

数字签名方案一般利用公钥密码技术来实现，其中私钥用来签名，公钥用来验证签名。比较典型的数字签名方案有 RSA 算法(R. L. Rivest、A. Shamir 和 L. M. Adleman，1978)、ElGamal 签名(T. ElGamal，1985)、Schnorr 签名(C. P. Schnorr，1989)和 DSS 签名(NIST，1991)。我们这里仅给出 ElGamal 签名方案和 Schnorr 签名方案。

(1) ElGamal 签名方案

假设 p 是一个大素数，g 是 GF(p)的生成元。Alice 的公钥为 $y = g^x \bmod p, g, p$ 私钥为 x。

签名算法：

Alice 首先选择一个与 $p-1$ 互素的随机数 k

Alice 计算 $a = g^k \bmod p$

Alice 对 b 解方程 $M = x\times a + k\times b \pmod{p-1}$

Alice 对消息 M 的签名为(a,b)

验证算法：

检查 $y^a a^b \bmod p = g^M \bmod p$ 是否成立

例如：

$p = 11, g = 2$，Bob 选 $x = 8$ 为私钥

$y = 2^8 \bmod 11 = 3$

公钥：$y = 3, g = 2, p = 11$

Bob 要对 $M = 5$ 进行签名

选 $k = 9$ ($\gcd(9,10) = 1$)

$a = 2^9 \bmod 11 = 6$, $b=3$

读者可检查 $y^a a^b \bmod p = g^M \bmod p$ 是否成立。

上述方案的安全性是基于如下离散对数困难性问题的：已知大素数 p、$GF(p)$的生成元 g 和非零元素 $y \in GF(p)$，求解唯一的整数 k，$0 \leqslant k \leqslant p-2$，使得 $y \in g^k \pmod p$，k 称为 y 对 g 的离散对数。

(2) Schnorr 签名方案

Schnorr 签名方案是一个短签名方案，它是 ElGamal 签名方案的变形，其安全性是基于离散对数困难性和 Hash 函数的单向性的。假设 p 和 q 是大素数，且 q 能被 $p-1$ 整除，q 是大于等于 160b 的整数，p 是大于等于 512b 的整数，以保证 $GF(p)$中求解离散对数困难；g 是 $GF(p)$中的元素，且 $g^q \equiv 1 \bmod p$；Alice 公钥为 $y \equiv g^x \pmod p$，私钥为 x，$1<x<q$。

签名算法：

Alice 首先选一个与 $p-1$ 互素的随机数 k

Alice 计算 $r = h(M, g^k \bmod P)$

Alice 计算 $s = k + x^* r \pmod q$

验证算法：

计算 $g^k \bmod P = g^s y^r \bmod P$

验证 $r = h(M, g^k \bmod P)$

Schnorr 签名较短，由$|q|$及$|H(M)|$决定。在 Schnorr 签名中，$r=g^k \bmod p$ 可以预先计算，k 与 M 无关，因而签名只需一次 mod q 乘法及减法。所需计算量少，速度快，适用于智能卡。

3. 特殊签名算法

目前国内外研究重点已经从普通签名转向具有特定功能、能满足特定要求的数字签名。如适用于电子现金和电子钱包的盲签名、适用于多人共同签署文件的多重签名、限制验证人身份的条件签名、保证公平性的同时签名以及门限签名、代理签名、防失败签名等。

盲签名是指签名人不知道签名内容的一种签名，可用于电子现金系统，实现不可追踪性。如下是 D. Chaum 于 1983 年提出的一个盲签名方案：

假设在 RSA 密码系统中，Bob 的公钥为 e，私钥为 d，公共模为 N。Alice 想让 Bob 对消息 M 盲签名。

(1) Alice 在 1 和 N 之间选择随机数 k 通过下述办法对 M 盲化：$t = Mk^e \bmod N$。

(2) Bob 对 t 签名，$t^d = (Mk^e)^d \bmod N$。

(3) Alice 用下述办法对 t^d 脱盲：$s = t^d/k \bmod N = M^d \bmod N$，$s$ 即为消息 M 的签名。

3.5.3 消息认证

1. 消息认证与消息认证码

消息认证是指验证者验证所接收到的消息是否确实来自真正的发送方，并且消息在传送中没被修改的过程。消息认证是抗击伪装、内容篡改、序号篡改、计时篡改和信源抵赖的有效方法。

加密技术可用来实现消息认证。假如使用对称加密方法，那么接收方可以肯定发送方创建了相关加密的消息，因为只有收发双方才有对应的密钥，并且如果消息本身具有一定结构、冗余或校验和的话，那么接收者很容易发现消息在传送中是否被修改。假如使用公钥加密技术，则接收者不能确定消息来源，因为任何人都知道接收者的公钥，但这种技术可以确保只有预定的接收者才能接收信息。

数字签名也可用来实现消息认证。验证者对签名后的数据不仅能确定消息来源，而且可以向第三方证明其真实性，因而还能防止信源抵赖。

消息认证更为简单的实现方法是利用消息认证码。

消息认证码(MAC)也称密码校验和，是指消息被一密钥控制的公开单向函数作用后，产生的固定长度的数值，即 MAC=CK(M)。如图 3-27 所示，假设通信双方 A 和 B 共享一密钥 K，A 欲发送给 B 的消息是 M，A 首先计算 MAC=CK(M)，其中 CK(·)是密钥控制的公开单向函数，然后向 B 发送 $M \| \text{MAC}$，B 收到后做与 A 相同的计算，求得一新 MAC，并与收到的 MAC 做比较，如果 B 计算得到的 MAC 与接收到的 MAC 一致，则：

(1) 接收方相信发送方发来的消息未被篡改，这是因为攻击者不知道密钥，所以不能够在篡改消息后相应地篡改 MAC，而如果仅篡改消息，则接收方计算的新 MAC 将与收到的 MAC 不同。

(2) 接收方相信发送方不是冒充的，这是因为除收发双方外再无其他人知道密钥，因此其他人不可能对自己发送的消息计算出正确的 MAC。

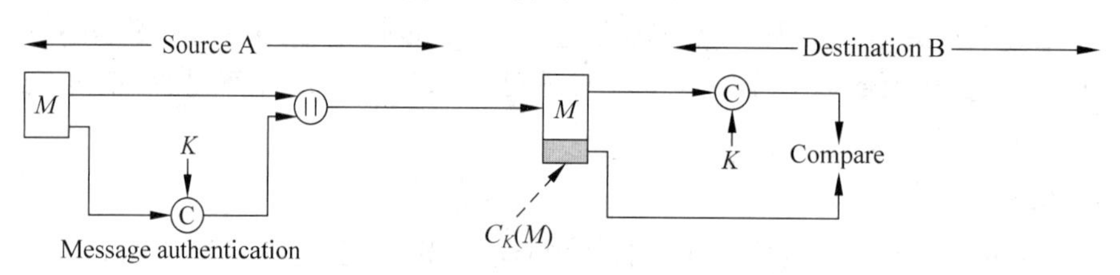

图 3-27 用消息认证码来实现消息认证

2. 消息认证码的构造

安全的 MAC 函数 MAC=CK(M)不但要求要具有单向性和固定长度的输出，而且应满足以下条件：

(1) 如果敌手得到 M 和 CK(M)，则构造一满足 CK(M') = CK(M)的新消息 M'在计算上是不可行的。

(2) CK(M)均匀分布的条件是：随机选取两个消息 M、M'，Pr[CK(M)=CK(M')]=2−n，其中 n 为 MAC 的长。

(3) 若 M'是 M 的某个变换，即 $M'=f(M)$，例如 f 为插入一个或多个比特，那么 Pr[CK(M)=CK(M')]=2−n。

MAC 的构造方法有很多种，但 MAC 函数的上述要求很容易让我们想到 Hash 函数。事实上，基于密码杂凑函数构造 MAC 正是一个重要的研究方向，RFC 2104 推荐的 HMAC 已被用于 IPSec 和其他网络协议。HMAC 的结构如图 3-28 所示。

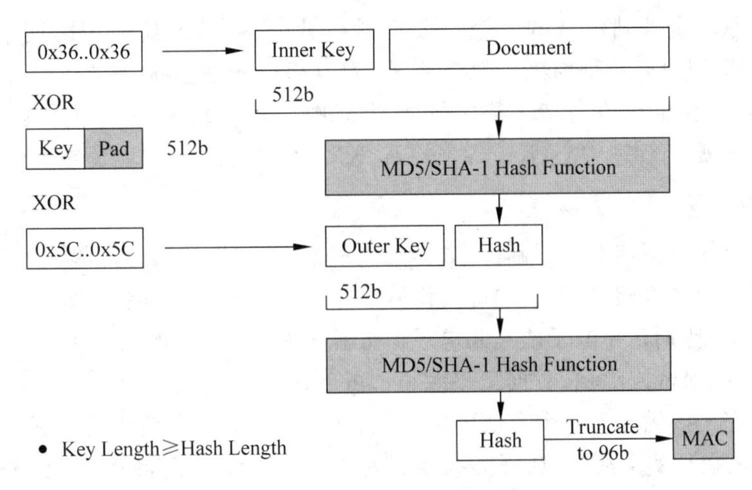

图 3-28 HMAC 的结构示意

3.6 PKI 技术

公钥基础设施(Public Key Infrastructure,PKI)是一套基于公钥加密技术,为电子商务、电子政务等提供安全服务的技术和规范。作为一种基础设施,PKI 由公钥技术、数字证书、证书发放机构和关于公钥的安全策略等基本成分共同组成,用户保证网络通信和网上交易的安全。

从广义上讲,所有提供公钥加密和数字签名服务的系统都可称为 PKI 系统。PKI 的主要目的是自动管理密钥和数字证书,为用户建立一个安全的网络运行环境,使用户可以在多种应用环境下方便地使用加密和数字签名技术。

3.6.1 公钥基础设施简介

1. PKI 的概念

公钥基础设施(Public Key Infrastructure,PKI),是利用公钥理论和技术建立的提供信息安全服务的基础设施。公钥体制是目前应用最广泛的一种加密体制,在这一体制中,加密密钥与解密密钥各不相同,发送信息的人利用接收者的公钥发送加密信息,接收者再利用自己专有的私钥进行解密。这种方式保证了信息的机密性、不可抵赖性。公钥体制主要用于 CA 认证、数字签名和密钥交换等。

PKI 是基于公开密钥理论和技术建立起来的安全体系,提供信息安全服务的、具有普适性的基础设施;该体系在统一的安全认证标准和规范基础上提供在线身份认证,是 CA 认证、数字证书、数字签名以及相关安全应用组件模块的集合;PKI 是认证、完整性、机密性和不可否认性的技术基础,从技术上解决网上身份认证、信息完整性和抗抵赖等安全问题,为网络应用提供可靠的安全保障。PKI 的核心是要解决信息网络空间中的信任问题,确定信息网络空间中各种主体身份的唯一性、真实性和合法性,保护信息网络空间中各种主体的安全利益。

PKI是信息安全基础设施的一个重要组成部分，是一种普遍适用的网络安全基础设施；授权管理基础设施、可信时间戳服务系统、安全保密管理系统、统一的安全电子政务平台等的构筑都离不开它的支持。数字证书认证中心(CA)、审核注册中心(Registration Authority,RA)、密钥管理中心(Key Manager,KM)都是组成PKI的关键组件。

2. PKI的内容

PKI是以公开密钥技术为基础，以数据的机密性、完整性和不可抵赖性为安全目的而构建的认证、授权、加密等硬件、软件的综合设施。根据美国国家标准技术局的描述，在网络通信和网络交易中，特别是在电子政务和电子商务业务中，最需要的安全保证包括4个方面：身份标识和认证、保密或隐私、数据完整性和不可否认性。

PKI可以完全提供以上4个方面的保障，它所提供的服务主要包括以下三个方面。

(1) 认证。在现实生活中，认证方式通常是两个人事前协商，确定一个秘密，依据这个秘密相互认证。随着网络规模的扩大，两两协商几乎不可能；透过一个密钥管理中心来协调困难也会很大，当网络规模巨大时，密钥管理中心成为网络通信的瓶颈。PKI通过证书进行认证，认证时对方知道你就是你，但却无法知道你为什么是你。在这里，证书是一个可信的第三方证明，通过它，通信双方可以安全地进行互相认证，而不用担心对方是假冒的。

(2) 支持密钥管理。通过加密证书，通信双方可以协商一个秘密，而这个秘密可以作为通信加密的密钥。在需要通信时，可以在认证的基础上协商一个密钥。在大规模的网络中，密钥恢复也是密钥管理的一个重要方面。PKI提供可信的、可管理的密钥恢复机制，PKI在全社会范围内提供全面的密钥恢复与管理能力，保证网上活动的健康有序发展。

(3) 完整性与不可否认。完整性与不可否认是PKI提供的最基本的服务。PKI提供的完整性是可以通过第三方仲裁的，并且这种由第三方进行仲裁的完整性是通信双方都不可否认的。不可否认是通过PKI的数字签名机制来提供服务的，当法律许可时，该"不可否认性"可以作为法律依据。正确使用时，PKI的安全性应该高于目前使用的纸面图章系统。

3. PKI的体系结构

一个标准的PKI系统必须具备以下主要内容。

(1) 认证机构(Certificate Authority,CA)，是PKI的核心执行机构，是PKI的主要组成部分，通常称为认证中心。CA还包括RA，它是数字证书的申请注册、证书签发和管理机构。

CA的主要职责包括验证并标识证书申请者的身份。对证书申请者的信用度、申请证书的目的、身份的真实可靠性等问题进行审查，确保证书与身份绑定的正确性。

确保CA用于签名证书的非对称密钥的质量和安全性。为了防止被破译，CA用于签名的私钥长度必须足够长并且私钥必须由硬件卡产生，私钥不出卡。

管理证书信息资料。管理证书序号和CA标识，确保证书主体标识的唯一性，防止证书主体名字的重复。在证书使用中确定并检查证书的有效期，保证不使用过期或已作废的证书，确保网上交易的安全。发布和维护作废证书列表(CRL)，因某种原因证书要作废，就必须将其作为"黑名单"发布在证书作废列表中，以供交易时在线查询，防止交易风险。对已签发证书的使用全过程进行监视跟踪，作全程日志记录，以备发生交易争端时，提供公正依据，参与仲裁。

由此可见，CA 是保证电子商务、电子政务、网上银行、网上证券等交易的权威性、可信任性和公正性的第三方机构。

(2) 证书和证书库。证书是数字证书或电子证书的简称，它符合 X.509 标准，是网上实体身份的证明。证书是由具备权威性、可信任性和公正性的第三方机构签发的，因此，它是权威性的电子文档。

证书库是 CA 颁发证书和撤销证书的集中存放地，可供公众进行开放式查询。一般来说，查询的目的有两个：其一是想得到与之通信实体的公钥；其二是要验证通信对方的证书是否已进入“黑名单”。证书库支持分布式存放，即可以采用数据库镜像技术，将 CA 签发的证书中与本组织有关的证书和证书撤销列表存放到本地，以提高证书的查询效率，减少向总目录查询的瓶颈。

(3) 密钥备份及恢复，是密钥管理的主要内容，如果用户的解密数据的密钥丢失，会使已被加密的密文无法解开。

为避免这种情况的发生，PKI 提供了密钥备份与密钥恢复机制：当用户证书生成时，加密密钥即被 CA 备份存储；当需要恢复时，用户只需向 CA 提出申请，CA 就会为用户自动进行恢复。

(4) 密钥和证书的更新。一个证书的有效期是有限的，这种规定在理论上是基于当前非对称算法和密钥长度的可破译性分析；在实际应用中是由于长期使用同一个密钥有被破译的危险。因此，证书和密钥必须有一定的更换频度，PKI 对已发的证书进行密钥更新或证书更新。

证书更新一般由 PKI 系统自动完成，不需要用户干预。用户在使用证书的过程中，PKI 会自动到目录服务器中检查证书的有效期，当有效期结束之前，PKI/CA 会自动生成一个新证书来代替旧证书。

(5) 证书历史档案。从密钥更新的过程不难看出，经过一段时间后，每一个用户都会形成多个旧证书和至少一个当前新证书。这一系列旧证书和相应的私钥就组成了用户密钥和证书的历史档案，记录整个密钥历史是非常重要的。例如，用户几年前用自己的公钥加密的数据无法用现在的私钥解密，那么该用户就必须从他的密钥历史档案中，查找到几年前的私钥来解密数据。

(6) 客户端软件。为方便客户操作，解决 PKI 的应用问题，在客户端装有软件，以实现数字签名、加密传输数据等功能。

(7) 交叉认证。交叉认证就是多个 PKI 域之间实现互操作。

4. PKI 的相关标准

从整个 PKI 体系建立与发展的历程来看，与 PKI 相关的标准主要包括以下一些。

(1) X.509(1993)信息技术之开放系统互联(鉴别框架)。X.509 是由国际电信联盟(ITU-T)制定的数字证书标准。在 X.500 确保用户名称唯一性的基础上，X.509 为 X.500 用户名称提供了通信实体的鉴别机制，并规定了实体鉴别过程中适用的证书语法和数据接口。X.509 证书由用户公共密钥和用户标识符组成，此外还包括版本号、证书序列号、CA 标识符、签名算法标识、签发者名称、证书有效期等信息。

(2) PKCS 系列标准。由 RSA 实验室制定的 PKCS 系列标准，是一套针对 PKI 体系的加解密、签名、密钥交换、分发格式及行为标准，该标准目前已经成为 PKI 体系中不可缺少的一部分。

(3) OCSP。OCSP(Online Certificate Status Protocol,在线证书状态协议)是 IETF 颁布的用于检查数字证书在某一交易时刻是否仍然有效的标准。该标准提供给 PKI 用户一条方便快捷的数字证书状态查询通道,使 PKI 体系能够更有效、更安全地在各个领域中被广泛应用。

5. PKI 的应用

(1) 虚拟专用网络(Virtual Private Network,VPN),是将物理分布在不同地点的网络通过 Internet 连接而成的逻辑上的虚拟子网。通常,VPN 利用 PKI 与 PMI 和访问控制技术来提高其安全性,一个现代 VPN 需要认证、机密、完整、不可否认等更加完善的安全技术。PKI 技术已经成为架构 VPN 的基础,为路由器之间、PKI 与 PMI 之间或路由器和 PKI 与 PMI 之间提供经过加密和认证的通信。

(2) 安全电子邮件,已经成为一种标准信息交换工具,其安全需求是完整、认证和不可否认。利用 PKI 技术,用户可以对他所发的邮件进行数字签名。

安全电子邮件协议 S/MIME (The Secure Multipurpose Internet Mail Extension),是一个加密和签名邮件的协议,它的实现依赖于 PKI 技术。

(3) Web 安全。Web 上的交易的安全问题包括诈骗、泄漏、篡改、攻击。解决 Web 安全问题,入手点是浏览器。现在,IE 和 Firefox 都支持 SSL(The Secure Sockets Layer)协议。SSL 是一个在传输层和应用层之间的安全通信层。利用 PKI 技术,SSL 协议允许在浏览器和服务器之间进行加密通信。

3.6.2 证书权威

证书权威(CA)是构建在 PKI 基础之上的产生和确定数字证书的第三方可信机构(Trusted Third Party),主要进行身份证书的发放,管理电子证书的正常使用。CA 具有权威性、可信赖性及公正性,承担公钥体系中公钥的合法性检验。CA 为每个使用公开密钥的用户发放一个数字证书,证书的作用是证明证书中列出的用户合法拥有证书中列出的公开密钥。CA 的数字签名使得攻击者不能伪造和篡改证书,CA 还负责吊销证书并发布证书吊销列表,并负责产生、分配和管理网上实体所需的数字证书。

1. CA 的功能和组成

(1) CA 认证体系的组成。

CA 认证体系包括如下几部分:一是 CA,负责产生和确定用户实体的数字证书。二是审核授权部门,简称 RA,负责对证书的申请者进行资格审查,并决定是否同意给申请者发放证书;同时,承担因审核错误而引起的、为不满足资格的人发放了证书而引起的一切后果,它应由能够承担这些责任的机构担任。三是证书操作部门 CP(Certification Processor)为已被授权的申请者制作、发放和管理证书,并承担因操作运营错误所产生的一切后果,包括失密和为没有获得授权的人发放了证书等,它可由 RA 自己担任,也可委托给第三方担任。四是密钥管理部门 KM,负责产生实体的加密钥对,并对其解密私钥提供托管服务。五是证书存储地(Dir),包括网上所有的证书目录。

在 CA 认证体系中,各组成部分彼此之间的认证关系一般如下。

① 用户与RA之间：用户请求RA进行审核，用户应该将自己的身份信息提交给RA，RA对用户的身份进行审核后，要安全地将该信息转发给CA。

② RA与CA之间：RA应该以一种安全可靠的方式把用户的身份识别信息传送给CA。CA通过安全可行的方式将用户的数字证书传送给RA或直接送给用户。

③ 用户与Dir之间：用户可以在Dir中查询、撤销证书列表和数字证书。

④ Dir与CA之间：CA将自己产生的数字证书直接传送给目录Dir，并把它们登记在目录中，在目录中登记数字证书要求用户鉴别和访问控制。

⑤ 用户与KM之间：KM接受用户委托，代表用户生成加密密钥对；用户所持证书的加密密钥必须委托密钥管理中心生成；用户可以申请解密私钥恢复服务；KM应该为用户提供解密私钥的恢复服务。用户的解密私钥必须统一在密钥管理中心托管。

⑥ CA与KM之间：二者之间的通信是保密、安全的，它们之间用通信证书来保证安全性。通信证书是认证机关与密钥管理中心、上级或下级认证机关进行通信时使用的计算机设备证书，这些专用的计算机设备必须安装认证机构所发布的专用通信证书，密钥管理中心、上级或下级认证机构专用通信计算机设备所持有的通信密钥证书和认证机构的根证书。

(2) 认证体系的职责。

从上述论述中，可以总结出，CA至少担负着以下几项具体的职责：验证标识公开密钥信息并提交认证的实体身份；确保用于产生数字证书的非对称密钥对的质量；保证认证过程和用于签名公开密钥信息的私有密钥的安全；确保两个不同的实体未被赋予相同的身份，以便把它们区别开来；管理包含于公开密钥信息中的证书材料信息，如数字证书序列号、认证机构标识等；维护并发布撤销证书列表；指定并检查证书的有效期；通知在公开密钥信息中标识的实体，数字证书已经发布；记录数字证书产生过程的所有步骤。

(3) 安全认证体系的功能。

CA安全认证体系的主要功能包括：签发数字证书、管理下级审核注册机构、接受下级审核注册机构的业务申请、维护和管理所有证书目录服务、向密钥管理中心申请密钥、实体鉴别密钥器的管理等。

2. CA自身证书的管理

CA自身证书的管理功能主要包括以下内容。

(1) 自身证书的查询。PKI CA具有报表功能，它能够在CA中产生一个用户清单，用户可以使用这一工具对所有CA的证书和状态进行查询。

(2) CRL查询。通过特定的应用程序和工具包，可以访问CRL。

(3) 查询操作日志。PKI安装了审计跟踪文件，提供了一个非常广泛的存档和审计能力，用于记录涉及认证的所有日常交易，包括管理员注册和注销以及用户初始化等。每个审计记录是自动创建的，管理员可以查询所有审计记录，但不能修改。

(4) 统计报表输出。PKI提供了创建报表的灵活方法，包括固定格式和自定义格式的报表。这些报表内容可以是统计各类用户表单，或有关用户密钥恢复的信息等。

3. CA对用户证书的管理

如果用户想得到一份证书，他首先需要向CA提出申请。CA对申请者的身份进行认证后，由用户或CA生成一对密钥，私钥由用户妥善保存，CA将公钥与申请者的相关信息绑定，并签名，形成证书发给申请者。如果用户想验证 CA 签发的另一个证书，可以用 CA 的公钥对此证书上的签名进行验证，一旦验证通过，该证书就认为是有效的。CA 除了签发证书，还负责证书和密钥的管理。

4. 密钥管理和 KMC

密钥管理是数据加密技术中的重要一环，密钥管理的目的是确保密钥的安全性。一个好的密钥管理系统应该做到：密钥难以被窃取；在一定条件下窃取了密钥也没有用，密钥有使用范围和时间的限制；密钥的分配和更换过程对用户透明，用户不一定要亲自掌管密钥。密钥管理中心（Key Management Center，KMC）向 CA 提供相关密钥服务，如密钥生成、密钥存储、密钥备份、密钥恢复、密钥更新和密钥销毁等，如图 3-29 所示。

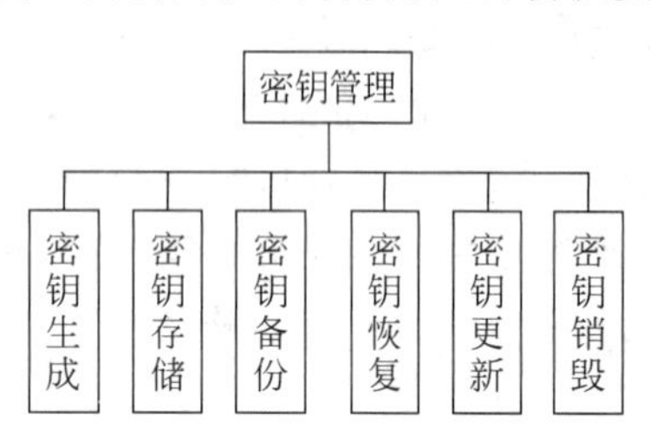

图 3-29　密钥管理中心构成

(1) 密钥生成。

KMC 最重要的职能就是为用户产生加密密钥对并提供解密私钥的托管服务，加密密钥对是在独立的设备中产生的，支持在线生成和离线密钥池方式。

① 认证机构将证书序列号、法人实体的验证签名公钥及法人相关信息提交给 KMC，请求 KMC 代法人产生加密密钥对。认证机构的密钥生成请求信息包括法人永久性 ID、实体鉴别密码器 m（可选）、证书服务编号（可选）、密钥长度。

② KMC 在收到认证机构提交的密钥对产生请求后立即产生加密密钥对。

③ KMC 向 CA 中心返回处理结果，包括加密公钥、经加密的解密私钥、KMC 对密钥对的签名。密钥对的产生，有两种方式：签名密钥使用者自己产生，此方式可以保证只有使用者自己知道密钥，不会泄漏给第三者。在 CA 中心产生加密密钥，在实体的保护下将密钥交给使用者，并将产生密钥有关的数据及密钥本身销毁。

当用户证书生成后，用户信息通过 RA 上传到 KMC，与加密密钥一起存到当前库进行托管保存，以便以后查询和恢复操作。所有的托管密钥都必须以分割和加密的方式保存在密钥数据库服务器中。

(2) 密钥存储。

双证书绑定同一个用户，其对应的私钥通过硬件介质保存。签名证书的私钥是用户自己产生，因此，信任方完全可以相信经过签名证书中所包含的公钥所验证过的信息确实经过证书所绑定的实体所签过名的，这保证了信息的完整性和不可抵赖性。然而，加密证书的私钥由 KMC 产生，并在该机构的数据库中备份了用户的私钥，实现用户密钥的托管。在这种情况下，用户和 KMC 都拥有用户加密证书所对应的私钥。

用户本地存储私钥，口令加密保存；当需要使用私钥时，对话框输入口令，读取相应私钥进行相应的操作。用户公钥明文和用户信息存储在一个数据表中，私钥经过加密，可以采用根 CA 公钥进行加密，存储于另一表中，其读取应输入相应管理员口令，公钥与私钥可以通过 ID 进行联系。

(3) 密钥传输。

用户提交申请信息，同时在用户端产生签名公钥与私钥，公钥经过加密上传给 CA 中心，经审核后，产生双证书，使用该用户的签名公钥进行加密，返回给用户，可以使用网站挂起或者经过用户邮箱进行发送。

(4) 密钥备份。

① 冷备(Cold Standby),通常是通过定期地对生产系统数据库进行备份,并将备份数据存储在磁盘等介质中。备份数据平时处于一种非激活的状态,直到故障发生导致生产数据库系统不可用,才激活。

② 热备(Warm Standby),通常需要一个备用的数据库系统。与冷备相似,只不过当生产数据库发生故障时,可以通过备用数据库的数据进行业务恢复。因此,热备的恢复时间比冷备大大缩短。

冷备采用硬件实现,不需要单独写代码。热备每天定时对当天的数据进行备份,备份文件经过口令加密,与存储相同,公钥与私钥分开备份,都要进行基本的口令加密,其间通过ID进行相应操作。

(5) 密钥和证书的更新。

证书更新的过程和证书签发非常相似,因为用户只是更新证书,他在申请证书时已经通过了审核,在证书更新时,不再需要审核过程。

① CA 可依其实际的需要,对于新旧证书的有效期限,制定自己的策略。前后证书的期限可以重叠或不重叠。若允许有效期重叠,可以避免 CA 可能在同一失效期限,必须重新签发大量的证书问题。

② 已逾期的证书必须从目录服务中删除。认证中心若提供不可否认(Non-Repudiation)服务时,认证中心必须将旧的证书保存一段时间,以备将来有争议时,验证签名解决争议之用。

(6) 查询。

OCSP 是一个简单的请求/响应协议,它使得客户端应用程序可以测定所需验证证书体系的状态。一个 OCSP 客户端发送一个证书状态查询给一个 OCSP 响应器,等待响应器返回一个响应。

协议对 OCSP 客户端和 OCSP 响应器之间所需要交换的数据进行了描述。一个 OCSP 请求包含协议版本、服务请求、目标证书标识和可选的扩展项等。OCSP 响应器对收到的请求返回一个响应(或出错信息、或确定的回复); OCSP 响应器返回出错信息时,该响应不用签名; 响应器返回确定的回复,该响应必须进行数字签名。在对每一张被请求证书的回复中包含有证书状态值: 正常、撤销、未知。"正常"状态表示这张证书没有被撤销,"撤销"状态表示证书已被撤销,"未知"状态表示响应器不能判断请求的证书状态。

(7) 注销。

当有一些特殊状况时,CA 必须停止某些证书的使用,注销此证书。例如,使用者在证书有效期未满之前,自觉其密钥不安全,或是 CA 对此使用者已丧失管辖权等状况,必须注销此证书。

证书注销主要是改变用户证书在 CA 数据库中的状态。将证书正常有效的状态改变为撤销的状态,同时从证书发布表中将该证书项删除,在证书撤销列表(CRL)中增加该证书项即完成了该证书的撤销。

下载根证书用户发送个人信息,产生签名公钥、私钥。私钥经过用户口令加密本地保存,公钥经过 CA 根证书加密后,发送用户信息审核,未通过信息保存到数据失败列表,审核通过信息发送到 KMC。离线产生加密公私钥对，进行公私钥存储：公钥与用户信息明文存储，私钥加密存储；查找通过口令和 ID 进行备份：用户签名公钥、用户信息以及用户的加密公钥一起存储，加密密钥通过根证书加密以后备份于另一数据表中，加密密钥使用用户个人公钥加密后返回给用户。网站上挂起发送用户邮箱，用户使用硬件，自己在中心取得吊销证书、生成吊销列表、查询证书状态、更改数据表、密钥恢复、读取备份、恢复密钥原系统，查询功能基本完成。对证书不了解的用户，注册时，向 CA 中心发送签名密钥，由根证书公钥自动完成加密操作，用户查询其他用户公钥并下载时，使用用户在中心存储的加密公钥进行加密，防止公钥在传输过程中被篡改。证书注销流程如图 3-30 所示。

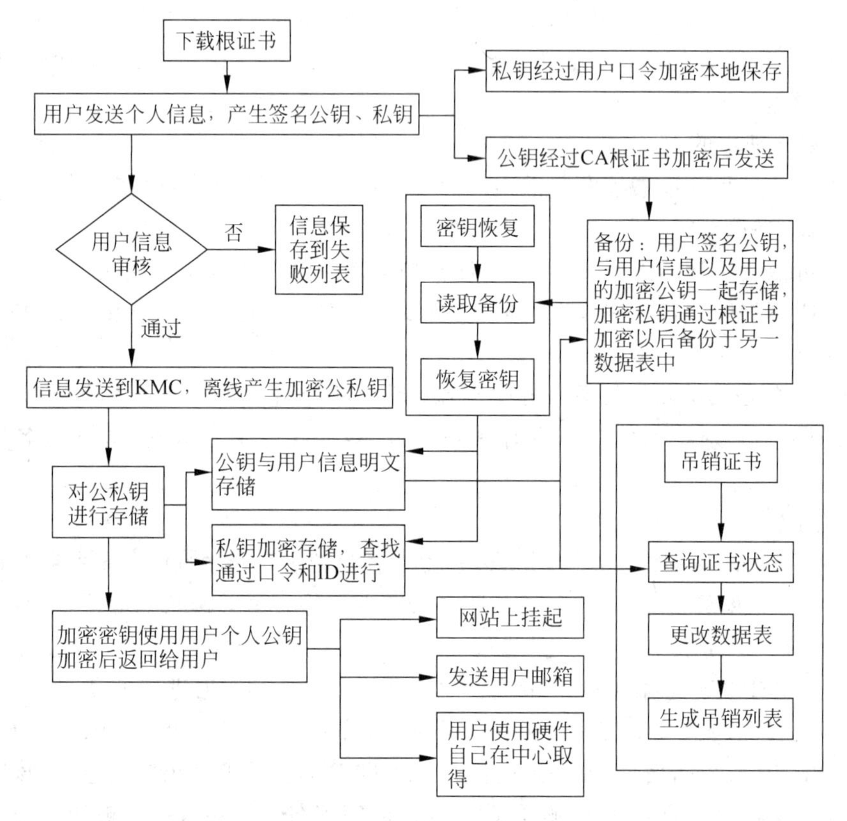

图 3-30 证书注销的流程

5. 时间戳服务

时间戳是一个具有法律效力的电子凭证，是各种类型的电子文件（数据文件）在时间、权属及内容完整性方面的证明。时间戳能证明用户在什么时间拥有一个什么样的电子文件（数据电文）。

时间戳主要用在商业秘密保护、工作文档的责任认定、著作权保护、原创作品、软件代码、发明专利、学术论文、试验数据、电子单据等方面。时间戳的颁发，必须要由可信的第三方时间戳服务机构提供可信赖的且不可抵赖的时间戳服务，其产生的时间戳才具有法律效力。时间戳服务中心（Time Stamp Authority，TSA）是由国家授时中心与共同建设的权威第三方公共时间戳服务机构。

时间戳服务是时间戳服务中心通过我国法定时间源和现代密码技术相结合而提供的一

种第三方服务，时间戳有效证明了数据电文（电子文件）产生的时间及内容完整性，解决了数据电文（电子文件）的内容和时间易被人为篡改、证据效力低、当事人举证困难的问题。按照《中华人民共和国电子签名法》的有关规定，加盖了时间戳的数据电文（电子文件）可以作为有效的法律证据，达到“不可否认”或“抗抵赖”的目的。

6. 数字证书的定义

数字身份认证是基于国际PKI标准的网上身份认证系统，数字证书相当于网上的身份证，它以数字签名的方式通过第三方权威认证有效地进行网上身份认证，帮助各个实体识别对方身份和表明自身的身份，具有真实性和防抵赖功能。与物理身份证不同的是，数字证书还具有安全、保密、防篡改的特性，可对企业网上传输的信息进行有效保护和安全的传递。

从数字签名使用对象的角度，目前的数字证书类型主要包括个人身份证书、企业机构身份证书、支付网关证书、服务器证书、安全电子邮件证书、个人代码签名证书。这些数字证书特点各有不同。

从数字证书的技术角度分，CA中心发放的证书分为两类：SSL证书和SET证书。SSL证书是服务于银行对企业或企业对企业的电子商务活动的；SET（安全电子交易）证书则服务于持卡消费、网上购物。虽然它们都是用于识别身份和数字签名的证书，但它们的信任体系完全不同，而且所符合的标准也不一样。简单地说，SSL数字证书的作用是通过公开密钥证明持证人的身份，SET证书的作用是通过公开密钥证明持证人在指定银行确实拥有该信用卡账号，同时也证明了持证人的身份。

(1) 个人身份证书：符合X.509标准的数字安全证书，证书中包含个人身份信息和个人的公钥，用于标识证书持有人的个人身份。数字安全证书和对应的私钥存储于E-key中，用于个人在网上进行合同签订、订单、录入审核、操作权限、支付信息等活动中标明身份。

(2) 企业机构身份证书：符合X.509标准的数字安全证书，证书中包含企业信息和企业的公钥，用于标识证书持有企业的身份。数字安全证书和对应的私钥存储于E-key或IC卡中，可以用于企业在电子商务方面的对外活动，如合同签订、网上证券交易、交易支付信息等方面。

(3) 支付网关证书：是证书签发中心针对支付网关签发的数字证书，是支付网关实现数据加解密的主要工具，用于数字签名和信息加密。支付网关证书仅用于支付网关提供的服务（Internet上各种安全协议与银行现有网络数据格式的转换）。

(4) 服务器证书：符合X.509标准的数字安全证书，证书中包含服务器信息和服务器的公钥，在网络通信中用于标识和验证服务器的身份。数字安全证书和对应的私钥存储于E-key中。服务器软件利用证书机制保证与其他服务器或客户端通信时双方身份的真实性、安全性、可信任度等。

(5) 企业机构代码签名证书：是CA中心签发给软件提供商的数字证书，包含软件提供商的身份信息、公钥及CA的签名。软件提供商使用代码签名证书对软件进行签名后放到Internet上，当用户在Internet上下载该软件时将会得到提示，从而可以确信：软件的来源；软件自签名后到下载前，没有遭到修改或破坏。代码签名证书可以对32-bit.exe、.cab、.ocx、.class等程序和文件进行签名。

(6) 安全电子邮件证书：符合X.509标准的数字安全证书，通过IE或Netscape申请，用 IE 申请的证书存储于 Windows 的注册表中，用 Netscape 申请的证书存储于个人用户目录下的文件中。用于安全电子邮件或需要客户验证身份的 Web 服务器(https 服务)。

(7) 个人代码签名证书：是 CA 中心签发给软件提供人的数字证书，包含软件提供个人的身份信息、公钥及 CA 的签名。软件提供人使用代码签名证书对软件进行签名后放到 Internet 上，当用户在 Internet 上下载该软件时将会得到提示，从而可以确信：软件的来源；软件自签名后到下载前，没有遭到修改或破坏。代码签名证书可以对 32-bit. exe、. cab、. ocx、. class 等程序和文件进行签名。

证书的撤销列表是一个被签署的列表，它指定了一套证书发布者认为无效的证书。除了普通 CRL 外，还定义了一些特殊的 CRL 类型用于覆盖特殊领域的 CRL。CRL 一定是被 CA 所签署的，可以使用与签发证书相同的私钥，也可以使用专门的 CRL 签发私钥。CRL 中包含了被吊销证书的序列号。

3.7 实　　训

实训　PGP 加密解密应用

实训目的：掌握对称加密、公钥加密、数字签名、认证，熟悉 PGP 加密原理、软件操作以及在电子邮件中的应用。

实训准备：熟悉 PGP 系统的基本工作原理。

PGP 是一个基于 RSA 公匙加密体系和对称加密体系的邮件加密软件包。PGP 的功能主要有两方面，PGP 可以对所发邮件进行加密以防止非授权者阅读，保障信息的机密性；PGP 还能对所发邮件进行数字签名，从而使接收者确信邮件的发送者，并确信邮件没有被篡改或伪造，也就是信息的认证性。在密钥管理方面，PGP 让用户可以安全地和从未见过的人们通信，事先并不需要任何保密的渠道来传递密匙。PGP 系统采用了审慎的密钥管理，一种 RSA 和传统 Hash 算法，用于数字签名邮件摘要算法的加密前压缩。结合已学密码学知识，简单介绍 PGP 系统的工作原理，如图 3-31 所示。

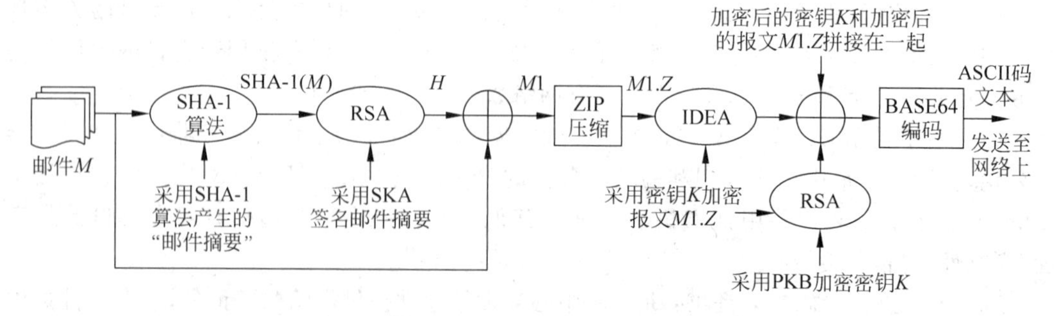

图 3-31　PGP 系统工作原理

假设 Alice 要发送一个邮件 M 给 Bob，要用 PGP 软件加密。首先，Alice 和 Bob 知道自己的私钥(SKA，SKB)，并且必须获得彼此的公钥(PKA，PKB)。

Alice 发送方，邮件 M 通过 SHA-1 算法运算生成一个 128 位的邮件摘要(Message Digest)，Alice 使用自己的私钥 SKA 和采用 RSA 算法对这个邮件摘要进行数字签名，得到

邮件摘要密文 H，密文 H 使 Bob 可以确认该邮件的来源。邮件 M 和 H 拼接在一起产生报文 $M1$，经过 ZIP 压缩，得到 $M1.Z$。接着，对报文 $M1.Z$ 使用对称加密算法（采用 IDEA），提供数据机密性。加密密钥是随机产生的一次性的临时加密密钥，即 128 位的 K，在 PGP 中称为会话密钥。此外，密钥 K 通过 RSA 和 Bob 的公钥 PKB 进行加密，以确保消息只能被 Bob 的私钥解密，提供了身份认证。加密后的密钥 K 和加密后的报文 $M1.Z$ 拼接在一起，用 BASE64 进行编码，编码目的是得出 ASCII 文件，通过网络发送给 Bob。

Bob 接收方，解密过程正好与发送方相反。Bob 收到加密邮件后，首先使用 BASE64 解码，并用 RSA 算法和自己的私钥 SKB 解出用于对称加密的密钥 K，用 K 恢复出 $M1.Z$。接着，对 $M1.Z$ 解压后还原出 $M1$，在 $M1$ 中分解出明文 M 和加密后的邮件摘要，并用 Alice 的公钥 PKA 恢复邮件摘要信息。最后，比较邮件摘要和 Bob 自己计算出的邮件摘要是否一致，如果一致则认为 M 确实为 Alice 发出的邮件。

实训内容：PGP 软件包使用，密钥对生成，文件加密与解密，邮件加密与解密、签名与验证。

(1) PGP 软件包使用。

PGP 新用户没有 PGP 密钥，则在图 3-32 所示对话框中选择 No，I'm a New User，然后在如图 3-33 所示对话框中选择所需安装组件。例如，如果选中 PGPmail for Microsoft Outlook Express 选项，就可以在 Outlook Express 中直接用 PGP 加密邮件内容。最后，必须重新启动计算机完成安装。

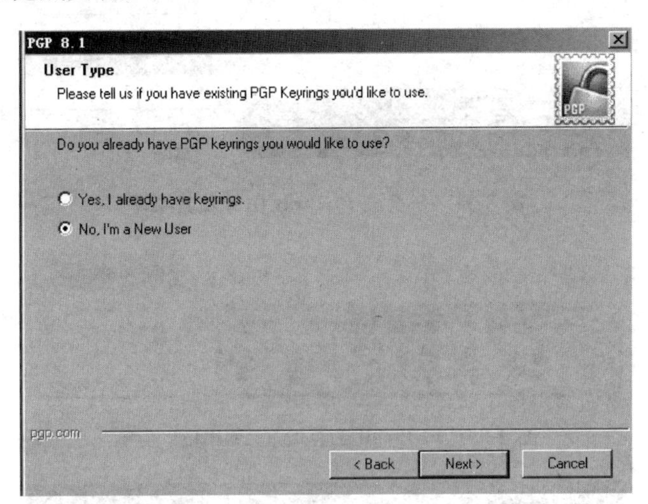

图 3-32　选择用户类型

启动计算机后，用户通过"开始"→"程序"→PGP 找到 PGP 软件包的工具盒，在操作系统任务栏右下方的一个锁状 PGPtray 图标（图 3-34）。用户可以使用 PGPmail、PGPKeys 和 PGPDisk 的功能，如图 3-35 所示为 PGPmail 工具条和 PGPDisk 菜单。

(2) PGP 导出密钥对。

① 选择"开始"|"程序"|PGP|PGPkeys 命令，启动 PGPkeys，如图 3-36 所示。

② 选择 Keys|New Key 命令，出现 Key Generation Winzard 向导，开始创建密钥对。

③ 输入全名和邮件地址（每一对密钥对应一个确定的用户）。用户名不一定要真实，但

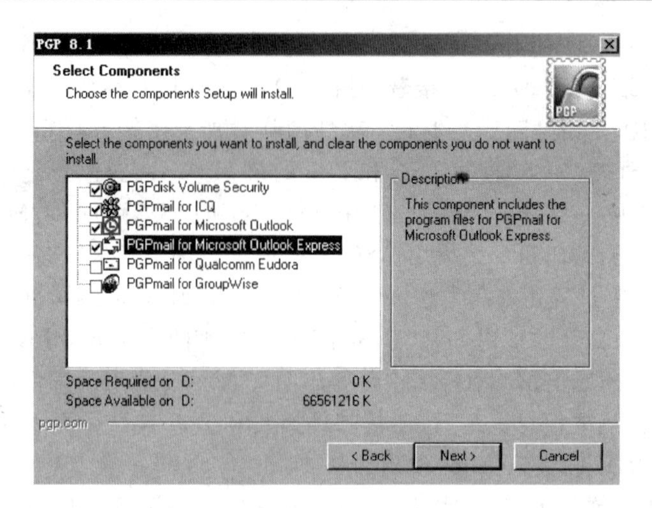

图 3-33 选择组件

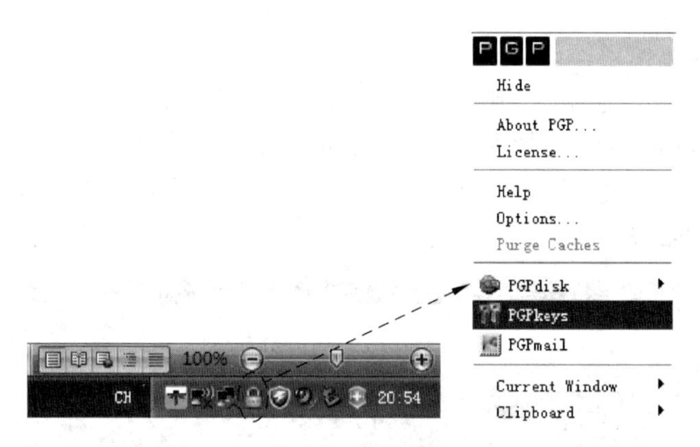

图 3-34 任务栏 PGPtray 图标及其菜单

图 3-35 PGPmail 工具条和 PGPDisk 菜单

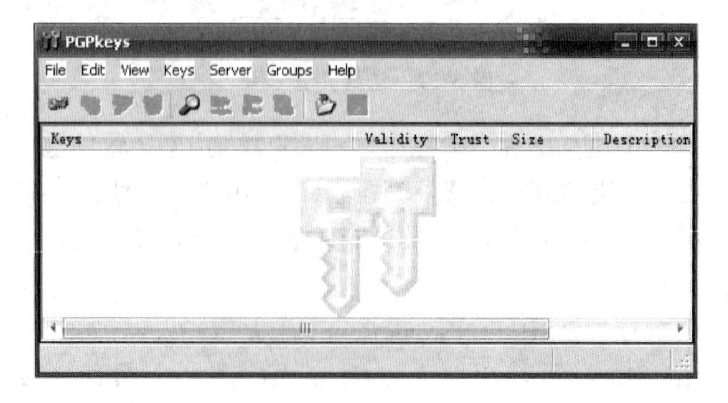

图 3-36 PGPkeys 启动界面

是通信者看到该用户名后能知道这个用户名对应的真实的人；邮件地址不需要真实，但是与你通信的人能在多个公钥中快速找出你的公钥，如图 3-37 所示。

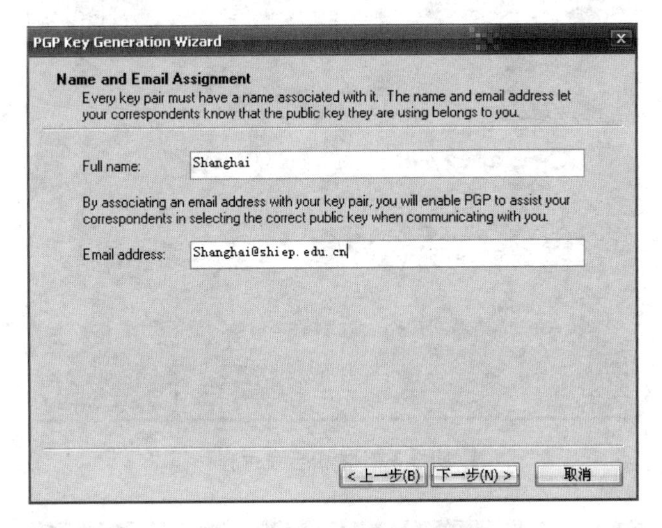

图 3-37　密钥生成界面

④ 在要求输入 Passphrase 的文本框中，两次输入 Passphrase 并再次确认；这里的 Passphrase 我们可以理解为保护自己私钥的密码，如图 3-38 和图 3-39 所示。

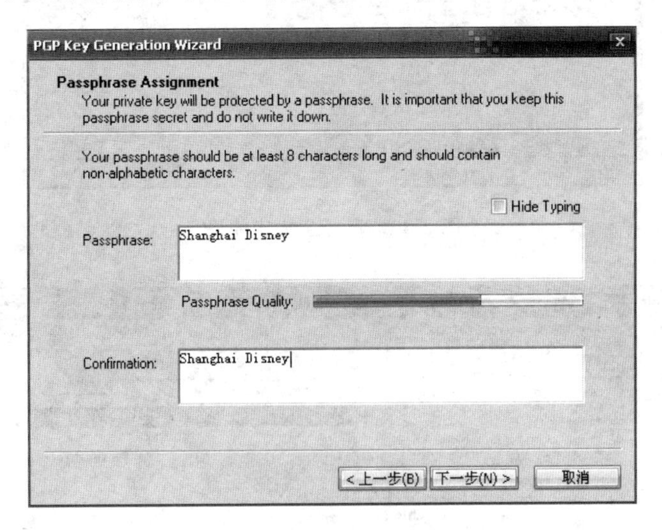

图 3-38　输入用户口令

⑤ 在 PGP 完成创建密钥对后，单击"下一步"按钮。单击"完成"按钮，打开 PGPkeys 主界面，如图 3-40 所示。找到并展开创建的密钥对并右击，在弹出的快捷菜单中选择 Key Properties 命令。

⑥ 接着导出公钥，把公钥作为一个文件保存在硬盘上，并把公钥文件作为邮件附件发送给希望进行安全通信的联系人。选择 Keys→Export 命令，如图 3-41 所示。

(3) 文件加密与解密。

有了对方的公钥之后，可以用对方公钥对文件进行加密，然后发送给对方。PGP 具体

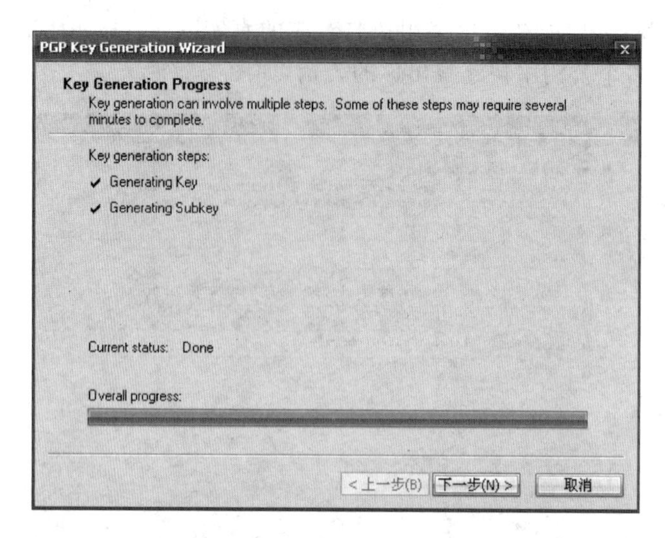

图 3-39 密钥生成过程

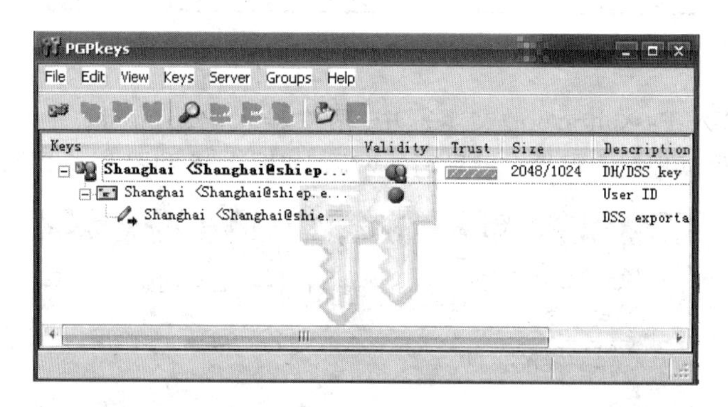

图 3-40 已经生成密钥图

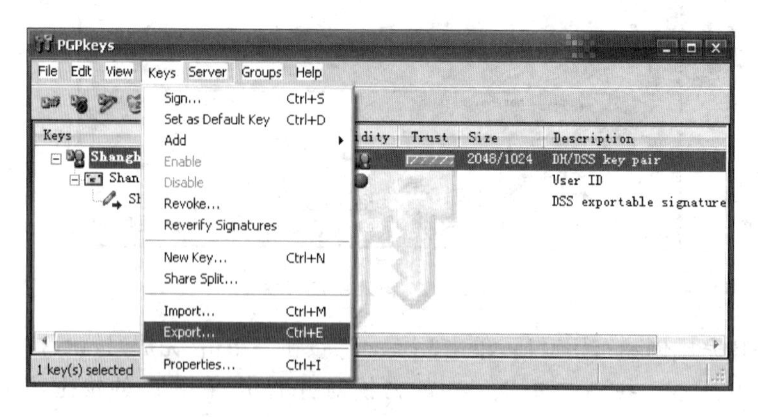

图 3-41 密钥的导出

操作如下：选中要加密的文件，在弹出的快捷菜单中选择 PGP|Encrypt 命令，如图 3-42 所示。在密钥选择对话框中，选择要接收文件的接收者。注意，用户所持有的密钥全部列在对话框的上部分，选择要接收文件人的公钥，将其公钥拖到对话框的下部分(Recipients)，如图 3-43 所示。单击 OK 按钮，并且为加密文件设置保存路径和文件名。

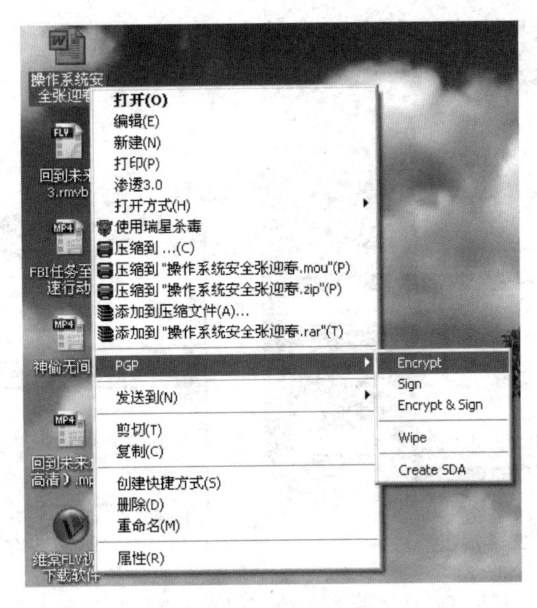

图 3-42　加密文件

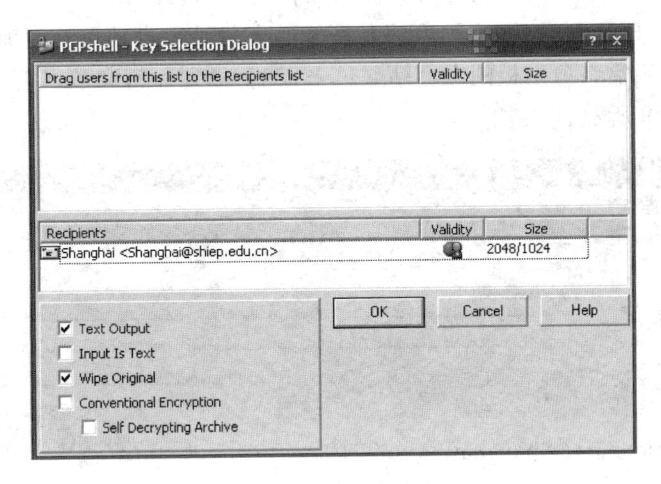

图 3-43　选择接收者

用户可将加密文件和签名文件作为电子邮件的附件发送给其他人。如果用户的邮件软件已经安装了 PGP 插件，那么加密和签名的操作可以在邮件软件中进行。此时，你就可以把该加密文件传送给对方。对方接收到该加密文件后，选中该文件并右击，在弹出的快捷菜单中选择 Decrypt & Verify 命令或双击加密文件图标，如图 3-44 所示。在图 3-45 所示的对话框中，输入私钥的密码(如 Shanghai Disney)，输入完后，单击 OK 按钮即可，接下来，要为已经解密的明文文件设置保存路径和文件名。保存后，明文就可以被直接查看了。

(4) PGP 邮件加密与解密、签名与验证。

使用 PGP 对邮件内容进行加密、签名的操作原理和对文件的加密、签名一样，都是选择对方的公钥进行加密而用自己的私钥进行签名，对方收到后使用自己的私钥进行解密，而使用对方的公钥进行签名验证。在具体操作上，先要将要加密、签名的邮件内容复制到剪贴板

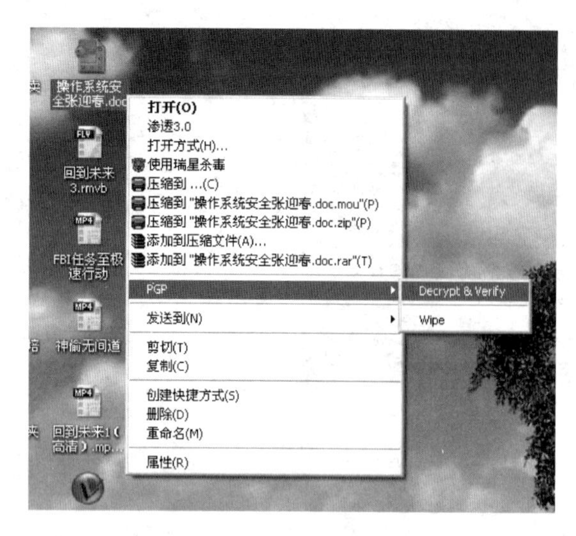

图 3-44 文件解密

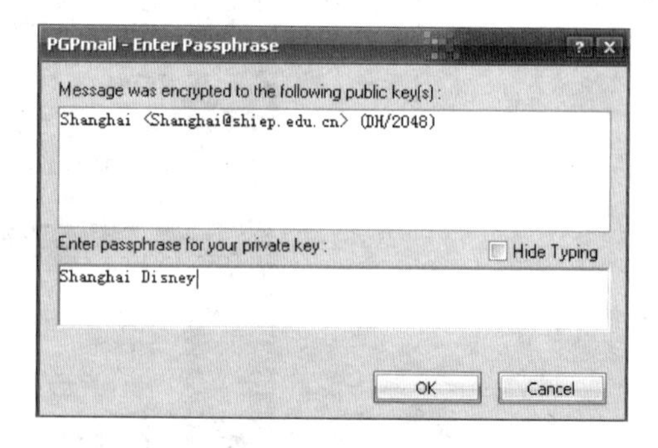

图 3-45 输入密钥

上，然后选择操作系统右下角 PGP 图标中的 Clipboard|Encrypt & Sign 命令，如图 3-46 所示。在随后出现的对话框中，和上述对文件的操作一样，选择对方的公钥进行加密，用自己的私钥进行签名。PGP 动作完成后，会将加密和签名的结果自动更新到剪贴板中。此时回到邮件编辑状态，只需将剪贴板的内容粘贴过来，就会得到加密和签名后的邮件，操作过程如图 3-47～图 3-49 所示。

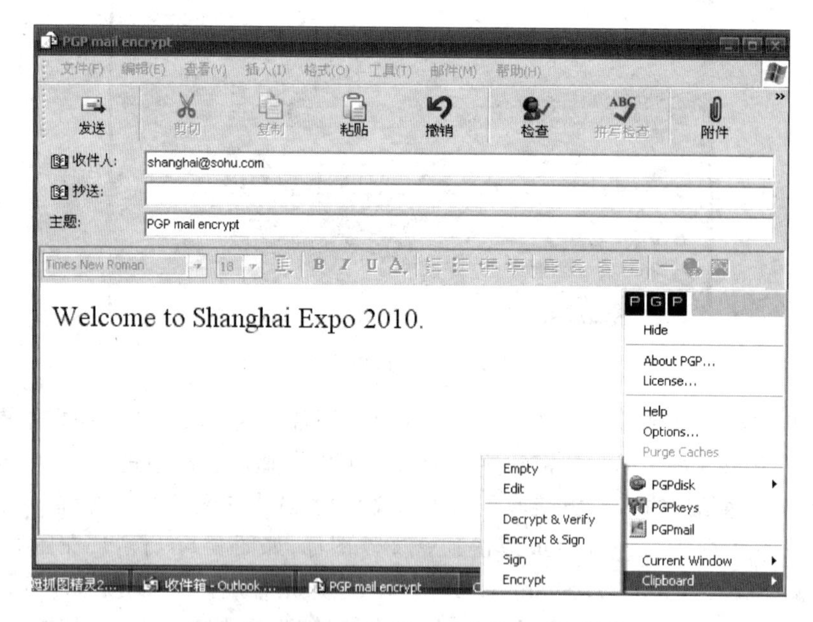

图 3-46 Encrypt & Sign 对邮件加密和签名

对方收到加密和签名邮件后，也同样先将邮件内容复制到剪贴板中，然后选择操作系统右下角 PGP 图标中的 Clipboard|Decrypt & Verify 命令完成解密和验证签名。解密和验证签名完成后，PGP 会自动出现 Text Viewer 窗口以显示结果，如图 3-50 所示。可以通过按钮将结果复制到剪贴板中，然后再粘贴到需要的地方。

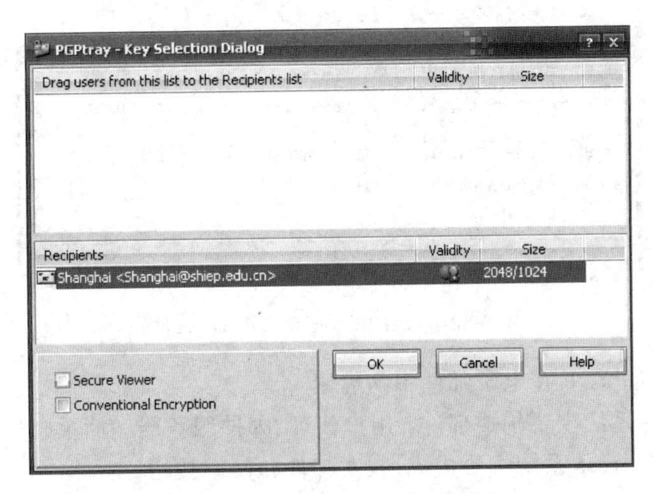

图 3-47　加密密钥选择对话框

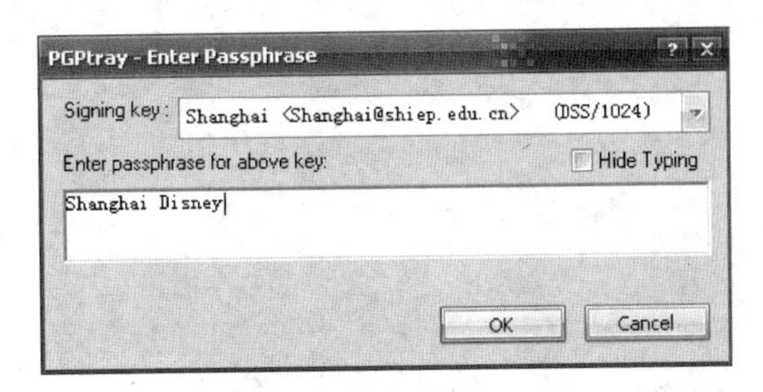

图 3-48　输入私钥

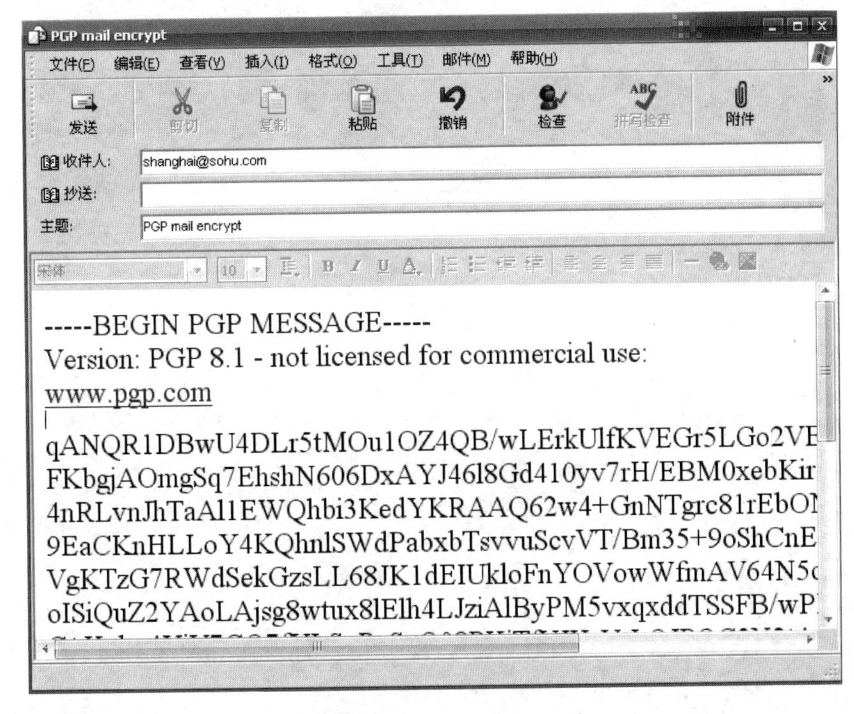

图 3-49　加密和签名后不可识别的文件

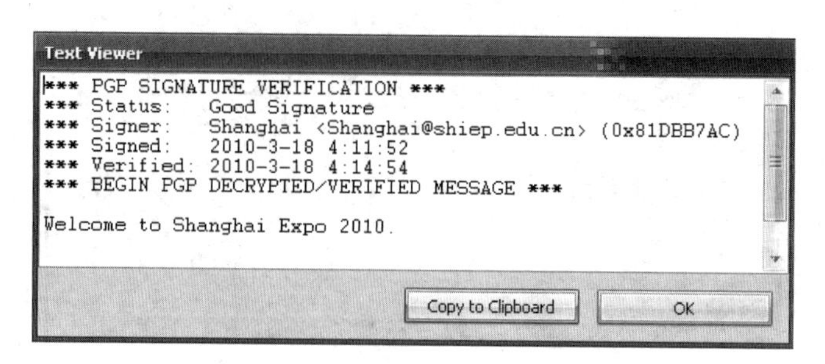

图 3-50 Text Viewer 窗口中显示结果

实训报告：验证 PGP 在电子邮件中的应用。

① 因特网邮件系统主要构成部件：用户代理、邮件服务器和简单邮件传输协议。

② Outlook Express 系统主要构成、收发邮件和使用技巧。

③ Outlook Express 加密、签名和解密、验证的基本功能。

第4章　网络攻击与安全防范

网络信息安全是社会稳定安全的必要前提条件。人们的生活已经无法脱离对网络与计算机的依赖，但是网络是开放的、共享的，因此，网络与计算机系统安全就成为科学研究的一个重大课题。面面对网络与计算机安全的研究不能局限于防御手段，还要从非法获取目标主机的系统信息、非法挖掘系统弱点等技术进行研究。本章介绍网络攻击技术基本概念、网络攻击的一般流程，重点介绍网络攻击目的、常见攻击方法，以及如何防范网络攻击。

4.1　网络攻击技术

4.1.1　网络攻击技术概述

网络攻击是对网络安全威胁的具体体现。互联网目前已经成为全球信息基础设施的骨干网络，互联网本身所具有的开放性和共享性对信息的安全问题提出了严峻挑战。由于系统脆弱性的客观存在，操作系统、应用软件、硬件设备不可避免地存在一些安全漏洞，网络协议本身的设计也存在一些安全隐患，这些都为攻击者采用非正常手段入侵系统提供了可乘之机。

十几年前，网络攻击还仅限于破解口令和利用操作系统漏洞等有限的几种方法，然而目前网络攻击技术已经随着计算机和网络技术的发展逐步成为一门完整系统的科学，它囊括了目标系统信息收集、弱点信息挖掘分析、目标使用权限获取、攻击行为隐蔽、攻击实施、开辟后门以及攻击痕迹清除等各项技术。

目前网络攻击技术和攻击工具发展很快，使得一般的计算机爱好者要想成为一名准黑客非常容易。常见网络攻击技术有网络嗅探技术、缓冲区溢出技术、拒绝服务攻击技术、IP欺骗技术、密码攻击技术等；常见的网络攻击工具有安全扫描工具、监听工具、口令破译工具等。网络攻击技术和攻击工具的迅速发展使得各个单位的网络信息安全面临越来越大的风险。要保证网络信息安全就必须想办法在一定程度上克服以上种种威胁，加深对网络攻击技术发展趋势的了解，尽早采取相应的防护措施。目前，网络攻击技术和攻击工具正在以下几个方面快速发展。

1. 网络攻击阶段自动化

当网络安全专家用“自动化”描述网络攻击时，网络攻击已经开始了一个新的令人恐惧的“里程碑”，就像工业自动化带来效率飞速发展一样，网络攻击的自动化促使了网络攻击速度的大大提高。自动化攻击一般涉及四个阶段。

(1) 扫描阶段。

攻击者采用各种新出现的扫描技术(隐藏扫描、安全扫描、智能扫描、指纹识别等)来推动扫描工具的发展，使得攻击者能够利用更先进的扫描模式来改善扫描效果，提高扫描速度。最近一个新的发展趋势是把漏洞数据同扫描代码分离出来并标准化,使得攻击者能自行对扫描工具进行更新。

(2) 渗透控制阶段。

传统的植入方式,如邮件附件植入、文件捆绑植入,已经不再有效,因为现在人们普遍都安装了杀毒软件和防火墙。随之出现的先进的隐藏远程植入方式,如基于数字水印远程植入方式、基于动态链接库(DLL)和远程线程插入的植入技术,能够成功地躲避防病毒软件的检测将受控端程序植入到目的计算机中。

(3) 传播攻击阶段。

以前需要依靠人工启动工具发起的攻击,现在发展到由攻击工具本身主动发起新的攻击。

(4) 攻击工具协调管理阶段。

随着分布式攻击工具的出现,攻击者可以很容易地控制和协调分布在 Internet 上的大量已经部署的攻击工具。目前,分布式攻击工具能够更有效地发动拒绝服务攻击,扫描潜在的受害者,危害存在安全隐患的系统。

2. 网络攻击智能化

随着各种智能性的网络攻击工具的涌现,普通技术的攻击者都有可能在较短的时间内向脆弱的计算机网络系统发起攻击。安全人员若要在这场入侵的网络战争中获胜,首先要做到"知彼知己",才能采用相应的对策组织这些攻击。

目前攻击工具的开发者正在利用更先进的思想和技术来武装攻击工具,攻击工具的特征比以前更难发现。相当多的工具已经具备了反侦破、智能动态行为、攻击工具变异等特点。

反侦破是指攻击者越来越多地采用具有隐蔽攻击工具特性的技术,使得网络管理人员和网络安全专家需要耗费更多的时间分析新出现的攻击工具和了解新的攻击行为。智能动态行为是指现在的攻击工具能根据环境自适应地选择,或预先定义决定策略路径来应对他们的模式和行为变化,并不像早期的攻击工具那样,仅仅以单一确定的顺序执行攻击步骤。攻击工具变异是指攻击工具已经发展到可以通过升级或更换工具的一部分迅速变化自身,进而发动迅速变化的攻击,且在每一次攻击中会出现多种不同形态的攻击工具。

3. 安全漏洞被利用的速度越来越快

安全漏洞是危害网络安全最主要的因素,安全漏洞并没有厂商和操作系统平台的区别,它在所有的操作系统和应用软件中都是普遍存在的。新发现的各种操作系统与网络安全漏洞每年都要增加一倍,网络安全管理员需要不断用最近的补丁修补相应的漏洞。但攻击者经常能够抢在厂商发布漏洞补丁之前,发现这些未修补的漏洞同时发起攻击。

4. 防火墙的渗透率越来越高

配置防火墙目前仍然是企业和个人防范网络入侵者的主要防护措施。但是,一直以来,攻击者都在研究攻击和躲避防火墙的技术和手段。从他们攻击防火墙的过程看,大概分为两类。第一类攻击防火墙的方法是探测在目标网络上安装的是何种防火墙系统,并且找出此防火墙系统允许哪些服务开放,这是基于防火墙的探测攻击。第二类攻击防火墙的方法是采取地址欺骗、TCP 序列号攻击等手法绕过防火墙的认证机制,达到攻击防火墙和内部网络的目的。

5. 安全威胁的不对称性在增加

Internet 上的安全是相互依赖的,每个 Internet 系统遭受攻击的可能性取决于连接到全球 Internet 上其他系统的安全状态。由于攻击技术水平的进步,攻击者可以比较容易地利用那些不安全的系统,对受害者发动破坏性的攻击。随着部署自动化程度和攻击工具管理技巧的提高,威胁的不对称性将继续增加。

6. 对网络基础设施的破坏越来越大

由于用户越来越多地依赖网络提供各种服务来完成日常相关业务,攻击者攻击位于 Internet 关键部位的网络基础设施造成的破坏影响越来越大。对这些网络基础设施的攻击,主要手段有分布式拒绝服务攻击、蠕虫病毒攻击、对 Internet 域名系统(DNS)的攻击和对路由器的攻击。尽管路由器保护技术早已成型,但许多用户并未充分利用路由器提供的加密和认证的特性进行相应的安全防护。

4.1.2 网络攻击的一般流程

网络攻击的具体过程一般分为以下 8 个阶段。

(1) 攻击身份和位置隐藏。隐藏网络攻击者的身份及主机位置,可以通过利用入侵主机(肉鸡)作为跳板、利用电话转接技术、盗用他人的账号上网、通过免费网关代理、伪造 IP 地址和假冒用户账号等技术实现。

(2) 目标系统信息收集。确定攻击目标并收集目标系统的有关信息,目标系统信息收集包括:系统的一般信息(硬件平台类型、系统的用户、系统的服务与应用等),系统及服务的管理、配置情况,系统口令的安全性,系统提供的服务的安全性等信息。

(3) 弱点信息挖掘分析。从收集到的目标信息中提取可使用的漏洞信息,包括系统或应用服务软件漏洞、主机信任关系漏洞、目标网络的使用者漏洞、通信协议漏洞、网络业务系统漏洞等。

(4) 目标使用权限获取。获取目标系统的普通或特权账户权限,获得系统管理员的口令,利用系统管理上的漏洞,令系统管理员运行特洛伊木马程序,窃听管理员口令。

(5) 攻击行为隐藏。隐藏在目标系统中的操作,防止攻击行为被发现。连接隐藏,冒充其他用户、修改 LOGNAME 环境变量、修改登录日志文件、使用 IP SPOOF 技术;进程隐藏,使用重定向技术减少 PS 给出的信息量、用木马代替 PS 程序;文件隐藏,利用字符串的相似来麻痹系统管理员,或修改文件属性使普通显示方法无法看到;利用操作系统可加载模块的特性,隐藏攻击时所产生的信息。

(6) 攻击实施。实施攻击或者以目标系统为跳板向其他系统发起新的攻击。攻击其他被信任的主机和网络;修改或删除重要数据;窃听敏感数据;停止网络服务;下载敏感数据;删除用户账号;修改数据记录。

(7) 开辟后门。在目标系统中开辟后门,方便以后入侵。放宽文件许可权;重新开放不安全的服务,如 REXD、TFTP 等;修改系统的配置,如系统启动文件、网络服务配置文件等；替换系统的共享库文件；修改系统的源代码，安装各种特洛伊木马；安装嗅探器；建立隐蔽通道。

(8) 攻击痕迹清除。清除攻击痕迹，逃避攻击取证。篡改日志文件中的审计信息；改变系统时间造成日志文件数据紊乱；删除或停止审计服务进程；干扰入侵检测系统的正常运行；修改完整性检测标签。

从上面的分析可以看出，网络攻击一般流程如图 4-1 所示。

攻击过程的关键阶段是弱点挖掘和权限获取，攻击成功的关键条件之一是目标系统存在的安全漏洞或弱点，网络攻击难点是目标使用权的获得。能否成功攻击一个系统取决于多方面的因素。

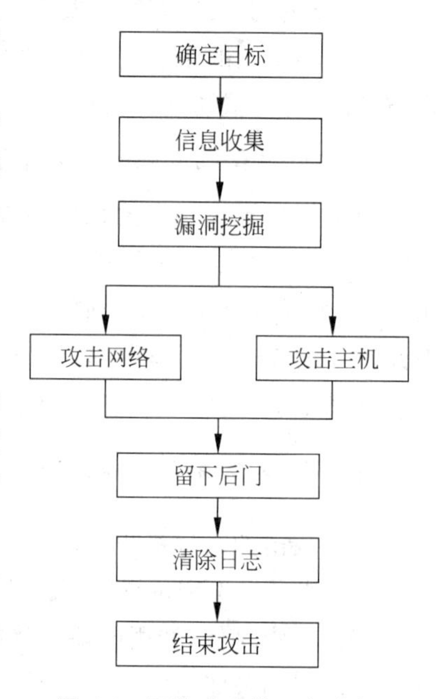

图 4-1 网络攻击的一般流程

4.1.3 黑客技术

黑客技术，简单地说，是对计算机系统和网络的缺陷和漏洞的发现，以及针对这些缺陷实施攻击的技术。这里说的缺陷，包括软件缺陷、硬件缺陷、网络协议缺陷、管理缺陷和人为的失误。

从理论上讲，开放系统都是会有漏洞的。黑客攻击是黑客自己开发或利用自己已有的工具寻找计算机系统和网络的缺陷及漏洞，并对这些缺陷实施攻击。黑客们最常用的手段是获得超级用户口令，他们总是先分析目标系统正在运行哪些应用程序，目前可以获得哪些权限，有哪些漏洞可加以利用，并最终利用这些漏洞获取超级用户权限，再达到他们的目的。

黑客技术是一把双刃剑，我们应该辩证地看待它。和一切科学技术一样，黑客技术的好坏取决于使用它的人。有些人不断地研究计算机系统和网络知识，发现系统和网络中存在的漏洞，他们的目的不是去破坏计算机系统，而是提出解决和修补漏洞的方法，进一步完善系统。然而，有些人研究计算机系统和网络中存在的漏洞则是以破坏为目的，他们修改网页，非法进入主机破坏程序，串入银行网络转移金钱等。

黑客在网上的攻击活动每年以 10 倍的速度增长，美国每年因黑客泛滥而造成的经济损失近百亿美元。然而，黑客技术的存在促进了网络的自我完善，可以使厂商和用户们更清醒地认识到网络中还有许多地方需要改善，促使计算机和网络产品供应商不断地改善他们的产品，对整个互联网的发展一直起着推动作用。因此，对黑客技术的研究有利于网络安全。网络战已经成为现代战争的一种趋势，很早就有人提出了“信息战”的概念并将信息武器列为继原子武器、生物武器、化学武器之后的第四大武器。在未来的战争中，黑客技术将成为主要手段。对黑客技术的研究有利于国家安全，对于国家安全具有更重要的战略意义。

4.2 黑客如何实施攻击

进行网络攻击不是一件简单的事情，它是一项步骤性很强的工作。一般的网络攻击都分为 3 个阶段：攻击的准备阶段、攻击的实施阶段和攻击的善后阶段。

4.2.1 攻击的准备阶段

在攻击的准备阶段要做好以下三件事：确定攻击目标，即选择待攻击的目标主机；收集被攻击对象的有关信息，如目标机的 IP 地址、操作系统类型和版本等；利用适当的工具进行扫描，即收集或编写适当的工具对目标进行扫描，发现安全漏洞。

1. 网络信息收集

网络信息收集是指黑客为了更加有效地实施攻击而在攻击前或攻击过程中对目标主机的所有探测活动。信息收集也被称为踩点(Foot Printing)，踩点原意为策划一项盗窃活动的准备阶段。举例来说，当盗贼决定抢劫一家银行时，他们不会大摇大摆地走进去直接要钱，而是狠下一番工夫来搜集这家银行的相关信息，包括武装押运车的路线及时间、摄像头的位置、逃跑出口等信息。在黑客攻击领域，踩点是传统概念的电子化形式。

通常踩点主要目的是获取目标的如下信息：目标主机的域名、IP 地址、操作系统类型、开放了哪些端口、端口运行着什么样的应用程序、应用程序有没有漏洞，域名服务器、邮件交换主机和网关等关键系统的位置及软硬件信息；内联网和 Internet 内容类似，主要关注内部网络的独立地址空间及名称空间，远程访问模拟/数字电话号码和 VPN 访问点，外联网与合作伙伴及子公司的网络的连接地址、连接类型及访问控制机制，开放资源未在上述列出的信息，例如 Usenet、雇员配置文件等。

为达到以上目的，黑客常采用以下技术。

(1) 开放信息源搜索。通过一些标准搜索引擎，揭示一些有价值的信息。例如，通过使用 Usenet 工具检索新闻组(Newsgroup)工作帖子，往往能揭示许多有用的东西。通过使用 Google 检索 Web 的根路径 c:\\inetpub，揭示出目标系统为 Windows 2003。对于一些配置过于粗心大意的服务器，利用搜索引擎甚至可以获得 passwd 等重要的安全信息文件。

踩点通常利用信息收集命令获得目标数据，包括 ping、arp、tracert、route 和 netstat。

ping 命令用来检查网络是否通畅或者网络连接速度，结果值越大，说明速度越慢。ping 命令给目标 IP 地址发送一个数据包，对方就要返回一个同样大小的数据包，根据返回的数据包我们可以确定目标主机的存在，可以初步判断目标主机的操作系统等。输入命令 ping/? 可查询 ping 命令参数。ping 命令可以直接 ping IP 地址，也可以 ping 主机域名，如图 4-2 所示。

ARP(Address Resolution Protocol，地址解析协议)的基本功能是通过目标设备的 IP 地址，查询目标设备的网卡 MAC 地址，同时将 IP 地址和 MAC 地址存入本机 ARP 缓存中，下次请求时直接查询 ARP 缓存。ARP 命令人工查询静态的网卡物理/IP 地址对，可对缺省网关和本地服务器等常用主机进行设置，有助于减少网络上的信息量。图 4-3 显示 IP 地

```
C:\>ping www.sohu.com -l 128 -t -n 3

Pinging pgderbjt01.a.sohu.com [118.228.148.141] with 128 bytes of data:

Reply from 118.228.148.141: bytes=128 time=46ms TTL=50
Reply from 118.228.148.141: bytes=128 time=45ms TTL=50
Reply from 118.228.148.141: bytes=128 time=46ms TTL=50

Ping statistics for 118.228.148.141:
    Packets: Sent = 3, Received = 3, Lost = 0 (0% loss),
Approximate round trip times in milli-seconds:
    Minimum = 45ms, Maximum = 46ms, Average = 45ms

C:\>
```

图 4-2 ping 搜狐网站

```
C:\>arp -a

Interface: 192.168.0.17 --- 0x10003
  Internet Address      Physical Address      Type
  192.168.0.1           00-1d-0f-98-a6-ea     dynamic

C:\>
```

图 4-3 arP 查询命令结果

址和 MAC 地址。

tracert 命令作为一个路由跟踪、诊断实用程序，通过发送 Internet 控制消息协议(ICMP)回显请求和回显答复消息，产生关于经过每个路由器的命令行报告输出，从而跟踪路径。通常用于测试网络的连通性，确定故障位置。通过对 tracert 路由跟踪数据包的精确解析，完整了解 tracert 命令的运行过程。图 4-4 显示本机到 www.yahoo.com 的所有路由器列表。

```
C:\>tracert www.yahoo.com

Tracing route to any-fp.wa1.b.yahoo.com [72.30.2.43]
over a maximum of 30 hops:

  1     1 ms    <1 ms    <1 ms  219.228.164.126
  2     1 ms     1 ms     1 ms  172.16.12.1
  3    <1 ms    <1 ms    <1 ms  172.16.21.1
  4     3 ms     3 ms     3 ms  222.72.145.129
  5    18 ms    20 ms    20 ms  222.72.144.117
  6     1 ms    <1 ms     1 ms  124.74.21.169
  7     2 ms     2 ms     2 ms  124.74.210.41
  8     3 ms     3 ms     3 ms  61.152.86.182
  9     4 ms     3 ms     2 ms  202.97.33.34
 10     4 ms     4 ms     4 ms  202.97.33.190
 11   134 ms   134 ms   133 ms  202.97.51.10
 12   131 ms   132 ms   131 ms  202.97.50.38
 13   131 ms   131 ms   131 ms  192.205.35.81
 14   165 ms   165 ms   165 ms  cr1.la2ca.ip.att.net [12.122.128.102]
 15   165 ms   165 ms   165 ms  cr1.sffca.ip.att.net [12.122.3.121]
 16   166 ms   166 ms   166 ms  cr83.sffca.ip.att.net [12.123.15.110]
 17   178 ms   178 ms   177 ms  12.122.137.97
 18   164 ms   164 ms   165 ms  12.86.154.18
 19   173 ms   173 ms   173 ms  ae1-p400.msr1.sk1.yahoo.com [216.115.106.153]
 20   175 ms   171 ms   171 ms  te-9-1.bas-k2.sk1.yahoo.com [68.180.160.15]
 21   173 ms   173 ms   213 ms  ir1.fp.vip.sk1.yahoo.com [72.30.2.43]

Trace complete.
```

图 4-4 本机到雅虎的路由器列表

route 命令用来显示、人工添加和修改路由表项目。route print 命令用于显示路由表中的当前项目，即在单路由器网段上的输出；由于用 IP 地址配置了网卡，因此所有的这些项目都是自动添加的。图 4-5 显示 route print 命令的使用。

```
C:\>route print
===========================================================================
Interface List
0x1 ........................... MS TCP Loopback interface
0x10003 ...00 25 64 b2 05 67 ...... Broadcom NetLink (TM) Gigabit Ethernet
===========================================================================
===========================================================================
Active Routes:
Network Destination        Netmask          Gateway       Interface  Metric
          0.0.0.0          0.0.0.0      192.168.0.1    192.168.0.17     20
        127.0.0.0        255.0.0.0        127.0.0.1       127.0.0.1      1
      192.168.0.0    255.255.255.0     192.168.0.17    192.168.0.17     20
     192.168.0.17  255.255.255.255        127.0.0.1       127.0.0.1     20
    192.168.0.255  255.255.255.255     192.168.0.17    192.168.0.17     20
        224.0.0.0        240.0.0.0     192.168.0.17    192.168.0.17     20
  255.255.255.255  255.255.255.255     192.168.0.17    192.168.0.17      1
Default Gateway:       192.168.0.1
===========================================================================
Persistent Routes:
  None

C:\>
```

图 4-5　route print 命令

netstat 命令用于显示与 IP、TCP、UDP 和 ICMP 相关的统计数据，一般用于检验本机各端口的网络连接情况。netstat 可以用来获得你的系统网络连接的信息、收到和发出的数据、被连接的远程系统的端口。netstat 在内存中读取所有的网络信息。netstat-a 命令的运行结果如图 4-6 所示。

```
C:\>netstat -a

Active Connections

  Proto  Local Address          Foreign Address        State
  TCP    b03b8cca9ac24e4:epmap  b03b8cca9ac24e4:0      LISTENING
  TCP    b03b8cca9ac24e4:microsoft-ds  b03b8cca9ac24e4:0      LISTENING
  TCP    b03b8cca9ac24e4:2869   b03b8cca9ac24e4:0      LISTENING
  TCP    b03b8cca9ac24e4:netbios-ssn  b03b8cca9ac24e4:0      LISTENING
  TCP    b03b8cca9ac24e4:2507   111.206.79.143:http    ESTABLISHED
  TCP    b03b8cca9ac24e4:2762   58.205.221.250:http    CLOSE_WAIT
  TCP    b03b8cca9ac24e4:2945   58.205.221.250:http    TIME_WAIT
  TCP    b03b8cca9ac24e4:2950   119.75.217.56:http     ESTABLISHED
  TCP    b03b8cca9ac24e4:2953   203.208.49.185:http    ESTABLISHED
  TCP    b03b8cca9ac24e4:2954   203.208.49.185:http    ESTABLISHED
  TCP    b03b8cca9ac24e4:2955   203.208.49.185:http    ESTABLISHED
  TCP    b03b8cca9ac24e4:2957   118.26.148.82:http     ESTABLISHED
  TCP    b03b8cca9ac24e4:2959   122.49.4.103:http      ESTABLISHED
  TCP    b03b8cca9ac24e4:2960   203.208.49.173:http    ESTABLISHED
  TCP    b03b8cca9ac24e4:2964   123.125.114.38:http    ESTABLISHED
  TCP    b03b8cca9ac24e4:2965   123.125.114.64:http    TIME_WAIT
  TCP    b03b8cca9ac24e4:2972   61.135.162.115:http    ESTABLISHED
  TCP    b03b8cca9ac24e4:2973   202.108.23.107:http    ESTABLISHED
  TCP    b03b8cca9ac24e4:2976   123.125.114.80:http    TIME_WAIT
  TCP    b03b8cca9ac24e4:2978   123.125.114.80:http    TIME_WAIT
```

图 4-6　netstat-a 命令运行结果

（2）whois 查询。whois 是目标 Internet 域名注册数据库。目前，可用的 whois 数据库很多，例如，查询 com、net、edu 和 org 等结尾的域名通过 http://www. networksolutions. com 得到，查询美国以外的域名通过查询 http://www. allwhois. com 得到相应 whois 数据库服务器的地址后完成进一步查询。

通过对 whois 数据库的查询，黑客能够得到以下用于发动攻击的重要信息：注册机构，得到特定的注册信息和相关的 whois 服务器；机构本身，得到与特定目标相关的全部信息；

域名，得到与某个域名相关的全部信息；网络，得到与某个网络或IP相关的全部信息；联系点(POC)，得到与某个人(一般是管理联系人)相关的信息。

(3) DNS区域传送。DNS区域传送是一种DNS服务器的冗余机制。通过该机制，辅DNS服务器能够从主DNS服务器更新自己的数据，以便主DNS服务器不可用时，辅DNS服务器能够接替主DNS服务器工作。正常情况下，DNS区域传送只对辅DNS服务器开放。然而，当系统管理员配置错误时，将导致任何主机均可请求主DNS服务器提供一个区域数据的备份，以致目标域中所有主机信息泄露。能够实现DNS区域传送的常用工具有dig、nslookup及Windows版本的Sam Spade。

踩点通常利用Windows平台的网络探测工具获得目标数据，包括搜索引擎、SamSpade、Whois数据库。

搜索引擎是一个非常有用的信息收集工具，如Baidu、Google具有很强的搜索能力，能够帮助攻击者获得目标系统相关信息，包括网站的弱点和不完善配置，如多数网站只要设置了目录列举功能，Google就能搜索出Index of页面。打开Index of页面能够浏览出一些隐藏在互联网背后的开放了目录浏览的网站服务器目录，可下载本无法看到的密码账户等有用文件，如图4-7所示。

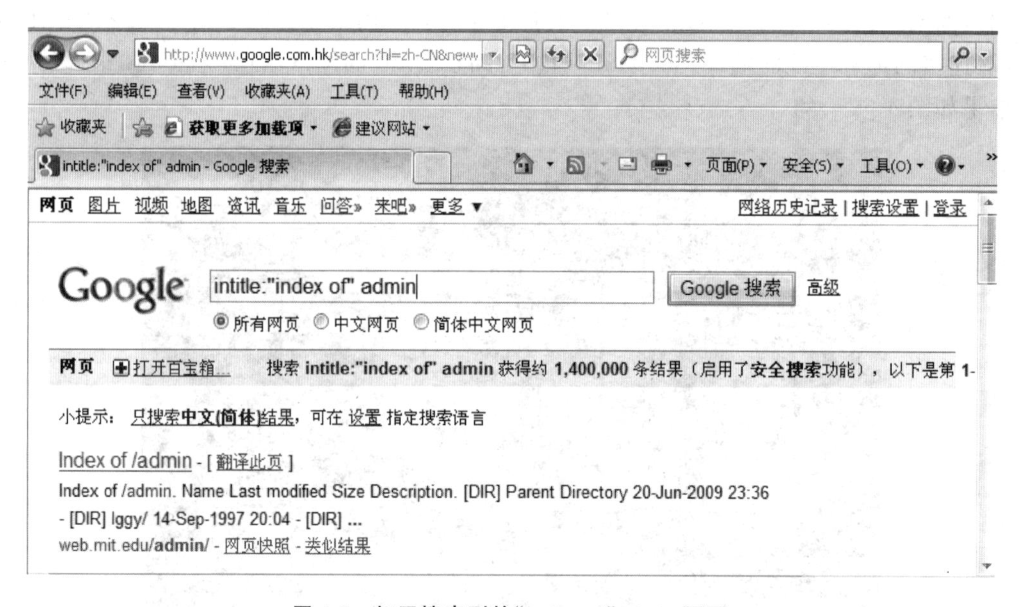

图4-7　打开搜索到的"Index of"admin页面

SamSpade是一款运行在Windows平台的集成工具箱软件，用于大量的网络探测、网络管理和与安全有关的任务，包括ping、nslookup、whois、dig、traceroute、finger、raw HTTP web browser、DNS zone transfer、SMTP relay check、website search等工具。运行SamSpade的电脑利用SamSpade的trace功能探测到达目标服务器的路径信息，如图4-8所示。

Internet上的各种Whois数据库也是非常有用的信息资源。这些资源包含各种关于Internet地址分配、域名和个人联系方式等数据。攻击者可以从Whois数据库了解目标的一些注册信息。图4-9列出了Whois常用的网站信息查询工具、域名IP类查询工具、使用

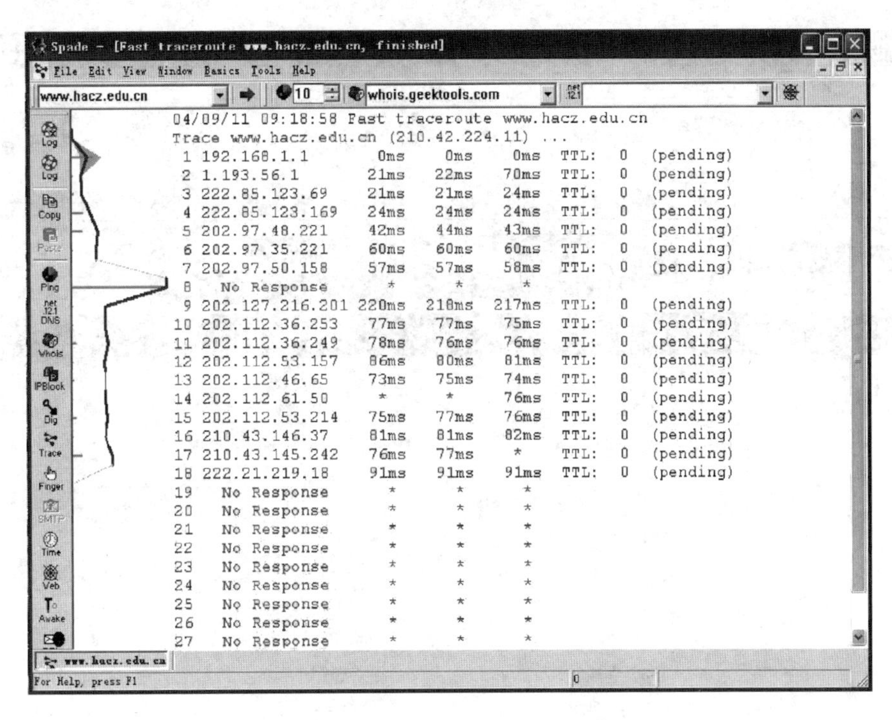

图 4-8 SamSpade 探测路径信息

代码转换工具等。图 4-10 显示了从“上海电信[站长之家]”连接到 Yahoo 服务器所经历的路由器。图 4-11 显示了通过查询 IP 地址得到的服务器的各种信息。图 4-12 分别介绍了 Whois 一些常用小工具的使用，包括 DNS 查询、MD5 加密、IP 地址与对应整数之间的转换及 IPv4 向 IPv6 地址的转换。

图 4-9 Whois.chinaz.com 查询工具

2. 进行网络扫描

踩点(Foot Printing)已经获得一定信息(如 IP 地址范围、DNS 服务器地址和邮件服务器地址等)，下一步需要确定目标网络范围内哪些系统是活动的，以及它们提供哪些服务；与盗窃案的踩点相比，扫描就像是辨别建筑物的位置并观察它们有哪些门窗。

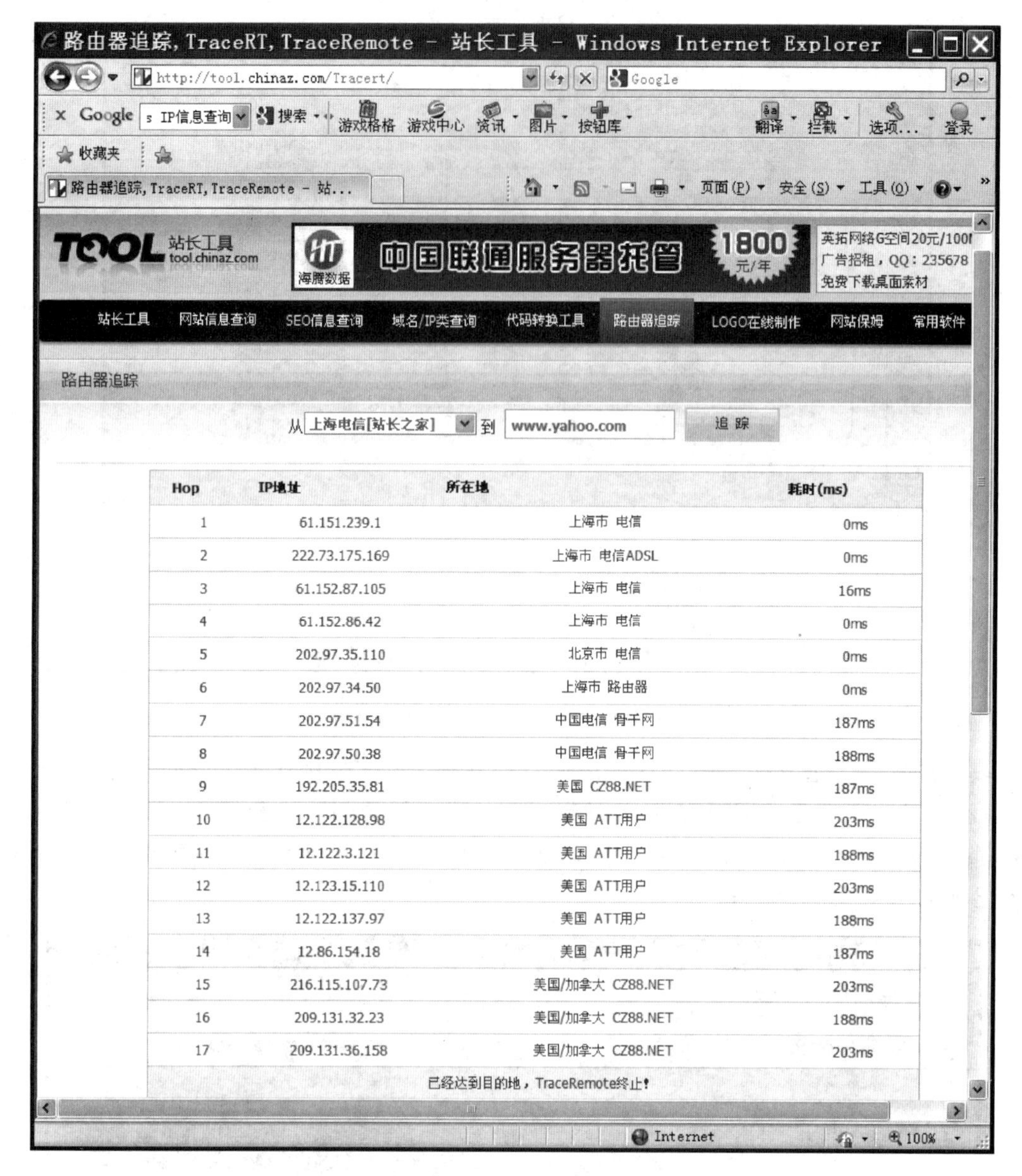

Hop	IP地址	所在地	耗时(ms)
1	61.151.239.1	上海市 电信	0ms
2	222.73.175.169	上海市 电信ADSL	0ms
3	61.152.87.105	上海市 电信	16ms
4	61.152.86.42	上海市 电信	0ms
5	202.97.35.110	北京市 电信	0ms
6	202.97.34.50	上海市 路由器	0ms
7	202.97.51.54	中国电信 骨干网	187ms
8	202.97.50.38	中国电信 骨干网	188ms
9	192.205.35.81	美国 CZ88.NET	187ms
10	12.122.128.98	美国 ATT用户	203ms
11	12.122.3.121	美国 ATT用户	188ms
12	12.123.15.110	美国 ATT用户	203ms
13	12.122.137.97	美国 ATT用户	188ms
14	12.86.154.18	美国 ATT用户	187ms
15	216.115.107.73	美国/加拿大 CZ88.NET	203ms
16	209.131.32.23	美国/加拿大 CZ88.NET	188ms
17	209.131.36.158	美国/加拿大 CZ88.NET	203ms

图 4-10 Whois 路由器追踪

扫描(Scanning)就是通过向目标主机发送数据报文，然后根据响应获得目标主机的情况。扫描的主要目的是使攻击者对攻击的目标系统所提供的各种服务进行评估，以便集中精力在最有希望的途径上发动攻击。根据方式的不同，扫描主要分为以下三种：地址扫描、端口扫描和漏洞扫描，端口扫描是网络扫描的核心技术。

地址扫描简单的做法就是通过 Ping 这样的程序判断某个 IP 地址是否有活动的主机，或者某个主机是否在线。Ping 程序向目标系统发送 ICMP 回显请求报文，并等待返回的 ICMP 回显应答。Ping 程序一次只能对一台主机进行测试。fping 能以并发的形式向大量的地址发出 ping 请求。对地址扫描的预防：在防火墙规则中加入丢弃 ICMP 回显请求信息，或者在主机中通过一定的设置禁止对这样的请求信息进行应答。

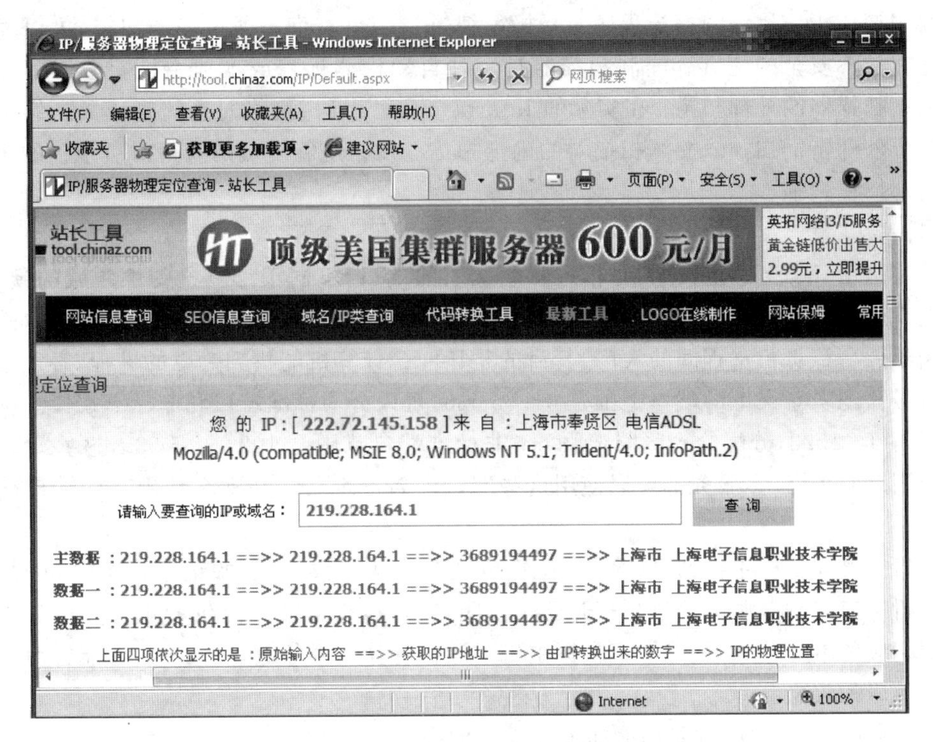

图 4-11 Whois 定位查询

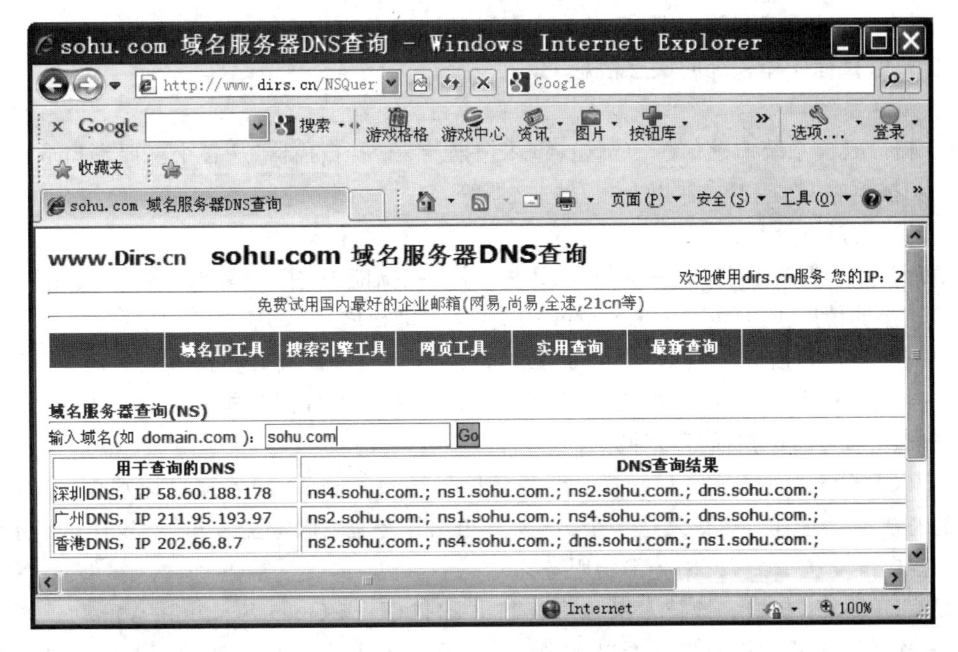

图 4-12 Whois DNS 查询

为区别通信的程序，在所有的 IP 数据报文中不仅有源地址和目的地址，也有源端口号与目的端口号。常用的服务是使用标准的端口号，只要扫描到相应的端口就能知道目标主机上执行着什么服务，然后入侵者才能针对这些服务进行相应的攻击。

漏洞扫描指使用漏洞扫描程序对目标系统进行信息查询。通过漏洞扫描,可以发现系统中存在的不安全的地方。漏洞扫描器是一种自动检测远程或本地主机安全性弱点的程序。漏洞扫描器的外部扫描:在实际的Internet环境下通过网络对系统管理员所维护的服务器进行外部特征扫描。漏洞扫描器的内部扫描。以系统管理员的身份对所维护的服务器进行内部特征扫描。

(1)端口。

端口是由TCP/IP定义的,是指逻辑意义上的端口,不同于计算机硬件领域的硬插槽,一个端口就是一个潜在的通信通道,也就是一个入侵通道。端口和进程是一一对应的。端口相当于两台计算机进程间的大门,其目的是让两台计算机能找到对方的进程,必须给端口进行编号。逻辑意义上的端口范围是0~65 535,可以分为标准端口和非标准端口。标准端口范围是0~1023,分配给一些固定服务;非标准端口范围是1024~65 535,这些端口不分配某个固定服务,许多服务都可以使用这些端口。病毒木马程序常常利用这些端口从事服务活动。

端口扫描向目标主机的TCP/IP服务端口发送探测数据包,并记录目标主机的响应。通过分析响应来判断服务端口是打开还是关闭,就可以得知端口提供的服务或信息。只要扫描到相应的端口开着,就能知道目标主机上运行着什么服务,然后入侵者才能针对这些服务进行相应的攻击。

扫描器(Scanner)的主要功能如下:

① 检测主机是否在线。

② 扫描目标系统开放的端口,有的还可以测试端口的服务信息。

③ 获取目标操作系统的敏感信息。

④ 破解系统口令。

⑤ 扫描其他系统敏感信息。例如,CGI扫描器、ASP扫描器、从各个主要端口取得服务信息的扫描器、数据库扫描器以及木马扫描器等。

(2)端口扫描分类。

最近几年,端口扫描提供基本的TCP和UDP扫描能力,集成多种扫描技术。端口扫描按端口连接的情况可分为TCP Connect扫描(全连接扫描)、TCP SYN扫描(半打开扫描)、秘密扫描和间接扫描等。TCP Connect扫描是最基础的一种端口扫描方式。TCP SYN扫描在扫描过程中没有建立完整的TCP连接,故又称为半打开扫描。秘密扫描包含TCP FIN扫描、TCP ACK扫描等多种方式。

① TCP Connect扫描。该扫描是调用套接口函数connect()连接目标端口,完成一次完整的三次握手过程。客户发送一个SYN分组给服务器;服务器发出SYN/ACK分组给客户;客户再发送一个ACK分组给服务器。

② TCP SYN扫描。该技术又称为半打开扫描(Half-Open Scanning),没有建立完全的TCP连接。扫描主机向目标端口发送一个SYN分组,如能收到来自目标端口的SYN/ACK分组,则可推断该端口处于监听状态。如果收到的是一个RST/ACK分组,则说明该端口未被监听。执行端口扫描的系统随后发出RST/ACK分组,这样并未建立任何"连接"。显然,该方法比较隐秘,不易被目标系统检测到。但是,如打开的半开连接数量过多时,会在目标主机上形成"拒绝服务"而引起对方的警觉。

③ TCP FIN 扫描。当申请方主机向目标主机一个端口发送 TCP 标志位 FIN 置位数据包，如果目标主机该端口是“关”状态，则返回一个 TCP RST 数据包；否则不回复。根据这一原理可以判断对方端口是处于“开”还是“关”状态。

④ TCP ACK 扫描。该技术用于探测防火墙的规则集。它可以确定防火墙是否只是简单地分组过滤、只允许已建好的连接(设置 ACK 位)；还是一个基于状态的、可执行高级的分组过滤防火墙。

⑤ TCP NULL 扫描。该技术是关掉所有的标志。根据 RFC 793 文档规定，如目标端口是关闭的，目标主机应该返回 RST 分组。

⑥ TCP SYN/ACK 扫描。该技术故意忽略 TCP 的三次握手。原来正常的 TCP 连接可以化简为 SYN-SYN/ACK-ACK 形式的三次握手来进行。这里，扫描主机不向目标主机发送 SYN 数据包，而先发送 SYN/ACK 数据包。目标主机将报错，并判断为一次错误的连接。若目标端口开放，目标主机将返回 RST 信息。

⑦ UDP 扫描。该技术是往目标端口发送一个 UDP 分组。如果目标端口发回 ICMP port unreachable 作为响应，则表示该端口是关闭的；否则该端口是打开的。由于 UDP 是无连接的、不可靠的协议，因此上述结果仅有参考价值。

(3) 端口扫描技术。

扫描主要技术有 ping 扫射、TCP/UDP 端口扫描、操作系统检测及旗标获取。

① ping 扫射是判别主机是否“活动”的有效方式。ping 用于向目标主机发送 ICMP 回射请求(Echo Request)分组，并期待由此引发的表明目标系统“活动”的回射应答(Echo Reply)分组。常用的 ping 扫射工具有操作系统的 ping 命令及用于扫射网段的 fping、WS_ping 等。

② 端口扫描就是连接到目标主机的 TCP 和 UDP 端口上，确定哪些服务正在运行及服务的版本号，以便发现相应服务程序的漏洞。著名的扫描工具有 superscan 及 NetScan Tool Pro。

③ 由于许多漏洞是和操作系统紧密相关的，因此，确定操作系统类型对于黑客攻击目标来说也十分重要。目前用于探测操作系统的技术主要可以分为两类：利用系统旗标信息，利用 TCP/IP 堆栈指纹。每种技术进一步细分为主动鉴别和被动鉴别。目前，常用的检测工具有 Nmap、Queso 和 Siphon。

④ 旗标获取，使用一个打开端口来联系和识别系统提供的服务及版本号。最常用的方法是连接到一个端口，按 Enter 键几次，看返回什么类型信息。

例如：

```
[Netat_svr#] Telnet 192.168.5.33 22
SSH-1.99-OpenSSH_3.1p1
```

表明该端口提供 SSH 服务，版本号为 3.1p1。

目前，一般的网络服务器都会配置安全防护设备，基本的有防火墙、入侵检测，一些重要的安全服务器会配置蜜罐系统、防 DoS 攻击系统和过滤邮件等。在扫描过程中根据扫描结果，需要判断目标使用了哪些安全防护措施。

获取的内容包括：

① 获取目标的网络路径信息。目标网段信息：确认目标所在的网段、掩码情况，判断安全区域划分情况，为可能的跳板攻击做准备。目标路由信息：确认目标所在的具体路由情况，判断在路由路径上的各个设备类型，如是路由器、三层交换机或防火墙。

② 了解目标架设的具体路由情况，确认目标是否安装了安全设施。一般对攻击影响较大的包括防火墙、入侵检测和蜜罐系统。

③ 了解目标使用安全设备情况。这对攻击的隐蔽性影响很大，同时也决定了在后门安全防御的困难程度。这部分主要包括入侵检测、日志审计及防病毒安装情况。

通过扫描，入侵者掌握了目标系统所使用的操作系统，下一个工作是查点(Enumeration)。查点就是搜索特定系统上用户和用户组名、路由表、SNMP 信息、共享资源、服务程序及旗标等信息。查点所采用的技术依操作系统而定。

Windows 系统主要采用的技术有查点 NetBIOS 线路、空会话(NULL Session)、SNMP 代理和活动目录(Active Directory)等。网络踩点收集网络用户名、IP 地址范围、DNS 服务器以及邮件服务器等有价值信息。网络扫描将确定哪些系统在活动，并能从因特网上访问到。

① 确定系统是否在活动。早期的 ping 用于向某个目标系统发送 ICMP 回送请求(Echo Request)分组(ICMP 类型为 8)，并期待目标系统返回 ICMP 回送应答(Echo Reply)分组(ICMP 类型为 0)。对于中小规模的网络，利用这种方法来确定系统是否在活动，是可行的。但对于大规模网络，Ping 的方法就显得效率低下。

在 Windows 系统中，有许多可以用来进行 ICMP Ping 扫描的工具，其中 fping 是以并行的轮询形式发出的大量的 ping 请求。fping 工具有两种用法：一种是通过标准输入设备(stdin)向它提供一系列 IP 地址；另一种是从文件中读取。每行放一个 IP 地址，组成一个文件 abc.txt，格式如下：

```
192.168.26.1
192.168.26.2
⋮
192.168.26.253
192.168.26.254
```

然后，使用“-H”参数读入文件：

```
C:>fping - H abc.txt
Fast pinger version 2.22
(c) Wouter Dhondt (http://www.kwakkelflap.com)
Pinging multiple hosts with 32 bytes of data every 1000 ms:
Reply[1] from 192.168.26.1: bytes = 32 time = 0.5 ms TTL = 64
Reply[2] from 192.168.26.2: bytes = 32 time = 0.5 ms TTL = 64
    ⋮
192.168.26.134 request timed out(该机器没有启动)
    ⋮
Reply[253] from 192.168.26.253: bytes = 32 time = 0.5 ms TTL = 64
Reply[254] from 192.168.26.254: bytes = 32 time = 0.5 ms TTL = 64
Ping statistics for multiple hosts:
  Packets:Sent = 254,Received = 127,Lost = 127 (50 % loss)(机器活动数量 127 台，未启动
```

```
数量 127 台)
Approximate round trip times in milli - seconds:
    Minimum = 0.2 ms,Maximum = 0.5 ms,Average = 0.3 ms
```

fping 有许多选项,不再一一列举。对 Windows 系统而言,美国 Foundstone 公司开发的 SuperScan 软件的速度是最快的。与 fping 类似,SuperScan 在同时发出多个 ICMP 回送请求分组后等待并监听目标主机的响应,它也允许把解析出的主机名存放在 HTML 文件中。

② 确定哪些服务正处于监听状态。确定当前监听的端口,对于确定所用的操作系统和应用程序的类型至关重要。因此,对目标系统的 TCP 和 UDP 端口进行连接,以达到了解该系统正在运行哪些服务的过程就称为端口扫描。下面介绍流行的且经过时间考验的基于 Windows 的端口扫描工具。

a. SuperScan,目前速度最快、适应面广的 Windows 端口扫描工具之一,既是一款黑客工具,又是一款网络安全工具。黑客利用它的拒绝服务攻击(Denial of Service,DoS)收集远程网络主机信息。作为安全工具,SuperScan 能够帮助你发现网络中的弱点。它可以用来进行 ping 扫描、TCP 端口扫描、UDP 端口扫描,还可以组合多种技术同时进行扫描。

b. Advanced Port Scanner,是一种形式简洁、扫描迅速以及易于使用的端口扫描器,可以进行多线程扫描。这种端口扫描器为一般端口列出详情,可以在扫描前预先设置扫描的端口范围或者是基于常用端口列表,扫描结果以图的形式显示出来。

c. 端口扫描检测程序,在 Windows 平台上,由 Independent Software 公司编写的 Genius 2.0 软件可以用来监测简单的端口扫描活动,这个工具适用于 Windows 2000/2003。Genius 会在一段给定时间内同时监听大量的端口打开请求,当它监测到一次扫描时,就会弹出一个窗口向你报告来犯者的 IP 地址和 DNS 主机名。

③ 确定被扫描系统的操作系统类型。要确定一个系统的操作系统类型有两个方法:一个是主动协议栈指纹鉴别,另一个是被动协议栈指纹鉴别。由于 TCP/IP 协议栈只是在 RFC 文档中描述,并没有一个统一的行业标准,各个公司在编写应用于自己操作系统的 TCP/IP 协议栈时,对 RFC 文档做出了不尽相同的诠释,于是造成了各个操作系统在 TCP/IP 协议栈的实现上不同。

协议栈指纹鉴别(Stack Fingerprinting)是指不同厂家的 TCP/IP 协议栈实现之间存在细微差别,通过探测这些差异,能够对目标系统所用的操作系统进行比较准确的判别。

主动协议栈指纹鉴别基本内容如下:

a. FIN 探测分组。发送一个只有 FIN 标志位的 TCP 数据包给一个打开的端口,Windows 发回一个 FIN/ACK 分组。

b. ACK 序号。发送一个 FIN/PSH/URG 数据包到一个关闭的 TCP 端口,Windows 发回序号为初始序号加 1 的 ACK 包。

c. 虚假标记的 SYN 包。在 SYN 包的 TCP 首部设置一个准确定义的 TCP 标记,Windows 系统在响应字节中,不设置该标记,而是会复位连接。

d. ISN(初始化序列号)。在响应一个连接请求时,Windows 系统选择 TCP ISN 时采用一种时间相关的模型。

e. TOS(服务类型)。对于 ICMP 端口不可达消息,Windows 送回包的值为 0。

f. 主机使用的端口。Windows 会开放一些特殊的端口,比如 137、139 和 445。

被动协议栈指纹鉴别基本内容:

主动协议栈指纹识别需要主动往目标发送数据包,往往容易被 IDS 捕获。为了隐秘地识别远程操作系统,就需要使用被动协议栈指纹识别。被动协议栈指纹识别在原理上和主动协议栈指纹识别相似,但是它不主动发送数据包,只是被动地捕获远程主机返回的包,分析其操作系统类型或版本。

在 TCP/IP 会话中,有三个基本属性对识别操作系统有用。Windows 三个基本属性如下:

① TTL = 128,Time-To-Live 表示存活期。

② Windows Size 窗口大小= 0x402e。

③ Don't Fragment 位(DF)= 0(分片)。

被动分析这些属性,符合上述结果,则远程操作系统类型为 Windows。

(4) 端口扫描器。

① 端口扫描程序 NMap(Network Mapper)。NMap 是一款开源免费的网络发现(Network Discovery)和安全审计(Security Auditing)工具,一个跨平台的端口扫描工具。NMap 是一个网络连接端扫描软件,用来扫描网上电脑开放的网络连接端,确定哪些服务运行在连接端,并且推断计算机运行哪个操作系统(亦称 Fingerprinting)。

NMap 四项基本功能:主机发现(Host Discovery)、端口扫描(Port Scanning)、版本侦测(Version Detection)、操作系统侦测(Operating System Detection)。这四项功能之间存在大致的依赖关系,首先需要进行主机发现,随后确定端口状况,然后确定端口上运行的具体应用程序与版本信息,然后可以进行操作系统的侦测。在四项基本功能的基础上,NMap 提供防火墙与入侵检测系统(Intrusion Detection System,IDS)的规避技巧,可以综合应用到四个基本功能的各个阶段;NMap 提供强大的 NSE(Nmap Scripting Language)脚本引擎功能,脚本可以对基本功能进行补充和扩展。

ZenMap 是 NMap 官方提供的用 Python 语言编写而成的开源免费的图形界面(见图 4-13),能够运行在不同的操作系统平台上。ZenMap 为 NMap 提供简单的操作方式,常用的操作命令可以保存成为 Profile,用户扫描时选择 Profile 即可;可以方便地比较不同的扫描结果;提供网络拓扑结构(Network Topology)的图形显示功能。其中 Profile 栏位,用于选择"Zenmap 默认提供的 Profile"或"用户创建的 Profile";Command 栏位,用于显示选择 Profile 对应的命令或者用户自行指定的命令;Topology 选项卡,用于显示扫描到的目标机与本机之间的拓扑结构。

a. 主机发现(Host Discovery)。主机发现,即用于发现目标主机是否在线(Alive,处于开启状态),如图 4-14 所示。主机发现原理与 ping 命令类似,发送探测包到目标主机,如果收到回复,说明目标主机是开启的。

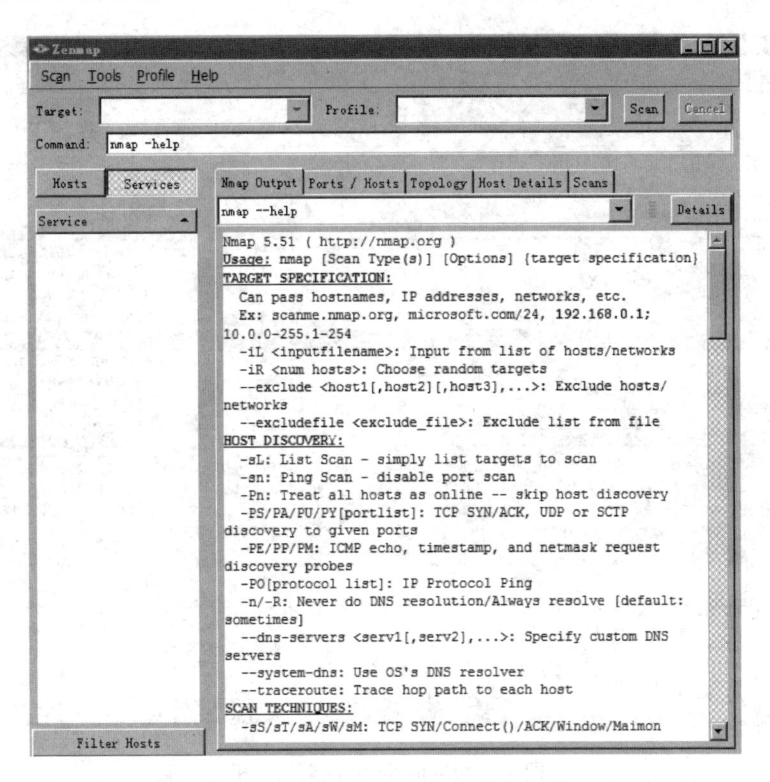

图 4-13 ZenMap 扫描远程操作系统

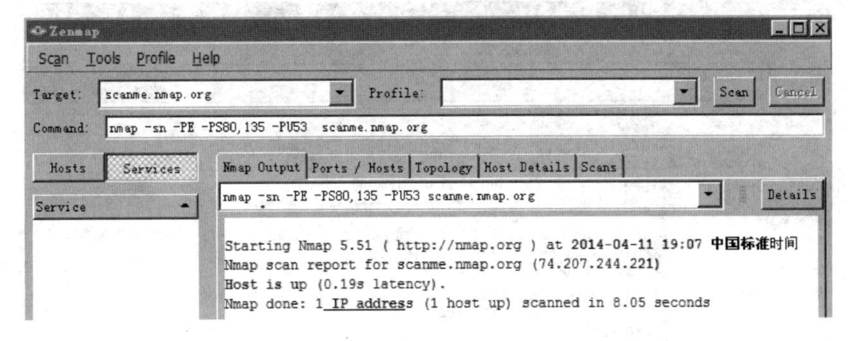

图 4-14 主机发现简单演示

使用 Wireshark 抓包,我们看到,scanme. nmap. org 的 IP 地址 182. 140. 147. 57 发送了四个探测包: ICMPEcho, 80 和 135 端口的 TCP SYN 包, 53 端口的 UDP 包(DNS Domain)。收到 ICMP Echo 的回复与 80 端口的回复,如图 4-15 所示,从而确定了 scanme. nmap. org 主机正常在线。

b. 端口扫描(Port Scanning)。端口扫描是 NMap 最基本最核心的功能,用于确定目标主机的 TCP/UDP 端口的开放情况。NMap 提供丰富的命令行参数来指定扫描方式和扫描端口,如图 4-16 所示。NMap 通过探测将端口划分为 6 个状态: open,端口是开放的; closed,端口是关闭的; filtered,端口被防火墙 IDS/IPS 屏蔽,无法确定其状态; unfiltered,端口没有被屏蔽,但是否开放需要进一步确定; open|filtered,端口是开放的或被屏蔽; closed|filtered,端口是关闭的或被屏蔽。

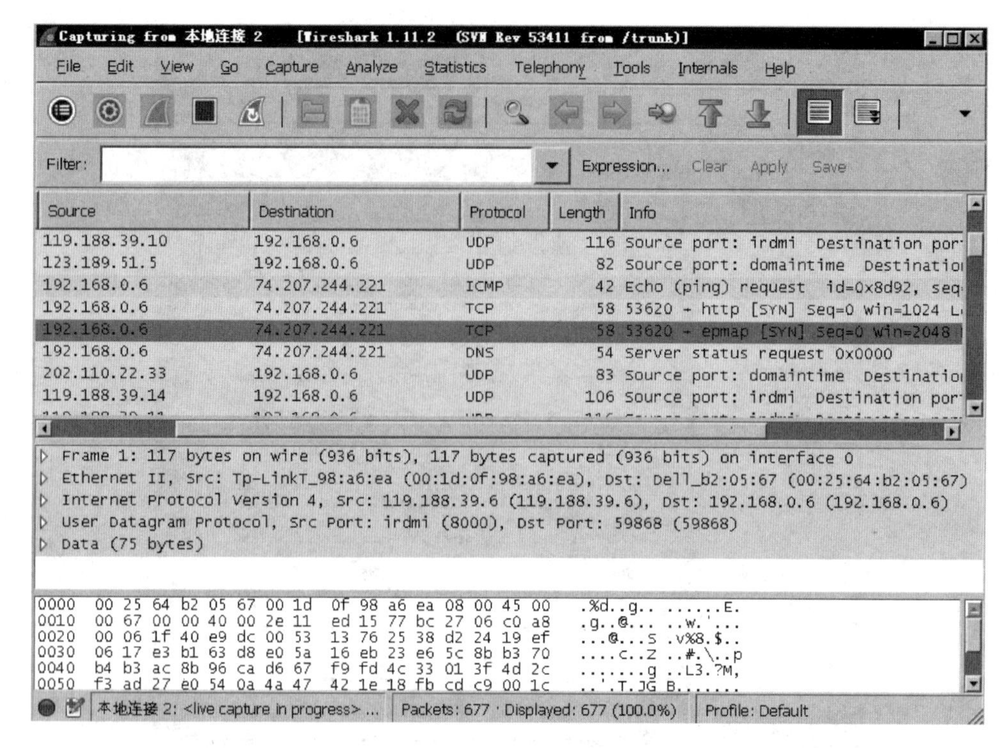

图 4-15 Wireshark 数据包分析

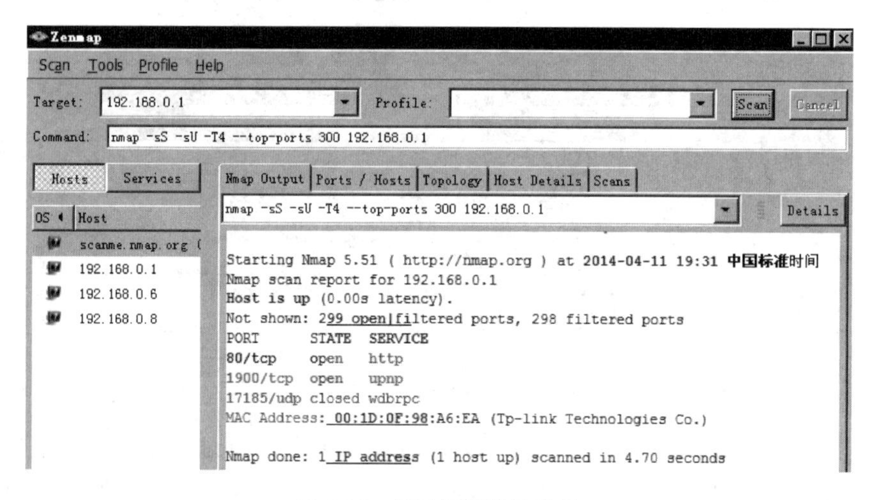

图 4-16 端口扫描简单演示

从图 4-16 中,我们看到扫描结果,横线处写明共有 589 个端口是关闭的;深色框图中列举出开放的端口和可能是开放的端口。

c. 版本侦测(Version Detection)。版本侦测,用于确定目标主机开放端口上运行的具体的应用程序及版本信息。图 4-17 显示操作系统 Windows 版本信息。

从结果中,我们可以看到 996 个端口是关闭状态,对于 4 个 open 的端口进行版本侦测。图中红色为版本信息。红色线条划出部分是版本侦测得到的附加信息,因为从应用中检测到微软特定的应用服务,所以推断出对方运行的是 Windows 操作系统。

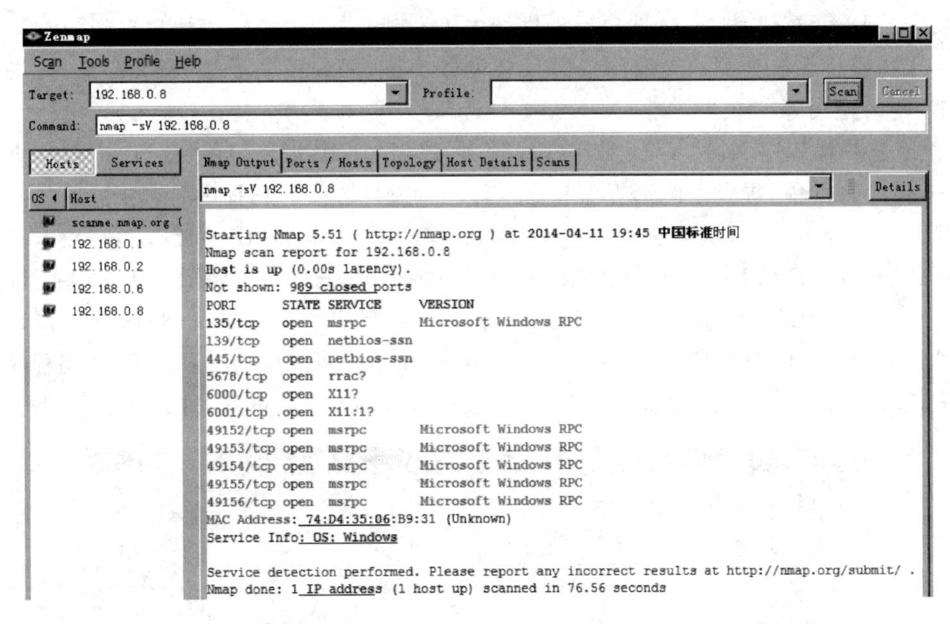

图 4-17 显示 Windows 版本信息

d. 操作系统侦测(Operating System Detection)。操作系统侦测用于检测目标主机运行的操作系统类型及设备类型等信息,NMap 使用 TCP/IP 协议栈指纹来识别不同的操作系统和设备,目前可以识别 2600 多种操作系统与设备类型。NMap 拥有丰富的系统指纹数据库 nmap-os-db,图 4-18 显示设备类型信息。

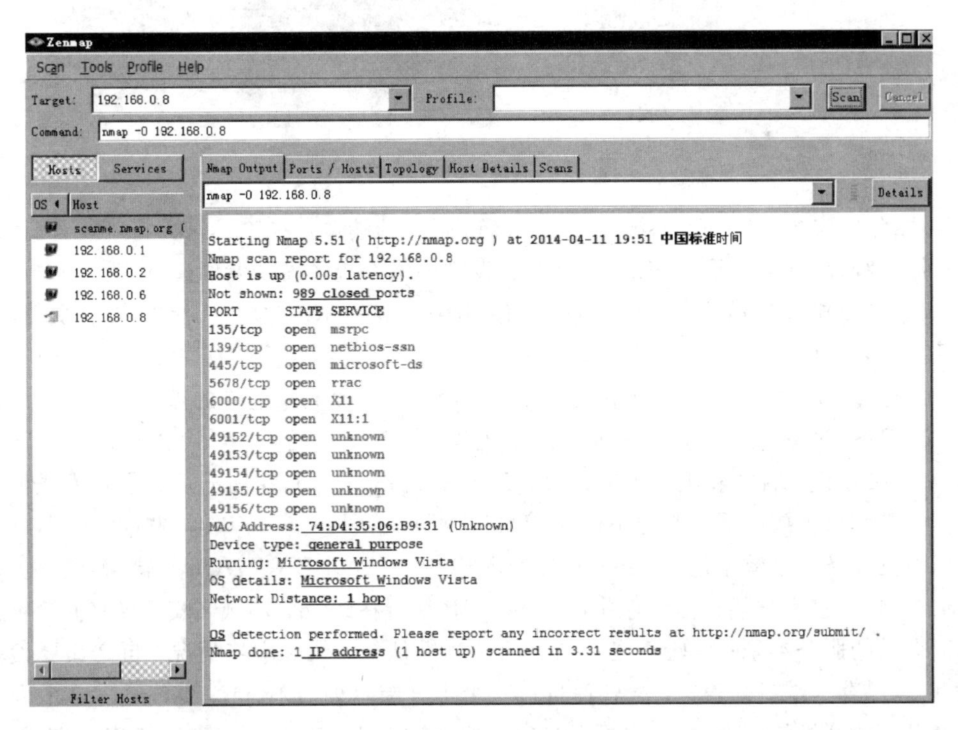

图 4-18 显示设备类型信息

从图 4-18 可看到，指定-O 选项后先进行主机发现与端口扫描，根据扫描到的端口来进行进一步的操作系统侦测。获取结果信息有设备类型、操作系统类型与 CPE 描述、操作系统细节、网络距离等。

② 综合扫描程序 X-SCAN。采用多线程方式对指定 IP 地址段(或单机)进行安全漏洞检测，支持插件功能，提供了图形界面和命令行两种操作方式。扫描内容包括：远程操作系统类型及版本，标准端口状态及端口 BANNER 信息，CGI 漏洞，IIS 漏洞，RPC 漏洞，SQL-SERVER、FTP-SERVER、SMTP-SERVER、POP3-SERVER、NT-SERVER 弱口令用户，NT 服务器 NETBIOS 信息等。扫描结果保存在/log/目录中，index_ * . htm 为扫描结果索引文件。对于一些已知的 CGI 和 RPC 漏洞，x-scanner 给出了相应的漏洞描述、利用程序及解决方案，节省了查找漏洞介绍的时间。图 4-19 显示 X-SCAN 参数设置，图 4-20 显示扫描报告。

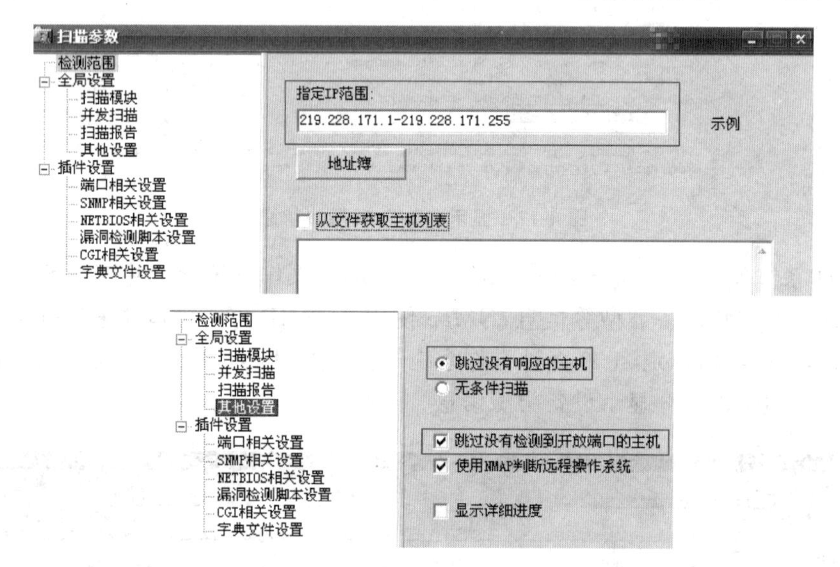

图 4-19 X-SCAN 参数设置

③ 综合扫描器程序 Superscan。Superscan 强大的端口扫描工具，探测目标主机开放的端口和服务程序，从而获取系统的有用信息，发现网络系统的安全漏洞。

Superscan 端口扫描基本原理：SYN 用来建立连接；ACK 为确认标志位，例如 SYN=1、ACK=0 表示请求连接的数据包，SYN=1、ACK=1 表示接受连接的数据包；FIN 表示希望释放连接；RST 位用于复位错误的连接，对收到不属于该主机的数据分段，拒绝连接请求；TCP SYN 扫描，本地主机向目标主机发送 SYN 数据段，目标主机端口开放回应 SYN=1、ACK=1，端口未开放回应 RST；TCP FIN 扫描，本地主机向目标主机发送 FIN=1，目标主机端口开放则丢弃此包不回应，端口未开放返回一个 RST 包；UDP ICMP 扫描，向目标主机发送一个数据包，返回一个 ICMP_PORT_ UNREACHABLE 错误，端口关闭。

Superscan 基本功能包括：通过 ping 检验 IP 是否在线；IP 和域名相互转换；检验目标计算机提供的服务类别；检验一定范围目标计算机是否在线和端口情况；自定义要检验的端口，可以保存为端口列表文件；软件自带一个木马端口列表 trojans. lst，通过这个列表可以检测目标计算机是否有木马，也可以自定义修改这个木马端口列表。图 4-21～图 4-23 分别所示为 Superscan 设置端口、端口扫描、扫描报告。

地址(D) C:\Documents and Settings\user\桌面\X-Scan-v3.3-cn\X-Scan-v3.3\log\192_168_2_21_report.html

本报表列出了被检测主机的详细漏洞信息，请根据提示信息或链接内容进行相应修补. 欢迎参加X-Scan脚本翻译项目

扫描时间
2006-03-03 12:52:54 - 2006-03-03 12:58:30

检测结果	
存活主机	1
漏洞数量	0
警告数量	0
提示数量	2

主机列表

主机	检测结果
192.168.2.21	发现安全提示
主机摘要 - OS: Unknown OS; PORT/TCP: 25, 110	

[返回顶部]

主机分析: 192.168.2.21

主机地址	端口/服务	服务漏洞
192.168.2.21	smtp (25/tcp)	发现安全提示
192.168.2.21	pop3 (110/tcp)	发现安全提示

图 4-20　X-SCAN 扫描报告

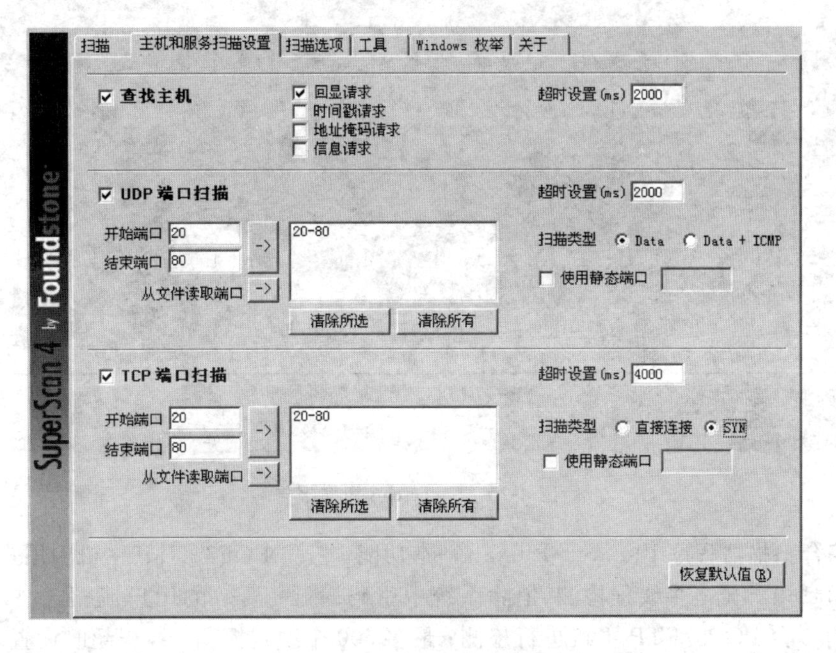

图 4-21　Superscan 设置端口

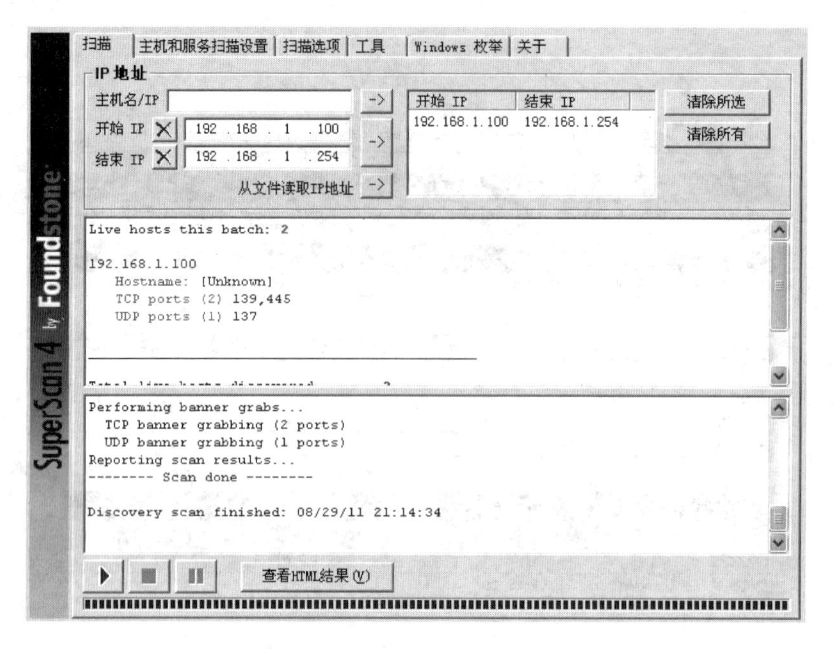

图 4-22 Superscan 端口扫描

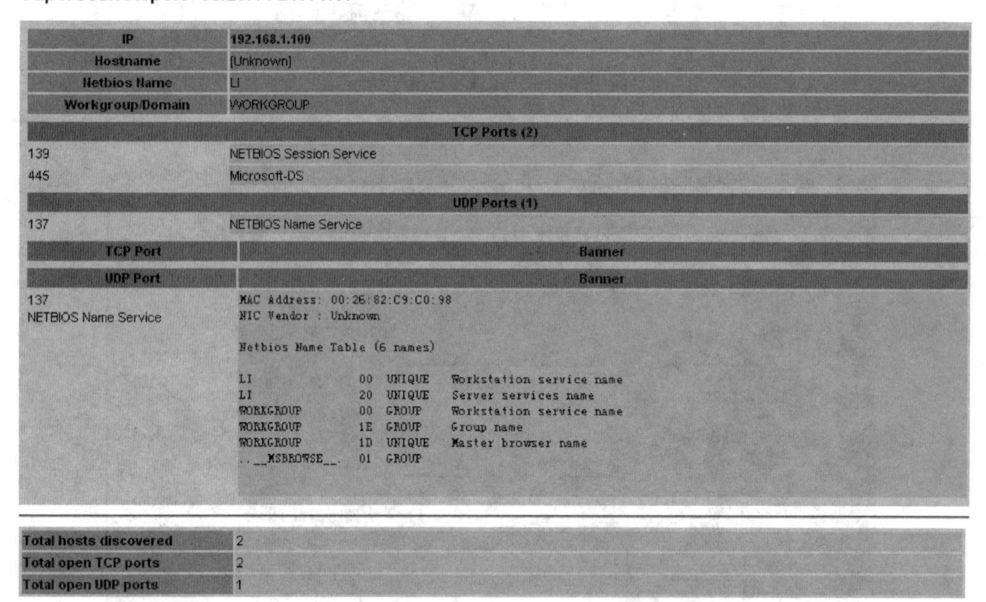

图 4-23 Superscan 扫描报告

④ 综合扫描器程序 Fluxay。Fluxay 基本功能：检测 POP3/FTP 主机中用户密码安全漏洞；163/169 双通；多线程检测，消除系统中密码漏洞；高效的用户流模式、服务器流模式，同时对多台 POP3/FTP 主机进行检测；最多 500 个线程探测；线程超时设置，自杀功能阻塞线程，不影响其他线程；支持 10 个字典同时检测；检测设置可作为项目保存；取消了国内 IP 限制而且免费。图 4-24 所示为 Fluxay 5 综合扫描工具各部分功能，图 4-25 所示为扫描报告。

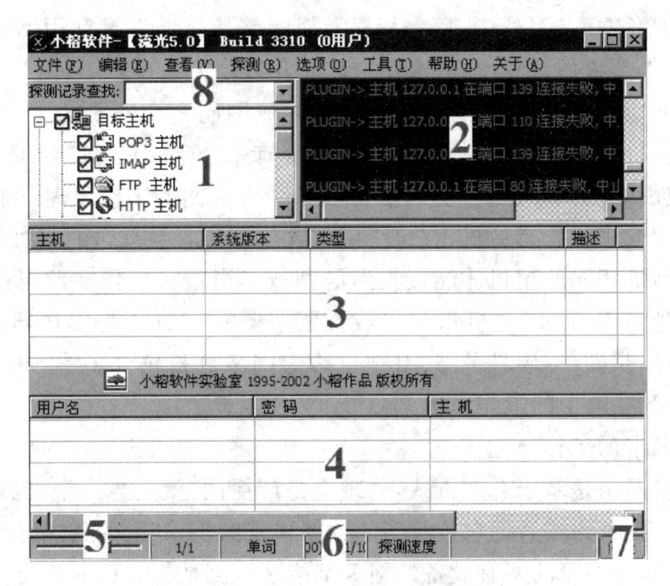

图 4-24　Fluxay 扫描功能

图 4-24 中各区域介绍如下。

区域 1：暴力破解的设置区域。

区域 2：控制台输出。

区域 3：扫描出来的典型漏洞列表。

区域 4：扫描或者暴力破解成功的用户账号。

区域 5：扫描和暴力破解的速度控制。

区域 6：扫描和暴力破解时的状态显示。

区域 7：中止按钮。

区域 8：探测记录查找。

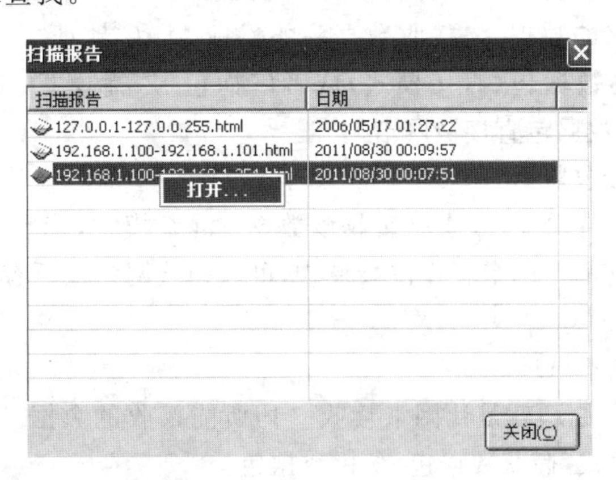

图 4-25　Fluxay 扫描报告

3. 进行网络监听

通过踩点收集网络用户名、IP 地址范围、DNS 服务器以及邮件服务器等信息，通过扫描获得目标主机端口开关、运行的服务以及操作系统类型，通过查点搜索目标主机系统用户名、路由表、SNMP 信息、共享资源、服务程序及旗标等信息。黑客利用网络监听，截获网络上传输的信息，取得超级用户权限，获取用户账号和口令。

网络监听只能应用于连接同一网段的主机，局域网同一个网段的所有网络接口都可以访问到物理媒体上传输的数据，每一个网络接口都有一个唯一的 MAC 地址，在 MAC 地址和 IP 地址之间使用 ARP 和 RARP 进行相互转换。以太网的工作原理：将要发送的数据包发往连接在同一网段中的所有主机，在包头中包含应该接收数据包的主机的正确地址，只有与数据包中目标地址相同的主机才能接收到信息包。当主机工作在监听模式下，无论数据包中的目标物理地址是什么，主机都将接收。网络监听工具称为嗅探器(Sniffer)，Sniffer 可以是软件，也可以是硬件，硬件的 Sniffer 也称为网络分析仪。了解 Sniffer 的工作原理，需要简单熟悉 Hub 和网卡的工作原理。

(1) Hub 和网卡的工作原理。

以太网等很多网络是基于总线方式，物理上是广播的，就是当一个机器发给另一个机器的数据，共享 Hub 先收到然后把它接收到的数据再发给 Hub 上的其他每个接口，所以在共享 Hub 所连接的同一网段的所有设备的网卡都能接收到数据。而对于交换机，其内部单片程序能够记住每个接口的 MAC 地址，能够将收到的数据直接转发到相应接口连接的计算机，不像共享 Hub 那样发给所有的接口，所以交换式网络环境下只有相应的设备能够接收到数据(除了广播包)。

网卡工作在数据链路层，在数据链路层上数据是以帧为单位传输的，帧由几部分组成，不同的部分执行不同的功能。其中，帧头包括数据的 MAC 地址和源 MAC 地址。帧通过特定的称为网络驱动程序的软件处理进行成型，然后通过网卡发送到网线上，通过网线到达目标机器，在目标机器的一端执行相反的过程。

目标机器网卡收到传输来的数据，认为应该接收就在接收后产生中断信号通知 CPU，认为不该接收就丢弃，所以不该接收的数据网卡被截断，计算机根本不知道。CPU 得到中断信号产生中断，操作系统根据网卡驱动程序中设置的网卡中断程序地址调用驱动程序接收数据。网卡收到传来的数据，先接收数据头的目标 MAC 地址。只有目标 MAC 地址与本地 MAC 地址相同的数据包(直接模式)或者广播包(广播模式)或者组播数据(组播模式)，网卡才接受，否则数据包直接被网卡抛弃。

网卡通常有 4 种接收数据方式：广播方式，接收网络中的广播信息；组播方式，接收组播数据；直接方式，只有目的网卡才能接收该数据；混杂模式，接收一切通过它的数据，而不管该数据是否传给它的。网卡工作混杂模式，可以捕获网络上所有经过的数据帧，这时网卡就是嗅探器。

(2) 网络监听的基本原理。

Sniffer 的基本工作原理就是让网卡接收一切所能接收的数据。Sniffer 工作过程分为三步：网卡置于混杂模式，捕获数据包，分析数据包。

ARP 用于 IP 地址到 MAC 地址的转换，地址映像关系存储在 ARP 缓存表中。黑客攻击 ARP 缓存表，将发送给正确主机的数据包，由攻击者转发给其控制的另外主机。对于共享式网络环境，攻击者只需把网卡设置为混杂模式。对于交换式网络环境，攻击者会试探交换机是否存在失败保护模式(Fail-Safe Mode)；由于交换机维护 IP 地址和 MAC 地址的映像关系需要花费一定的处理时间，当网络通信出现大量虚假 MAC 地址时，某些类型交换机出现过载情况会转换到失败保护模式，工作模式与共享式相同。如果交换机不存在失败保护模式，则需使用 ARP 欺骗。ARP 欺骗需要攻击者主机具有 IP 数据包的转发能力，拥有两块网卡，假设 IP 地址分别是 192.168.0.5 和 192.168.0.6，插入交换机两个端口，它截获目标主机 192.16.0.3 和网关 192.168.0.2 之间的通信，如图 4-26 所示。

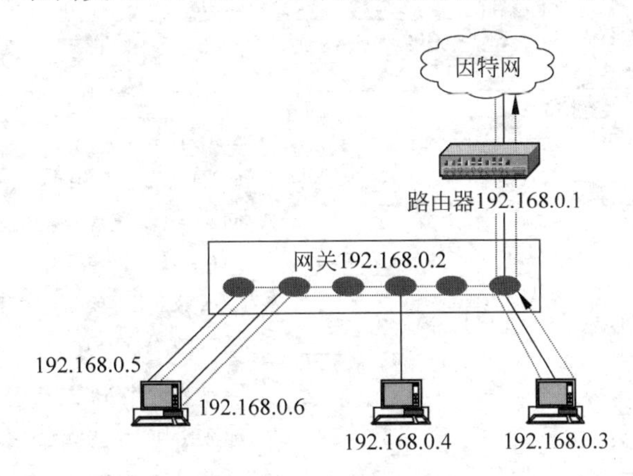

图 4-26 ARP 欺骗攻击

主机 A(192.168.0.4)通过网关(192.168.0.2)访问因特网，广播 ARP 请求，要求获得网关 MAC 地址。交换机收到 ARP 请求，将请求包转发给各个主机；交换机将更新 MAC 地址和端口之间的映射表，主机 A 绑定所连接的端口。网关收到 ARP 请求，发出带有网关 MAC 地址的 ARP 响应。网关更新 ARP 缓存表，绑定主机 A 的 IP 地址和 MAC 地址。交换机收到网关对主机 A 的 ARP 响应，查找它的 MAC 地址和端口之间映射表，转发 ARP 数据包到相应端口。交换机更新 MAC 地址和端口之间的映射表，即将 192.168.0.2 绑定连接端口。主机 A 收到 ARP 响应包，更新 ARP 缓存表，绑定网关的 IP 地址和 MAC 地址。主机 A 用新 MAC 地址信息把数据发送给网关，通信信道建立。在 ARP 欺骗的情况下，攻击者诱使目标主机(192.168.0.3)、网关(192.168.0.2)与其通信；攻击者伪装成路由器，使目标主机和网关之间所有数据通信经由攻击者主机转发，攻击者可对数据随意处理。如果攻击者执行两次 ARP 欺骗，就能同时欺骗目标主机和网关。

(3) Sniffer 演示。

硬件 Sniffer 价格昂贵，功能非常强大，可以捕获网络上所有的传输，并且可以重新构造各种数据包。软件 Sniffer 有 Sniffer Pro、Wireshark 等，优点是物美价廉易于使用，缺点是无法捕获网络上所有的数据传输，无法真正了解网络的故障和运行状态。

WireShark 是一款运行在多个操作系统平台上的网络协议分析工具软件，其主要作用是尝试捕获网络包，显示包的详细情况。WireShark 是今天最好的开源网络协议分析软件，Etheral 更高级的演进版本，包含 WinPcap；通常运行在路由器或有路由功能的主机上，这样就能对大量的数据进行监控，几乎能得到以太网上传送的任何数据包。

WireShark 有 WireShark-win32 和 WireShark-win64 两个版本，WireShark-win32 可在大多数计算机系统上运行，WireShark-win64 必须安装在 64 位 CPU 和 64 位操作系统的计算机中。图 4-27～图 4-29 所示分别为 WireShark 捕获数据包设置、捕获数据包、捕获 TCP 数据包。

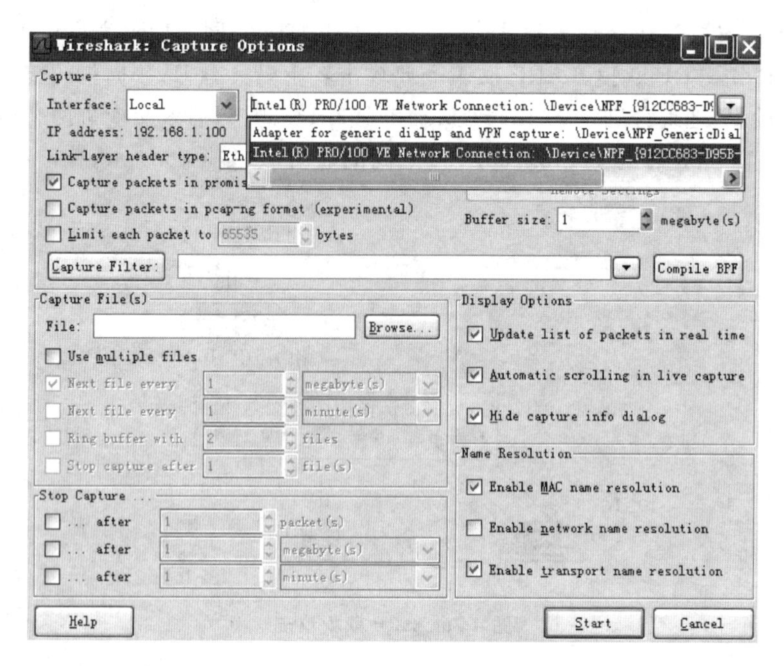

图 4-27　WireShark 捕获数据包设置

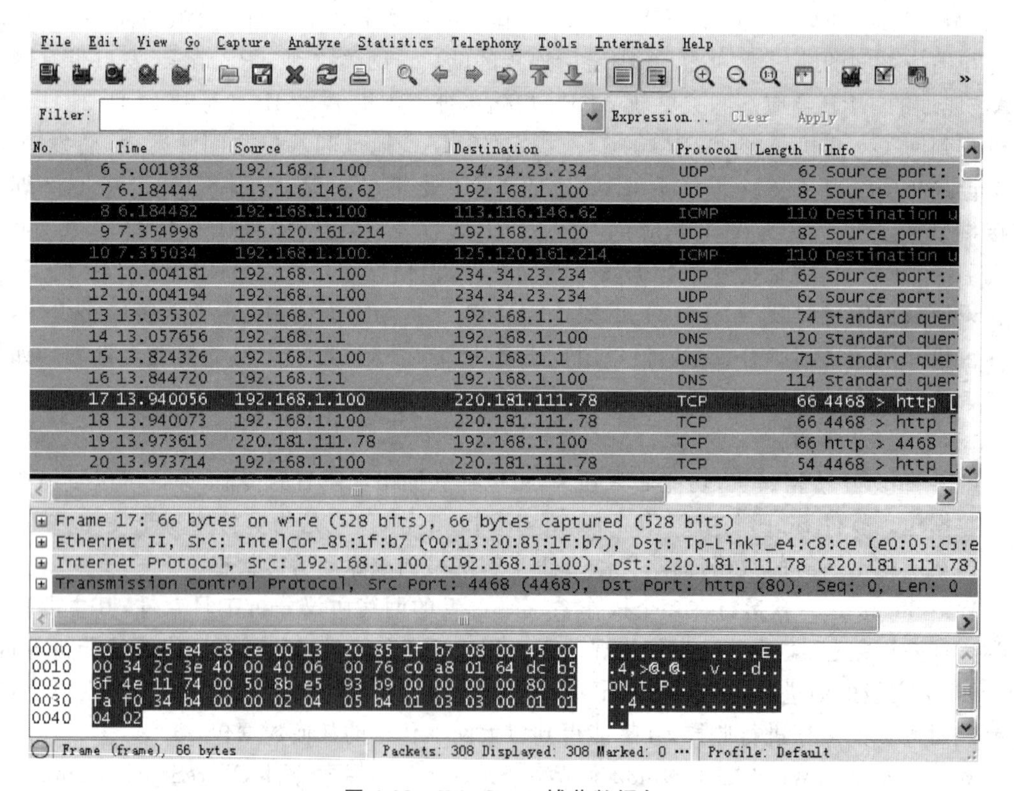

图 4-28　WireShark 捕获数据包

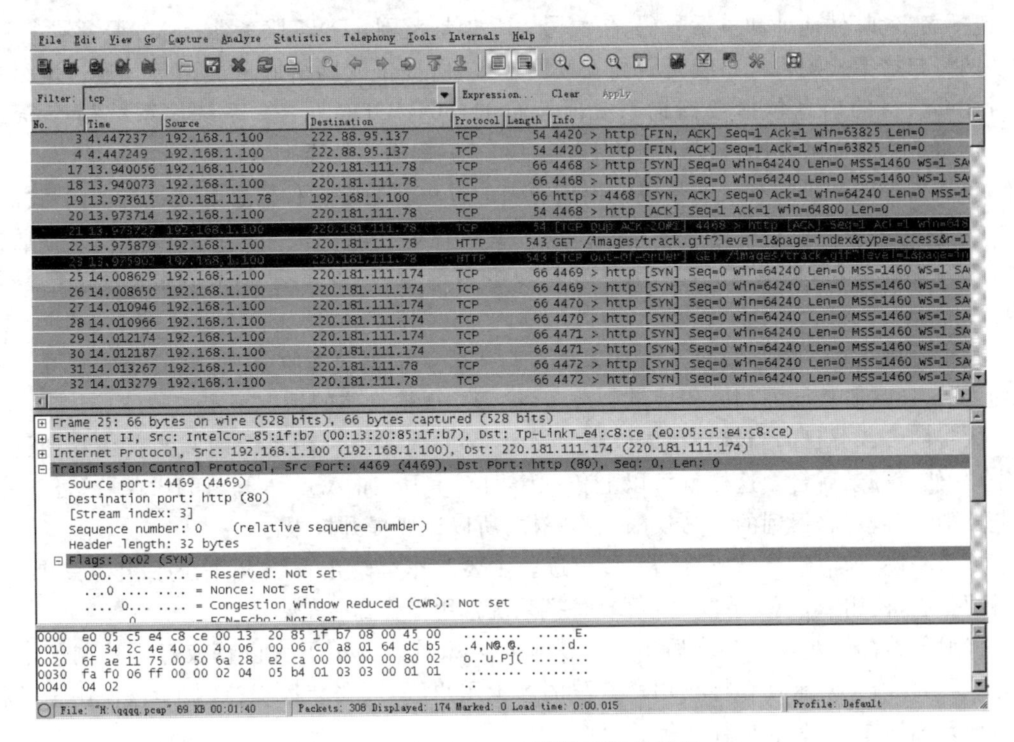

图 4-29 WireShark 捕获 TCP 数据包

4.2.2 攻击的实施阶段

1. 黑客攻击的一般步骤

黑客攻击的目标偏好不同、技能有高低之分、手法多种多样，但他们对目标实施攻击的步骤大致相同。一般有 8 大步骤：踩点、扫描、查点、实施入侵、提升权限、窃取、掩盖踪迹和植入后门。黑客攻击的一般步骤如图 4-30 所示。

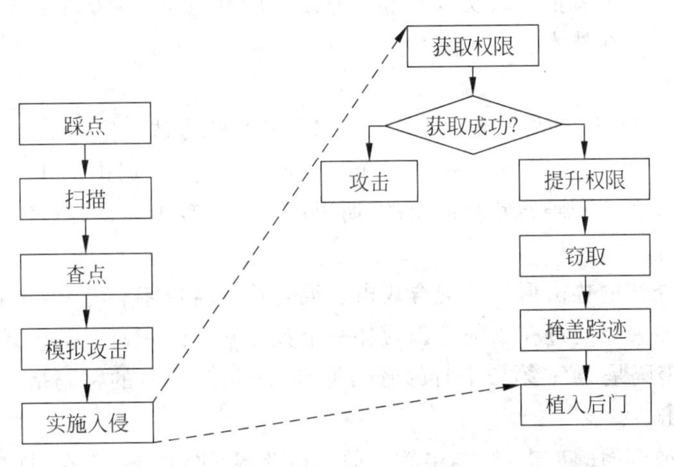

图 4-30 黑客攻击的一般步骤

踩点指获取有关目标计算机网络和主机系统安全态势的信息。不同的系统有不同的轮廓，也就是说，对于其他站点来说是独一无二的特性。踩点主要收集的信息包括各种联系信息，包括名字、邮件地址和电话号码、传真号；IP 地址范围；DNS 服务器；邮件服务器。

网络扫描指检测目标系统是否同互联网连接、所提供的网络服务类型等。通过网络扫描所能够获得的信息包括被扫描系统所运行的 TCP/UDP 服务；系统体系结构(Sparc，Alpha，x86)；通过互联网可以访问的 IP 地址范围；操作系统类型。

查点指提取系统的有效账号或输出资源名的过程。通常这种信息是通过主动同目标系统建立连接来获得的，因此这种查询在本质上要比踩点和端口扫描更具入侵性。查点通常跟操作系统有关，所收集的信息有用户名和组名信息、系统类型信息、路由表信息以及 SNMP 信息。

这个阶段主要是看通过什么样的渠道进行入侵。根据前面收集到的信息，是采用 Web 网址入侵，还是服务器漏洞入侵或欺骗攻击，这需要根据具体的情况来定。

入侵的一部分目的当然是获取权限。通过 Web 入侵能利用系统的漏洞获得管理员后台密码，然后登录后台。这样就可以上传一个网页木马，如 ASP 木马、PHP 木马等。根据服务器的设置不同，得到的木马权限也不一样，所以还要提升权限。

掩盖踪迹，即清除自己所有的入侵痕迹。主要工作有禁止系统审计、隐藏作案工具、清空时间日志(使用 zap、wzap、wted 等)、替换系统常用操作命令等。

一般黑客都会在攻入系统后不止一次地进入系统。为了下次以特权身份控制整个系统，主要工作有：创建具有特权用户权限的虚拟用户账号、安装远程控制工具、使用木马程序替换系统程序、安装监控程序等。

2．黑客如何实施攻击

网上的攻击方式很多，7 种最常见的攻击方法与技术包括口令破解攻击、缓冲区溢出攻击、欺骗攻击、DoS/DDoS 攻击、SQL 注入攻击、网络蠕虫攻击和木马攻击。

1) 口令破解攻击

密码破解不一定涉及复杂的工具。它可能与找一张写有密码的贴纸一样简单，而这张纸就贴在显示器上或者藏在键盘底下。另一种蛮力技术称为垃圾搜寻(dumpster diving)，它基本上就是一个攻击者把垃圾文件搜寻一遍以找出可能含有密码的废弃文档。攻击者也使用一些更高级的复杂技术。

(1) 字典技术。

到目前为止，一个简单的字典攻击是闯入机器的最快方法。字典文件(一个充满字典文字的文本文件)被装入破解应用程序(如 L0phtCrack)，它是根据由应用程序定位的用户账户运行的。因为大多数密码通常是简单的，所以运行字典攻击通常足以实现目的了。

(2) 混合攻击。

另一个众所周知的攻击形式是混合攻击。混合攻击将数字和符号添加到文件名中以成功破解密码。许多人只通过在当前密码后加一个数字来更改密码。其模式通常采用这一形式：第一个月的密码是 cat；第二个月的密码是 cat1；第三个月的密码是 cat2，依次类推。

(3) 暴力攻击。

暴力攻击是最全面的攻击形式，虽然它通常需要很长的时间，工作时间取决于密码的复杂程度。根据密码的复杂程度，某些暴力攻击可能花费一个星期的时间。

(4) 系统账户破解工具 LC5。

口令破解工具很多，在此重点介绍最常用的系统账户破解工具 LC5 和 Word 文件密码破解工具 Word Password Recovery Master。

在 Windwos 操作系统当中，用户账户的安全管理使用了安全账号管理器（Security Account Manager，SAM）的机制，用户和口令经过 Hash 变换后以 Hash 列表形式存放在\SystemRoot\system32 下的 SAM 文件中，LC5 主要是通过破解 SAM 文件来获取系统的账户和密码。LC5 可以从本地系统、其他文件系统、系统备份中获取 SAM 文件，从而破解出用户口令。

在测试主机上建立用户名为 test 的账户，方法是依次打开"控制面板"|"计算机管理"，在"本地用户和组"中选择"用户"，如图 4-31 所示，输入用户名为 test，密码为空。

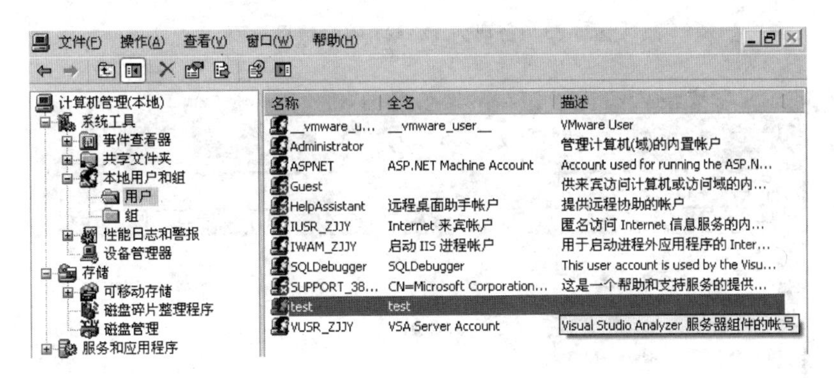

图 4-31　建立测试账户

在 LC5 主界面的主菜单中，选择"文件"|"LC5 向导"命令，单击"下一步"按钮，系统会出现如图 4-32 所示的用户 test"密码为空"的破解成功界面。

文件(F) 查看(V) 会话(S) 任务(C) 纠正(R) 帮助(H)

运行 报告

域	用户名	LM 认证口令	<...	口令	口令期限(天)	帐号锁定	帐号失效	帐
user2-054	Administrator	*无 *	x	*无 *	195			
user2-054	ASPNET				200			
user2-054	Guest	*无 *	x	*无 *	0		x	
user2-054	HelpAssistant				200		x	
user2-054	IUSR_ZJJY				200			
user2-054	IWAM_ZJJY				200			
user2-054	SQLDebugger	*无 *			200			
user2-054	SUPPORT_388945a0	*无 *			200		x	
user2-054	test	*无 *	x	*无 *	0			x
user2-054	VUSR_ZJJY				200			

图 4-32　密码为空破解结果界面

将系统密码改为 123123，LC5 很快会破解成功，出现如图 4-33 所示的用户 test、密码为 123123 的破解成功界面。

将系统密码改为 security123，再次执行，LC5 没有完全破解，出现如图 4-34 所示的界面。

这是因为刚才密码设置成了"字符串"+"数字"格式，比较复杂，所以破解不能成功，必须选择复杂口令破解方法。

如果 LC5 设置为"字典攻击"、"混合字典"和"暴力破解"等复杂模式，上述密码可以破解成功，设置方法如图 4-35 所示。

File View Session Schedule Remediate Help

Run Report

Domain	User Name	LM Password	<8	Password
GHOST-MRD7...	Guest	* empty *	x	* empty *
GHOST-MRD7...	HelpAssistant			
GHOST-MRD7...	SUPPORT_388945a0	* empty *		
GHOST-MRD7...	test	123123	x	123123
GHOST-MRD7...	Administrator		x	

图 4-33 密码为 123321 破解结果界面

File View Session Schedule Remediate Help

Run Report

Domain	User Name	LM Password	<8	Password	Passw
GHOST-MRD7...	Guest	* empty *	x	* empty *	0
GHOST-MRD7...	HelpAssistant				729
GHOST-MRD7...	SUPPORT_388945a0	* empty *			729
GHOST-MRD7...	test	SECURIT???????			0
GHOST-MRD7...	Administrator		x		180

图 4-34 破解失败

(5) Word 文件密码破解工具 Word Password Recovery Master。

一般情况下,Word 2010 文件加密是采用 Word 字处理软件自带的加密功能,在 Word 文件编辑状态下,选择“文件”|“信息”|“保护文档”,出现如图 4-36 所示的界面。

设置如图 4-37 所示“用密码进行加密”,输入密码再次确认后,出现如图 4-38 所示界面。

Word 文件密码恢复工具软件 Word Password Recovery Master 在打开 Word 文档移除密码时,连接到 Rixler 服务器,如图 4-39 所示,单击“移出密码”按钮,文件被成功解密,如图 4-40 所示。

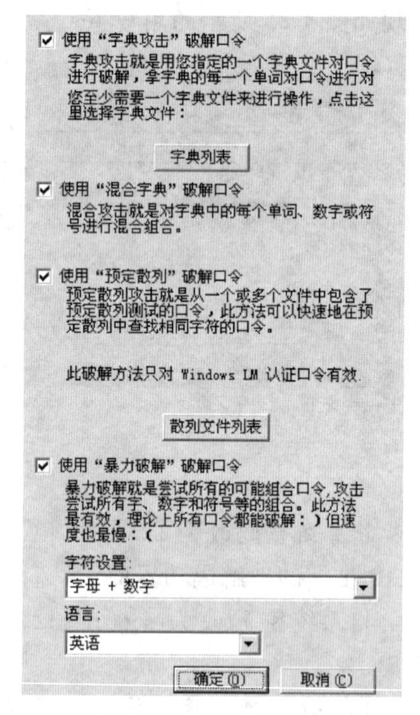

图 4-35 设置复杂破解模式

2) 缓冲区溢出攻击

缓冲区溢出是一种非常普遍又非常危险的漏洞,在各种操作系统、应用软件中广泛存在。利用缓冲区溢出攻击,可以导致程序运行失败、系统死机、重新启动等后果。更为严重的是,可以利用它执行非授权指令,甚至可以取得系统特权(“肉机”),进而进行各种非法操作。据统计,通过缓冲区溢出进行的攻击已占所有系统攻击总数据的 80%以上。

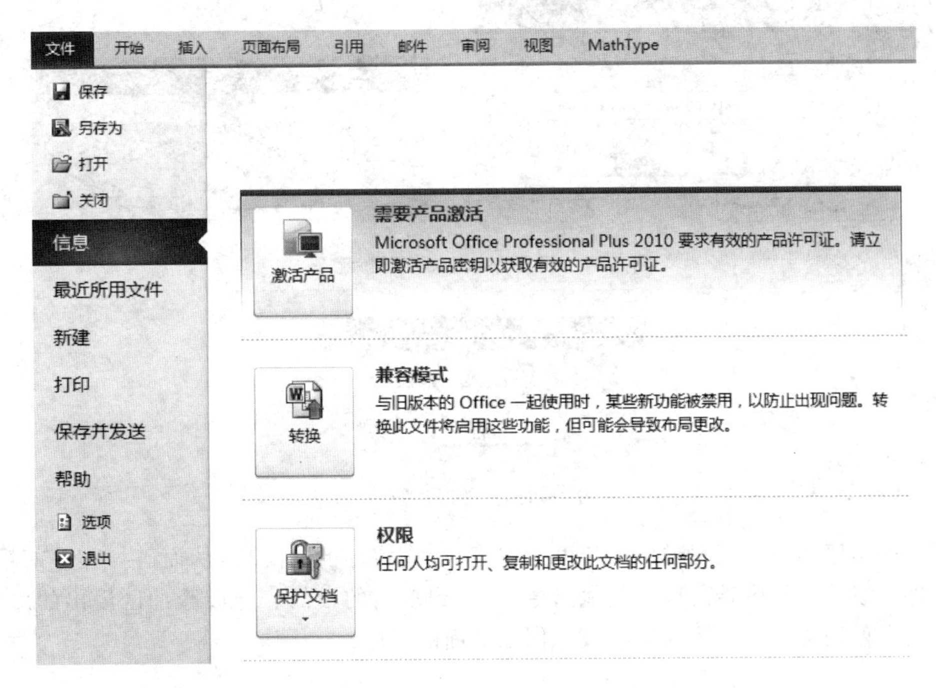

图 4-36　Word 文档密码设置界面

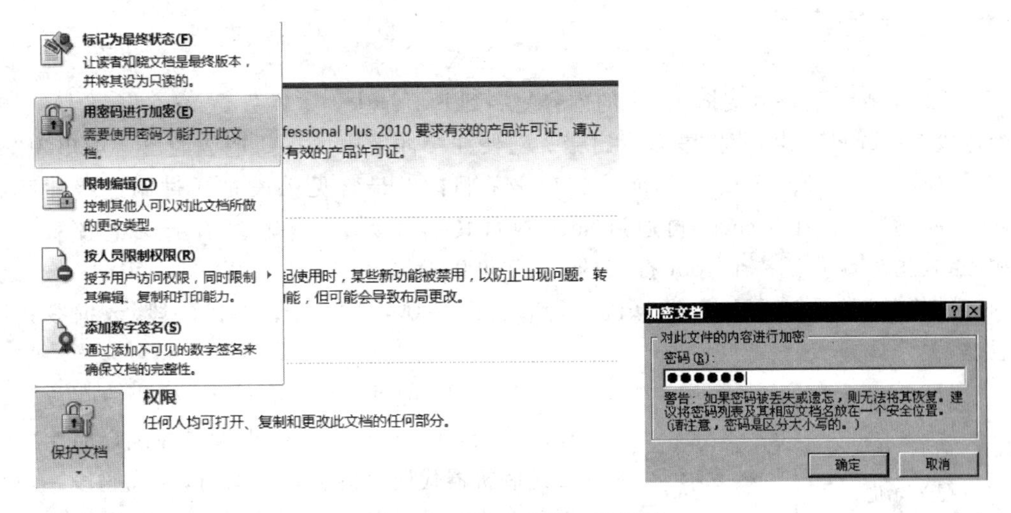

图 4-37　Word 文档加密界面

图 4-38　打开 Word 文档输入密码界面

图 4-39　打开 Word 文档移除密码

图 4-40　文件成功解密

通过往程序的缓冲区写超出其长度的内容，造成缓冲区的溢出，从而破坏程序的堆栈，造成程序崩溃或使程序转而执行其他指令，以达到攻击的目的。造成缓冲区溢出的原因是程序中没有仔细检查用户输入的参数。例如下面的程序：

```
void function(char * str) {
char buffer[16];
strcpy(buffer,str);
}
```

上面的 strcpy()将直接把 str 中的内容复制到 buffer 中。这样只要 str 的长度大于 16，就会造成 buffer 的溢出，使程序运行出错。随便往缓冲区中填东西造成溢出一般出现"分段错误"(Segmentation Fault)，不能达到攻击的目的。最常见手段是通过制造缓冲区溢出使程序运行一个用户 shell，再通过 shell 执行其他命令。如果程序有 root 或者 suid 执行权限，攻击者就获得一个 root 权限的 shell，可以对系统进行任意操作。Windows 系统的内存结构如图 4-41 所示，在计算机运行时将内存划分为 3 个段：代码段、数据段和堆栈段。

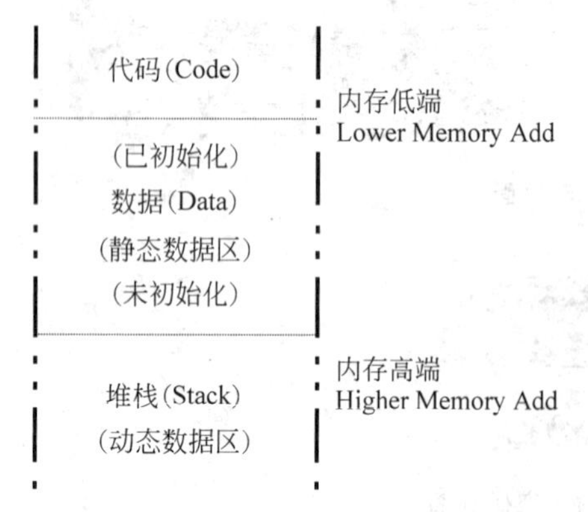

图 4-41　Windows 系统的内存结构

代码段：数据只读，可执行。代码段存放了程序的代码，在代码段中的数据库是在编译时生成的二进制机器代码，可供 CPU 执行，在代码段一切数据不允许更改。任何尝试对该区的写操作都会导致段违法出错(Segmentation Fault)。

数据段：静态全局变量，位于数据段并且在程序开始运行时被加载。

堆栈段：放置程序运行时动态的局部变量，局部变量的空间被分配在堆栈里面。

缓冲区是一块连续的计算机内存区域。在程序中，通常把输入数据存放在一个临时空间内，这个临时存放空间被称为缓冲区,也就是所说的堆栈段。

在计算机内部,如果一个容量有限的内存空间里存储过量数据,这时数据会溢出存储空间。缓冲区攻击主要是通过往程序的缓冲区写超出其长度的数据,造成缓冲区的溢出,从而破坏程序的堆栈,使程序转而执行其他指令,以达到攻击的目的。最常见的手段是通过制造缓冲区溢出使程序运行一个用户 shell,再通过 shell 执行其他命令。如果该程序属于 root 且有 suid 权限的话,攻击者就获得了一个有 root 权限的 shell,就可以对系统进行任意操作了。

演示程序:

```
/ * Windows 缓冲区溢出攻击演示程序 * /
char bigbuff[ ] = "aaaaaaaaaa";                //10 个 a
int main()
{
   char smallbuff[5];                          //只分配 5 个字节空间
   strcpy(smallbuff, bigbuff);
}
```

程序用 VC++ 6.0 编辑器编译完成后,生成 exe 文件,进行调试,如图 4-42 所示。OllDbg 的左上部分是反汇编编辑窗口,00401190 地址开始部分是 main 函数的反汇编代码。右上部分是寄存器窗口,左下部分是数据区窗口,可以看出 00421A30 地址开始存放的是字符串 bigbuff[ ]数据,即 10 个“a”(ASCII 码为 61),右下角是堆栈窗口。

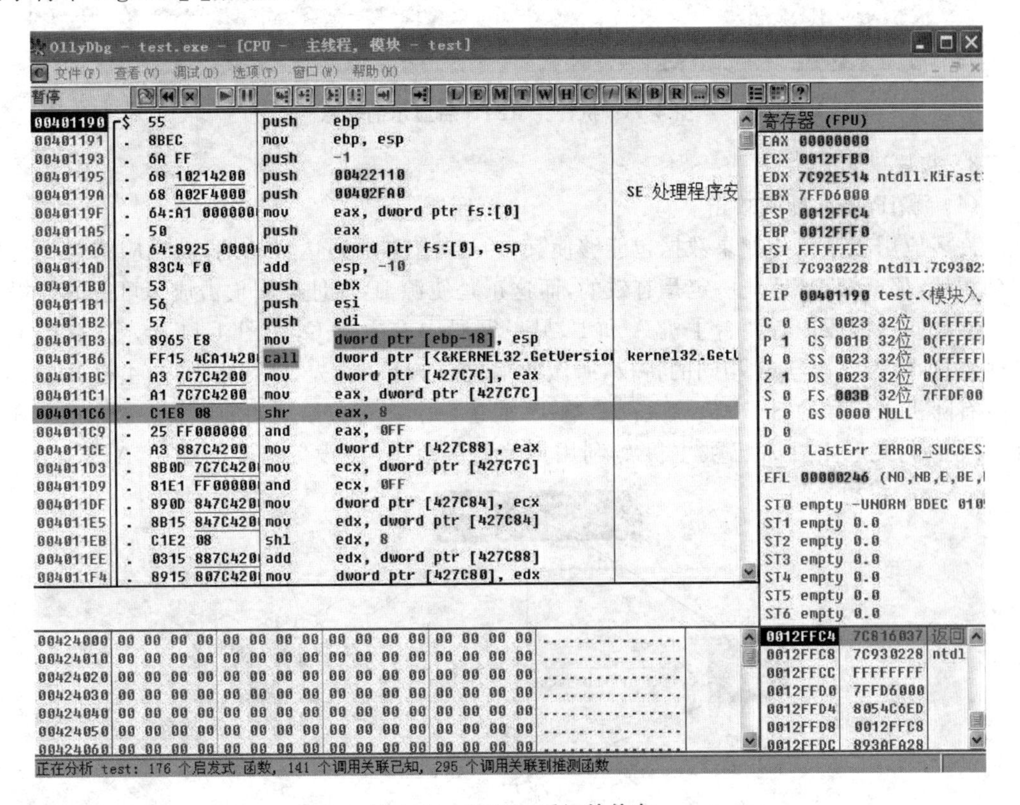

图 4-42　OllDbg 反汇编信息

接下来介绍 Windows 平台下的溢出过程。程序调试过程中，堆栈区域数据变化的过程。把光标放在程序起点，即地址 00401190，然后按 F4 键执行，观察堆栈数据变化，直到 RETN 命令后，出现如图 4-43 所示返回消息。

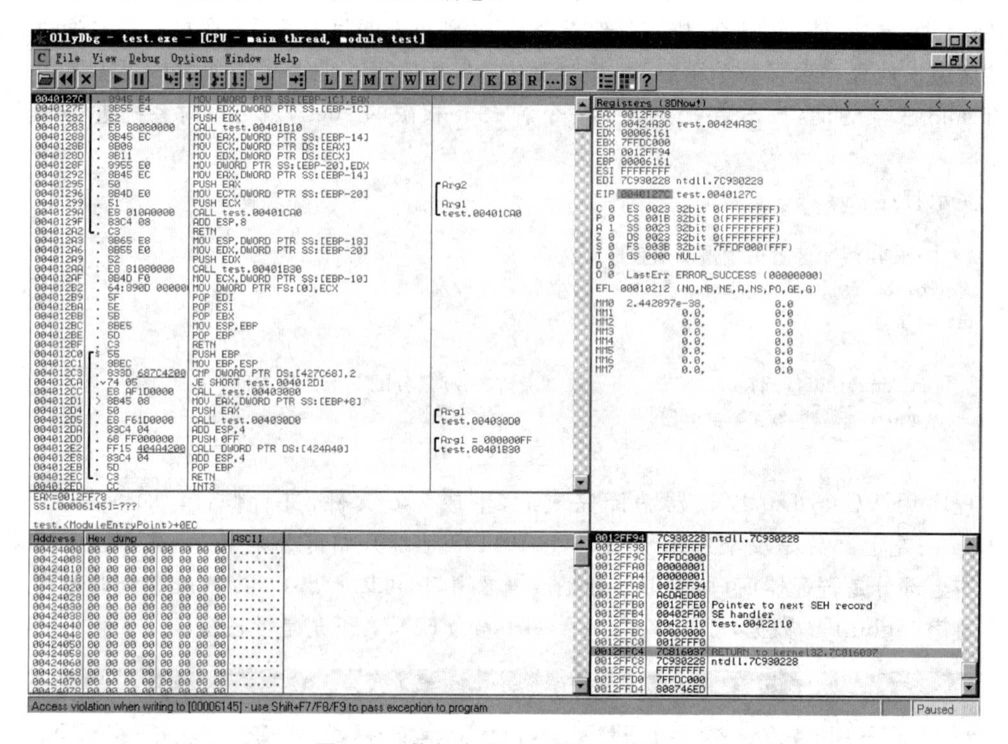

图 4-43　执行完 RETN 后显示的信息

3）欺骗攻击

（1）源 IP 地址欺骗攻击。

许多应用程序认为如果数据包能够使其自身沿着路由到达目的地，而且应答包也可以回到源地，那么源 IP 地址一定是有效的，而这正是使源 IP 地址欺骗攻击成为可能的前提。

假设同一网段内有两台主机 A 和 B，另一网段内有主机 C，如图 4-44 所示。B 授予 A 某些特权，C 为获得与 A 相同的特权，所做欺骗攻击如下：首先，C 冒充 A，向主机 B 发送一个带有随机序列号的 SYN 包。主机 B 响应，回送一个应答包给 A，该应答号等于原序列号加 1。然而，此时主机 A 已被主机 C 利用拒绝服务攻击“淹没”了，导致主机 A 服务失效。

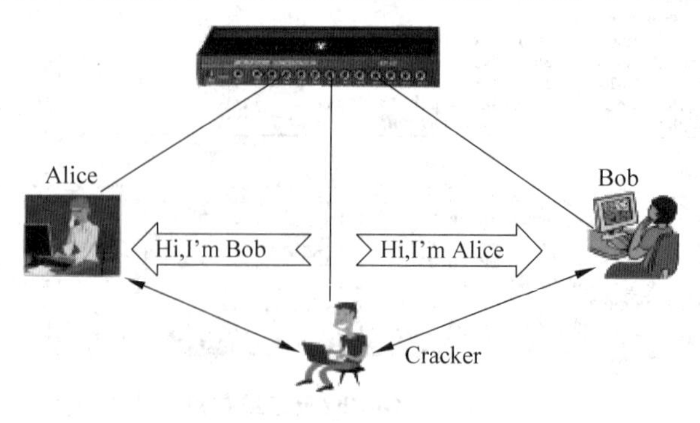

图 4-44　源 IP 欺骗攻击

结果，主机A将B发来的包丢弃。为了完成3次握手，C还需要向B回送一个应答包，其应答包等于B向A发送数据包的序列号加1。此时主机C并不能检测到主机B的数据包(因为不在同一网段)，只有利用TCP顺序号估算法来预测应答包的顺序号并将其发送给目标机B。如果猜测正确，B则认为收到的ACK是来自内部主机A。此时，X即获得了主机A在主机B上所享有的特权，并开始对这些服务实施攻击。

(2) 源路由欺骗攻击。

在通常情况下，信息包从起点到终点走过的路径是由位于此两点间的路由器决定的，数据包本身只知道去往何处，但不知道该如何去。源路由可使信息包的发送者将此数据包要经过的路径写在数据包里，使数据包循着一个对方不可预料的路径到达目的主机。下面仍以上述源IP欺骗中的例子给出这种攻击的形式。

主机A享有主机B的某些特权，主机C想冒充主机A从主机B(假设IP为aaa.bbb.ccc.ddd)获得某些服务。首先，攻击者修改距离C最近的路由器，使得到达此路由器且包含目的地址aaa.bbb.ccc.ddd的数据包以主机C所在的网络为目的地；然后，攻击者C利用IP欺骗向主机B发送源路由(指定最近的路由器)数据包。当B回送数据包时，就传送到被更改过的路由器。这就使一个入侵者可以假冒一个主机的名义，通过一个特殊的路径来获得某些被保护数据。

(3) ARP欺骗实例。

本文介绍了一个基于Nemesis的LAN发包工具，并演示了LAN上ARP攻击的几种情况。Nemesis本身就是一个基于命令行的开源发包程序，它可以在Windows系统上运行，但是它每次只能发送一个包，所以需要编写DOS批处理程序才能让它连续发包，这样才能进行有意义的攻击。

Nemesis在Sourceforge上的主页地址是http://nemesis.sourceforge.net。Nemesis使用WinPcap 3.0提供的函数库进行发包，如果安装了Ethereal等工具，可能计算机上存在WinPcap的较高版本，这时必须使用3.0版覆盖较新的版本。

攻击步骤如下。

① 伪装成被攻击主机广播ARP请求。首先根据LAN的实际情况编辑conflict.bat文件，本文中的示例假设LAN网段为222.88.88.*，网关地址为222.88.88.1，使用普通的SOHO路由器。双击conflict.bat执行攻击，其中Nemesis命令：

```
nemesis arp -S 222.88.88.101 -h 00:34:67:88:2F:22 -D 222.88.88.1 -m 00:00:00:00:00:00 -P
payload.txt -M FF:FF:FF:FF:FF:FF -H 00:34:67:88:2F:22
```

其中各参数的意义如下。

-S 222.88.88.101：ARP请求中的源IP地址，也就是被攻击者的IP地址。

-h 00:34:67:88:2F:22：ARP请求中的源MAC地址。可以随便伪造一个MAC地址。

-D 222.88.88.1：ARP请求中的目的IP地址。可以随便指定一个IP地址，结果都会使得被攻击者发生“IP地址冲突”错误。但是如果指定成网关的地址，还会更新网关的ARP缓存，网关就无法正确将数据发送给被攻击者，在实际测试中，被攻击者会立刻ping不通网关。

-m 00:00:00:00:00:00：ARP请求中的目的MAC地址，一般为全0。

-P payload.txt：从payload.txt中读取payload部分的内容。

-M FF:FF:FF:FF:FF:FF：2层包头的目的地址，ARP一般是广播地址。

-H 00:34:67:88:2F:22：2层包头的源地址，最好与-h中指定的地址相同，这样可以使得发送的攻击包看起来更像一个真实的ARP请求包。

图4-45所示是攻击时使用Ethereal抓取的数据包，其中包括伪装ARP请求和网关ARP应答。

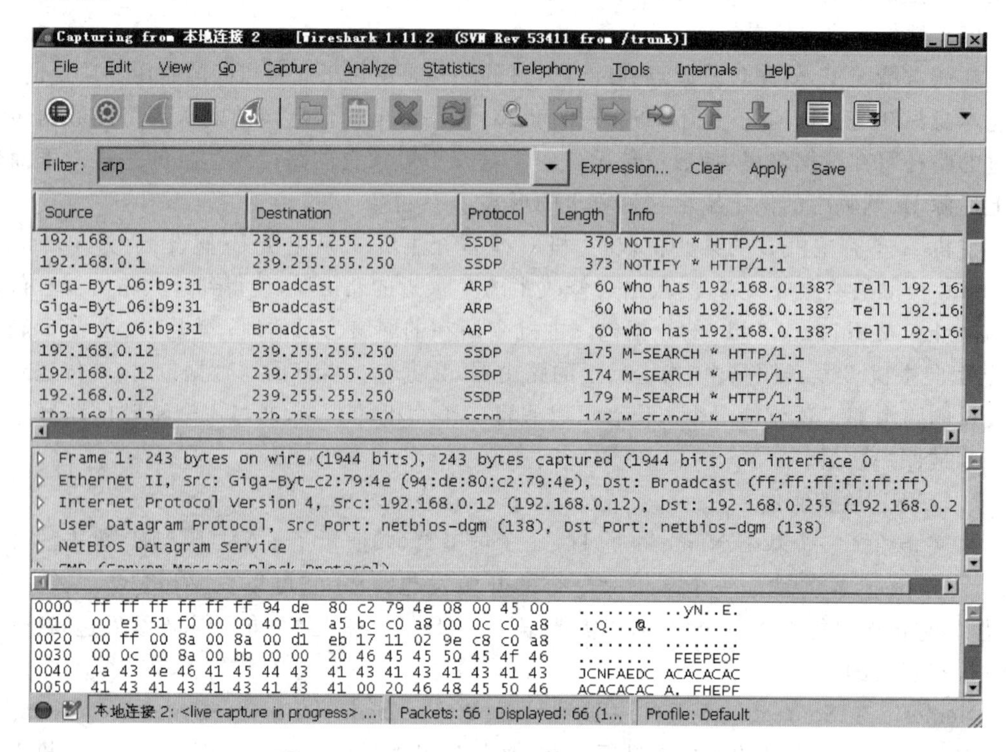

图4-45 Wireshark抓取被攻击主机请求数据包

② 伪装成被攻击者进行ARP应答。此攻击在i_am_the_other_guy.bat中实现，其中的Nemesis命令如下：

```
nemesis arp -S 222.88.88.101 -h 00:44:44:AA:3B:4D -D 222.88.88.1 -m 00:14:78:89:7c:c4 -P
payload.txt -r -M 00:14:78:89:7c:c4 -H 00:44:44:AA:3B:4D
```

其中各参数的意义如下。

-S 222.88.88.101：被攻击者的IP地址。

-h 00:44:44:AA:3B:4D：伪造的被攻击者的MAC地址。

-D 222.88.88.1：网关的IP地址。

-m 00:14:78:89:7c:c4：网关的MAC地址。

-P payload.txt：从payload.txt中读取payload部分的内容。

-r：指定nemesis发送ARP应答包。

-M 00:14:78:89:7c:c4：网关的MAC地址，与-m相同。

-H 00:44:44:AA:3B:4D：伪造的被攻击者的MAC地址，与-h相同。

图4-46所示是攻击时使用Wireshark抓取的数据包。此攻击的原理依然是刷新网关

的 ARP 缓存，但是不会像上一种攻击那样在 LAN 中发广播，从而更具有隐蔽性。

③ 伪装成网关进行 ARP 应答。此攻击在 i_am_router. bat 中实现，其中的 Nemesis 命令如下：

```
nemesis arp -S 222.88.88.1 -h 00:55:55:55:55:55 -D 222.88.88.101 -m 00:4E:4C:81:7D:E2 -P
payload.txt -r -M 00:4E:4C:81:7D:E2 -H 00:55:55:55:55:55
```

其中各参数的意义如下。

-S 222.88.88.1：网关的 IP 地址。

-h 00:55:55:55:55:55：随便伪造的网关的 MAC 地址。

-D 222.88.88.101：被攻击者的 IP 地址。

-m 00:4E:4C:81:7D:E2：被攻击者的 MAC 地址。

-P payload. txt：从 payload. txt 中读取 payload 部分的内容。

-r：指定 nemesis 发送 ARP 应答包。

-M 00:4E:4C:81:7D:E2：被攻击者的 MAC 地址，与-m 相同。

-H 00:55:55:55:55:55：伪造的网关的 MAC 地址，与-h 相同。

图 4-46 是攻击时使用 Ethereal 抓取的数据包。实际测试中，被攻击者的 ARP 缓存被立刻刷新，网关的 MAC 地址变成了一个不存在的地址，从而无法与网关通信。

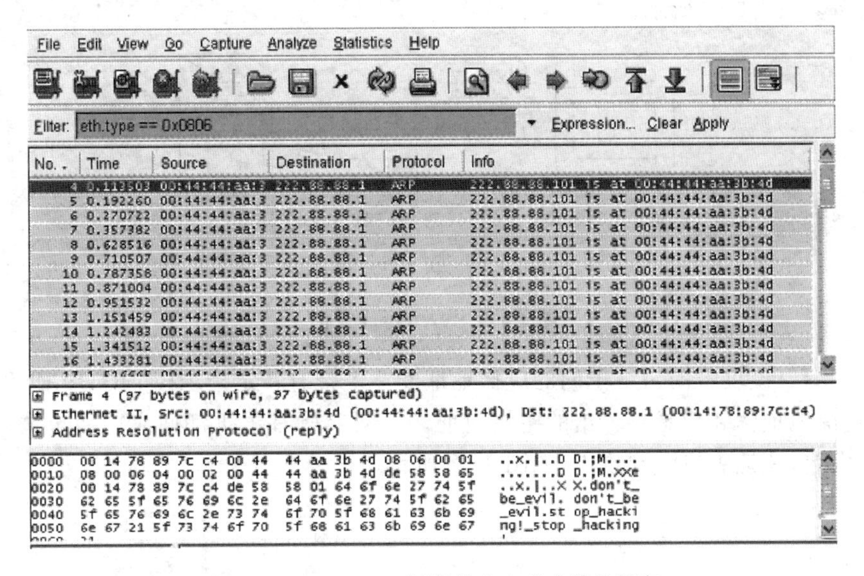

图 4-46　Wireshark 抓取被攻击者应答数据包

4) 拒绝服务攻击和分布式拒绝服务攻击

(1) 拒绝服务攻击。

拒绝服务攻击(Denial of Service，DoS)行动使网站服务器充斥大量要求回复的信息，消耗网络带宽或系统资源，导致网络或系统不胜负荷直至瘫痪而停止正常的网络服务。

拒绝服务攻击建立在 IP 地址欺骗攻击的基础上。最常见的 DoS 攻击有计算机网络带宽攻击和连通性攻击。带宽攻击指以极大的通信量冲击网络，使得所有可用网络资源都被消耗殆尽，最后导致合法用户请求无法通过。连通性攻击指用大量的连接请求冲击计算机，使得所有可用的操作系统资源都被占用，最终计算机无法再处理合法用户的请求。

拒绝服务攻击有多种分类方法，按照入侵方式可以分为资源消耗型 DoS 攻击、配置修改型 DoS 攻击、物理破坏型 DoS 攻击和服务利用型 DoS 攻击。

资源消耗型 DoS 攻击：资源消耗型拒绝服务是指入侵者试图消耗目标的合法资源，例如网络带宽、内存、硬盘空间和 CPU 利用率，从而得到拒绝服务的目的。

配置修改型 DoS 攻击：计算机配置不当可能造成系统运行不正常甚至根本不能运行。入侵者通过修改或者破坏系统的配置信息来阻止其他合法用户使用计算机和网络提供的服务，主要有改变路由信息、修改 Windows 注册表、修改 Linux 的各种配置文件。

物理破坏型 DoS 攻击：物理破坏型拒绝服务主要针对物理设备的安全，入侵者可以通过破坏或改变网络部件以实现拒绝服务。

服务利用型 DoS 攻击：利用入侵目标的自身资源实现入侵意图，由于被入侵系统具有漏洞和通信协议的弱点，这给入侵者提供了机会。入侵者利用 TCP/IP 及目标责任系统自身应用软件中的一些漏洞和弱点得到拒绝服务的目的。

常见的 DoS 攻击方式：

① SYN Flood。该攻击以多个随机的源主机地址向目的主机发送 SYN 包，而在收到目的主机的 SYN ACK 后并不回应，这样，目的主机就为这些源主机建立了大量的连接队列，而且由于没有收到 ACK 一直维护着这些队列，造成了资源的大量消耗而不能向正常请求提供服务，如图 4-47 所示。

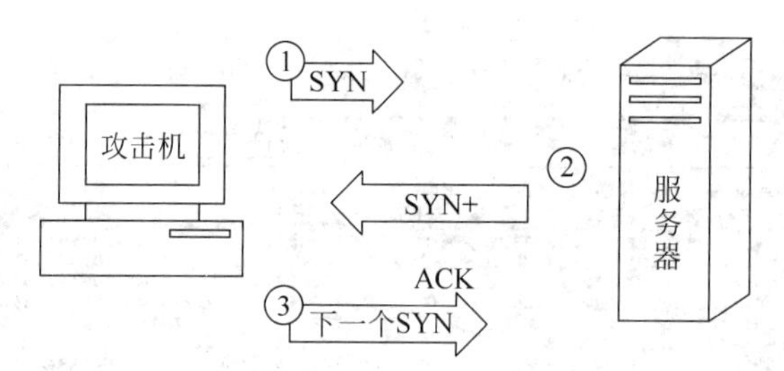

图 4-47 SYN Flood 攻击

② Smurf。该攻击向一个子网的广播地址发一个带有特定请求(如 ICMP 回应请求)的包，并且将源地址伪装成想要攻击的主机地址。子网上所有主机都回应广播包请求而向被攻击主机发包，使该主机受到攻击，如图 4-48 所示。

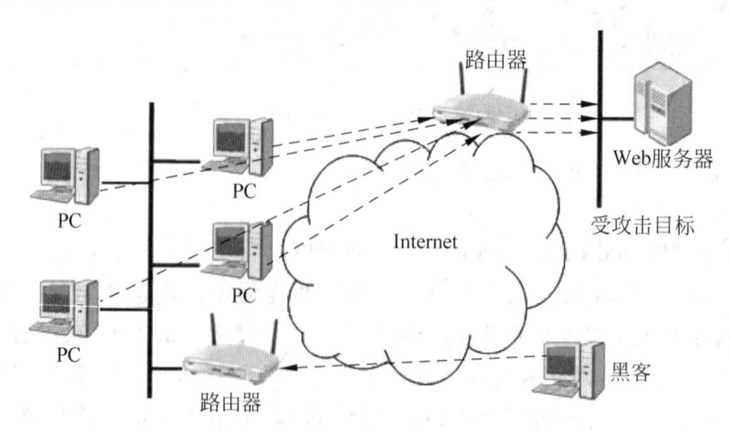

图 4-48 Smurf 攻击

③ Ping of Death。根据TCP/IP的规范，一个包的长度最大为65 536字节。尽管一个包的长度不能超过65 536字节，但是一个包分成的多个片段的叠加却能做到。当一个主机收到了长度大于65 536字节的包时，就是受到了Ping of Death攻击，该攻击会造成主机的宕机。

(2) 分布式拒绝服务攻击。

分布式拒绝服务攻击(Distributed DoS，DDoS)是在传统的DoS攻击基础之上产生的一类攻击方式，DDoS针对计算机与网络高处理能力，利用更大规模的傀儡机(肉鸡)攻击目标主机，使得攻击者傀儡机可以分布在更大的范围、更远的地方或其他的城市，是目前黑客经常采用而难以防范的攻击手段。下面的例子中，结合Syn Flood实例对DDoS攻击运行原理做一个形象说明。

一个比较完善的DDoS攻击体系分为四大部分(如图4-49所示)，最重要的第2、第3部分分别用于控制和实际发起攻击，第2部分控制机只发布命令而不参与实际攻击，第3部分傀儡机发出实际流量包攻击第4部分受害者。黑客对第2、第3部分计算机有控制权或部分控制权，并把相应的DDoS程序部署在这些平台上，DDoS程序与正常程序一样运行并等待黑客的指令，通常还会利用各种手段隐藏自己不被别人发现。

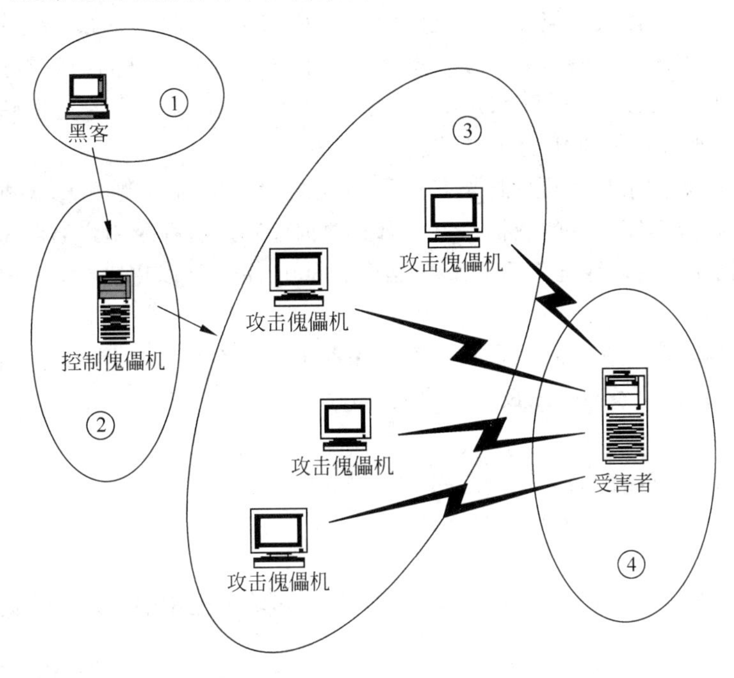

图4-49 DDoS攻击体系原理

正常情况下，这些傀儡机没有什么异常，一旦黑客控制它们并发出指令，攻击傀儡机发起攻击受害者。为什么黑客不直接控制攻击傀儡机，而从控制傀儡机上转一下呢？这是DDoS攻击难以追查的原因之一。从攻击者的角度来说，使用的傀儡机越多，提供给受害者的分析依据就越多。高水平攻击者在占领一台机器后，首先做好两件事：如何留好后门；如何清理日志。

在第3部分攻击傀儡机上清理日志是一项庞大的工程，即使有日志清理工具的帮助，黑客对这个任务也很头痛。这直接导致有些攻击机日志清理不彻底，通过它找到上一级控制傀儡机，如果控制傀儡机是黑客自己的机器，就会被揪出来；如果控制傀儡机是其他机器，黑客自身还是安全的。控制傀儡机数目相对很少，一台可以控制几十台攻击机，清理一台控制傀儡机日志对黑客来讲轻松很多，这样从控制傀儡机找到黑客的可能性大大降低。

被攻击主机上有大量等待的 TCP 连接，网络中充斥着大量的无用数据包，如假源地址、高流量无用数据造成网络拥塞，使受害主机无法正常与外界通信，利用受害主机提供服务或传输协议的缺陷，反复高速发出特定的服务请求，使受害主机无法及时处理所有正常请求，造成系统死机。

5）SQL 注入攻击

在动态网站的开发中，最容易忽略的安全问题就是 SQL 注入(SQL Injection)漏洞问题。相当大一部分程序员在编写代码的时候，没有对用户输入数据的合法性进行判断，使得应用程序存在安全隐患。NBSI(NB SQL Injection)是一款网站漏洞检测工具，在 SQL 注入检测方面有极高的准确率。SQL 注入是一种漏洞，一种攻击方法。攻击原理就是利用用户提交或可修改的数据，把想要的 SQL 语句插入到系统实际 SQL 语句中，轻则获得敏感的信息，重则控制服务器。

黑客通过 SQL 注入攻击获得网站数据库的访问权限，窃取网站数据库中所有数据，甚至恶意黑客通过 SQL 注入功能篡改数据库中的数据、毁坏数据库中的数据。作为网络开发者，有必要了解 SQL 注入功能原理，学会如何通过代码来保护自己的网站数据库。SQL 注入的方式有多种，本文以 PHP 和 MySQL 数据库为例，介绍 SQL 注入攻击基本原理、简单的防范措施以及如何避免 SQL 注入攻击。

SQL 注入是利用网站代码漏洞来获取网站或应用程序后台的 SQL 数据库的访问权限，进而可以取得数据库所有的数据信息。拿到数据库管理员登录用户名和密码后，黑客可以自由修改数据库中的内容甚至删除该数据库。SQL 注入可以用来检验一个网站或应用的安全性。

假如一个公司网站，在网站后台数据库中保存了所有客户数据等重要信息。网站登录页面的代码中有这样一条命令来读取用户信息：

```
<?
 $ q = "SELECT 'id' FROM 'users' WHERE 'username' = '
" . $ _GET['username']. " ' AND 'password' = ' " . $ _GET['password']. " ' ";
?>
```

有黑客想攻击数据库，会尝试在登录页面的用户名输入框中输入以下代码：

```
;SHOW TABLES;
```

单击“登录”按钮，这个页面会显示数据库中的所有表。如果黑客使用下面这行命令：

```
;DROP TABLE [table name];
```

这样黑客就把一张表删除了！

这只是一个很简单的例子，实际的 SQL 注入方法很复杂。了解了 SQL 注入攻击的基本原理，下一步介绍如何防范 SQL 注入攻击。

(1) 防范 SQL 注入，使用 mysql_real_escape_string()函数。

在数据库操作代码中，用函数 mysql_real_escape_string()可以将代码中特殊字符过滤掉，如引号等。如下例：

```
<?
$q = " SELECT 'id' FROM 'users' WHERE 'username' = ' " .mysql_real_escape_string
( $_GET['username']). " 'AND' password ' = ' " .mysql_real_escape_string( $_GET['password']). " ' ";
?>
```

(2) 防范 SQL 注入，使用 mysql_query()函数。

mysql_query()的特点，是它只执行 SQL 代码的第一条，后面的不会执行。上面的例子中，黑客通过代码实例在后台执行多条 SQL 命令，显示所有表的名称。所以 mysql_query()函数可以起到进一步保护作用。进一步演化刚才的代码就得到了下面的代码：

```
<?
//connection
$database = mysql_connect("localhost", "username","password");
//db selection
mysql_select_db("database", $database);
$q = mysql_query("SELECT 'id' FROM 'users' WHERE 'username ' = '
".mysql_real_escape_string( $_GET['username']). " 'AND' password ' = '
" .mysql_real_escape_string( $_GET['password']). " ' ", $database);
?>
```

除此之外，还可以在 PHP 代码中判断输入值的长度，或专门用一个函数来检查输入值。所以在接收用户输入值的地方一定做好输入内容的过滤和检查，了解最新的 SQL 注入方式非常重要，这样才能做到有目的地防范 SQL 注入攻击。

6) 网络蠕虫攻击

蠕虫病毒和一般的计算机病毒有着很大的区别。对于蠕虫，现在还没有一个成套的理论体系。一般认为：蠕虫病毒是一种通过网络传播的恶性病毒，它除具有病毒的一些共性——传播性、隐藏性、破坏性等，同时具有自己的一些特征，如不利用文件寄生(有的只存在于内存中)，对网络造成拒绝服务，以及与黑客技术相结合等。

根据使用者情况将蠕虫病毒分为两类：一种是面向企业用户和局域网而言，这种病毒利用系统漏洞，主动进行攻击，可以对整个互联网造成瘫痪性的后果。以"红色代码"、"尼姆达"以及最新的"SQL 蠕虫王"为代表。另外一种是针对个人用户的，通过网络(主要是电子邮件、恶意网页形式)迅速传播的蠕虫病毒，以爱虫病毒、求职信病毒为代表。在这两类蠕虫中，第一类具有很大的主动攻击性，而且爆发也有一定的突然性，但相对来说，查杀这种病毒并不是很难。第二种病毒的传播方式比较复杂和多样，少数利用了微软的应用程序的漏洞，更多的是利用社会工程学对用户进行欺骗和诱使，这样的病毒造成的损失是非常大的，同时也是很难根除的，比如求职信病毒，在 2001 年就已经被各大杀毒厂商发现，但直到 2002 年底依然排在病毒危害排行榜的首位就是证明。

蠕虫一般不采取利用 pe 格式插入文件的方法，而是复制自身在互联网环境下进行传播，病毒的传染能力主要是针对计算机内的文件系统而言，而蠕虫病毒的传染目标是互联网内的所有计算机。局域网条件下的共享文件夹，电子邮件 E-mail，网络中的恶意网页，大量存在着漏洞的服务器等都成为蠕虫传播的良好途径。网络的发展也使得蠕虫病毒可以在几个小时内蔓延全球，而且蠕虫的主动攻击性和突然爆发性将使得人们束手无策。

7）木马攻击

（1）木马概念。

特洛伊木马（Trojan Horse）简称木马，据说这个名称来源于希腊神话《木马屠城记》。古希腊传说，特洛伊王子帕里斯访问希腊，诱走了王后海伦，希腊人因此远征特洛伊。围攻9年后，到第10年，希腊将领奥德修斯献了一计，就是把一批勇士埋伏在一匹巨大的木马腹内，放在城外后，佯作退兵。特洛伊人以为敌兵已退，就把木马作为战利品搬入城中。到了夜间，埋伏在木马中的勇士跳出来，打开了城门，希腊将士一拥而入攻下了城池。后来，人们在写文章时就常用“特洛伊木马”这一典故，用来比喻在敌方营垒里埋下伏兵里应外合的活动。应用于计算机领域，木马比喻埋伏在别人的计算机里，偷取对方机密信息的程序。

（2）木马原理。

木马一般是客户端/服务端（Client/Server，C/S）模式，客户端/服务端之间采用TCP/UDP的通信方式。如果要给别人计算机上植入木马，则受害者一方运行的是服务器端程序，而自己使用的是客户端来控制受害者机器。

木马是一种基于远程控制的黑客工具，具有隐藏性和非授权性的特点。所谓隐藏性是指服务端即使发现感染了木马，由于不确定其具体位置，往往只能望“马”兴叹。所谓非授权性，是指一旦客户端与服务端连接后，客户端将享有服务端的大部分操作权限，包括修改文件，修改注册表，控制鼠标、键盘等，这些权力不是服务端赋予的，而是通过木马程序窃取的。一旦木马程序被植入到毫不知情的用户的计算机中，以“里应外合”的工作方式，服务程序通过打开特定的端口并进行监听，这些端口好像“后门”一样，所以，也有人把特洛伊木马叫做后门工作。攻击者所掌握的客户端程序向该端口发出请求（Connect Request），木马便与其连接起来。攻击者可以使用控制器进入计算机，通过客户端程序命令达到控制服务器端的目的。木马一般工作模式如图4-50所示。

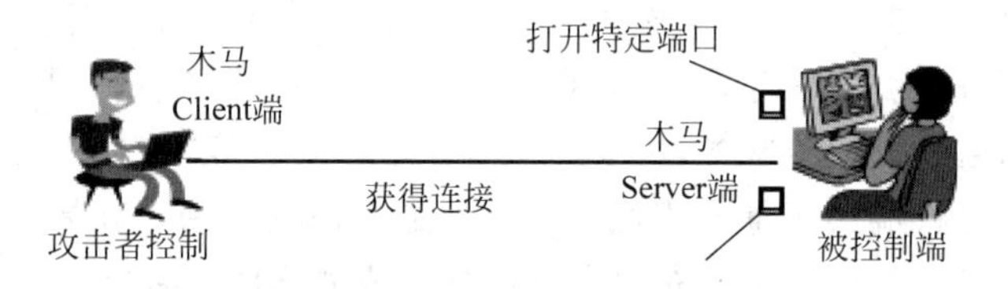

图4-50 木马工作模式

一个完整的木马系统由硬件部分、软件部分和具体连接部分组成。

硬件部分：建立木马连接所必需的硬件实体。控制端：对服务端进行远程控制的一方。服务端：被控制端远程控制的一方。Internet：控制端对服务端进行远程控制，是数据传输的网络载体。

软件部分：实现远程控制所必需的软件程序。控制端程序：控制端用以远程控制服务端的程序。木马程序：潜入服务端内部，获取其操作权限的程序。木马配置程序：设置木马程序的端口号、触发条件、木马名称等，使其在服务端藏得更隐蔽的程序。

具体连接部分：通过Internet在服务端和控制端之间建立一条木马信道所必需的元素。控制端IP、服务端IP：控制端、服务端的网络地址，也是木马进行数据传输的目的地。控制端端口、木马端口：即控制端、服务端的数据入口，通过这个入口，数据可直达控制端程序或木马程序。

(3) 木马攻击原理。

黑客使用木马工具入侵网络，从过程上看可分为六步：配置木马、传播木马、运行木马、泄露信息、建立连接、远程控制。

① 配置木马。

一般来说一个设计成熟的木马都有木马配置程序，从具体的配置内容看，主要是为了实现以下两方面功能。木马伪装：木马配置程序为了在服务端尽可能好地隐藏木马，会采用多种伪装手段，如修改图标、捆绑文件、定制端口、自我销毁、木马更名等。信息反馈：木马配置程序将就信息反馈的方式或地址进行设置，如设置信息反馈的邮件地址、IRC 号、ICQ 号等。

② 传播木马。

木马的传播方式主要有两种：一种是通过 E-mail，控制端将木马程序以附件的形式夹在邮件中发送出去，收信人只要打开附件系统就会感染木马；另一种是软件下载，一些非正规的网站以提供软件下载为名义，将木马捆绑在软件安装程序上，下载后，只要一运行这些程序，木马就会自动安装。

③ 运行木马。

服务端用户运行木马或捆绑木马的程序后，木马就会自动进行安装。首先将自身复制到 Windows 的系统文件夹中(C:\WINDOWS 或 C:\WINDOWS\SYSTEM 目录下)。然后在注册表、启动组、非启动组中设置好木马的触发条件，木马安装完成，就可以启动木马了。

触发条件激活木马是指启动木马的条件，大致出现在下面几个地方。

注册表：打开 HKEY_LOCAL_MACHINE\Software\Microsoft\Windows\CurrentVersion\ 下的 Run 和 RunServices 主键，在其中寻找可能是启动木马的键值。

打开 HKEY_CLASSES_ROOT\文件类型\shell\open\command 主键，查看其键值。举个例子，国产木马“冰河”就是修改 HKEY_CLASSES_ROOT\txtfile\shell\open\command 下的键值，将“C:\ WINDOWS\NOTEPAD. EXE %1”改为“C:\WINDOWS\SYSTEM\SYSEXPLR. EXE %1”，双击一个 TXT 文件后，原本应用 NOTEPAD 打开文件，变成启动木马程序。除了 TXT 文件，通过修改 HTML、EXE、ZIP 等文件的启动命令键值都可以启动木马，不同之处只在于“文件类型”这个主键的差别，TXT 是 txtfile、ZIP 是 WINZIP。

WIN. INI：C:\WINDOWS 目录下有一个配置文件 win. ini，用文本方式打开，在 Windows 字段中有启动命令 load= 和 run=，一般情况下是空白，如果有启动程序，可能是木马。

SYSTEM. INI：C:\WINDOWS 目录下有个配置文件 system. ini，用文本方式打开，在 386Enh、mic、drivers32 中有命令行，在其中寻找木马的启动命令。

Autoexec. bat 和 Config. sys：在 C 盘根目录下这两个文件可以启动木马。这种加载方式一般都需要控制端用户与服务端建立连接，将已添加木马启动命令同名文件上传服务端覆盖这两个文件才行。

*. INI：应用程序的启动配置文件，控制端利用这些文件能启动程序的特点，将制作好的带有木马启动命令的同名文件上传到服务端覆盖这个同名文件，就可以启动木马了。

捆绑文件：实现这种触发条件首先要控制端和服务端通过木马建立连接，然后控制端用户用工具软件将木马文件和某一应用程序捆绑在一起，然后上传到服务端覆盖原文件，这样即使木马被删除了，只要运行捆绑了木马的应用程序，木马又会被安装上去了。

木马被激活后，进入内存，开启事先定义的木马端口，准备与控制端进行连接。可以通过进入 MS-DOS 方式下，用 netstat 命令的-a、-n 查看端口的状态确认是否有可疑端口开放，进一步判断是否感染木马。电脑感染木马后，用 NETSTAT 命令查看端口的两个实例：服务端与控制端建立连接时的显示状态；服务端与控制端还未建立连接时的显示状态。

在上网过程中下载软件、网上聊天等必然打开一些常用端口。1～1024 之间的端口：保留端口是专给一些对外通信的程序用的，如 FTP 使用 21，SMTP 使用 25 等。1025 以上的连续端口：在上网浏览网站时，浏览器会打开多个连续的端口下载文字、图片到本地硬盘上，这些端口都是 1025 以上的连续端口。4000 端口：这是 OICQ 的通信端口。6667 端口：这是 IRC 的通信端口。除上述端口，如发现还有其他端口打开，就要怀疑是否感染了木马。

④ 泄露信息。

一般来说，设计成熟的木马都有一个信息反馈机制。所谓信息反馈机制是指木马成功安装后会收集一些服务端的软硬件信息，并通过 E-mail，IRC 或 ICO 的方式告知控制端用户。

⑤ 建立连接。

一个木马连接的建立首先必须满足两个条件：一是服务端已安装了木马程序；二是控制端、服务端都要在线。在此基础上控制端可以通过木马端口与服务端建立连接。

⑥ 远程控制。

木马连接建立后，控制端端口和木马端口之间将会出现一条通道，控制端上的控制端程序可借这条信道与服务端上的木马程序取得联系，并通过木马程序对服务端进行远程控制。控制端具体能享有以下控制权限。窃取密码：一切以明文的形式、* 形式或缓存在 Cache 中的密码都能被木马侦测到，此外很多木马还提供有击键记录功能，它将会记录服务端每次敲击键盘的动作，所以一旦有木马入侵，密码将很容易被窃取。文件操作：控制端可借由远程控制对服务端上的文件进行删除、新建、修改、上传、下载、运行、更改属性等一系列操作，基本涵盖了 Windows 平台上所有的文件操作功能。修改注册表：控制端可任意修改服务端注册表，包括删除、新建或修改主键、子键、键值。有了这项功能，控制端就可以禁止服务端软驱、光驱的使用，锁住服务端的注册表，将服务端上木马的触发条件设置为更隐蔽的一系列高级操作。系统操作：这项内容包括重启或关闭服务端操作系统，断开服务端网络连接，控制服务端的鼠标、键盘，监视服务端桌面操作，查看服务端进程等，控制端甚至可以随时给服务端发送信息，想象一下，当服务端的桌面上突然跳出一段话，不吓人一跳才怪。

(4) 冰河木马实例。

冰河木马由两个应用程序组成：G_Server. exe 和 G_Client. exe。G_Server. exe 为被监控端后台监控程序，在安装前可以先通过 G_Client 配置本地服务器程序功能进行一些特殊配置，如是否将动态 IP 发送到指定信箱，改变监听端口与设置、访问口令等。G_Client. exe 是监控端执行程序，用于监控计算机和配置服务器程序。

安装好服务器端监控程序 G_Server. exe 后，运行客户端程序 G_Client. exe 就可以对远程计算机进行监控了，客户端执行程序的各模块功能如下：

添加主机：将被监控端 IP 地址添加至主机列表，同时设置好访问口令及端口，设置将保存在 Operate. ini 文件中，以后不必重输。如果需要修改设置，可以重新添加该主机，或在主界面工具栏内重新输入访问口令及端口并保存设置。

删除主机：将被监控端 IP 地址从主机列表中删除(相关设置也将同时被清除)。

自动搜索：搜索指定子网内安装有“冰河”的计算机。例如欲搜索 IP 地址 192. 168. 3. 1 至 192. 168. 3. 255 网段的计算机，应将“起始域”设为 192. 168. 3，将“起始地址”和“终止地址”分别设为 1 和 255，如图 4-51 所示。

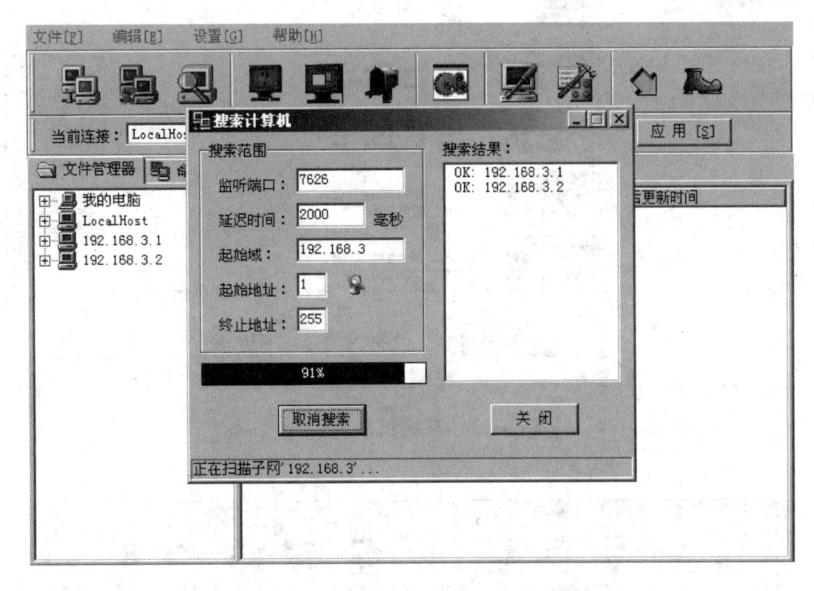

图 4-51　自动搜索指定域中计算机

另外，通过控制台的“控制类命令”可以查看屏幕、屏幕控制、远程配置修改和本地服务器配置。

“文件管理器”对文件操作提供了下列鼠标操作功能：文件上传、文件下载、打开远程或本地文件、删除文件或目录、新建目录、文件查找、复制整个目录等。

“命令控制台”包括多类命令：口令类、控制类、网络类、文件类、设置类和注册表读写。

口令类命令：包括系统信息及口令、历史口令、击键记录，图 4-52 显示了“系统信息及口令”的有关内容。

控制类命令：捕获屏幕、发送信息、进程管理、窗口管理、鼠标控制、系统控制和其他控制等。图 4-53 显示进程管理的相关信息。

网络类命令：创建共享、删除共享、查看网络信息。图 4-54 显示创建共享连接信息。

文件类命令：目录增删、文本浏览、文件查找、压缩、复制、移动、上传、下载、删除、打开；注册表读写：注册表键值读写、重命名、主键浏览、读写、重命名；设置类命令：更换墙纸、更改计算机名、读取服务器端配置、在线修改服务器配置。

图 4-52　系统信息及口令

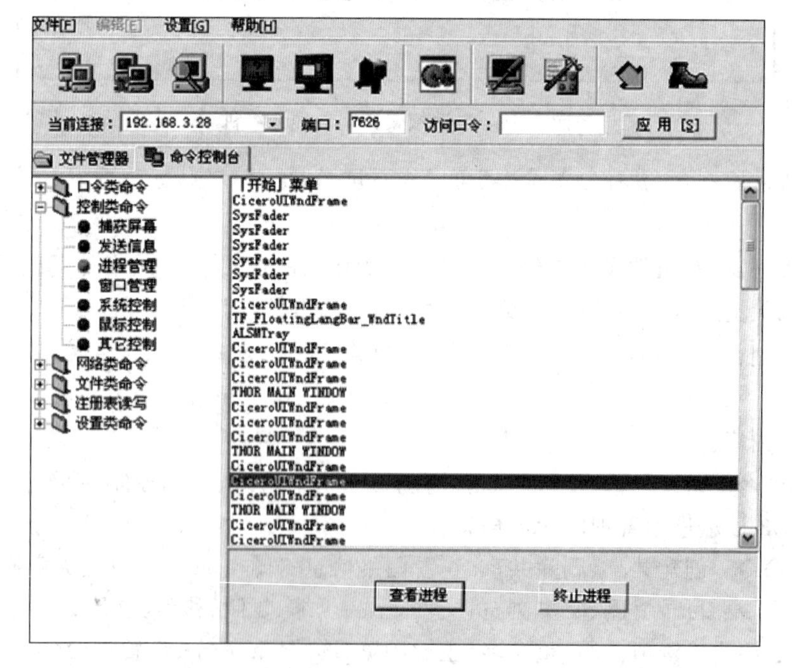

图 4-53　进程管理信息

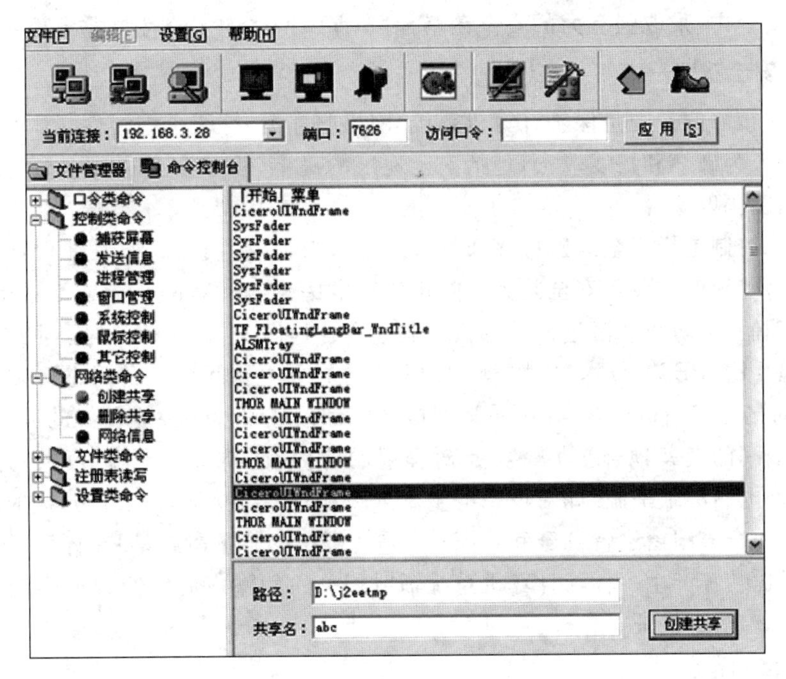

图 4-54　创建共享连接信息

“木马清除”通过注册表手工可以处理。打开注册表 Regedit，单击目录 HKEY_LOCAL_ MACHINE\SOFTWARE\Microsoft\Windwos\CurrentVersion\Run，查找以下两个路径，删除：

C:\WINDOWS\system32\kernel32.exe

C:\WINDOWS\system32\sysexplr.exe

关闭 Regedit，重新启动到 MS-DOS 方式，删除 C:\WINDOWS\system32\kernel32.exe 和 C:\WINDOWS\system32\sysexplr.exe。查看注册表 HKEY_LOCAL_MACHINE\SOFTWARE\Microsoft \Windwos\CurrentVersion\Run 和 HKEY_LOCAL_MACHINE\SOFTWARE\Microsoft\Windwos\Current Version\RunServices 两项。删除可疑的文件路径，重新启动到 MS-DOS 方式，删除注册表对应的木马。

4.3　网络安全防范

4.3.1　网络安全策略

网络安全策略是对网络安全的目的、期望和目标以及实现它们所必须运用的策略的论述，为网络安全提供管理方向和支持，是一切网络安全活动的基础，指导企业网络安全结构体系的开发和实施。包括：局域网的信息存储、处理、传输技术；保护企业所有的信息、数据、文件和设备资源的管理和操作手段；确定安全管理等级和安全管理范围；制定有关网络操作使用规程和人员出入机房管理制度；制定网络系统的维护制度和应急措施。计算机网络所面临的威胁大体可分为两种：一是对网络中信息的威胁；二是对网络中设备的威胁。在网络安全中，采取强有力的安全策略，对于保障网络的安全性是非常重要的。

1. 物理安全策略

物理安全策略的目的是保护计算机系统、网络服务器、打印机等硬件实体和通信链路免受自然灾害、人为破坏和搭线攻击，包括安全地区的确定、物理安全边界、物理安全控制、设备安全、防电磁辐射等。

物理接口控制是指安全地区应该通过合适的入口控制进行保护，从而保证只有合法员工可以访问这些地区。设备安全是为了防止资产的丢失、破坏，防止商业活动中断，建立完备的安全管理制度，防止非法进入计算机控制室和各种偷窃、破坏活动的发生。抑制和防止电磁泄漏(即 TEMPEST 技术)是物理安全策略的一个主要问题。目前主要防护措施有两类：一类是对传导发射的防护，主要采取对电源线和信号线加装性能良好的滤波器，减小传输阻抗和导线间的交叉耦合。另一类是对辐射的防护，这类防护措施又可分为以下两种：一是采用各种电磁屏蔽措施，如对设备的金属屏蔽和对各种接插件的屏蔽，同时对机房的下水管、暖气管和金属门窗进行屏蔽和隔离；二是对干扰的防护措施，即在计算机系统工作的同时，利用干扰装置产生一种与计算机系统辐射相关的伪噪声向空间辐射来掩盖计算机系统的工作频率和信息特征。

2. 访问控制策略

访问控制是网络安全防范和保护的主要策略，它的主要任务是保证网络资源不被非法使用和非常访问。它也是维护网络系统安全、保护网络资源的重要手段。各种安全策略必须相互配合才能真正起到保护作用，但访问控制可以说是保证网络安全最重要的核心策略之一。访问控制包括用户访问管理以防止未经授权的访问；网络访问控制，保护网络服务；操作系统访问控制，防止未经授权的计算机访问；应用系统访问控制，防止信息系统中信息的未经授权的访问；监控对系统的访问和使用，探测未经授权的行为。

3. 信息加密策略

信息安全策略是要保护信息的机密性、真实性和完整性，因此应对敏感或机密数据加密。信息加密过程是由形形色色的加密算法来具体实施的，它以很小的代价提供很大的安全保护。在多数情况下，信息加密是保证信息机密性的唯一方法。信息加密的算法是公开的，其安全性取决于密钥的安全性，应建立并遵守用于对信息进行保护的密码控制的使用策略，密钥管理基于一套标准、过程和方法，用于支持密码技术的使用。信息加密的目的是保护网内的数据、文件、口令和控制信息，保护网上传输的数据。网络加密常用的方法有链路加密、端点加密和节点加密三种。链路加密的目的是保护网络节点之间的链路信息安全；端点加密的目的是对源端用户到目的端用户的数据提供保护；节点加密的目的是对源节点到目的节点之间的传输链路提供保护。

4. 网络安全管理策略

网络的安全管理策略包括：确定安全管理等级和安全管理范围；制定有关网络操作使用规程和人员出入机房管理制度；制定网络系统的维护制度和应急措施等。加强网络的安全管理，制定有关规章制度，对于确保网络的安全、可靠地运行，将起到十分有效的作用。

4.3.2　网络防范的方法

要提高计算机网络的防御能力,必须加强网络的安全措施,否则该网络将是个无用,甚至会危及国家安全的网络。无论是在局域网还是在广域网中,都存在着自然和人为等诸多因素的脆弱性和潜在威胁,网络的防范措施应该能全方位地应付各种不同的威胁和脆弱性,这样才能确保网络信息的保密性、完整性和可用性。下面从实体层次、能量层次、信息层次和管理层次四个层次来阐述网络防范的方法。

1. 实体层次防范对策

在组建网络的时候,要充分考虑网络的结构、布线、路由器、网桥的设置、位置的选择,加固重要的网络设施,增强其抗摧毁能力。与外部网络相连时,采用防火墙屏蔽内部网络结构,对外界访问进行身份认证、数据过滤,在内部网中进行安全域划分、分级权限分配。对外部网络的访问,将一些不安全的站点过滤掉,将一些经常访问的站点做成镜像,可大大提高效率,减轻线路负担。网络中的各个节点要相对固定,严禁随意连接,一些重要的部件安排专门的场地人员维护、看管,防止自然或人为的破坏,加强场地安全管理,做好供电、接地、灭火的管理,与传统意义上的安全保卫工作的目标相吻合。

2. 能量层次防范对策

能量层次的防范对策是围绕着制电磁权而展开的物理能量的对抗。攻击者一方面通过运用强大的物理能量干扰、压制或嵌入对方的信息网络;另一方面又通过运用探测物理能量的技术手段对计算机辐射信号进行采集与分析,获取秘密信息。防范的对策主要是做好计算机设施的防电磁泄漏、抗电磁脉冲干扰,在重要部位安装干扰器、建设屏蔽机房等。

目前主要防护措施有两类:

一类是对外围辐射的防护,主要采取对电源线和信号线加装性能良好的滤波器,减小传输阻抗和导线间的交叉耦合;给网络加装电磁屏蔽网,防止敌方电磁武器的攻击。

另一类是对自身辐射的防护,这类防护措施又可分为两种:一是采用各种电磁屏蔽措施,如对设备的金属屏蔽和各种接插件的屏蔽,同时对机房的下水管、暖气管和金属门窗进行屏蔽和隔离;二是干扰的防护措施,即在计算机系统工作的同时,利用干扰装置产生一种与计算机系统辐射相关的伪噪声向空间辐射来掩盖计算机系统的工作频率和信息特征。

3. 信息层次防范对策

信息层次的计算机网络对抗主要包括计算机病毒对抗、黑客对抗、密码对抗、软件对抗、芯片陷阱等多种形式。信息层次的计算机网络对抗是网络对抗的关键层次,是网络防御的主要环节。它与计算机网络在物理能量领域对抗的主要区别表现在:信息层次的对抗中获得制信息权的决定因素是逻辑的,而不是物理能量的,取决于对信息系统本身的技术掌握水平,是知识和智力的较量,而不是电磁能量强弱的较量。信息层次的防御对策主要是防御黑客攻击和计算机病毒。对黑客攻击的防范,主要从访问控制技术、防火墙技术和信息加密技术方面进行防范。

4. 管理层次防范对策

实现信息安全,不但靠先进的技术,而且也得靠严格的安全管理。建立相应的网络安全管理办法,加强内部管理,建立合适的网络安全管理系统,加强用户管理和授权管理,建立安全审计和跟踪体系，提高整体网络安全意识。重要环节的安全管理要采取分权制衡的原则，要害部位的管理权限如果只交给一个人管理，一旦出问题就将全线崩溃。分权可以相互制约，提高安全性。要有安全管理的应急响应预案，一旦出现相关的问题马上采取对应的措施。

安全的本质是攻击防守双方不断利用脆弱性知识进行的博弈：攻防双方不断地发现漏洞并利用这些信息达到各自的目的。

网络安全是相对的、动态的。例如，随着操作系统和应用系统漏洞的不断发现以及口令很久未曾更改等情况的发生，整个系统的安全性就受到了威胁，这时若不及时打安全补丁或更换口令，就很可能被一直在企图入侵却未能成功的黑客轻易攻破。

攻击方受防御方影响，防御方受攻击方影响是攻防博弈的基本假定。作为博弈一方的攻击方，受防御方和环境影响而存在不确定性，所以攻击方有风险。作为博弈一方的防御方，受攻击方和环境影响而存在不确定性，所以防御方也有风险。防御方必须坚持持续改进原则，其安全机制既含事前保障，亦含事后监控。

随着网络技术的发展，网络攻击技术也发展很快，安全产品的发展仍处在比较被动的局面。安全产品只是一种防范手段，最关键还是靠人，要靠人的分析判断能力去解决问题，这就使得网络管理人员和网络安全人员要不断更新这些方面的知识，在了解安全防范的同时也应该多了解网络攻击的方法，只有这样才能知己知彼，在网络攻防的博弈中占据有利地位。

4.3.3 网络防范的原理

面对当前如此猖獗的黑客攻击，必须做好网络的防范工作。网络防范分为积极防范和消极防范，下面介绍这两种防范的原理。

1. 积极安全防范的原理

对正常的网络行为建立模型，把所有通过安全设备的网络数据拿来和保存在模型内的正常模式相匹配，如果不在这个正常范围以内，那么就认为是攻击行为，对其作出处理。这样做的最大好处是可以阻挡未知攻击，如攻击者刚刚发现的不为人知的攻击方案。对这种方式来说，建立一个安全、有效的模型就可以对各种攻击作出反应了。例如，包过滤路由器对所接收的每个数据包作允许、拒绝的决定。路由器审查每个数据报以便确定其是否与某一条包过滤规则匹配。管理员可以配置基于网络地址、端口和协议的允许访问的规则，只要不是这些允许的访问，都禁止访问。

但对正常的网络行为建立模型有时是非常困难的，例如，在入侵检测技术中，异常入侵检测技术就是根据异常行为和使用计算机资源的异常情况对入侵进行检测，其优点是可以检测到未知的入侵，但是入侵性活动并不总是与异常活动相符合，因而就会出现漏检和虚报。

2. 消极安全防范的原理

以已经发现的攻击方式，经过专家分析后给出其特征进而来构建攻击特征集。然后在网络数据中寻找与之匹配的行为，从而起到发现或阻挡的作用。它的缺点是使用被动安全防范体系，不能对未被发现的攻击方式作出反应。消极安全防范的一个主要特征就是针对已知的攻击，建立攻击特征库，作为判断网络数据是否包含攻击的依据。使用消极安全防范模型的产品，不能对付未知攻击行为，并且需要不断更新的特征库。例如，在入侵检测技术中，误用入侵检测技术就是根据已知的入侵模式来检测入侵。入侵者常常利用系统和应用软件中的弱点攻击，而这些弱点易编成某种模式，如果入侵者攻击方式恰好匹配上检测系统中的模式库，则入侵者即被检测到。其优点是算法简单、系统开销小，但是缺点是被动，只能检测出已知攻击，模式库要不断更新。

4.3.4　网络安全模型

网络防范的目的就是实现网络安全目标，网络安全的工作目标通俗地说就是下面的“六不”：“进不来”——访问控制机制，“拿不走”——授权机制，“看不懂”——加密机制，“改不了”——数据完整性机制，“逃不掉”——审计、监控、签名机制，“打不垮”——数据备份与灾难恢复机制。为了实现整体网络安全的工作目标，有两种流行的网络安全模型：P2DR 模型和 AP2DRR 模型。

P2DR 模型是动态安全模型（可适应网络安全模型）的代表性模型。在整体的安全策略的控制和指导下，在综合运用防护工具（如防火墙、操作系统身份认证、加密等手段）的同时，利用检测工具（如漏洞评估、入侵检测等系统）了解和评估系统的安全状态，通过适当的反应将系统调整到“最安全”和“风险最低”的状态。模型如图 4-55 所示。

图 4-55　P2DR 安全模型示意

根据 P2DR 模型的理论，安全策略是整个网络安全的依据。不同的网络需要不同的策略，在制定策略以前，需要全面考虑局域网络中如何在网络层实现安全性，如何控制远程用户访问的安全性，在广域网上的数据传输实现安全加密传输和用户的认证等问题。对这些问题作出详细回答，并确定相应的防护手段和实施方法，就是针对企业网络的一份完整的安全策略。策略一旦制定，应当作为整个企业安全行为的准则。

而 AP2DRR 模型则包括以下环节：

网络安全 ＝风险分析（A）＋ 制定安全策略（P）＋ 系统防护（P）
＋ 实时监测（D）＋ 实时响应（R）＋ 灾难恢复（R）

通过对以上 AP2DRR 的 6 个元素的整合，形成了一套整体的网络安全结构，如图 4-56 所示。

事实上，对于一个整体网络的安全问题，无论是 P2DR 还是 AP2DRR，都将如何定位网络中的安全问题放在最为关键的位置。这两种模型都提到了一个非常重要的环节——P2DR 中的检测环节和 AP2DRR 中的风险分析，在这两种安全模型中，这个环节并非仅仅指的是狭义的检测手段，而是一个复杂的分析与评估的过程。通过对网络中的安全漏洞及可能受到的威胁等内容进行评估。获取安全风险的客观数据，为信息安全方案制定提供依据。网络安全具有相对性，其防范策略是动态的，因而网络安全防范模型是一个不断重复改进的循环过程。

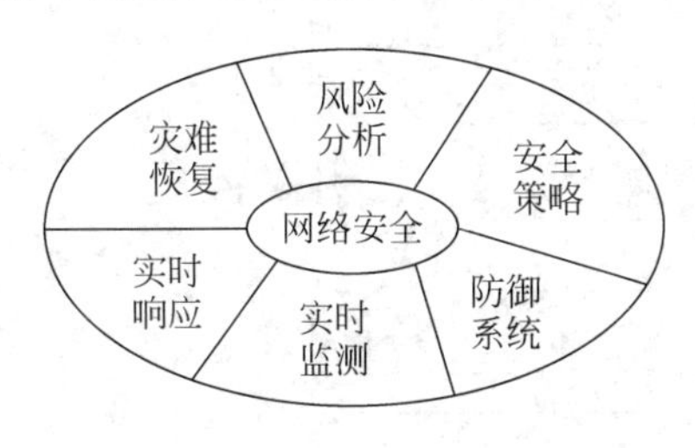

图 4-56　AP2DRR 动态安全模型

4.4 实 训

实训 冰河木马攻击与防范

实训目的：了解木马运行机理，掌握查杀木马的基本方法。对目标机使用冰河软件进行感染后控制，清除冰河木马病毒。

实训准备：连网的个人计算机，Windows 2000 系统平台。

实训内容：

1. 冰河木马的组成

(1) G_Server.exe。被监控端后台监控程序，安装前通过 G_Client.exe 进行一些特殊配置，例如是否将动态 IP 发送到指定信箱、改变监听端口、设置访问口令。黑客想方设法对它进行伪装，用各种方法将服务器端程序安装在你的电脑上，程序运行时没有一点痕迹，很难发现有木马冰河在你的电脑上运行。

(2) G_Client.exe。监控端执行程序，用于监控远程计算机和配置服务器程序。

(3) Operate.ini。G_Server.exe 的配置文件：

G_Client.exe	2010/12/8 15:30	应用程序
G_Server.exe	2010/12/8 15:30	应用程序
Operate.ini	2010/12/13 19:54	配置设置

2. 冰河木马的使用

将 G_Server.exe 植入目标主机，打开瑞士军刀图标客户端 G_Client，选择添加主机，填上我们搜索到的 IP 地址。对服务器进行简单配置(如图 4-57 所示)，监听端口 2001 可更换(范围在 1024～32 768 之间)；关联可更改为与 EXE 文件关联(就是无论运行什么 exe 文件，冰河就开始加载)；还有关键的邮件通知设置。

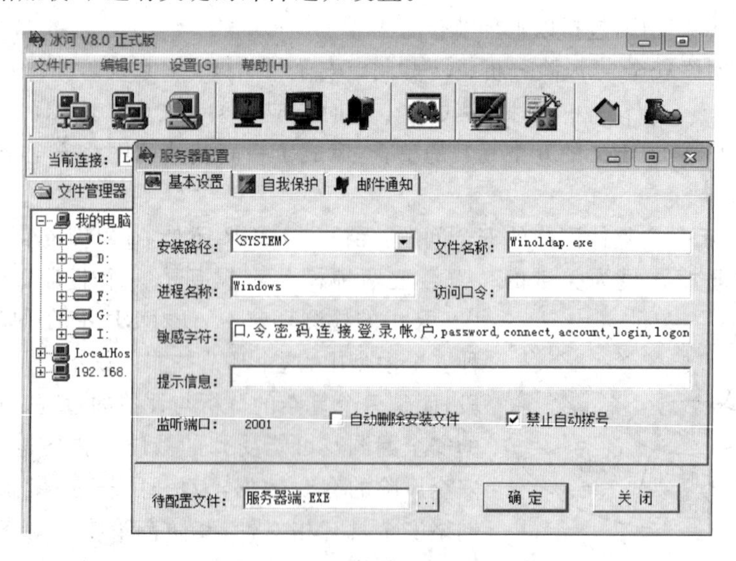

图 4-57 G_Server 服务器简单配置

（1）服务器的配置。

① 安装路径：服务器程序安装的位置。有三个选项，分别为 Windows、System、Temp，这些都是 Windows 里的一些目录。

② 文件名称：是服务器程序安装到目标计算机之后的名称，默认是 Winoldap. exe。对于不熟悉 Windows 系统的用户来说，这可像是一个系统程序。当然，这个名称是可以改的。

③ 进程名称：服务器程序运行时，在进程栏中显示的名称。默认的进程名是 Windows，也可以更改。

④ 访问口令：客户机连接服务器程序时需要输入的口令。如果用于远程控制的时候，可以在一定程度上限制客户端程序的使用。

⑤ 敏感字符：设置冰河程序对某些敏感字符的信息加以记录。冰河把这些包含文字的信息保存下来，然后通过各种途径发给黑客。

⑥ 提示信息：被控制计算机运行时，弹出的对话框信息。如果为空的话，程序运行时就没有任何提示。

⑦ 监听端口：设置服务器程序在哪个端口等待客户程序的连接，以前的默认设置是 7626，在冰河 8.0 版本中，端口号已经改为了 2001。

⑧ 自动删除安装程序：如果选中此项的话，会自动删除安装程序。

⑨ 禁止自动拨号：如果不选中此项的话，每次开机时，冰河就会自动拨号上网，然后把系统信息发送到指定的邮箱。通常，黑客们都不会轻易暴露自己，所以他们会选中该项。

⑩ 待配置文件：服务器程序的名称，原始的文件名是 G_Server. exe。

（2）自动保护的配置。

如图 4-58 所示，它可以设置服务器程序在目标计算机上的一些配置。具体包括如下内容。

① 写入注册表启动项：选中此项的话，每次系统启动时都会自动运行冰河。它在注册表中的位置是 HKEY_LOCAL_MACHINE\Software\Microsoft\Windows\Currentversion\runservice。

② 键名：在注册表中的名称。

③ 关联：这是一个令冰河死灰复燃的功能。如果选中的话，当关联文件是文本文件的时候，用户执行文本文件之后，就会自动装载冰河；同样的道理，选择可执行程序关联后，可执行程序也会自动装载冰河。

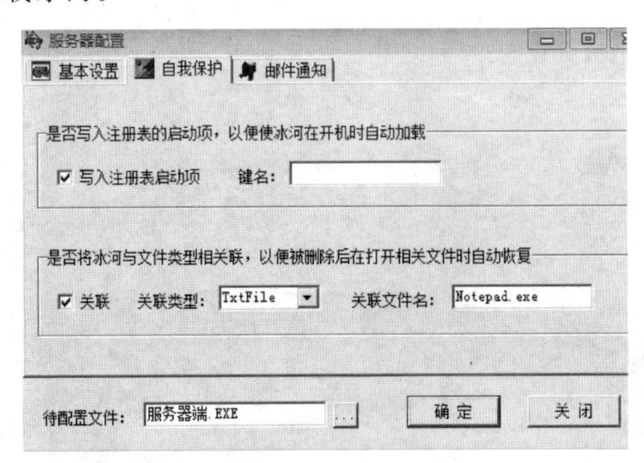

图 4-58　自动保护配置

(3) 邮件通知的配置。

① SMTP 服务器：冰河用来发送邮件的服务器，例如 smtp.263.net 等。

② 接收信箱：这就是黑客用来接收目标计算机信息的信箱，如图 4-59 所示。

③ 邮件内容：包括系统信息、开机口令、缓存口令、共享资源信息等，也可以只选择其中一项或几项。

④ 搜索计算机找到开启 2001 端口的计算机尝试连接控制，如图 4-60 所示。

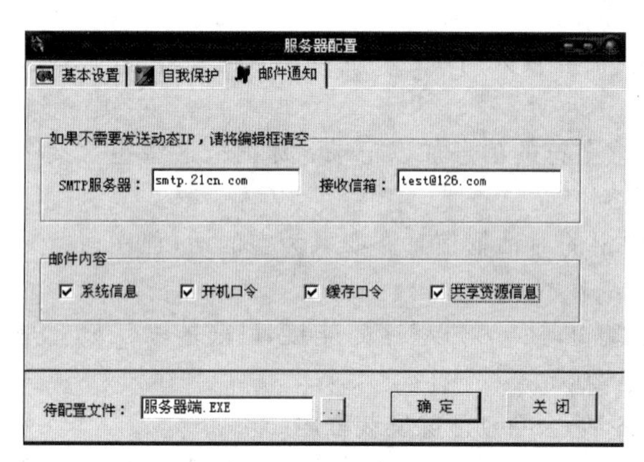

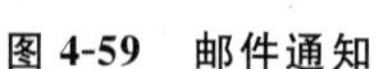
图 4-59　邮件通知

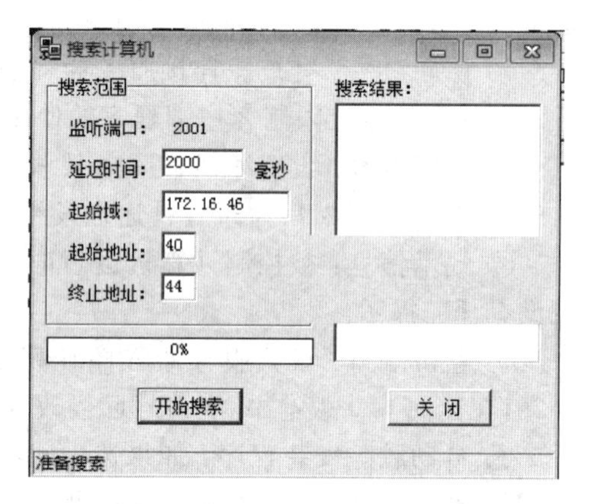

图 4-60　搜索开启 2001 端口计算机

3. 冰河木马的清除

检测自己的计算机是否中了冰河木马，那就是在本机上执行冰河客户端程序，进行自动搜索，搜索的网段设置要短，并且要包含本机的固定 IP，如果发现本机 IP 的前面出现 OK 的话，那就意味着存在冰河木马。要消除冰河的话，在客户端执行系统控制里的“自动卸载冰河”即可。此方法简单易用，并且卸载得比较彻底。

第5章　网络安全技术

随着互联网的不断发展，网络攻击技术不断变化发展，形式呈现多样化，这也促使网络防御技术必须不断更新换代、不断发展，以适应网络安全的新形势。网络防御是一个综合性的安全工程，不是几个网络安全产品能够完成的任务。防御需要解决多层面的问题，除了安全技术之外，安全管理也十分重要，实际上提高用户群的安全防范意识、加强安全管理所能起到的效果远远高于应用几个网络安全产品。从技术层面上看，网络安全防御体系应该是多层次、纵深型，这种防御体系可以有效地增加入侵攻击者被检测到的风险，同时降低攻击的成功几率，从而能够较好地防御各种网络入侵行为。目前网络安全防御技术主要包括防火墙、入侵检测系统、VPN和防病毒技术。

5.1　防火墙技术

防火墙是一种用来加强网络之间访问控制、防止外部网络用户以非法手段通过外部网络进入内部网络，访问内部网络资源，保护内部网络操作环境的特殊网络互连设备。它对两个或多个网络之间传输的数据包和连接方式按照一定的安全策略对其进行检查，来决定网络之间的通信是否被允许，并监视网络运行状态。

5.1.1　防火墙技术概论

1. 防火墙的概念

防火墙是位于两个或多个网络之间，实施网间访问控制策略的一组组件，如图5-1所示。设立防火墙的目的是保护内部网络不受来自外部网络的攻击，从而创建一个相对安全的内网环境。在网络系统中，防火墙是一个由软件系统和硬件设备组合而成，在内部网和外部网之间、专用网与公共网之间构造的保护屏障，使Internet与Intranet之间建立一个安全网关(Security Gateway)，从而保护内部网免受非法用户入侵，简单部署如图5-2所示。

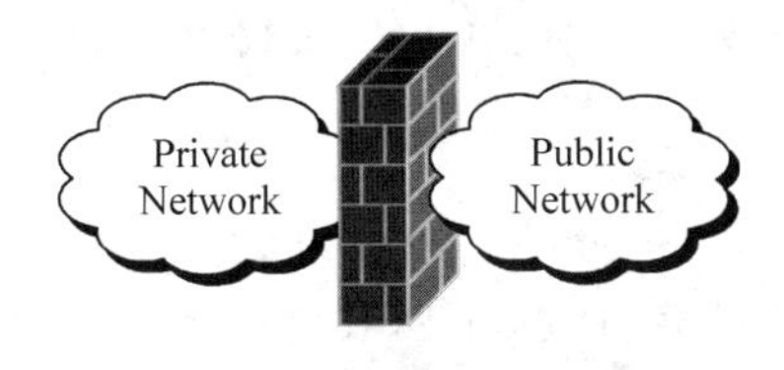

图5-1　防火墙示意图

防火墙主要由服务访问规则、验证工具、包过滤和应用网关四部分组成。理想的防火墙应该满足以下条件：

(1) 内部和外部之间的所有网络数据流必须经过防火墙。

(2) 只有符合安全策略的数据流才能通过防火墙。

(3) 防火墙自身应具有非常强的抗攻击免疫力。

防火墙一般采用四种控制技术来达到保护内部网络的目的：

(1) 服务控制，控制可以访问的Internet服务类型，包括向内和向外。

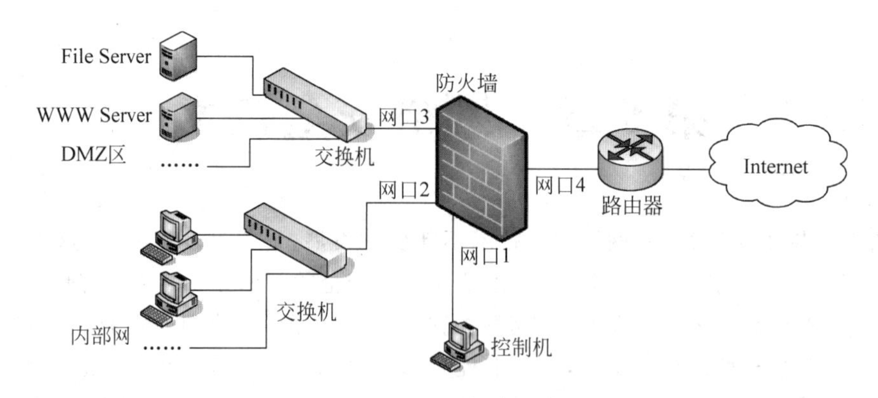

图 5-2 防火墙的简单部署

(2) 方向控制,控制一项特殊服务所要求的方向。

(3) 用户控制,控制访问服务的人员。

(4) 行为控制,控制服务的使用方式,如 E-mail 过滤等。

2. 防火墙的功能

一般而言,一个单位的内部网络组成结构复杂,各节点通常自主管理,但机构有整体的安全需求和显著的内外区别。通过部署和使用防火墙,不但可以贯彻执行单位的整体安全策略防止外部攻击,还可有效地隔离不同网络,限制安全问题扩散,也可有效地记录和审核 Internet 上的活动。防火墙好像大门上的锁,主要职能是保护内部网络的安全。

由于防火墙处于内部网络和外部网络之间这个特殊位置,因此防火墙上还可以添加一些其他功能,主要包括:通过防火墙将内部私有地址转换为全球公共地址;对一个特定用户的身份进行校验,判断是否合法;对通过防火墙的信息进行监控;支持 VPN 功能等。

3. 防火墙的局限性

防火墙不能对内部威胁提供防护支持,也不能对绕过防火墙的攻击提供保护。受性能限制,防火墙不能有效地防范数据内容驱动式攻击,对病毒传输的保护能力也比较弱。为了提高安全性,防火墙系统限制或关闭了一些有用但存在安全缺陷的网络服务,从而给用户造成了使用的不便,这可能带来传输延迟、性能瓶颈及单点失效。另外,作为一种被动的防护手段,防火墙不能自动防范因特网上不断出现的新的威胁和攻击。

4. 防火墙的发展

第一代防火墙技术几乎与路由器同时出现,采用了包过滤(Packet Filter)技术。1989 年,贝尔实验室的 Dave Presotto 和 Howard Trickey 推出了第二代防火墙即电路层防火墙、第三代防火墙应用层防火墙的初步结构。1992 年,USC 信息科学院的 Bob Braden 开发出了基于动态包过滤(Dynamic Cacket Filter)技术的第四代防火墙,后来演变为状态检测(Stateful Inspection)技术。1998 年,NAI 公司推出了一种自适应代理(Adaptive Proxy)技术,给代理类型防火墙赋予了全新的意义,称之为第五代防火墙。随着万兆 UTM(Unified Threat Management,统一威胁管理)的出现,UTM 代替防火墙的趋势不可避免。在国际上,Juniper 公司高性能 UTM 占据了一定的市场份额;国内,H3C、启明星辰高性能 UTM 则一直领跑国内市场。

5.1.2 防火墙的主要技术

防火墙的主要技术包括包过滤技术、代理技术、状态检测技术、地址翻译技术、VPN技术以及其他技术。

1. 包过滤技术

包过滤(Packet Filtering)技术是防火墙在网络层根据IP数据包中的包头信息有选择地实施允许通过或阻断。包过滤防火墙对流经该设备的IP数据包地址信息、协议类型、路由信息、流向等首部信息,按照事先设定的过滤规则来决定是否允许该数据包通过。判断依据(如图5-3所示)如下:

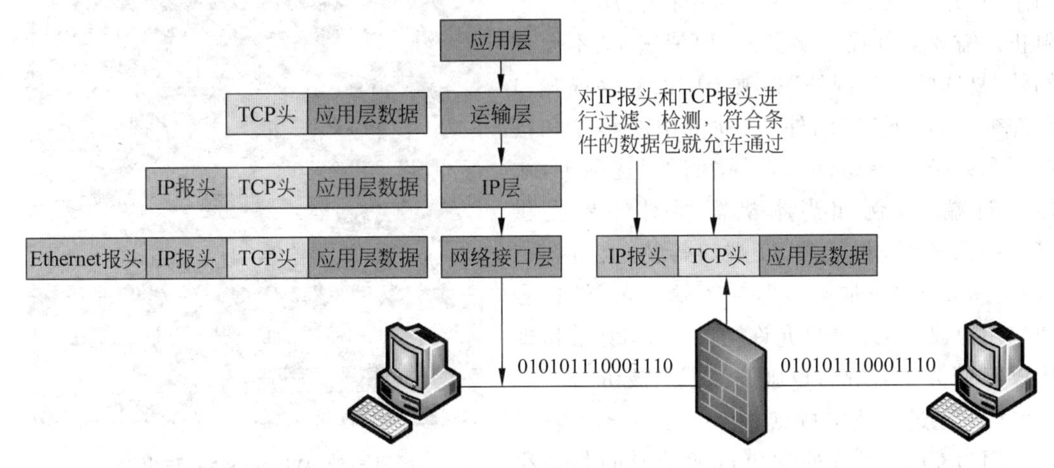

图5-3 包过滤防火墙工作原理

① 源、目的IP地址和源、目的端口。

② 数据包协议类型,如TCP、UDP、ICMP、IGMP等。

③ IP路由选项。

④ TCP标志位选项,如SYN、ACK、FIN、RST等。

⑤ 数据包流向或流经的网络接口,如in或out等,以允许合乎规则的数据包通过防火墙进入内部或外部网络,而将不合乎规则的数据包丢弃,如图5-4所示。

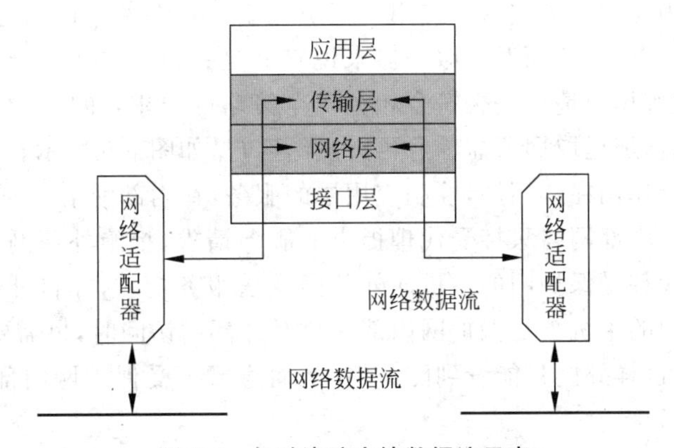

图5-4 包过滤防火墙数据流示意

包过滤技术核心是安全策略即过滤规则的设计。

目前，普通路由器、个人防火墙软件、商业版防火墙产品，以及一些开源防火墙软件如Iptables、Ipfilter都提供了包过滤功能。

(1) Windows XP防火墙配置与使用。

防火墙的启用：选择“开始”|“程序”|“附件”|“通讯”|“网络连接”命令，打开网络连接对话框，单击“高级”选项，出现“Windows防火墙”对话框，选择“启用(推荐)”单选按钮，如图5-5所示。

需要拒绝所有连接时，选中“不允许例外”复选框，安全性最高，Windows阻止程序时不通知用户，并且在“例外”选项卡中的程序也会被阻止。需要对外提供服务时，取消选中“不允许例外”复选框，在“例外”选项卡中的程序或端口允许被访问，不在“例外”选项卡中的程序和端口不允许被外界访问。选择“例外”选项卡，添加允许端口，例如当本机需要对外界提供WWW服务时，将开放80端口等待/监听客户端连接，点击“添加端口”，输入端口名、端口号和使用协议，则外界只允许访问本机80端口即WWW服务，其他端口/服务都拒绝被访问。

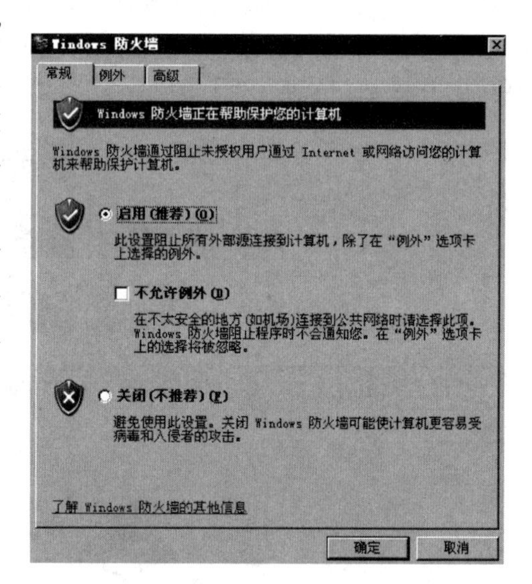

图5-5 Windows XP防火墙

(2) 包过滤技术特点。

因为CPU用来处理包过滤的时间相对很少，这种防护措施对用户透明，合法用户在进出网络时，感觉不到它的存在，使用起来很方便。因为包过滤技术不保留前后连接信息，所以很容易实现允许或禁止访问。因为包过滤技术是在TCP/IP层实现，包过滤一个很大的弱点是不能在应用层级别上进行过滤，所以防护方式比较单一。包过滤技术作为防火墙的应用有两类：一是路由设备在完成路由选择和数据转换之外，同时进行包过滤；二是在一种称为屏蔽路由器的设备上起动包过滤功能。

2. 代理技术

代理技术又称为应用网关技术。应用代理防火墙运行在两个网络之间，它对于客户来说像是一台真的服务器一样，而对于服务器来说它又是一台客户机。当代理服务器接收到客户的请求后，会检查用户请求是否符合相关安全策略的要求，如果符合的话，代理服务器会代表客户，去服务器那里取回所需信息再转发给客户，如图5-6所示。

应用代理防火墙作用在应用层，控制应用层的服务，在内部网络向外部网络申请服务时起到中间转接作用。内部网络只接受代理提出的服务请求，拒绝外部网络其他节点的直接请求。代理防火墙代替受保护网的主机向外部网发送服务请求，并将外部服务请求响应的结果返回给受保护网的主机。受保护网内部用户对外部网访问时，也需要通过代理防火墙，才能向外提供请求，这样外网只能看到防火墙，从而隐藏了受保护网内部地址，提高了安全性，其数据流如图5-7所示。

代理服务器接受内、外部网络的通信数据包，根据自己的安全策略进行过滤，不符合安

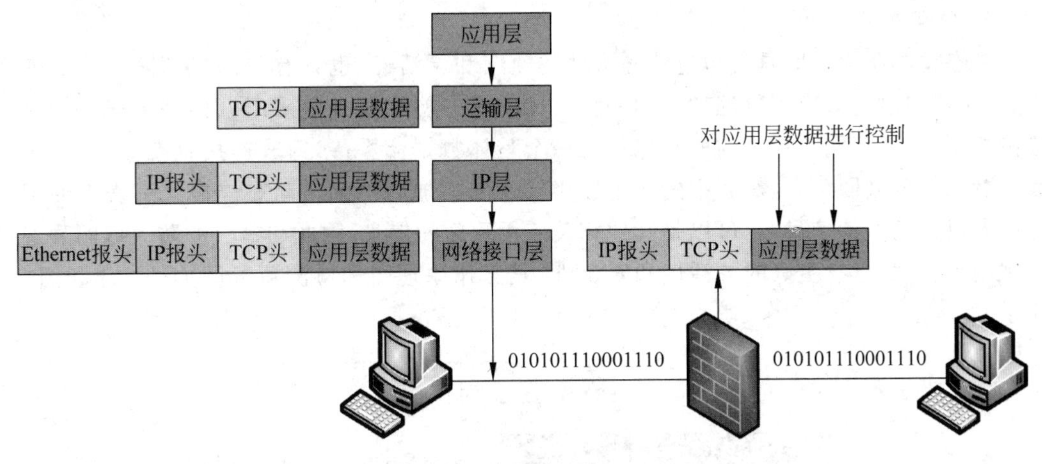

图5-6　应用代理防火墙工作原理

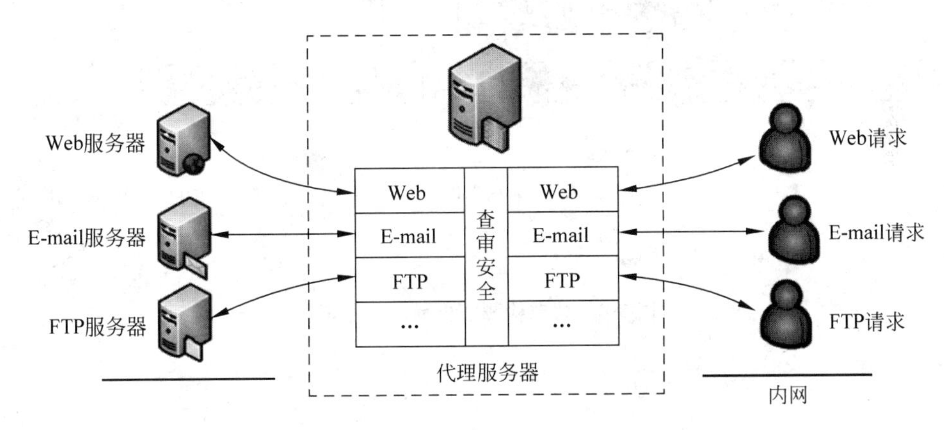

图5-7　应用代理防火墙数据流示意

全协议的信息被拒绝或丢弃。应用代理防火墙工作在TCP/IP的应用层，针对特定的网络应用服务协议进行过滤，使用代理软件来转发和过滤特定的应用层服务，只允许有代理的服务通过防火墙，并且能够对数据包进行分析并形成相关的报告。

应用代理防火墙另一个功能是对通过的信息进行记录，如什么样的用户在什么时间连接了什么站点。在实际工作中，代理服务器一般由专用工作站系统来完成。目前常见的应用代理防火墙产品有商业版代理(Cache)服务器、开源防火墙软件TIS FWTK(Firewall Toolkit)、Apache和Squid等。

(1) 应用代理防火墙的优点。

防火墙理解应用层协议，可以实施更细粒度的访问控制，因此比包过滤更安全、更易于配置，界面友好。防火墙不允许内外网主机的直接连接，安全检查只需要详细检查几个允许的应用程序，比较容易对进出数据进行日志和审计。

(2) 应用代理防火墙的缺点。

额外的处理负载，应用代理防火墙的处理速度比包过滤防火墙要慢，当用户对内外部网络网关的吞吐量要求比较高时，代理防火墙就会成为内外部网络之间的瓶颈。对每一个应用，都需要一个专门的代理，灵活性不够。用户可能需要改造网络的结构甚至应用系统。

3. 状态检测技术

状态检测防火墙既具备包过滤防火墙的速度和灵活性，也具有应用代理防火墙的安全优点，是对包过滤和应用代理功能的一种平衡。状态检测防火墙采用一种基于连接的状态检测机制，将属于同一连接的所有包作为一个整体数据流看待，构成连接状态表，通过规则表与状态表的共同配合，对表中的各个连接状态因素加以识别。动态连接状态表中的记录可以是以前的通信信息，也可以是其他相关应用程序的信息，因此与包过滤防火墙的静态过滤规则表相比，具有更好的灵活性和安全性，其工作原理图和检测流程图如图 5-8 和图 5-9 所示。

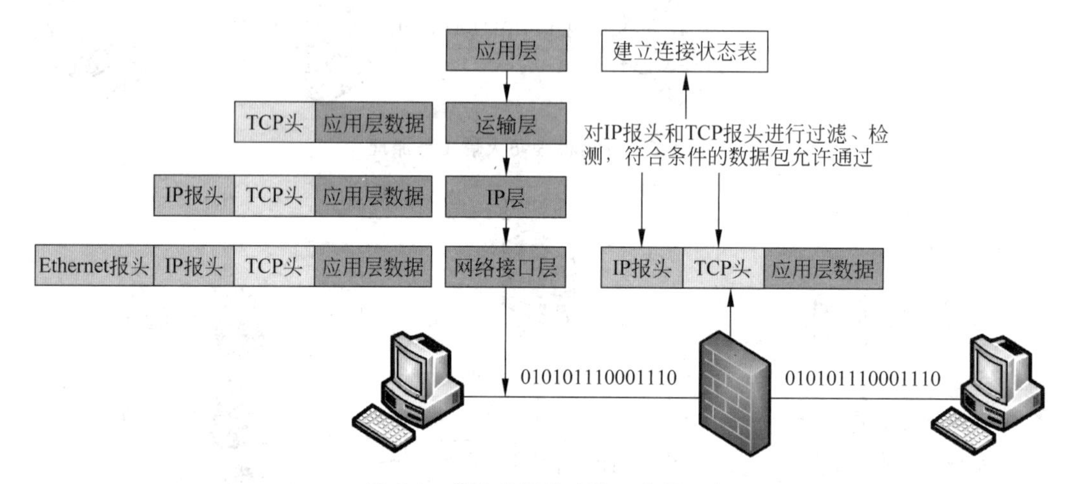

图 5-8　状态检测防火墙工作原理

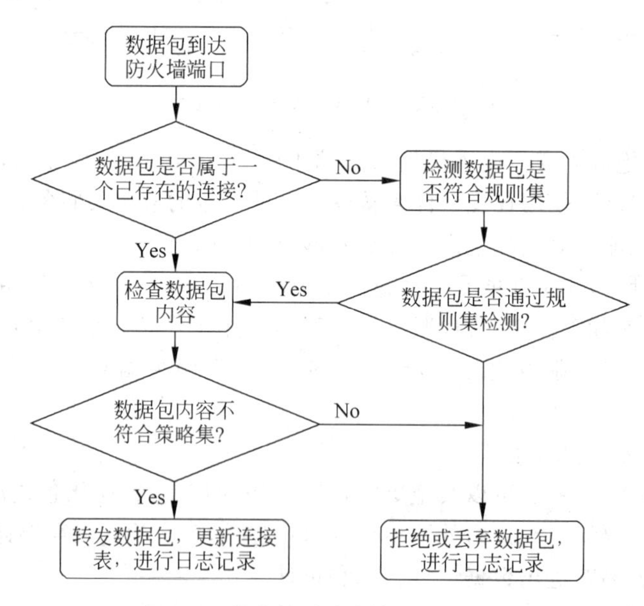

图 5-9　状态检测防火墙数据流示意

(1) 流过滤技术。

状态检测技术是根据会话信息来决定单个数据包是否可以通过，不实际处理应用层协议。东软公司 NetEye 防火墙 3.0 首创“流过滤”技术，以包过滤的外部形态提供了应用级的保护能力，带给用户的最大好处在于对应用层保护能力大幅度提升，是在状态检测包过滤的架构上发展起来的新一代防火墙技术。流过滤技术核心是专门设计的 TCP 协议栈，该协议栈根据 TCP 的定义对出入防火墙的数据包进行了完全的重组，并根据应用层的安全规则对组合后的数据流进行检测。由于这个协议栈的存在，网络通信在防火墙内部由链路层上升到了应用层。数据包不再直接到达目的端，而是完全受防火墙中的应用协议模块的控制。这种应用协议模块的工作方式非常类似于代理防火墙针对不同协议的代理程序，代替服务器接受来自客户端的访问，再代替客户端去获取访问的结果，所不同的是，这种模块能够支持更多的协议种类和更大规模的并发访问。

(2) 状态检测技术的主要特点。

① 安全性。状态检测防火墙工作在数据链路层和网络层之间，监测所有应用层的数据包并从中提取有用信息，如 IP 地址、端口号和数据内容。首先根据安全策略保存有用信息在内存中；然后对信息组合进行逻辑或数学运算、相应操作，如允许或拒绝数据包通过、认证连接和加密数据，安全性得到很大提高。

② 高效性。通过状态检测防火墙的所有数据包都在低层处理，减少了高层协议头的开销，执行效率提高很多。一个连接建立起来，就不用再对该连接做更多的工作。例如，一个通过身份验证的用户打开另一个浏览器，防火墙会自动授予该计算机建立其他会话的权限，不提示用户输入密码。

③ 可伸缩性和易扩展性。状态检测防火墙不区分每个具体的应用，只是根据从数据包中提取的信息、对应的安全策略及过滤规则处理数据包。当有一个新的应用时，它能动态产生并应用新的规则，而不用另外写代码，所以具有很好的伸缩性和扩展性。

④ 应用范围广。状态检测防火墙不仅基于 TCP 的应用，并且也可基于无连接（如 RPC、UDP）协议的应用。状态检测防火墙视所有通过防火墙的 UDP 分组为一个虚拟连接，通过网关的每一个连接的状态信息都会被记录。当 UDP 包在相反方向上通过时，依据连接状态表确定该包是否被授权和通过。每个虚拟连接具有一定的生存期，较长时间没有数据传送的连接将被终止。

4. 网络地址转换技术

防火墙网络地址转换技术涉及公用地址和专用地址。公用地址又称为合法 IP 地址，是指由 Internet 网络信息中心（InterNIC）分配的 IP 地址，在 Internet 上通信必须有一个公用地址。为了解决 IP 地址短缺问题，InterNIC 为公司专用网络提供了保留网络 IP 专用的方案。这些专用网络地址包括：子网掩码为 255.0.0.0 的 10.0.0.0（一个 A 类地址），子网掩码为 255.240.0.0 的 172.160.0.0（一个 B 类地址），子网掩码为 255.255.0.0 的 192.168.0.0（一个 C 类地址）。专用地址不能直接与 Internet 通信，使用专用地址的内部网络与 Internet 进行通信，专用地址必须转换成公用地址。

网络地址转换器（Network Address Translator，NAT）是完成地址转换的一个部件，如图 5-10 所示。NAT 位于使用专用地址的 Intranet 和使用公用地址的 Internet 之间，其任务如下：

① 把从 Intranet 传出数据包的端口号和专用 IP 地址换成自己的端口号和公用 IP 地址，然后将数据包发给外部网络的目的主机，同时记录一个跟踪信息在映像表中，并向客户

机发送回答信息。

② 将从 Internet 传入数据包的目的端口号和公用 IP 地址转换为客户机的端口号和内部网络使用的专用 IP 地址并转发给客户机。

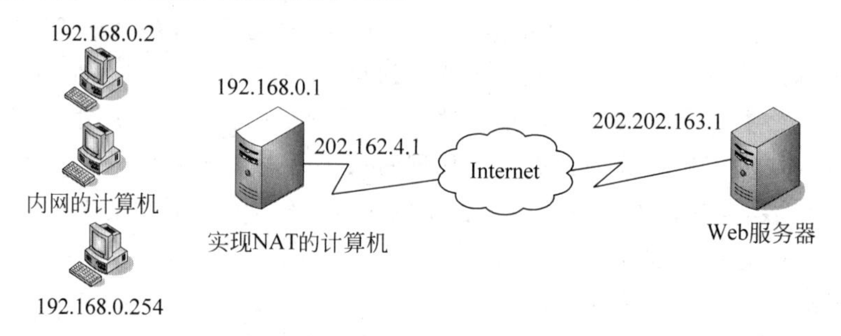

图 5-10 NAT 工作原理

(1) 网络地址转换技术的优点。

在内网中使用未注册的专用 IP 地址，与外部网络通信时使用注册的公用 IP 地址，大大降低了连接成本；同时，NAT 将内部网络隐藏起来，起到保护内部网络的作用，对外部用户来说只有使用公用 IP 地址的 NAT 是可见的。

(2) NAT 地址转换过程实例。

内部网使用虚拟地址空间为 10.0.0.0～10.255.255.255，对外拥有注册真实 IP 地址为 202.119.1.0 ～202.119.1.255，内部主机 IH1、IH2 地址分别设为 10.0.1.1 和 10.0.2.2，另一外部网主机 OH1 地址为 202.112.196.7，网络拓扑结构如图 5-11 所示。

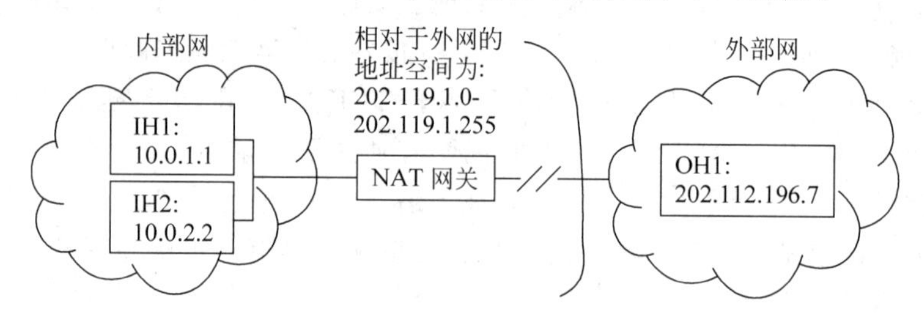

图 5-11 NAT 地址转换实例示意

当内部网主机 IH1 与外部网主机 OH1 建立联系时，由于网关对外将其映射为一注册的真实地址 202.119.1.23，所以它的 IP 包头中的 IP 地址在网关处被转换成这一地址。于是会产生如图 5-12 所示的 IP 数据包：

① 图 5-12(a)为 IH1 发出的 IP 包。

② 经过网关后被转换为图 5-12(b)的形式。

③ 图 5-12(c)为其返回的 IP 包形式。

④ 进入网关后转换为图 5-12(d)的形式。

在以上的包传输过程中，内部的虚拟地址 10.0.1.1 与外部的真实地址 202.119.1.23 之间构成一一对应关系，经过网关时须进行必要的转换工作，这正是 NAT 技术名称的由来。但内部主机(IH1、IH2)之间的连接直接使用虚拟地址而不需要经过网关的转换。

(3) 静态 NAT 和动态 NAT。

根据 NAT 工作模式，可分为静态 NAT 和动态 NAT 两种。静态 NAT 是指内部网络

Source		Destination
10.0.1.1	202.112.196.7	Data

(a)

Source		Destination
202.119.1.23	202.112.196.7	Data

(b)

Source		Destination
202.112.196.7	202.119.1.23	Data

(c)

Source		Destination
202.112.196.7	10.0.1.1	Data

(d)

图 5-12 IP 包头中 IP 地址转换成 IP 数据包

的私有 IP 地址转换为真实 IP 地址，IP 地址映射是一对一的，是事先由管理员配置好的，某个私有 IP 地址只转换为某个真实 IP 地址，如图 5-13(a)所示。借助于静态 NAT，可以实现具有内部私有 IP 地址的内网机器对外部网络(如 Internet)的访问，图 5-12 地址翻译属于静态 NAT。

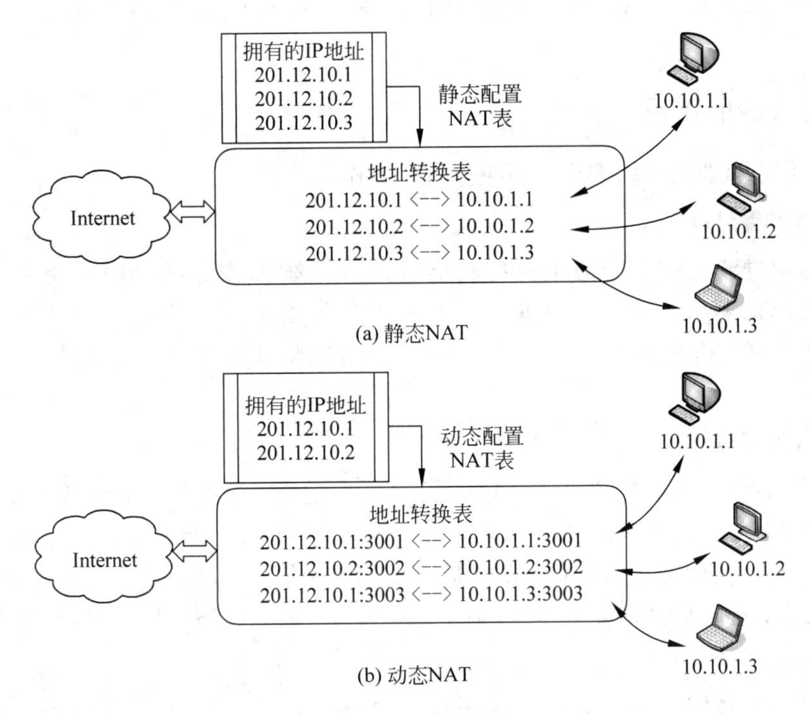

图 5-13 静态 NAT 和动态 NAT 示意

动态 NAT 是指内部网络的私有 IP 地址转换为真实 IP 地址时，IP 地址转换是随机的，如图 5-13(b)所示。实际上，首先为 NAT 系统的 IP 地址缓冲池配置一个或多个真实 IP 地址，当内部私有 IP 地址访问外网时，NAT 系统随机从 IP 地址缓冲池取出一个真实的 IP 地址为这次访问进行地址翻译。如果同时需要进行的访问多于缓冲池中地址时，可以借助于端口号，实际上就是将一个内部 IP 地址映射成真实 IP 地址及端口号的映射关系表，确保完成地址翻译。

5.1.3 其他防火墙

个人防火墙(Private Firewall)是一种能够保护个人计算机系统安全的软件,它可以直接在用户的计算机上安装、运行,使用与状态/动态检测防火墙相同的方式,保护一台计算机免受攻击。通常,这些防火墙是安装在计算机网络接口的较低级别上,这使得它们可以监视传入/传出网卡的所有网络通信。现在网络上流传的很多个人防火墙软件都是应用程序级的。

因为传统的防火墙设置在网络边界,处于内、外网络之间,所以称为"边界防火墙"。随着人们对网络安全防护要求的提高,边界防火墙明显达不到要求,因为给网络带来安全威胁的不仅是外部网络,更多的是来自内部网络。但边界防火墙无法对内部网络实现有效保护,正是基于这个原因,产生了分布式防火墙(Distributed Firewall)技术。分布式防火墙技术可以很好地解决边界防火墙的不足问题,把防火墙的安全防护系统延伸到网络中的各台主机。分布式防火墙负责对网络边界、各子网和网络内部节点之间的安全防护。分布式防火墙是一个完整的系统,而不是单一的产品。根据需要完成的功能,分布式防火墙主要包括网络防火墙(Network Firewall)、主机防火墙(Host Firewall)和中心管理(Center Management)部分。

5.1.4 防火墙的作用

防火墙作为重要的网络安全设备主要有以下作用。

1. 网络流量过滤

网络流量过滤是防火墙最主要的功能。通过在防火墙上进行安全规则配置,可以对流经防火墙的网络流量进行过滤。安全规则是依据安全策略精心设计的,防火墙严格执行安全检查,这样只要符合安全规则的网络流量才能通过,大大提高了局域网的安全性。

2. 网络监控审计

如果所有的访问都经过防火墙,那么防火墙就能记录下这些访问并生成网络访问日志,同时也能提供网络使用情况的统计数据。当出现可疑的网络访问时,防火墙能及时地发出警报,并提供可以访问的详细信息。防火墙可以作为收集一个网络使用情况的绝佳点,将所收集的有关信息提供给其他安全模块,必要时根据需要阻断网络连接访问,与其他安全模块形成联动系统。

3. 支持 NAT 部署

NAT(Network Address Translation,网络地址翻译)是用来缓解地址空间短缺的主要技术之一。由于防火墙处于内、外网的阻塞点上,是实施 NAT 部署的理想场所。

4. 支持 DMZ

DMZ 是英文 Demilitarized Zone 的缩写,中文名称为"隔离区",也称"非军事化区"。它是设立在非安全系统与安全系统之间的缓冲区,这个缓冲区位于企业内部网络和外部网络之间的小网络区域内,可以放置一些必须公开的服务器设施,如企业 Web 服务器、FTP 服务器等。

5. 支持 VPN

通过 VPN(Virtual Private Network,虚拟私有网络),企业可以将分布在各地的局域网有机地连成一个整体,不仅省去了租用专用通信线路的费用,而且为信息共享提供了安全技术保障。

图 5-14 为一个典型的企业防火墙应用实例。在该企业网络中由于应用了防火墙,一举解决了网络流量过滤及审计、地址短缺、远程安全内网访问以及 DMZ 部署问题。

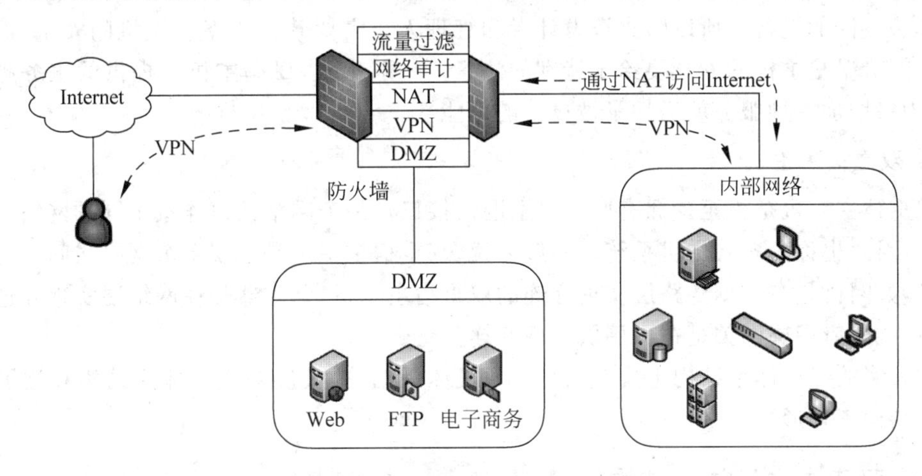

图 5-14 典型企业防火墙应用示意

5.2 防火墙的体系结构

在介绍防火墙系统体系结构之前,先对防火墙体系结构中常见的术语进行简要说明。

1. 非军事区

为了配置和管理方便,通常将内部网中需要向外部提供服务的服务器设置在单独的网段,这个网段被称为非军事区(DeMilitarized Zone,DMZ),也被称为周边网络,图 5-15 是 DMZ 示意图。DMZ 是周边网络,是指在内部网络、外部网络之间增加的一个网络,对外提供服务的各种服务器都可以放在这个网络里。DMZ 隔离内外网络,并为内外网之间的通信起到缓冲作用。周边网络的存在,使得外部用户访问服务器时不需要进入内部网络,而内部网络用户对服务器维护工作导致的信息传递也不会泄露至外部网络;同时,周边网络与外部网络或内部网络之间都存在着数据包过滤,这样为外部用户的攻击设置了多重障碍,确保了内部网络的安全。

2. 堡垒主机

在防火墙体系结构中,经常提到堡垒主机(Bastion Host,如图 5-15 所示)。堡垒主机得名于古代战争中用于防守的坚固堡垒,它位于内部网络的最外层,像堡垒一样对内部网络进行保护。堡垒主机是一种配置了安全防范措施的网络上的计算机,为网络之间的通信提供了一个阻塞点。如果没有堡垒主机,网络之间将不能相互访问。堡垒主机是指可能直接面

图 5-15 DMZ 示意

对外部用户攻击的主机系统，在防火墙体系结构中，堡垒主机要高度暴露，是网络上最容易遭受非法入侵的设备。所以防火墙设计者和管理人员需要致力于堡垒主机的安全，而且在运行期间对堡垒主机的安全要给予特别的注意。一般来说，堡垒主机上提供的服务越少越好，因为每增加一种服务就增加了被攻击的可能性。

3. 双重宿主主机

双重宿主主机是指至少拥有两个以上网络接口且每个网络接口连接不同的网络的计算机系统，因此也称为多穴主机系统。一般来说，双重宿主主机是实现多个网络之间互连的关键设备，如网桥是在数据链路层实现互连的双重宿主主机，路由器是在网络层实现互连的双重宿主主机，应用层网关是在应用层实现互连。

防火墙的经典体系结构主要有双宿主主机体系结构、被屏蔽主机体系结构和被屏蔽子网体系结构三种形式。

5.2.1 双宿主主机体系结构

双宿主主机(Dual-Homed Host)体系结构如图 5-16 所示。双宿主主机位于内部网和 Internet 之间，一般来说，是用一台装有两块网卡的堡垒主机做防火墙。这两块网卡各自与受保护网和外部网相连，分别属于内外两个不同的网段。堡垒主机上运行着防火墙软件，可以转发应用程序，提供服务等，堡垒主机的系统软件可用于维护系统日志。双宿主主机这种体系结构非常简单，一般通过代理(Proxy)来实现，或者通过用户直接登录到该主机来提供服务。

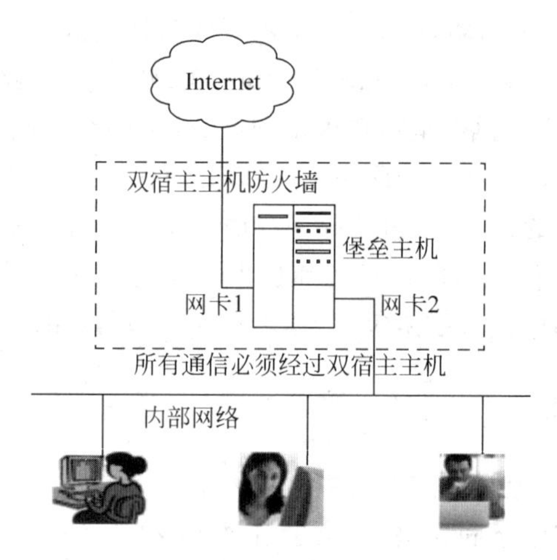

图 5-16 双宿主主机体系结构

1. 双宿主主机体系结构的特点

双宿主主机体系结构具有如下特点：防火墙主体是带有内部网络和外部网络接口主机系统，双宿主主机具备成为内部网络和外部网络之间路由器的条件。但是，在内部网络与外部网络之间，数据包转发进程是被禁止运行的。为了达到防火墙的基本效果，在双宿主主机系统中，任何路由功能都是禁止的。双宿主主机采用应用代理防火墙技术，内部网络用户通过客户端代理软件访问外部网络资源，或者直接登录双宿主主机成为一个用户，利用该主机直接访问外部资源。

2. 双宿主主机体系结构的优点

双宿主主机体系结构具有如下优点：网络结构比较简单，由于内、外网络之间没有直接的数据交互而较为安全；内部用户账号可以有效控制外部资源；由于应用代理机制的采用方便地形成应用层的数据与信息过滤。

3. 双宿主主机体系结构的缺点

双宿主主机体系结构具有如下缺点：用户需要登录到主机才能访问外部资源，主机资源消耗较大，用户访问外部资源较为复杂；用户机制存在安全隐患，并且内部用户无法借助于该体系结构访问新的服务；一旦外部用户入侵双宿主主机，则导致内部网络处于不安全状态。

5.2.2　被屏蔽主机体系结构

被屏蔽主机体系结构是指通过一个单独的路由器和内部网络上的堡垒主机共同构成防火墙，主要通过数据包过滤技术实现内、外网络的隔离和对内网的保护。一个典型的被屏蔽的主机体系结构如图 5-17 所示。在被屏蔽主机体系结构中，有两道屏障：一是屏蔽路由器，二是堡垒主机。屏蔽路由器位于网络最边缘，负责与外网实施连接，参与外网的路由计算。屏蔽路由器仅提供路由和数据包过滤功能，因此屏蔽路由器本身较为安全。由于屏蔽路由器的存在，堡垒主机不再是直接与外网互连的双宿主主机，增加了系统的安全性。

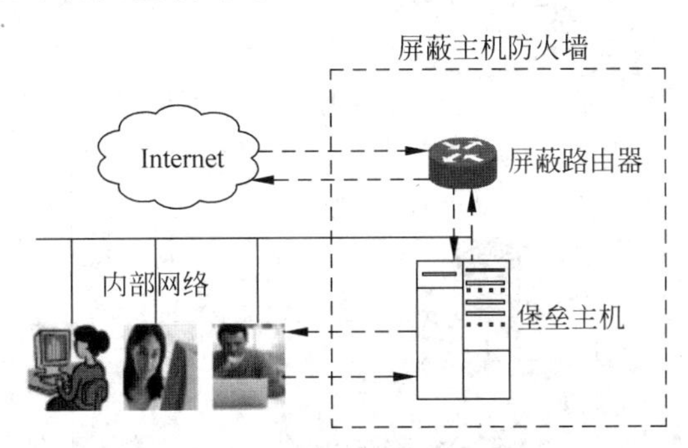

图 5-17　被屏蔽主机体系结构

堡垒主机位于内部网络，是唯一可以连接到外部网络系统的主机，也是外部用户访问内部网络资源必须经过的主机设备。堡垒主机通过数据包过滤实现对内部网络的防护，并且仅仅允许通过特定的服务连接。堡垒主机可以提供代理功能，内部用户只能通过应用代理访问外部网络，堡垒主机成为外部用户唯一可以访问的内部主机。

1. 被屏蔽主机体系结构的优点

被屏蔽主机体系结构具有如下优点：

(1) 具有更高的安全特性。由于屏蔽路由器在堡垒主机之外提供数据包过滤功能，使得堡垒主机要比双宿主主机相对安全，存在漏洞的可能性较小；同时，堡垒主机的数据包过滤功能限制外部用户只能访问特定主机上的特定服务，在提供服务的同时仍然保证了内部网络的安全。

(2) 内部网络用户访问外部网络方便、灵活。在屏蔽路由器和堡垒主机允许的情况下，用户直接访问外部网络。如果屏蔽路由器和堡垒主机不允许，内部用户通过堡垒主机代理服务访问外部资源。在实际应用中，两种方式综合运用，访问不同服务采用不同的方式。

(3) 由于堡垒主机和屏蔽路由器的同时存在，使得堡垒主机可以从部分安全事务中解脱出来，从而可以以更高的效率提供数据包过滤或代理服务。

2. 被屏蔽主机体系结构的缺点

被屏蔽主机体系结构具有如下缺点：在被屏蔽主机体系结构中，外部用户在被允许的情况下可以访问内部网络，这样就存在着一定的安全隐患；与双宿主主机体系一样，一旦用户入侵堡垒主机，就会导致内部网络处于不安全状态；路由器和堡垒主机的过滤规则配置较为复杂，较容易形成错误和漏洞。

5.2.3 被屏蔽子网体系结构

在双宿主主机体系结构和被屏蔽主机体系结构中，主机是最主要的安全缺陷，一旦主机被入侵，则整个内部网络都处于威胁之中，为解决这种安全隐患，出现了被屏蔽子网体系结构。被屏蔽子网体系结构将防火墙的概念扩充至一个由两台路由器包围起来的特殊网络，即周边网络，并且将堡垒主机都置于周边网络中。一个典型的被屏蔽子网体系结构如图 5-18 所示。

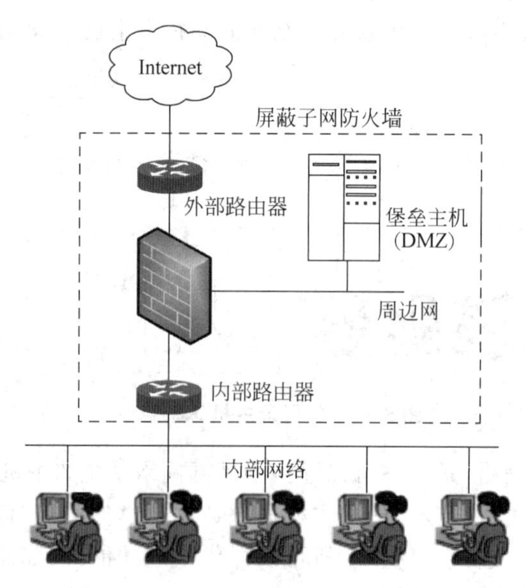

图 5-18 被屏蔽子网体系结构

被屏蔽子网体系结构防火墙比较复杂，主要包括四个部件：周边网络、外部路由器、内部路由器和堡垒主机。

(1) 周边网络。

周边网络是位于不可信外部网络与可信内部网络之间的一个附加网络。周边网络与外部网络、周边网络与内部网络之间通过屏蔽路由器实现逻辑隔离，因此外部用户必须穿越两道屏蔽路由器才能访问内部网络。一般情况下，外部用户不能访问内部网络，仅能够访问周边网络中的资源，由于内部用户间通信的数据包不通过屏蔽路由器传递至周边网络，外部用户即使入侵了周边网络中的堡垒主机，也无法监听到内部网络的信息。

(2) 外部路由器。

外部路由器的主要作用在于保护周边网络和内部网络，是屏蔽子网体系结构的第一道屏障。在其上设置了针对外网用户对周边网络和内部网络访问的过滤规则。例如，限制外网用户仅能访问周边网络不能访问内部网络，或者仅能访问内部网络中的部分主机。外部路由器不过滤周边网络内发出的数据包，因为数据包来自堡垒主机或内部路由器过滤后的内部主机数据包。外部路由器复制内部路由器上的规则，以避免内部路由器失效而造成负面影响。

(3) 内部路由器。

内部路由器用于隔离周边网络和内部网络，是屏蔽子网体系结构的第二道屏障。在其上设置了针对内部用户对周边网络和外部网络访问的过滤规则。例如，部分内部网络用户只能访问周边网络不能访问外部网络等。内部路由器复制了外部路由器上的内网过滤规则，以防止外部路由器过滤功能失效而造成的严重后果。内部路由器还要限制周边网络的堡垒主机和内部网络之间的访问，减少堡垒主机被入侵后可以影响的内部主机数量和服务的数量。

(4) 堡垒主机。

在被屏蔽子网结构中，堡垒主机位于周边网络，向外部用户提供 WWW、FTP 等服务，接受外部网络用户的服务资源访问请求，同时堡垒主机也向内部网络用户提供 DNS、WWW 代理、FTP 代理等服务，提供内部网络用户访问外部资源的接口。

1. 被屏蔽子网体系结构的优点

被屏蔽子网体系结构具有如下优点：外部路由器和内部路由器构成了双层防护体系，入侵者难以突破；外部用户访问服务资源时无须进入内部网络，在保证服务的情况下提高了内部网络的安全性；外部路由器和内部路由器过滤规则复制，避免了由于某台路由器失效产生的安全隐患；堡垒主机由外部路由器的过滤规则和本机安全机制共同防护，用户只能访问它提供的服务；即使入侵者通过堡垒主机的服务缺陷控制了堡垒主机，由于内部路由器将内部网络和周边网络隔离，入侵者无法通过监听周边网络获取内部网络信息。

2. 被屏蔽子网体系结构的缺点

被屏蔽子网体系结构具有如下缺点：构建被屏蔽子网体系结构的成本较高；被屏蔽子网体系结构的配置较为复杂，容易出现配置错误导致的安全隐患。

5.3 商用防火墙实例

瑞星个人防火墙 v16 针对目前流行的黑客攻击、多账号管理、上网保护、模块检查、可疑文件定位、网络可信区域设置和 IP 追踪等技术，帮助用户有效抵御黑客攻击、网络诈骗等安全风险。瑞星个人防火墙以变频杀毒引擎为核心，通过变频技术使电脑得到安全保证的同时，又大大降低资源占用，让计算机更加轻便。瑞星个人防火墙主要功能：网络攻击拦截——阻止黑客攻击系统对用户造成的危险；出站攻击防御——最大程度解决“肉鸡”和“网络僵尸”对网络造成的安全威胁；恶意网址拦截——保护用户在访问网页时，不被病毒及钓鱼网页侵害。

为解决网络上黑客攻击问题而研制的个人信息安全产品，具有完备的规则设置，能有效地监控任何网络连接，保护网络不受黑客的攻击。图 5-19 为瑞星 v16 个人防火墙主界面，左侧窗格显示“网络监控”、“网络安全”和“辅助工具”，右侧窗格显示“网络监控”包括的“网速保护”、“ADSL 优化”、“网络查看器”、“广告过滤”、“流量统计”和“防蹭网”等。

图 5-19 瑞星个人防火墙界面

“网络安全”包括了拦截恶意下载、木马网页、跨站脚本攻击、网络隐身和 ARP 欺骗防御等，如图 5-20 上侧窗口所示。同时，也可以设置“联网程序规则”、“IP 规则”等，如图 5-20 下侧窗口所示。

图 5-21 显示了“日志管理”的查看规则，可以很方便地备份、刷新和清空等。

图 5-22 所示为“网络安全”下“IP 规则”设置界面，上侧窗口显示联网设置规则，下侧窗口显示 IP 包过滤端口设置。图 5-23 显示应用程序访问规则设置。

瑞星防火墙软件
瑞星个人防火墙
永久免费
首页
网络安全
家长控制
防火墙规则
小工具
安全资讯
设置
安全上网防护
拦截恶意下载
对恶意下载进行拦截，避免误下执行病毒
已开启
拦截木马网页
自动阻止网页木马攻击，保护电脑
已开启
拦截跨站脚本攻击
拦截来自于网络用户的攻击，常用于微博，社交网站等
已开启
拦截钓鱼欺诈网站
自动拦截钓鱼欺诈网站，避免信息泄露
已开启
搜索引擎结果检查
对搜索引擎结果进行安全检查，避免访问风险网站
已开启
严防黑客
ARP欺骗防御
阻止ARP欺骗攻击，避免数据包泄密，建议在局域网内使用
已开启
拦截网络入侵攻击
阻止黑客或病毒对本机发起的网络攻击
已开启
网络隐身
在网络上'隐身'，避免成为黑客攻击目标
已开启
阻止对外攻击
阻止本机对外进行网络攻击，保护网络环境安全
已开启

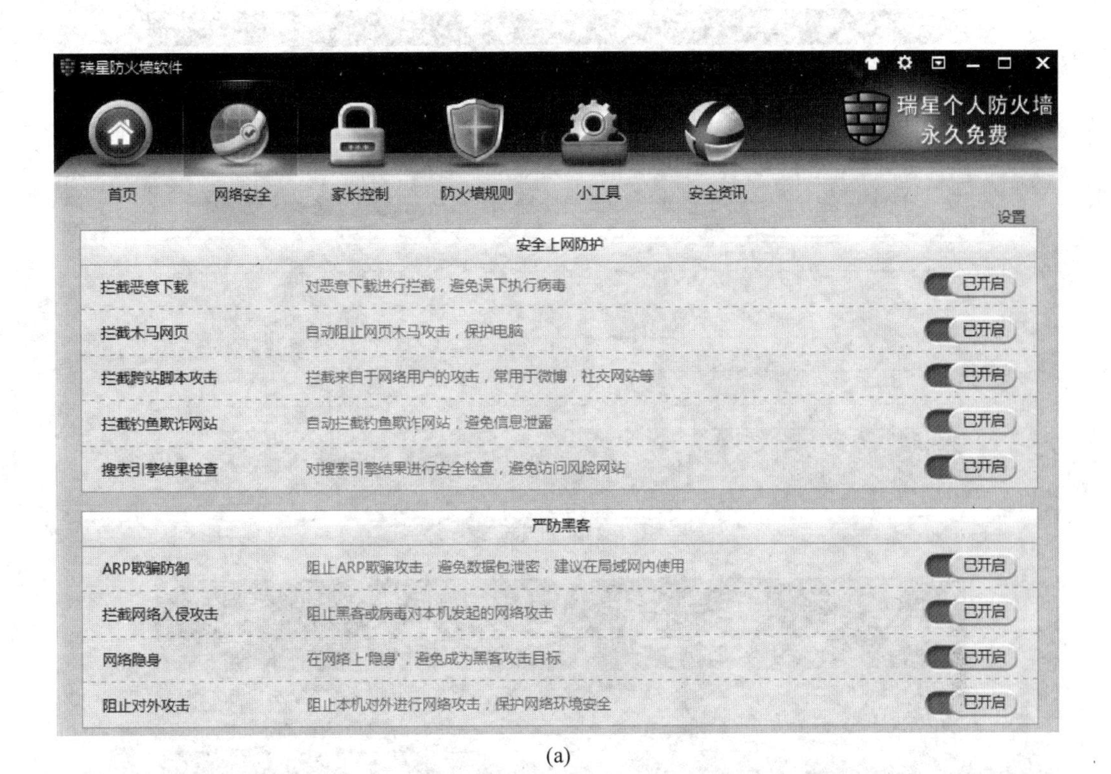

(a)

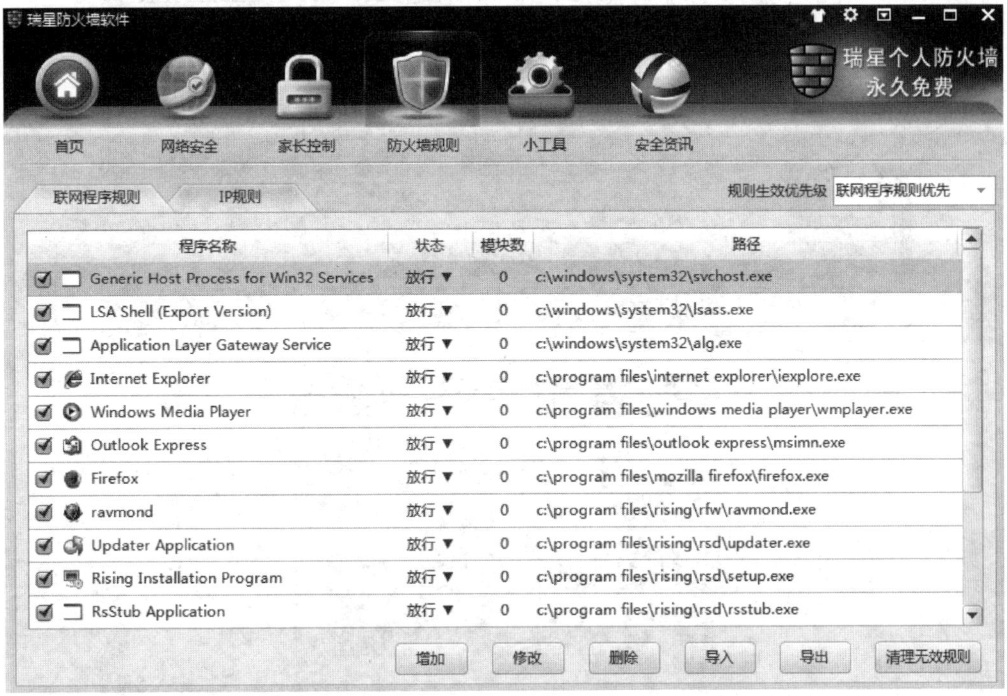
瑞星防火墙软件
瑞星个人防火墙
永久免费
首页
网络安全
家长控制
防火墙规则
小工具
安全资讯
联网程序规则
IP规则
规则生效优先级
联网程序规则优先
程序名称
状态
模块数
路径
Generic Host Process for Win32 Services　放行　0　c:\windows\system32\svchost.exe
LSA Shell (Export Version)　放行　0　c:\windows\system32\lsass.exe
Application Layer Gateway Service　放行　0　c:\windows\system32\alg.exe
Internet Explorer　放行　0　c:\program files\internet explorer\iexplore.exe
Windows Media Player　放行　0　c:\program files\windows media player\wmplayer.exe
Outlook Express　放行　0　c:\program files\outlook express\msimn.exe
Firefox　放行　0　c:\program files\mozilla firefox\firefox.exe
ravmond　放行　0　c:\program files\rising\rfw\ravmond.exe
Updater Application　放行　0　c:\program files\rising\rsd\updater.exe
Rising Installation Program　放行　0　c:\program files\rising\rsd\setup.exe
RsStub Application　放行　0　c:\program files\rising\rsd\rsstub.exe
增加
修改
删除
导入
导出
清理无效规则

(b)

图 5-20　网络安全设置窗口

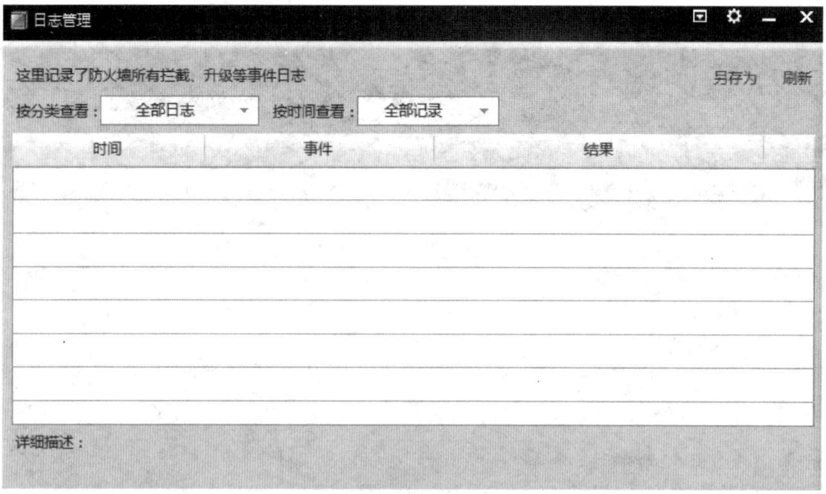

日志管理

这里记录了防火墙所有拦截、升级等事件日志　　另存为　刷新

按分类查看：全部日志　按时间查看：全部记录

时间	事件	结果

详细描述：

图 5-21 日志管理

瑞星防火墙软件

瑞星个人防火墙 永久免费

首页　网络安全　家长控制　防火墙规则　小工具　安全资讯

联网程序规则　IP规则　　规则生效优先级 联网程序规则优先

规则名称	状态	范围	协议	远程端口	本地端口
允许域名解析	放行 ▼	所有IP包	UDP	53,	任意端口
允许动态IP	放行 ▼	所有IP包	UDP	67-68,	67-68,
允许SNMP	放行 ▼	所有IP包	UDP	任意端口	161,
允许VPN GRE协议	放行 ▼	所有IP包	GRE		
允许VPN AH协议	放行 ▼	所有IP包	AH		
允许IKE VPN	放行 ▼	所有IP包	UDP	500,	500,
允许PPTP VPN	放行 ▼	所有IP包	TCP	1024-65535,	1723,
允许L2TP VPN	放行 ▼	所有IP包	TCP	1024-65535,	1701,
允许FTP数据	放行 ▼	所有IP包	TCP	20,	任意端口
允许BT下载	放行 ▼	所有IP包	TCP	任意端口	6681-6890,
允许ping出(回显应答)	放行 ▼	收到的IP包	ICMP	特征代码为0	

增加　修改　删除　导入　导出　恢复默认

(a)

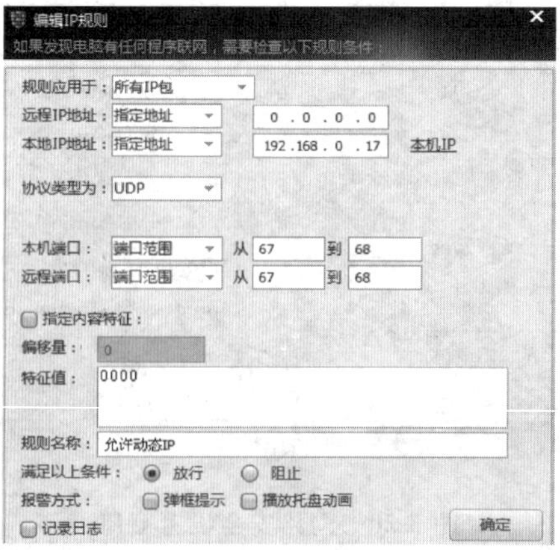

编辑IP规则

如果发现电脑有任何程序联网，需要检查以下规则条件：

规则应用于：所有IP包

远程IP地址：指定地址　0 . 0 . 0 . 0

本地IP地址：指定地址　192 . 168 . 0 . 17　本机IP

协议类型为：UDP

本机端口：端口范围　从 67 到 68

远程端口：端口范围　从 67 到 68

指定内容特征：

偏移量：0

特征值：0000

规则名称：允许动态IP

满足以上条件：放行　阻止

报警方式：弹框提示　播放托盘动画

记录日志　确定

(b)

图 5-22 IP包过滤设置

图 5-23　应用程序访问规则设置

5.4　入侵检测技术

入侵检测系统(Intrusion Detection System,IDS)作为一种积极主动的安全防护手段,在保护计算机网络和信息安全方面发挥着重要的作用。入侵检测是监测计算机网络和系统以发现违反安全策略事件的过程。入侵检测系统工作在计算机网络系统的关键节点上,通过实施收集和分析计算机网络或系统中的信息,来检查是否出现违反安全策略的行为和遭到袭击的迹象,进而达到防治攻击、预防攻击的目的。

5.4.1　入侵检测概述

入侵检测系统通过对网络中的数据包或主机的日志等信息进行提取、分析,发现入侵和攻击行为,并对入侵或攻击做出响应。入侵检测系统在识别入侵和攻击时具有一定的智能,这主要体现在入侵特征的提取和汇总、响应的合并与融合、在检测到入侵后能够主动采取响应措施等方面,所以说入侵检测系统是一种主动防御技术。

1. IDS 的产生

国际上在 20 世纪 70 年代就开始了对计算机和网络遭受攻击进行防范的研究,审计跟踪是当时的主要方法。1980 年 4 月,James P. Anderson 为美国空军做了一份题为 *Computer Security Threat Monitoring and Surveillance*(计算机安全威胁监控与监视)的技术报告,这份报告被公认为是入侵检测的开山之作,报告里第一次详细阐述了入侵检测的概念。他提出了一种对计算机系统风险和威胁的分类方法,并将威胁分为外部渗透、内部渗透和不法行为三种，还提出了利用审计跟踪数据，监视入侵活动的思想。

从 1984 年到 1986 年，Dorothy E. Denning 和 Peter Neumann 研究并发展了一个实时入侵检测系统模型，命名为 IDES(入侵检测专家系统)，为构架入侵检测系统提供了一个通用的框架。1987 年，Denning 提出了一个经典的异常检测抽象模型，首次将入侵检测作为一种计算机系统安全的防御措施提出。1988 年 Morris Internet 蠕虫事件导致了许多 IDS 的开发研制。1990 年是入侵检测系统发展史上的一个分水岭。这一年，加州大学戴维斯分校的 L. T. Heberlein 等人开发出了 NSM(Network Security Monitor)。NSM 是入侵检测研究史上一个非常重要的里程碑，从此之后，入侵检测系统发展史翻开了新的一页，两大阵营正式形成：基于网络的 IDS 和基于主机的 IDS。

1991 年，美国空军等多部门进行联合，开展对分布式入侵检测系统(DIDS)的研究，将基于主机和基于网络的检测方法集成到一起。DIDS 是分布式入侵检测系统历史上的一个里程碑式的产品，它的检测模型采用了分层结构。1994 年，Mark Crosbie 和 Gene Spafford 建议使用自治代理(Autonomous Agents)以便提高 IDS 的可伸缩性、可维护性、效率和容错性，该理念非常符合正在进行的计算机科学其他领域(如软件代理，Software Agent)的研究。1995 年开发了 IDES 完善后的版本——NGIDS(Next-Generation Intrusion Detection System)，可以检测多个主机上的入侵。

2. IDS 的功能与模型

入侵检测就是监测计算机网络和系统以发现违反安全策略事件的过程。它通过在计算机网络或计算机系统中的若干关键点收集信息并对收集到的信息进行分析，从而判断网络或系统中是否有违反安全策略的行为和被攻击的迹象。完成入侵检测功能的软件、硬件组合便是入侵检测系统。简单来说，IDS 包括 3 个部分：提供事件记录流的信息源，即对信息的收集和预处理；入侵分析引擎；基于分析引擎的结果产生反应的响应部件。

一般来说，IDS 能够完成下列活动：监控、分析用户和系统的活动；发现入侵企图或异常现象；审计系统的配置和弱点；评估关键系统和数据文件的完整性；对异常活动的统计分析；识别攻击的活动模式；实时报警和主动响应。

IDS 在结构上可划分为数据收集和数据分析两部分。目前，入侵检测工作组(Intrusion Detection Working Group，IDWG)和通用入侵检测框架(Common Intrusion Detection Framework，CIDF)负责 IDS 标准化研究工作，将入侵检测系统分为四个基本组件：事件产生器(Event Generators)、事件分析器(Event Analyzers)、响应单元(Response Units)和事件数据库(Event Databases)，提出了一个入侵监测系统的通用模型(如图 5-24 所示)。CIDF 体现了入侵检测系统必须具有的体系结构：数据获取、数据分析、行为响应和数据管理，因此具有通用性。

5.4.2 入侵检测系统的基本原理

入侵检测系统是静态安全防御技术的合理补充，帮助系统对付网络攻击，扩展了系统管理员的安全管理能力(包括安全审计、监视、进攻识别和响应)，提高了信息安全基础结构的完整性。它从计算机网络系统中的若干关键点收集信息，并分析这些信息，查看网络中是否有违反安全策略的行为和遭到袭击的迹象。入侵检测技术作为近 20 年来出现的一种积极

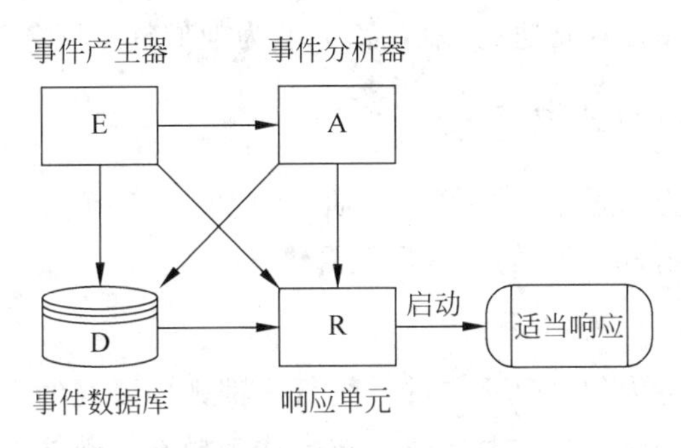

图 5-24 CIDF 入侵监测模型

主动的网络安全技术，是 P^2DR 模型的一个重要组成部分。与传统的加密和访问控制等常用的安全方法相比，入侵检测系统(IDS)是一种全新的计算机安全措施，它不仅可以检测来自网络外部的入侵行为，同时也可以检测来自网络内部用户的未授权活动和误操作，弥补了防火墙的不足，称为防火墙之后的第二道安全闸门(如图 5-25 所示)。

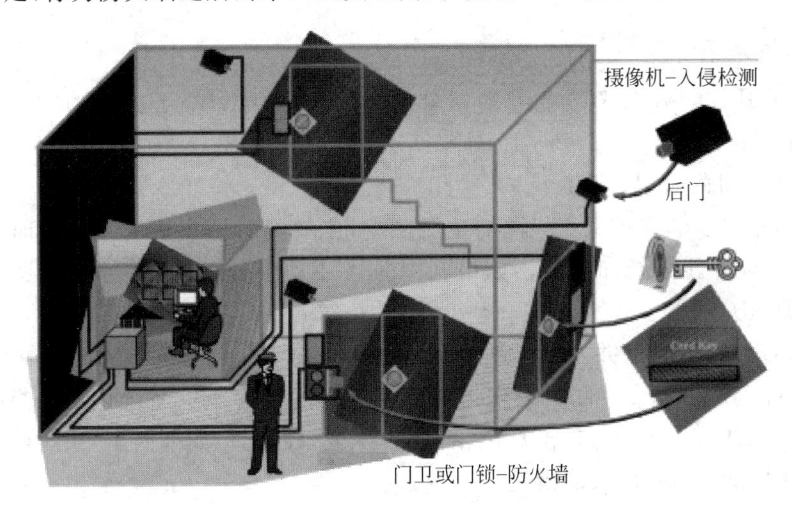

图 5-25 入侵监测与防火墙的关系

攻击检测系统的工作流程可分为信息收集、信息分析和动作响应三个阶段，这三个阶段对应的 CIDF 功能单元分别是事件产生器、事件分析器和响应单元。

信息收集阶段的主要工作是收集被保护网络和系统的特征信息，攻击检测系统的数据源主要来自主机、网络和其他安全产品。基于主机的数据源主要有系统的配置信息、系统运行状态信息、系统记账信息、系统日志、系统安全性审计信息和应用程序的日志；基于网络的数据源主要有 SNMP 信息和网络通信数据包；其他攻击检测系统的报警信息、其他网络设备和安全产品的信息也是重要的数据源之一。

信息分析阶段的主要工作是利用一种或多种攻击检测技术对收集到的特征信息进行有效的组织、整理、分析和提取，从而发现存在的攻击事件。这种行为的鉴别可以实时进行，也可以事后分析，在很多情况下，事后的进一步分析是为了寻找行为的责任人。

动作响应阶段的主要工作是对信息分析的结果做出相应的响应。被动响应是系统仅仅简单地记录和报告所检测出的问题，主动响应则是系统要为阻塞或影响进程而采取反击行动。理想的情况下，系统的这一部分应该具有丰富的响应功能特性，并且这些响应特性在针对安全管理小组中的每一位成员进行裁剪后，能够为他们提供服务。

5.4.3 入侵检测系统的分类

IDS通过对入侵行为的过程与特征进行研究，使安全系统对入侵事件和入侵过程作出实时响应。从不同角度出发，IDS的分类也不同。

1. 按实现技术划分

如果将所有与正常行为的轨迹不同的系统行为都视为可疑的入侵企图(例如，通过流量统计分析发现异常的网络流量)，这时的发现技术称为异常发现技术；如果所有的入侵手段及其行为轨迹都可以用模式或特征加以描述时，那么，与正常行为模式不相匹配的行为均视为可疑的入侵行为，这样的发现技术称为模式发现技术。

异常发现技术的局限是并非所有的入侵都表现为异常，而且系统的轨迹也难于计算和更新。模式发现技术的优点是误报少，它的局限是只能发现已知的入侵，对未知的入侵无能为力。

2. 按数据来源划分

如果按照IDS的数据来源范围来划分，IDS分为3类：基于主机的IDS(Host IDS, HIDS)、基于网络的IDS(Network IDS,NIDS)和分布式IDS(Distributed IDS,DIDS)。

(1) 基于主机的入侵检测系统。

HIDS通常是安装在被重点检测的主机之上，主要是对该主机的网络实时连接以及系统审计日志进行智能分析和判断。如果其中主体活动十分可疑(特征或违反统计规律)，IDS就会采取相应措施。

HIDS使用验证记录，并发展了精密的可迅速做出响应的检测技术。通常，HIDS可监探系统、事件和Window NT下的安全记录以及UNIX环境下的系统记录。当有文件发生变化，IDS将新的记录条目与攻击标记相比较，看是否匹配。如果匹配，系统就会向管理员报警并向别的目标报告，以采取措施。

HIDS在发展过程中融入了其他技术。对关键系统文件和可执行文件的入侵检测的一个常用方法，是通过定期检查校验和来进行的，以便发现意外的变化。反应的快慢与轮询间隔的频率有直接关系。最后，许多系统都是监听端口的活动，并在特定端口被访问时向管理员报警。这类检测方法将基于网络的入侵检测的基本方法融入到基于主机的检测环境中。

尽管HIDS不如NIDS快捷，但它确实具有基于网络的系统无法比拟的优点。这些优点包括：更好的辨识分析、对特殊主机事件的紧密关注及低廉的成本。

HIDS优点包括：

① 确定攻击是否成功。由于基于HIDS含有已发生事件信息，它可以比NIDS更加准确地判断攻击是否成功。在这方面，HIDS是NIDS的完美补充，网络部分可以尽早提供警告，主机部分可以确定攻击成功与否。

② 监视特定的系统活动。HIDS监视用户和访问文件的活动，包括文件访问、改变文件权限、试图建立新的可执行文件并且试图访问特殊的设备。

例如，HIDS可以监督所有用户的登录及上网情况，以及每位用户在联结到网络以后的行为，对于NIDS要做到这个程度是非常困难的；HIDS可监视只有管理员才能实施的非正常行为,操作系统记录了任何有关用户账号的增加、删除、更改的情况,只要改动一旦发生,HIDS 就能检测到这种不适当的改动;HIDS 可以监视主要系统文件和可执行文件的改变,系统能够查出那些欲改写重要系统文件或者安装特洛伊木马或后门的尝试并将它们中断,而 NIDS 有时会查不到这些行为。

③ 能够检查到 NIDS 检查不出的攻击。HIDS 可以检测到那些 NIDS 察觉不到的攻击。例如,来自主要服务器键盘的攻击不经过网络,所以可以躲开 NIDS。

④ 适用被加密的和交换的环境。交换设备将大型网络分成许多小型网络加以管理,从覆盖足够大的网络范围的角度出发,很难确定配置 NIDS 的最佳位置,业务映射和交换机上的管理端口有助于此,但这些技术并不适用。HIDS 可安装在所需的重要主机上,在交换的环境中具有更高的能见度。某些加密方式也向 NIDS 发出了挑战。由于加密方式位于协议堆栈内,所以 NIDS 可能对某些攻击没有反应,HIDS 没有这方面的限制,当操作系统及 HIDS 看到即将到来的业务时,数据流已经被解密了。

⑤ 近于实时的检测和响应。尽管 HIDS 不能提供真正实时的反应,但如果应用正确,反应速度可以非常接近实时。老式系统利用一个进程在预先定义的间隔内检查登记文件的状态和内容,与老式系统不同,当前 HIDS 的中断指令,这种新的记录可被立即处理,显著减少了从攻击验证到作出响应的时间,在从操作系统作出记录到 HIDS 得到辨识结果之间的这段时间是一段延迟,但大多数情况下,在破坏发生之前,系统就能发现入侵者,并中止他的攻击。

⑥ 不要求额外的硬件设备。HIDS 存在于现行网络结构之中,包括文件服务器、Web 服务器及其他共享资源,这使得 HIDS 效率很高。因为它们不需要在网络上另外安装硬件设备。

⑦ 记录花费更加低廉。NIDS 比 HIDS 要昂贵得多。

HIDS 弱点包括:

① 主机 IDS 安装在我们需要保护的设备上,如当一个数据库服务器要保护时,就要在服务器本身上安装 IDS。这会降低应用系统的效率。此外,它也会带来一些额外的安全问题,安装了 HIDS 后,将本不允许安全管理员有权力访问的服务器变成他可以访问的了。

② HIDS 依赖于服务器固有的日志与监视能力。如果服务器没有配置日志功能,则必须重新配置,这将会给运行中的业务系统带来不可预见的性能影响。

③ 全面部署 HIDS 代价较大,企业中很难将所有主机用 HIDS 保护,只能选择部分主机保护。那些未安装 HIDS 的机器将成为保护的盲点,入侵者可利用这些机器达到攻击目标。

④ HIDS 除了监测自身的主机以外,根本不监测网络上的情况。对入侵行为的分析的工作量将随着主机数目增加而增加。

(2) 基于网络的入侵检测系统。

NIDS,通过对网络中传输的数据包进行分析,从而发现可能的恶意攻击企图。一个典型的例子是在不同的端口检查大量的 TCP 连接请求,以此发现 TCP 端口扫描的攻击企图。NIDS 既可以运行在仅仅监视自己的端口的主机上,也可以运行在监视整个网络状态的处于混杂模式的 sniffer 主机上。

目前,大部分入侵检测的产品是基于网络的,有多个开放过滤代码软件,如 snort、

NFR、shadow 等，其中 snort 最著名，其研发进展和更新速度均超过大部分同类产品。

由于 NIDS 不以路由器、防火墙等关键设备方式工作，它不会成为网络中的关键路径。NIDS 发生故障不会影响正常业务的运行。NIDS 只检查它直接连接的网段通信状态，不检测其他网段的数据包。在交换式以太网中会出现监视范围的局限。NIDS 通常采用特征检测手段，对一些复杂的计算与分析攻击较难检测到。

NIDS 使用原始网络包作为数据源。NIDS 通常利用一个运行在随机模式下的网络适配器来实时监视并分析通过网络的所有通信业务。它的攻击辨识模块通常使用四种常用技术来识别攻击标志：模式、表达式或字节匹配；频率或穿越阈值；低级事件的相关性；统计学意义上的非常规现象检测。一旦检测到了攻击行为，IDS 的响应模块就提供多种选项以通知、报警并对攻击采取相应的反应。反应因系统而异，通常都包括通知管理员、中断连接并且/或为法庭分析和证据收集而做的会话记录。

NIDS 已经成为安全策略实施的重要组件，它有许多仅靠 HIDS 无法提供的优点。

① 拥有成本较低。NIDS 可在几个关键访问点上进行策略配置，以观察发往多个系统的网络通信。所以它不要求在许多主机上装载并管理软件。由于需监测的点较少，因此对于一个公司的环境来说，拥有成本很低。

② 检测 HIDS 漏掉的攻击。NIDS 检查所有包的头部从而发现恶意的和可疑的行动迹象。HIDS 无法查看包的头部，所以它无法检测到这一类型的攻击。例如，许多来自 IP 地址的拒绝服务型和碎片型攻击只能在它们经过网络时，都可以在 NIDS 中通过监测实时包流而被发现。

NIDS 可以检查有效负载的内容，查找用于特定攻击的指令或语法。例如，通过检查数据包有效负载可以查到黑客软件，而使正在寻找系统漏洞的攻击者毫无察觉。由于 HIDS 不检查有效负载，所以不能辨认有效负载中所包含的攻击信息。

③ 攻击者不易转移证据。NIDS 使用正在发生的网络通信进行实时攻击的检测，所以攻击者无法转移证据。被捕获的数据不仅包括攻击的方法，还包括可识别的入侵者身份及对其进行起诉的信息。许多入侵者都熟知审计记录，他们知道如何操纵这些文件掩盖他们的入侵痕迹，来阻止需要这些信息的 HIDS 去检测入侵。

④ 实时检测和响应。NIDS 可以在恶意及可疑的攻击发生的同时将其检测出来，并做出更快的通知和响应。例如，一个基于 TCP 的对网络进行的拒绝服务攻击可以通过将 NIDS 发出 TCP 复位信号，在该攻击对目标主机造成破坏前，将其中断。而 HIDS 只有在可疑的登录信息被记录下来以后才能识别攻击并做出反应。而这时关键系统可能早就遭到了破坏，或是运行 HIDS 的系统已被摧毁。

⑤ 检测未成功的攻击和不良意图。NIDS 增加了许多有价值的数据，以判别不良意图。即便防火墙可以正在拒绝这些尝试，位于防火墙之外的 NIDS 可以查出躲在防火墙后的攻击意图。HIDS 无法查到从未攻击到防火墙内主机的未遂攻击，而这些丢失的信息对于评估和优化安全策略是至关重要的。

⑥ 操作系统无关性。NIDS 作为安全监测资源，与主机的操作系统无关。与之相比，HIDS 必须在特定的、没有遭到破坏的操作系统中才能正常工作，生成有用的结果。NIDS 有向专门的设备发展的趋势，安装这样的一个 NIDS 非常方便，只需将定制的设备接上电源，做很少一些配置，将其连到网络上即可。

NIDS有如下的弱点：

① NIDS只检查它直接连接网段的通信，不能检测在不同网段的网络包。在使用交换以太网的环境中就会出现监测范围的局限。而安装多台NIDS的传感器会使部署整个系统的成本大大增加。

② NIDS为了性能目标通常采用特征检测的方法，它可以检测出一些普通的攻击，而很难实现一些复杂的需要大量计算与分析时间的攻击检测。

③ NIDS可能会将大量的数据传回分析系统中。在一些系统中监听特定的数据包会产生大量的分析数据流量。一些系统在实现时采用一定方法来减少回传的数据量，对入侵判断的决策由传感器实现，而中央控制台成为状态显示与通信中心，不再作为入侵行为分析器。这样的系统中的传感器协同工作能力较弱。

④ NIDS处理加密的会话过程较困难，目前通过加密通道的攻击尚不多，但随着IPv6的普及，这个问题会越来越突出。

(3) 分布式入侵检测系统。

目前这种技术在ISS的RealSecure等产品中已经有了应用。它检测的数据也是来源于网络中的数据包，不同的是，它采用分布式检测、集中管理的方法。即在每个网段安装一个黑匣子，该黑匣子相当于NIDS，只是没有用户操作界面。黑匣子用来监测其所在网段上的数据流，它根据集中安全管理中心制定的安全策略、响应规则等来分析检测网络数据，同时向集中安全管理中心发回安全事件信息。集中安全管理中心是整个DIDS面向用户的界面。它的特点是对数据保护的范围比较大，但对网络流量有一定的影响。

5.4.4　入侵检测系统的部署

攻击检测系统中事件产生器所收集信息的来源可以是主机、网络和其他安全产品。如果信息源仅为单个主机，则这种攻击检测系统往往直接运行于被保护的主机之上；如果信息源来自多个主机或其他地方，则这种攻击检测系统一般由多个传感器和一个控制台组成，其中传感器负责对信息进行收集和初步分析，控制台负责综合分析、攻击响应和传感器控制。图5-26为一个典型的“传感器-控制台”结构的攻击检测系统的部署方案。

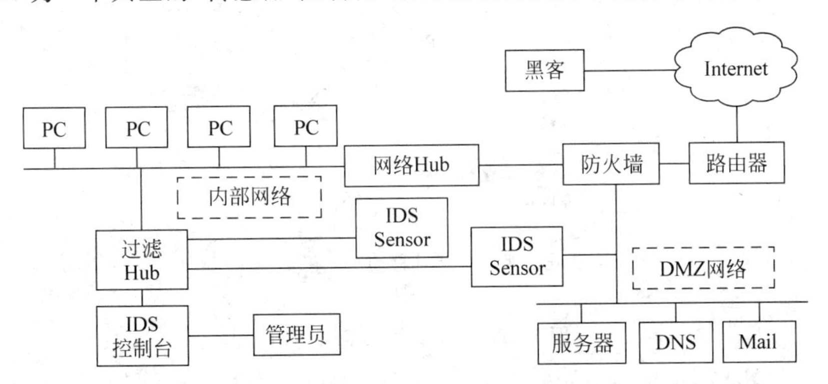

图5-26　一个“传感器-控制台”结构入侵检测系统的部署方案

Snort是一款用C语言开发的开放源代码(http://www.snort.org)的跨平台网络入侵检测系统，能够方便地安装和配置在网络的任何一个节点上。Snort有三种工作模式：嗅探器、数据包记录器、网络入侵检测。嗅探器模式仅仅是从网络上读取数据包并作为连续不断的流显示在终端上。数据包记录器模式把数据包记录到硬盘上。网络入侵检测模式是最复杂的，但也是可配置的。Snort 使用基于规则的模式匹配技术来实现入侵检测功能，其规则文件是一个 ASCII 文本文件，可以用常用的文本编辑器对其进行编辑。为了能够快速、准确地进行检测，Snort 将检测规则采用链表的形式进行组织。Snort 的发现和分析能力取决于规则库的容量和更新频率。

在共享 Hub 下的任一台计算机都能接收到本网段的所有数据包，这需要将网卡的工作模式设置为混杂模式，使之可以接收目标地址不是自己的 MAC 地址的数据包。在 UNIX 系统中可以用 Libpcap 包捕获的函数库直接与内核驱动交互操作，实现对网络数据包的捕获。在 Win32 平台上可以使用 Winpcap，通过 VxD 虚拟设备驱动程序实现网络数据捕获的功能。在交换 Hub 下的计算机只能接收发往自己的数据包和广播包，交换 Hub 下数据包的捕获需要在 Hub 处通过镜像方法实现。

5.5 虚拟专用网技术

随着互联网的兴起，企业开始寻求利用互联网来扩展他们的业务。首先，Intranet（企业内部互联网）是一种专供公司内部员工使用的互联网站点，应用密码技术保护。现在，企业搭建自己的虚拟专用网（Virtual Private Network，VPN），满足远程员工和分公司的需求。

从原理上来说，VPN 就是利用公用网络把远程站点或用户连接到一起的专用网络。与实际的专用连接（如租用线路）不同，VPN 是通过互联网路由的“虚拟”连接，把公司专用网络同远程站点或员工连接到一起。一个典型的企业 VPN 包括公司总部主 LAN、远程分公司或分支机构 LAN 和从外部网络连接进来的个人用户，如图 5-27 所示。

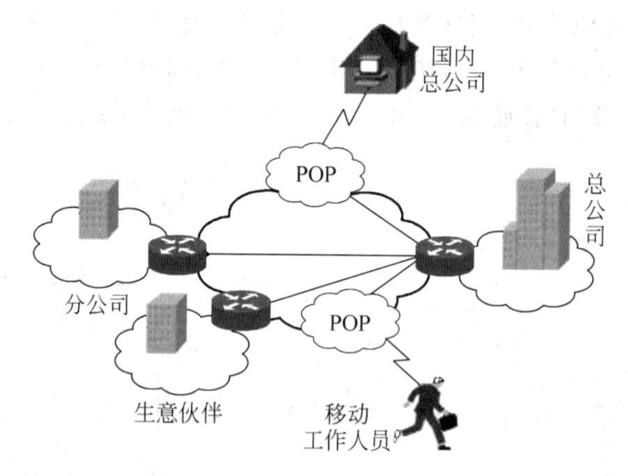

图 5-27　一个典型的企业 VPN

VPN 是一种能够将物理上分布在不同地点的网络通过公用骨干网（Internet）连接而成的逻辑虚拟子网，提供了通过公用网络安全对企业内部网络（Intranet）进行远程访问的连接。一个连接通常由客户机、传输介质和服务器三部分组成，VPN 同样也由这三部分组成；不同的是，VPN 连接使用隧道（Tunnel）作为传输通道（就像装信件的信封），这个隧道是建立在公共网络或专用网络基础上的，如 Internet 或 Intranet，如图 5-28 所示。为了保障信息的安全，VPN 技术采用鉴别、访问控制、保密性、完整性等措施，以防止信息被泄漏、篡改和复制。

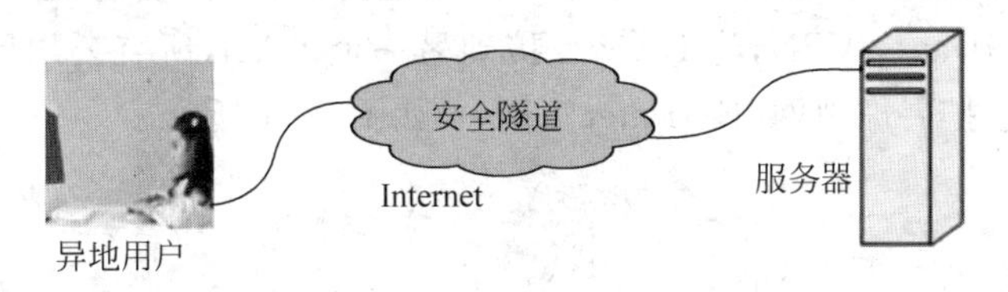

图 5-28 用安全隧道连接客户机和服务器

5.5.1 VPN 的主要类型

针对不同的用户需求，VPN 有三种类型：远程访问虚拟网(Access VPN)、企业内部虚拟网(Intranet VPN)、企业扩展虚拟网(Extranet VPN)。三种类型 VPN 分别与远程访问网络、企业内部 Internet 和企业网与企业网构成的 Extranet 相对应。

1. 远程访问虚拟网

远程访问虚拟网也称为虚拟专用拨号网络(VPDN)，是一种用户到 LAN 的连接，通常用于员工从远程位置连接的专用网络。企业服务提供商(ESP)为公司提供大型远程访问 VPN；ESP 建立一个网络访问服务器(NAS)，向远程用户提供桌面客户端软件；远程用户拨打免费号码连接 NAS，使用 VPN 客户端软件访问公司网络。Access VPN 通过第三方服务商在公司专用网络和远程用户之间实现安全加密连接，如图 5-29 所示。

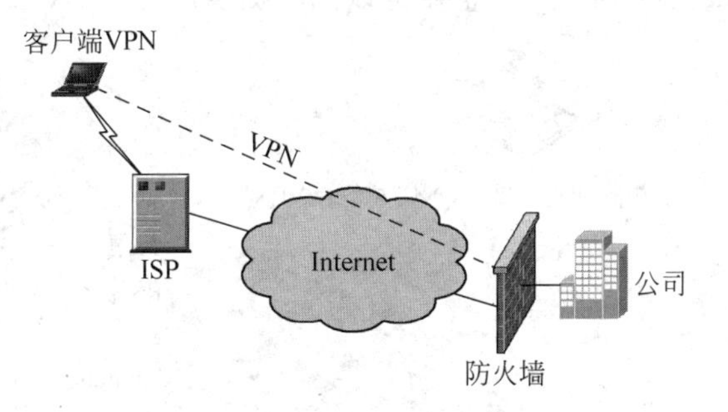

图 5-29 Access VPN 结构

2. 企业内部虚拟网

企业内部虚拟网基于 Intranet，如果公司有一个或多个远程位置需要加入一个专用网络，可以建立一个 Intranet VPN，将 LAN 连接到另一个 LAN，称为企业内部虚拟网(Intranet VPN)，如图 5-30 所示。

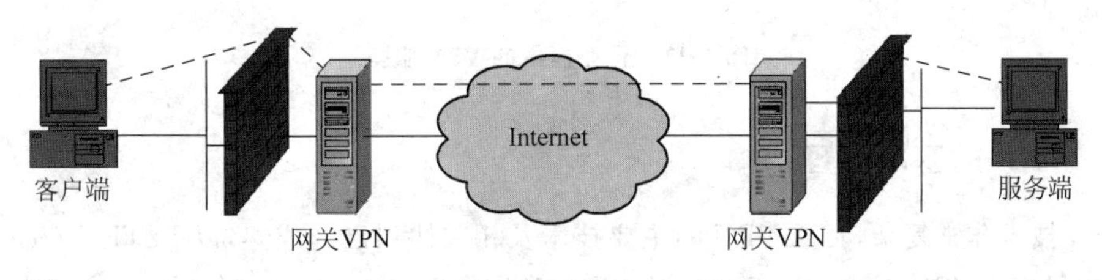

图 5-30 Intranet VPN 结构

3. 企业扩展虚拟网

企业扩展虚拟网基于 Extranet,如果公司同其他公司(如供应商、客户等)关系紧密,他们可以建立一个 Extranet VPN,将 LAN 连接到另一个 LAN,所有公司同时在一个共享环境中工作,称为企业扩展虚拟网(Extranet VPN),如图 5-31 所示。

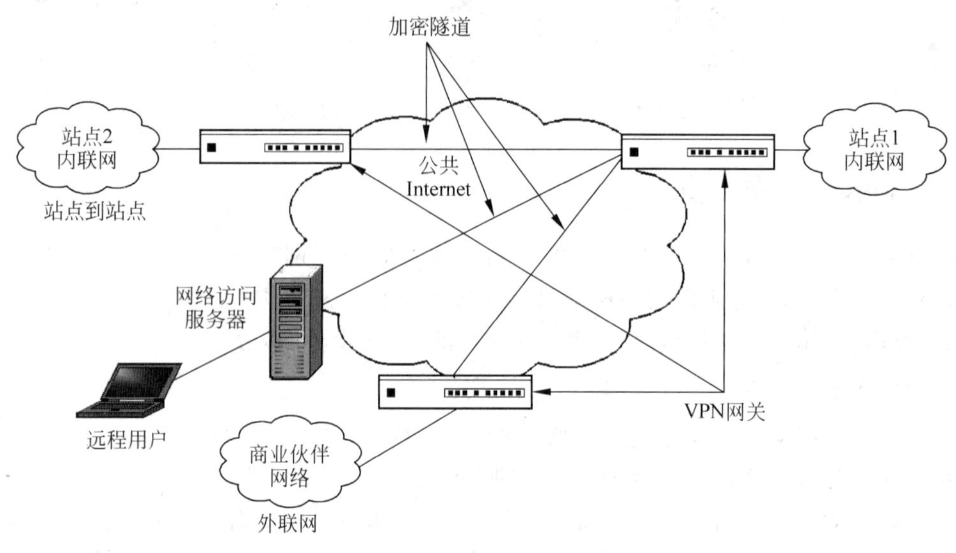

图 5-31 Extranet VPN 结构

VPN 是对 Intranet 的扩展,一家企业可以同时提供 3 种 VPN 服务,如图 5-32 所示。

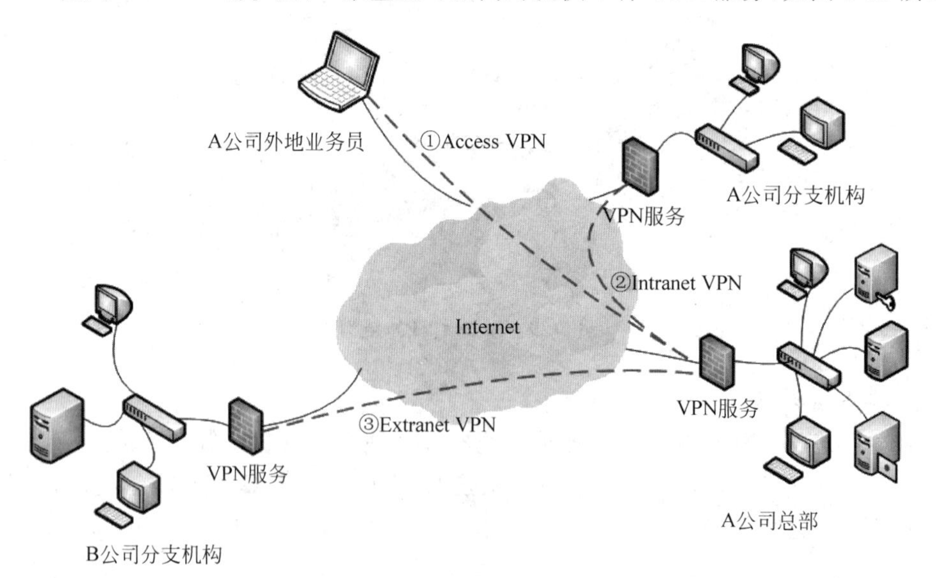

图 5-32 企业提供的 VPN 服务

5.5.2 VPN 的基本原理

VPN 技术非常复杂,实现 VPN 的主要技术及相关协议已经成熟,以 L2TP、IPSec 和 SSL 协议应用最广。VPN 使用三方面技术保证通信的安全性:身份验证、隧道协议、加密技术。

1. 身份验证技术

VPN 在不安全的 Internet 中通信，通信内容涉及企业的机密数据，因此其安全性非常重要。身份验证技术是实现安全通信的前提。

VPN 的一般验证流程：

(1) 客户机(Client)向 VPN 服务器(Authenticating Device)发出请求(Challenge)，VPN 服务器响应(Response)请求并向客户机发出身份(User Name，Password)质询。

(2) 客户机将加密的响应信息发送到 VPN 服务器，VPN 服务器根据用户数据库(Data Base)检查是否该响应。

(3) 如果账户(ID)有效，VPN 服务器将检查该用户是否具有远程访问权限。

(4) 如果该用户拥有远程访问的权限，VPN 服务器接受此连接。

(5) 在身份验证过程中产生的客户机和服务器公有密钥将用来对数据进行加密。

在 VPN 中，用户身份认证技术是在正式隧道连接开始前进行用户身份确认，以便系统进一步实施相应的资源访问控制和用户授权。VPN 中常用的身份认证技术主要有安全口令、PPP 认证协议和密钥管理技术三种。

2. 隧道协议

隧道协议(Tunneling Protocal)是 VPN 的基本技术，类似于点对点连接技术(Point to Point Protocol，PPP)，它在公网建立一条数据通道(隧道)(如图 5-33 所示)，让数据包通过这条隧道传输。隧道是由隧道协议形成的，主要有第二层隧道协议 PPTP(Point-to-Point Tunneling Protocol)和 L2TP(Level 2 Tunneling Protocol)、第三层隧道协议 IPSec(IP Security)和安全套接层 SSL(Secure Sockets Layer)协议等。

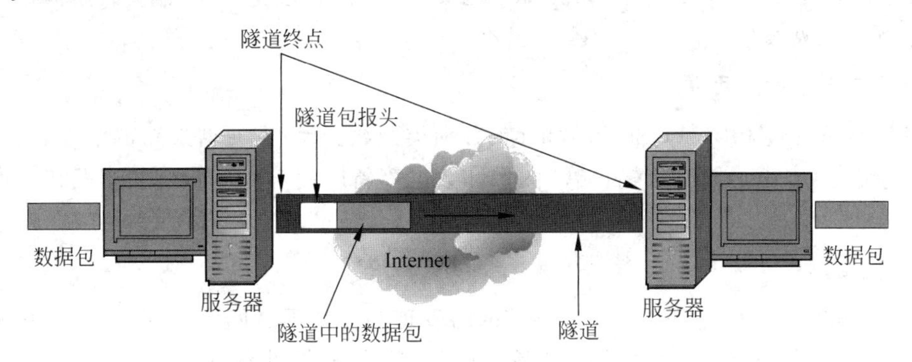

图 5-33　VPN 隧道

隧道技术是一种通过使用互联网基础设施在网络之间传递数据的方式。使用隧道传递的数据可以是不同协议的数据帧或包，隧道协议将这些数据帧或包重新封装在新的包头中发送，新的包头提供了路由信息，从而使封装的数据能够通过互联网传递。被封装的数据包在隧道的两个端点之间通过公共互联网络进行路由，所经过的逻辑路径称为隧道，一旦到达网络终点数据将被解包并转发到最终目的地。隧道技术包括数据封装、传输和解包在内的全过程。

3. 加密技术

在 VPN 实现中，双方大量通信流量的加密使用对称加密算法，在管理、分发对称加密的密钥上采用非对称加密技术。加密基本思想：在协议栈的任意层对数据或报文头进行加密，从而有效保护传输的信息。VPN是通过软件实现的技术，因而VPN加密载体是多方面的，包括路由器、防火墙、专用VPN硬件。VPN加密技术发展趋势是实现端到端的安全，真正确保完全的加密。

5.5.3 VPN的功能特性

VPN系统的功能特性可以概括为以下几个主要方面。

1. 安全保障

VPN保证通过公用网络平台传输数据的专用性和安全性。在面向非连接的公用IP网络上建立一个逻辑的、点对点的连接称为建立一个隧道，可以对经过隧道传输的数据进行加密，保证数据仅被指定的发送者和接收者了解。由于VPN直接构建在公用网上，企业必须确保VPN上传送的数据不被攻击者窥视和篡改，要防止非法用户对网络资源或私有信息的访问。

2. 服务质量保证

针对不同用户和业务对QoS要求差异较大，VPN提供不同等级的QoS。对于移动用户，VPN服务提供广泛的连接和覆盖性；对于拥有众多分支机构的专线VPN网络，VPN服务为交互式内部企业网应用提供良好的网络稳定性；对于视频等应用，VPN服务提供网络时延及纠错服务。VPN服务充分利用广域网资源，为重要数据提供可靠带宽。广域网流量不确定性致使带宽利用率低，流量高峰时网络阻塞、流量低谷时带宽空闲。QoS通过流量预测与流量控制策略，按照优先级分配带宽资源，实现带宽管理，使各类数据被合理地先后发送，预防阻塞发生。

3. 可扩充性和灵活性

VPN支持通过Intranet和Extranet的任何类型数据流，方便增加新的节点，支持多种类型的传输媒介，满足同时传输语音、图像和数据等新应用对高质量传输以及带宽增加的需求。

4. 可管理性

从用户角度和运营角度看，VPN将其网络管理功能从局域网延伸到公用网，甚至是客户和合作伙伴；同时将一些次要的网络管理任务交给服务提供商完成。VPN管理目标：减小网络风险，使其具有高扩展性、经济性、高可靠性等。VPN管理内容：安全管理、设备管理、配置管理、ACL管理、QoS管理等。

5. 降低成本

VPN利用现有的Internet或其他公共网络的基础设施为用户创建安全隧道，不需要专门租用线路，节省了专线的租金。如果采用远程拨号进入内部网络，访问内部资源，需要长途话费；采用VPN技术，只需拨入当地ISP就可以安全地接入内部网络，节省了线路话费。

5.5.4 VPN的实现技术

VPN服务是依托ISP和网络服务提供商在公网中建立专用隧道，让数据包通过隧道传输。网络隧道技术，是利用一种网络协议传输另一种网络协议，就是将原始网络信息进行再次封装，并在两个端点之间通过互联网路由，从而保证网络信息传输的安全性。VPN 服务主要利用隧道协议实现保密通信功能，下面主要介绍 L2TP 协议、IPSec 协议和 SSL 协议。

1. L2TP 协议

L2TP 是一种基于 PPP 的二层隧道协议。在由 L2TP 构建的 VPN 中，有两种类型的服务器，一是 L2TP 访问集中器 LAC(L2TP Access Concentrator)，是附属在网络上的具有 PPP 端系统和 L2TP 协议处理能力的设备，为用户提供认证的网络接入服务器；二是 L2TP 网络服务器 LNS(L2TP Network Server)，是 PPP 端系统上用于处理 L2TP 协议服务器端部分的软件。

LNS 和 LAC 存在两种连接类型，Tunneling 连接和会话(Session)连接。前者定义一个 LNS 和 LAC 对；后者复用在隧道连接之上，表示隧道连接的每个 PPP 会话过程。L2TP 连接维护和 PPP 数据传送通过 L2TP 消息交换完成。L2TP 消息分为两种：控制消息和数据消息。控制消息用于隧道连接、会话连接建立与维护，数据消息用于承载用户 PPP 的数据包。消息通过 UDP 的 1701 端口承载于 TCP/IP 之上，图 5-34 所示为应用 L2PT 构建的 VPN 服务。

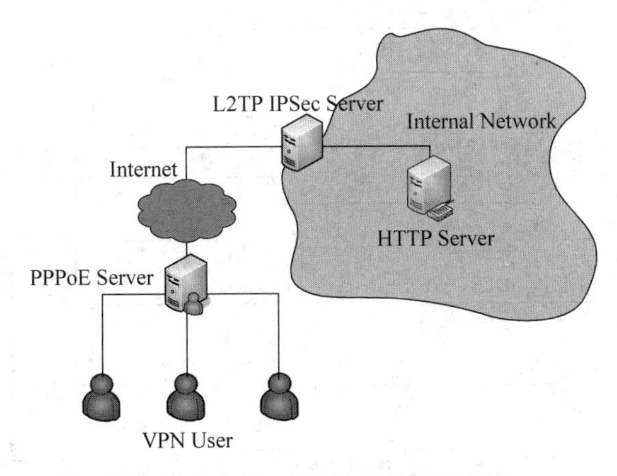

图 5-34　应用 L2PT 构建的 VPN 服务

在 L2TP 构建的 VPN 中，L2TP 协议网络组件包括三部分：

(1) 远端系统，是接入 VPDN 网络的远地用户和分支机构，通常是拨号用户的一台主机或私有网络的路由设备。

(2) LAC，是附属在交换网络上的具有 PPP 端系统和 L2TP 处理能力的设备，通常是当地 ISP 的一个 NAS，为 PPP 类型的用户提供接入服务。LAC 位于 LNS 和远端系统之间，用于 LNS 和远端系统之间传递信息包。LAC 从远端系统收到信息包按照 L2TP 封装发送 LNS，同时从 LNS 收到信息包解封装发送到远端系统。LAC 与远端系统采用本地连接或 PPP 链路，VPN 应用为 PPP 链路。

(3) LNS，既是 PPP 端系统又是 L2TP 服务器端，通常作为企业内部网的一个边缘设备。LNS 作为 L2TP 隧道的另一侧端点是 LAC 的对端设备，是 LAC 进行隧道传输的 PPP 会话逻辑终止端点。通过在公网中建立 L2TP 隧道，将远端系统 PPP 连接的另一端延伸至企业网内部 LNS。

L2TP是PPTP和L2F的组合，微软L2TP依托IPSec传输模式提供加密服务。L2TP和IPSec组合称为L2TP/IPSec，VPN客户端和VPN服务器均支持L2TP和IPSec，VPN客户端内置在Windows XP远程访问客户端，VPN服务器内置在Windows Server 2003系列成员中。

2. IPSec协议

IPSec(Internet Protocol Security)是一种开放标准的框架结构，使用加密服务确保Internet通信安全而顺畅。L2TP没有解决隧道加密和数据加密问题，IPSec协议集多种安全技术，可以建立一个安全、可靠的隧道。安全技术包括：Diffie Hellman密钥交换技术，DES、RC4、IDEA数据加密技术，哈希散列算法HMAC、MD5、SHA，数字签名技术。

IPSec是一个应用于IP层上网络数据安全的用于认证、机密性和完整性的标准协议包，包括认证头(Authentication Header，AH)协议、封装安全载荷(Encapsulating Security Payload，ESP)协议、密钥管理(Internet Key Exchange，IKE)协议和用于认证与加密的算法如DES、IDEA等。IPSec是一个第三层VPN协议，定义了如何在对等层之间选择安全协议、安全算法和密钥交换，向上层提供访问控制、数据源验证、数据加密等安全服务。各协议之间的关系如图5-35所示。

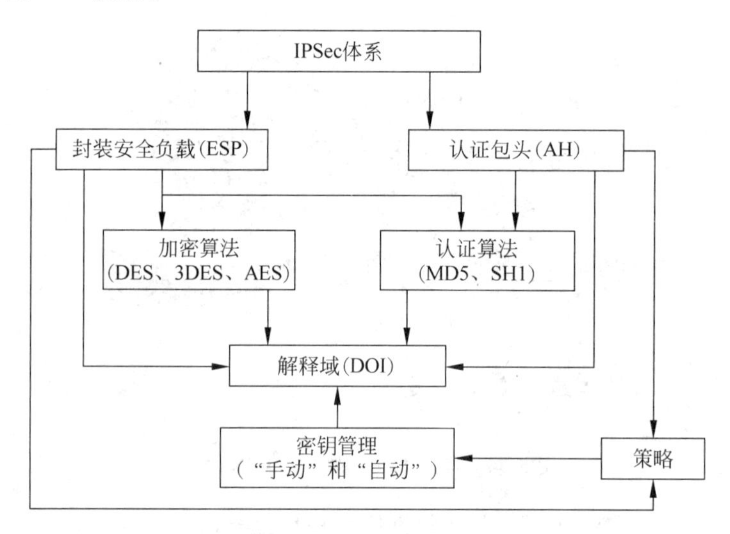

图5-35　IPSec体系结构

(1) AH为IP数据包提供无连接的数据完整性和数据源身份认证，具有防重放攻击的能力。数据完整性校验通过消息认证码(如MD5)产生的校验值来保证；数据源身份认证通过在待认证数据中加入一个共享密钥实现；AH报头中可以防止重放攻击。

(2) ESP为IP数据包提供数据保密性、无连接的数据完整性、数据源身份认证以及防重放攻击保护。与AH相比，数据保密性是ESP的新增功能，数据源身份认证、数据完整性检验以及重放保护都是AH可以实现的。

(3) AH和ESP可以单独使用，也可以配合使用。通过这些组合模式，可以在两台主机、两台安全网管(防火墙和路由器)或主机与安全网关之间配置多种灵活的安全机制。

(4) 解释域DOI将所有的IPSec协议捆绑在一起，是IPSec安全参数的主要数据库。

(5) 密钥管理包括IKE协议和安全联盟(SA)等部分。IKE在通信系统之间建立安全联盟，提供密钥管理和密钥确定机制，是一个产生和交换密钥材料并协调 IPSec 参数的框架。IKE 将密钥协商的结果保留在 SA 中，供 AH 和 ESP 以后通信时使用。

AH 和 ESP 都支持两种模式：传输模式和隧道模式。传输模式 IPSec 对上层协议提供保护，用于两个主机之间的端到端通信。隧道模式 IPSec 对所有 IP 包保护，用于安全网关之间，可以在 Internet 上构建 VPN。使用隧道模式，在防火墙之后，内部网的一组主机不实现 IPSec 而参加安全通信。局域网边界的防火墙 IPSec 软件建立隧道模式 SA，主机产生的未保护数据包通过隧道连接外部网络。

IPSec 提供了两种安全机制：认证和加密。认证机制使 IP 通信的数据接收方能够确认数据发送方的真实身份以及数据在传输过程中是否遭篡改；加密机制通过对数据进行编码来保证数据的机密性，以防数据在传输过程中被窃听。AH 定义了认证的应用方法，提供数据源和完整性认证；ESP 定义了加密和可选认证的应用方法，提供可靠性保证。在实际 IP 通信时，根据安全需求同时应用两种协议或选择一种。AH 和 ESP 都提供认证服务，AH 认证服务强于 ESP，IKE 用于密钥交换。

AH 协议为 IP 通信提供数据源认证、数据完整性和反回放保证，保护通信免受篡改，不能防止窃听，适用于传输非机密数据、不提供机密性保护。AH 有传输、隧道两种工作模式。图 5-36 显示了两种 IPSec 鉴别服务的模式。一种是在服务器和客户机之间直接提供鉴别服务，工作站和服务器共享受保护的密钥，使用传输模式的 SA，鉴别处理是安全的。另一种是远程工作站向公司防火墙鉴别自己的身份，或为了访问整个内部网络使用隧道模式的 SA。

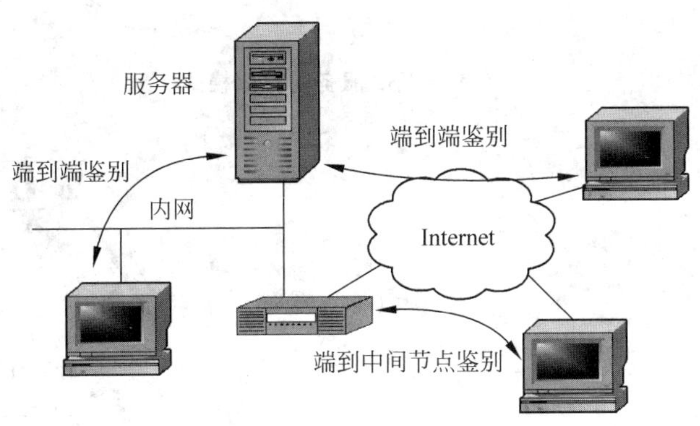

图 5-36　两种 IPSec 鉴别服务模式

ESP 为 IP 数据包提供数据保密性、无连接的数据完整性、数据源身份认证和防重放攻击保护，数据保密性是基本功能，数据源身份认证、数据完整性检验以及重放保护是可选功能。ESP 可以单独使用，也可以和 AH 结合使用。一般 ESP 不加密整个数据包，只加密 IP 包的有效载荷部分，不包括 IP 头；在端到端的隧道通信中 ESP 加密整个数据包。ESP 有传输、隧道两种工作模式。图 5-37 显示了 ESP 服务的传输模式，图 5-38 显示了 ESP 服务的隧道模式，前者在两个主机之间提供加密和鉴别服务，后者使用隧道模式建立 VPN。图 5-39 显示了 ESP 隧道模式的一个例子，一个组织有 4 个专用网络通过 Internet 连接起来。内部网络主机使用 Internet 传输数据，不是同基于 Internet 的其他主机交互。在每个内部网络的安全网关上终止隧道，允许主机避免实现安全能力。

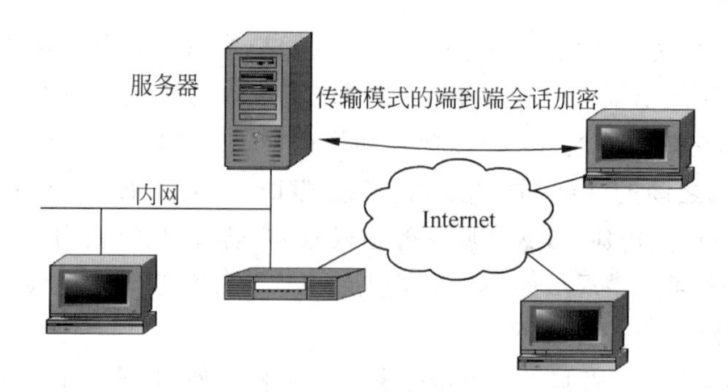

图 5-37　ESP 服务的传输模式

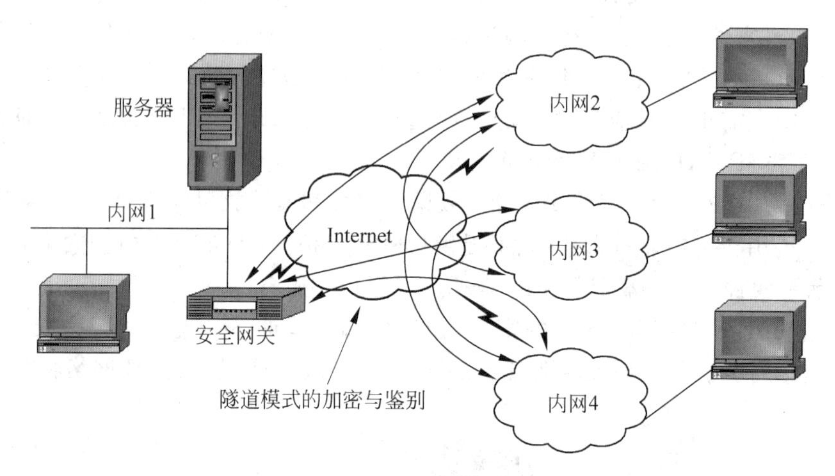

图 5-38　ESP 服务的隧道模式

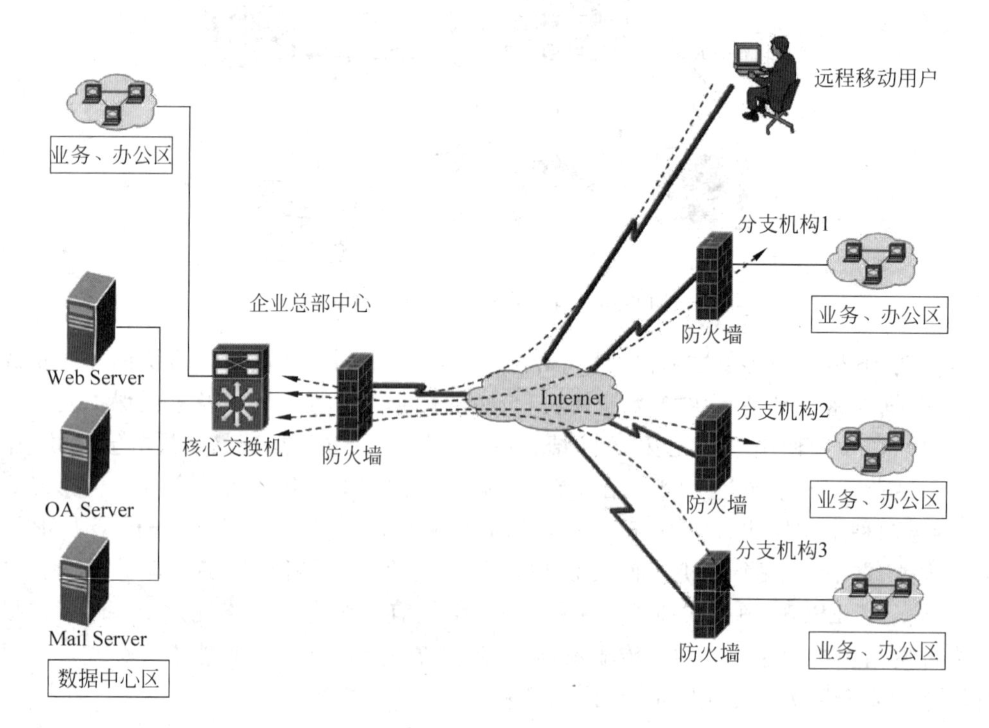

图 5-39　应用 IPSec 构建的 VPN 服务

3. SSL 协议

最新研究表明，90%的企业利用 VPN 访问 Web 和电子邮件通信，10%的用户用于聊天协议和私有客户端应用。90%的应用可以利用简单、低成本的 VPN 技术——SSL VPN 提供安全服务。SSL 安全套接层协议层（Secure Sockets Layer）是一种在 Web 服务协议（HTTP）和 TCP/IP 之间提供数据连接安全性的协议，为 TCP/IP 连接提供数据加密、用户与服务器身份验证和消息完整性验证。SSL 被视为因特网上 Web 浏览器和服务器的安全标准。

SSL 安全协议提供三方面的安全服务：

(1) 用户和服务器的合法性认证。认证用户和服务器的合法性，使得它们确信数据被发送到正确的客户机和服务器；客户机和服务器都有各自的识别号，由公开密钥编号，SSL 协议在握手交换数据时进行数字认证，以此确保用户的合法性。

(2) 数据以加密方式被传送。SSL 采用的加密方式既有对称密钥技术，也有公开密钥技术。客户机与服务器交换数据之前，交换 SSL 初始握手信息，SSL 握手信息采用了各种加密技术，保证其机密性和完整性，并且用数字证书鉴别，防止非法用户破译。

(3) 保护数据的完整性。SSL 采用 Hash 函数和机密共享的方法提供信息的完整性服务，建立客户机与服务器之间的安全通道，SSL 处理的业务在传输过程中完整、准确无误地到达目的地。

SSL 安全协议包括两个工作阶段：

① 握手阶段，客户端和服务器用公钥加密算法计算出私钥。

② 数据传输阶段，客户端和服务器都用私钥加密、解密传输过来的数据。

在 TCP 连接建立之后，SSL 客户端发出一个 Hello 消息握手，消息包括自己可实现的算法列表和其他需要的消息。SSL 服务器回应一个类似 Hello 消息，确定通信需要的算法，并发送自己的证书。SSL 客户端收到消息后生成一个消息，用 SSL 服务器公钥加密后传送过去，SSL 服务器用自己私钥解密，会话密钥协商成功，双方用私钥算法进行通信。

SSL 安全协议认证工作流程：

(1) 服务器认证阶段。

客户端向服务器发送一个 Hello 信息开始一个新的会话连接；服务器根据客户信息确定是否生成新的主密钥，若需要，服务器在响应客户 Hello 信息时包含生成主密钥所需信息；客户根据收到的服务器响应信息，产生一个主密钥，用服务器公开密钥加密后传送给服务器；服务器恢复主密钥，返回给客户一个用主密钥认证的信息，让客户认证服务器。

(2) 用户认证阶段。

在此之前，服务器已经通过了客户认证，这一阶段主要完成对客户的认证；经认证的服务器发送一个提问给客户，客户则返回数字签名后的提问和其公开密钥，从而向服务器提供认证。

SSL 有限支持 Windows 应用或非 Web 系统，大多数 SSL VPN 都是基于 Web 浏览器工作，远程用户不能在 Windows、UNIX、Linux、AS400 或大型系统上进行非 Web 应用。SSL 为访问资源提供有限安全保障，基于 SSL 的 Web 浏览器进行 VPN 通信，对用户来说外部环境并不安全；因为 SSL VPN 只对通信双方某个应用通道加密，不对通信双方主机之间的整个通道加密。图 5-40 显示应用 SSL 构建的 VPN 服务，为 HTTP 服务通道加密。

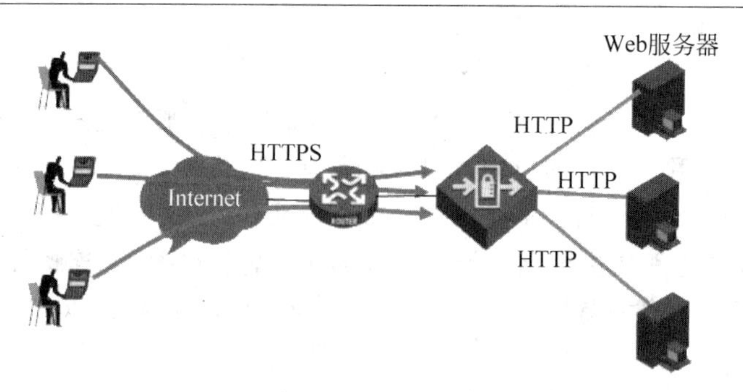

图 5-40 应用 SSL 构建的 VPN 服务

5.6 实　　训

实训 Windows Server 2003 的 L2TP VPN 配置

实训目的：Windows 2003 支持 L2TP 的 VPN 数据链路层隧道协议，在 Windows 2003 服务器端通过"路由和远程访问"创建 VPN 服务器，接受远程"虚拟专用连接"。Windows 2003 计算机为 VPN 服务器，在客户端和 VPN 服务器间建立安全连接。

实训准备：一台装有 Windows Server 2003 的计算机作为 VPN 服务器，一台装有 Windows XP 的计算机作为客户端。

实训内容：

1. 配置 PPTP 服务端

(1) 在"管理工具"中配置"路由和远程访问"。"路由和远程访问"默认是禁用的，右击服务器图标，选择"配置并启用路由和远程访问"命令，如图 5-41 所示。在安装向导中单击"下一步"按钮。

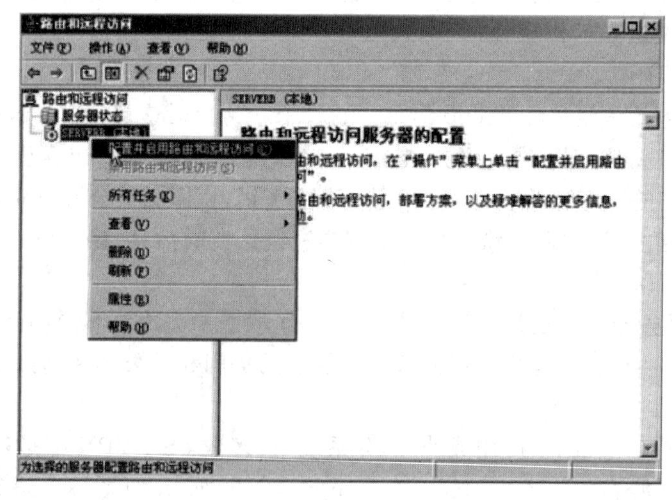

图 5-41 启用路由与远程访问

(2) 在弹出的对话框中，选中"远程访问(拨号或 VPN)"，选中 VPN，单击"下一步"按钮。

(3) 在弹出的对话框中选中默认设置,单击"下一步"按钮,如图 5-42 所示。

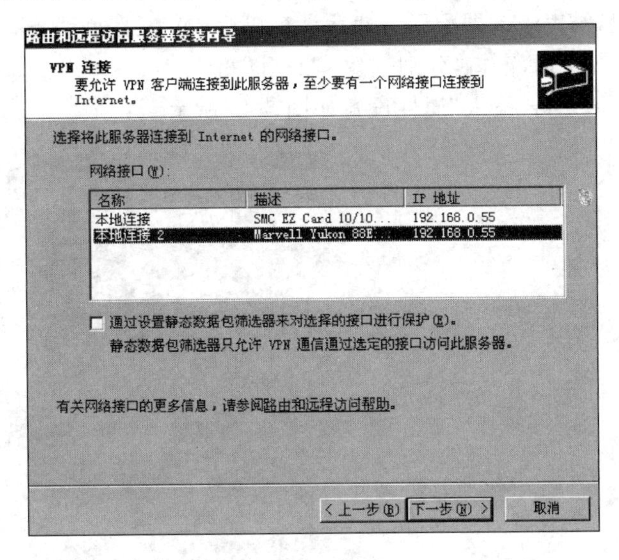

图 5-42 配置 VPN

(4) 在"IP 地址指定"对话框中,选中"来自一个指定的地址范围",单击"下一步"按钮。

(5) 在"地址范围指定"选项组中,单击"新建"按钮,出现"新建地址范围"对话框,设置"起始 IP 地址"为 192.168.0.51,"结束 IP 地址"为 192.168.0.58,单击"确定"按钮,返回上一级对话框。此时可看到地址范围已添加成功,单击"下一步"按钮,如图 5-43 所示。

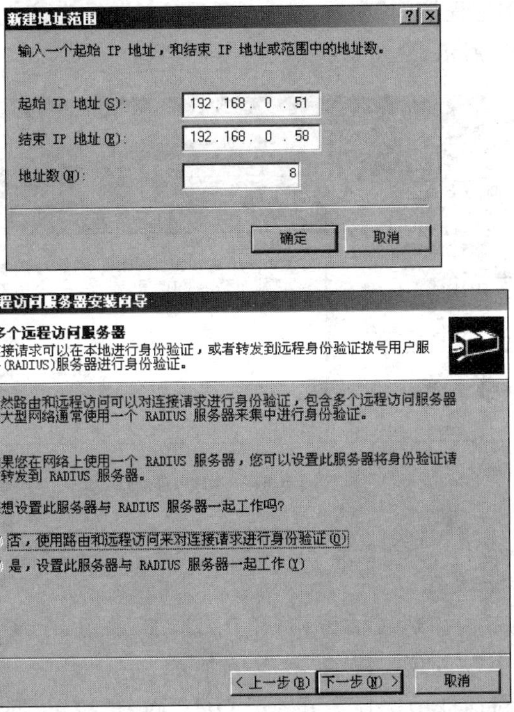

图 5-43 配置 IP 地址

(6) 在“路由和远程访问服务器安装向导”对话框中,保持默认设置,单击“下一步”按钮,单击“完成”按钮,结束服务器配置。然后计算机开始启动路由服务,如图 5-44 所示。

(7) 打开“计算机管理”窗口,分别创建一个用户 r_user、一个组 r_userg,且使 r_user 隶属于 r_userg。用户 r_user“拨入”属性设置如图 5-45 所示。

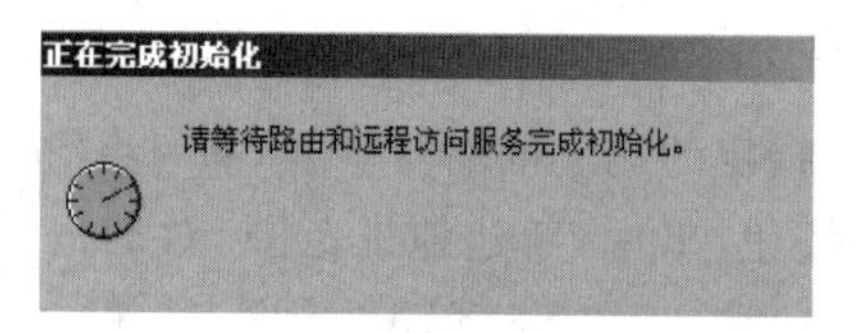

图 5-44 启动路由服务

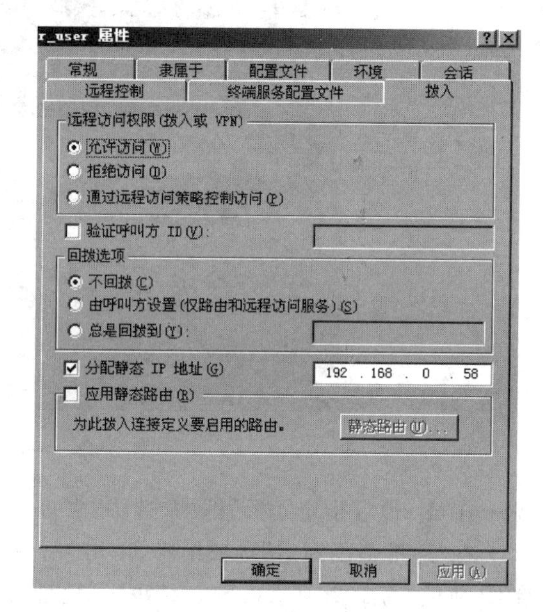

图 5-45 创建组合用户

(8) 回到“路由和远程访问”窗口,选中“远程访问策略”,右侧窗格默认显示“身份验证_连接 VPN”,如图 5-46 所示。

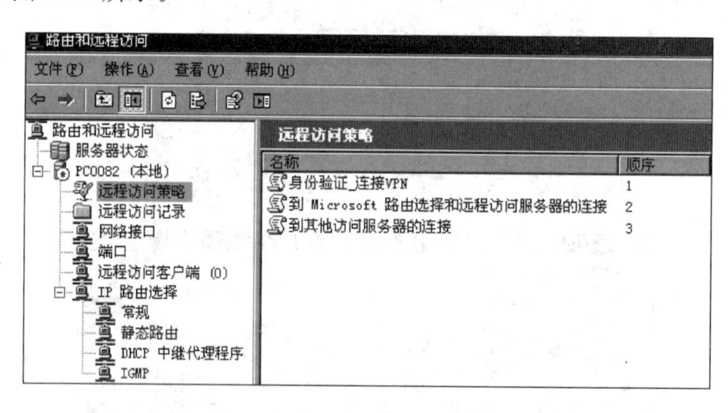

图 5-46 VPN 连接

右击“身份验证_连接 VPN”,选中“属性”命令,出现如图 5-47 所示的对话框,单击“删除”按钮,删除默认条件。

在“身份验证_连接 VPN”对话框中,单击“添加”按钮,打开“选择属性”对话框,选中 Windows-Groups,单击“添加”按钮,如图 5-48 所示。

(9) 在“选择组”对话框中选择 r_userg,单击“确定”按钮,回到“身份验证_连接 VPN”对话框,选择“授予远程访问权限”单选按钮,如图 5-49 所示。

身份验证_连接VPN 属性
设置
指定连接请求必须匹配的条件。
策略状况(C):
NAS-Port-Type 匹配 "Virtual (VPN)"
添加(D)...
编辑(E)...
删除(R)
如果连接请求和此策略中指定的条件匹配的话，相应的配置文件会应用到连接。
编辑配置文件(P)...
除非在用户配置文件中指定了访问权限，否则本策略控制对网络的访问。
如果一个连接请求匹配指定条件:
拒绝远程访问权限(N)
授予远程访问权限(G)
确定
取消
应用(A)

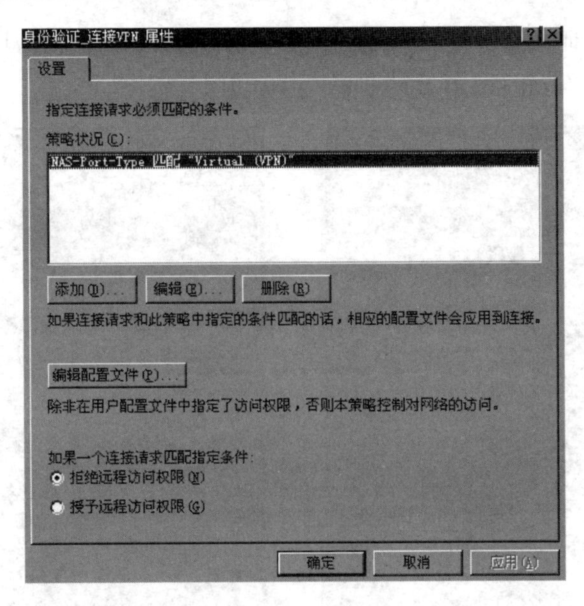

图 5-47　属性

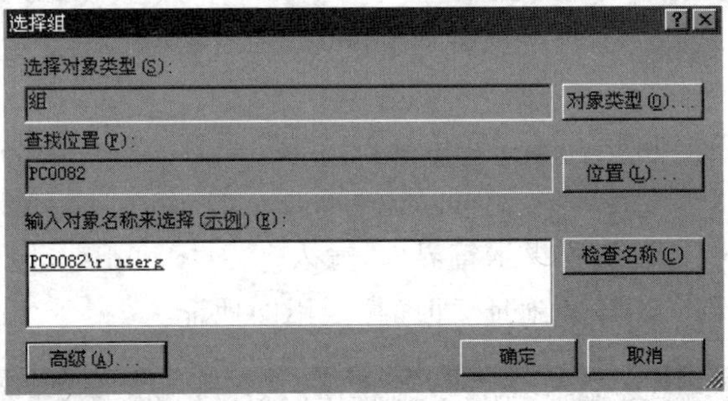

选择组
选择对象类型(S):
组
对象类型(O)...
查找位置(F):
PC0082
位置(L)...
输入对象名称来选择(示例)(E):
PC0082\r_userg
检查名称(C)
高级(A)...
确定
取消

图 5-48　添加组

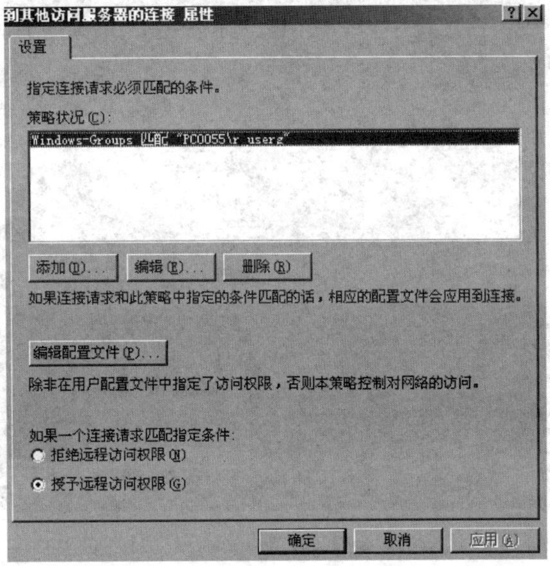

到其他访问服务器的连接 属性
设置
指定连接请求必须匹配的条件。
策略状况(C):
Windows-Groups 匹配 "PC0055\r_userg"
添加(D)...
编辑(E)...
删除(R)
如果连接请求和此策略中指定的条件匹配的话，相应的配置文件会应用到连接。
编辑配置文件(P)...
除非在用户配置文件中指定了访问权限，否则本策略控制对网络的访问。
如果一个连接请求匹配指定条件:
拒绝远程访问权限(N)
授予远程访问权限(G)
确定
取消
应用(A)

图 5-49　授予远程访问权限

(10) 在“身份验证_连接 VPN”对话框中,单击“编辑配置文件”,即可进行身份验证和加密配置,单击“确定”按钮,结束配置,如图 5-50 和图 5-51 所示。

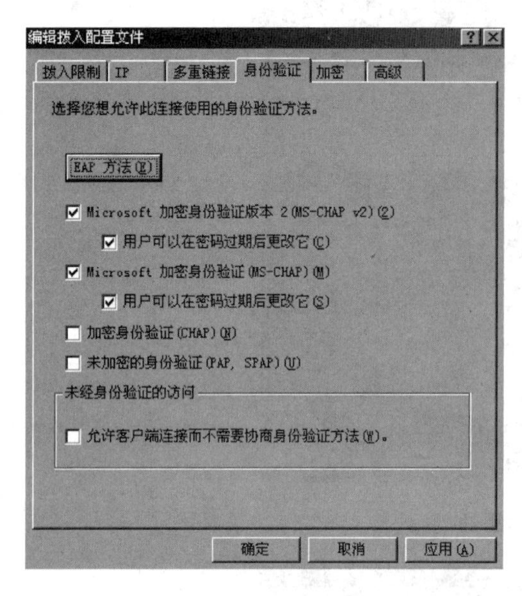

图 5-50 身份验证

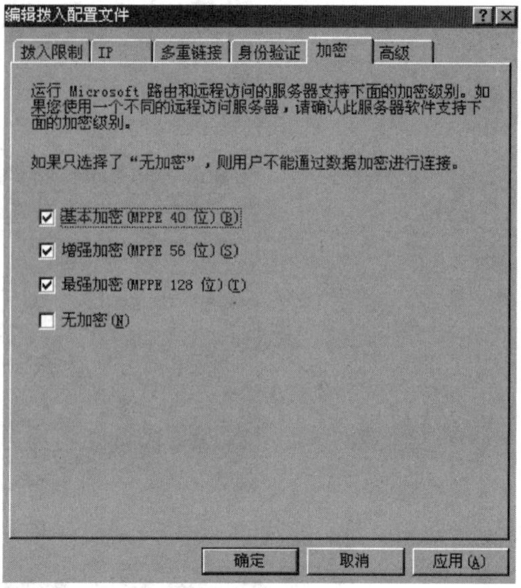

图 5-51 加密配置

(11) 在“网络连接”窗口,可看到“传入的连接”图标,表示服务器端等待客户端建立连接。

(12) 如图 5-52 所示,在命令提示符界面,输入命令 IPconfig/all 可以看到其网卡 IP 地址和新建的 WAN<PPP/SLIP>地址,即虚拟专用网地址。

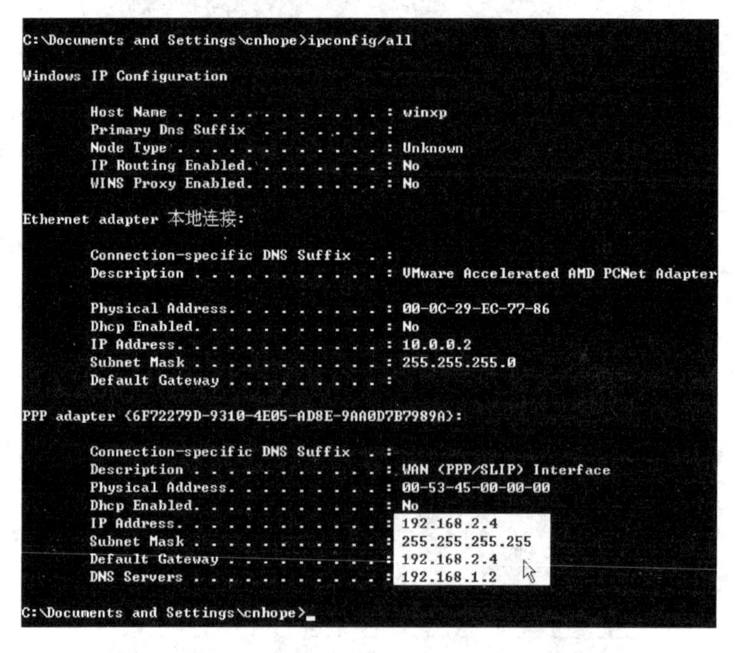

图 5-52 虚拟地址

2. 配置 PPTP 客户端

(1) 打开“网络连接”窗口，双击“新建连接”，在打开的“网络连接向导”对话框中，单击“下一步”按钮；在弹出的对话框中，选中“连接到我工作场所的网络”，单击“下一步”按钮；选择“虚拟专用网络连接”单选按钮，如图 5-53 所示。

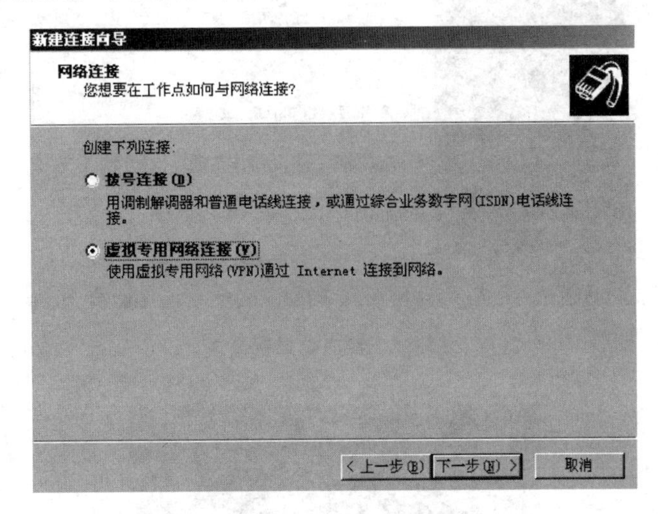

图 5-53　客户端网络连接

(2) 如图 5-54 所示，输入 VPN 服务器的 IP 地址，单击“下一步”按钮。

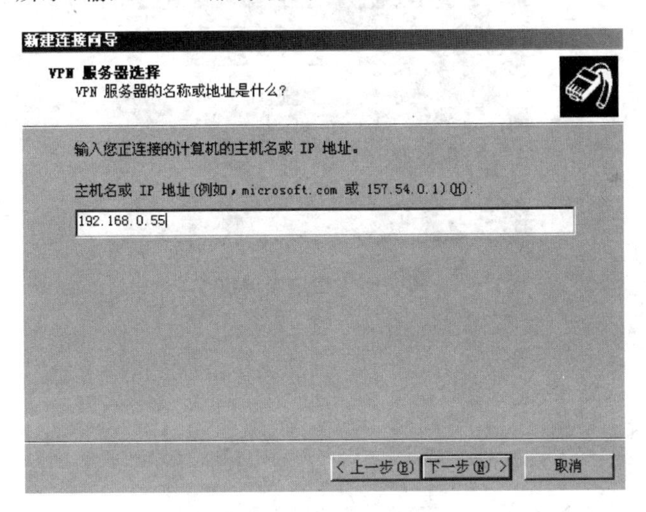

图 5-54　VPN 服务器地址

(3) 在对话框中保持默认设置，单击“下一步”按钮；在“Internet 连接共享”对话框中也保持默认设置，单击“下一步”按钮，“可修改连接名称”，单击“完成”按钮，结束客户端配置，如图 5-55 所示。

(4) 在“网络虚拟连接”窗口中，双击所建的连接图标；在弹出的对话框中，输入用户名和密码，单击“连接”按钮，与服务器建立连接，如图 5-56 所示。

(5) 连接完成，单击“确定”按钮，在客户端上 ping 服务端的 IP 地址成功。

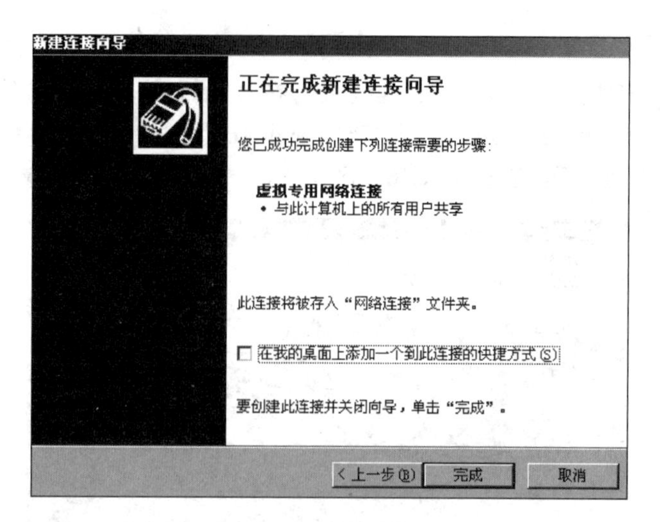

图 5-55　客户端配置完成

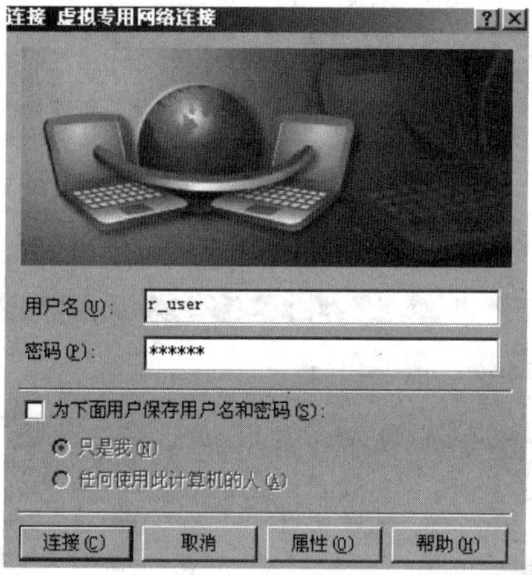

图 5-56　客户端连接

第6章　信息系统安全

信息系统是软/硬件运行的一个统一体，也是安全威胁的对象。访问控制是信息安全的一个重要组成部分，其目的是确保只有符合控制策略的主体才能合法地访问系统资源，通常对主机操作系统或路由器进行设置来实现相应的主机访问控制或网络访问控制。操作系统、应用系统和数据库系统构成了软件和信息管理系统运行的基础，也是本章重点讨论的对象。操作系统、应用系统和数据库系统的弱点是黑客攻击的重点，目的是获得其控制权限和对数据的操作权限。因此，对系统的安全防范也是信息安全中的一个重要环节。

6.1　访问控制

6.1.1　访问控制基本概念

身份认证技术解决了识别"用户是谁"的问题，那么认证通过的用户是不是可以无条件地使用所有资源呢？答案是否定的。访问控制(Access Control)技术就是用来管理用户对系统资源的访问。访问控制是国际标准 ISO 7498—2 中的五项安全服务之一，对提高信息系统的安全性起到至关重要的作用，如图 6-1 所示。

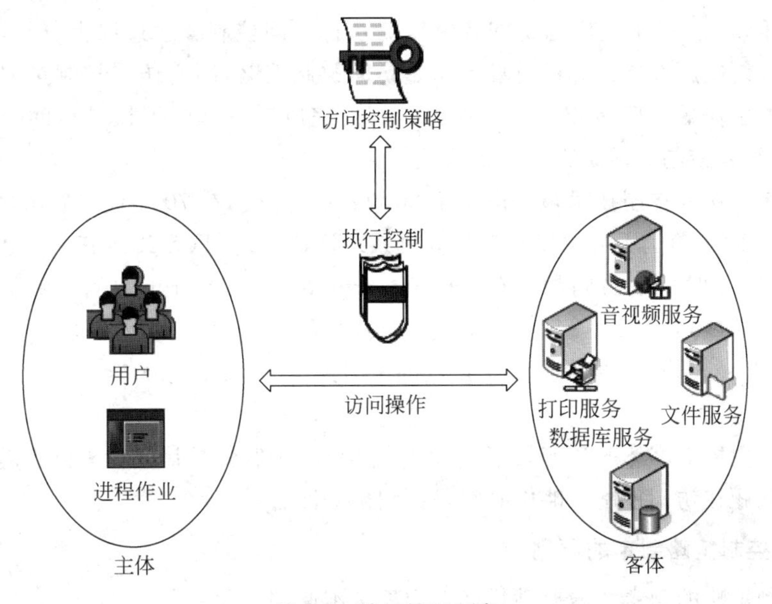

图 6-1　访问控制示意

访问控制是针对越权使用资源的防御性措施之一。其基本目标是防止对任何资源(如计算资源、通信资源或信息资源)进行未授权的访问，从而使资源使用始终处于控制范围内。最常见的是，通过对主机操作系统的设置或对路由器的设置来实现相应的主机访问控制或网络访问控制。例如,控制内网用户在上班时间使用QQ、MSN等。

访问控制对实现信息机密性、完整性起直接的作用,还可以通过对以下信息的有效控制来实现信息和信息系统可用性:①谁可以颁发影响网络可用性的网络管理指令;②谁能够滥用资源以达到占用资源的目的;③谁能够获得可以用于拒绝服务攻击的信息。

为了能够更精确地描述访问控制,需要对访问控制的基本组成元素进行定义说明。访问控制的基本组成元素主要包括主体、客体和控制策略。

主体(Subject)是指提出访问请求的实体,是动作的发起者,但不一定是动作的执行者。主体可以是用户或其他代理用户行为的实体(如进程、作业和程序等)。

客体(Object)是指可以接受主体访问的被动实体。客体的内涵很广泛,凡是可以被操作的信息、资源、对象都可以认为是客体。

访问控制策略(Access Control Policy)是指主体对客体的操作行为和约束条件的关联集合。简单地讲,访问控制策略是主体对客体的访问规则集合,这个规则集合可以直接决定主体是否可以对客体实施特定的操作。访问控制策略体现了一种授权行为,也就是客体对主体的权限允许。访问控制策略往往表现为一系列的访问规则,这些规则定义了主体对客体的作用行为和客体对主体的条件约束。访问控制机制是访问控制策略的软硬件低层实现。

如图6-1所示,主体对于客体的每一次访问,访问控制系统均要审核该次访问操作是否符合访问控制策略,只允许符合访问控制策略的操作请求,拒绝那些违反控制策略的非法访问。访问控制可以解释为:依据一定的访问控制策略,实施对主体访问客体的控制。图6-1也给出了访问控制系统的两个主要工作,一个是当主体发出对客体的访问请求时,查询相关的访问控制策略;另一个是依据访问控制策略执行访问控制。通过以上分析,可以看出影响访问控制系统实施效果好坏的首要因素是访问控制策略,制定访问控制策略的过程实际上就是主体对客体的访问授权过程。如何较好地完成对主体的授权是访问控制成功的关键,同时也是访问控制必须研究的重要课题。

信息系统的访问控制技术最早产生于20世纪60年代,在70年代先后出现了多种访问控制模型。1985年美国军方提出可信计算机系统评估准则(TCSEC),其中描述了两种著名的访问控制模型,即自主访问控制(Discretionary Access Control,DAC)和强制访问控制(Mandatory Access Control,MAC);1992年美国国家标准与技术研究所(NIST)的David Ferraiolo和Rick Kuhn提出一个基于角色的访问控制(Role Based Access Control,RBAC)模型。

如何决定主体对客体的访问权限?一个主体对一个客体的访问权限能否转让给其他主体呢?这些问题在访问控制策略中必须得到明确的回答。

1. 访问控制策略制定的原则

访问控制策略的制定一般要满足如下两项基本原则。

(1) 最小权限原则:分配给系统的每一个程序和每一个用户的权限应该是它们完成工作所必须享有的权限的最小集合。换句话说,如果主体不需要访问特定客体,则主体就不应该拥有访问这个客体的权限。

(2) 最小泄露原则:主体执行任务时所需知道的信息应该最小化。

2. 访问权限的确定过程

主体对客体的访问权限的确定过程是：首先对用户和资源进行分类，然后对需要保护的资源定义一个访问控制包，最后根据访问控制包来制定访问控制规则集。

3. 用户分类

通常把用户分为特殊用户、一般的用户、作审计的用户和作废的用户。

(1) 特殊用户：系统管理员具有最高级别的特权，可以访问任何资源，并具有任何类型的访问操作能力。

(2) 一般的用户：最大的一类用户，他们的访问操作受到一定限制，由系统管理员分配。

(3) 作审计的用户：负责整个安全系统范围内的安全控制与资源使用情况的审计。

(4) 作废的用户：被系统拒绝的用户。

4. 资源的分类

系统内需要保护的资源包括磁盘与磁带卷标、数据库中的数据、应用资源、远程终端、信息管理系统的事务处理及其应用等。

5. 对需要保护的资源定义一个访问控制包

内容包括资源名及拥有者的标识符、默认访问权、用户和用户组的特权明细表、允许资源拥有者对其添加新的可用数据操作、审计数据等。

6. 访问控制规则集

访问控制规则集是根据第三步的访问控制包得到的，它规定了若干条件和在这些条件下可准许访问的一个资源。规则使得用户与资源配对，并指定该用户可在该文件上执行哪些操作，如只读、不许执行或不许访问。"主体对客体的访问权限能否转让给其他主体"这一问题比较复杂，不能简单地用"能"和"不能"来回答。大家试想一下，如果回答"不能"，表面上看很安全，但按照这一控制策略做出系统后，我们就不可能实现任何信息的共享了。

6.1.2 自主访问控制

一种策略是对某个客体具有所有权的主体能够自主地将对该客体的一种访问权或多种访问权授予其他主体，并可在随后的任何时刻将这些权限收回，这一策略称为自主访问控制。这种策略因灵活性高，在实际系统中被大量采用。Linux、UNIX 和 Windows 等系统都提供了自主访问控制功能。在实现自主访问控制策略的系统中，信息在移动过程中其访问权限关系会被改变。如用户 A 可将其对目标 O 的访问权限传递给用户 B，从而使本身不具备对 O 访问权限的 B 可访问 O。因此，这种模型提供的安全防护不能给系统提供充分的数据保护。

自主访问控制模型(DAC Model)是根据自主访问控制策略建立的一种模型，允许合法用户以用户或用户组的身份来访问系统控制策略许可的客体，同时阻止非授权用户访问客体，某些用户还可以自主地把自己所拥有的客体的访问权限授予其他用户。UNIX、Linux 以及 Windows NT 等操作系统都提供自主访问控制的功能。在自主访问控制系统中，特权用户为普通用户分配的访问权限信息主要以访问控制表(Access Control Lists，ACL)、访问控制能力表(Access Control Capability Lists,ACCL)、访问控制矩阵(Access Control Matrix,ACM)三种形式来存储。

ACL 是以客体为中心建立的访问权限表,其优点在于实现简单,系统为每个客体确定一个授权主体的列表,大多数主机都是用 ACL 作为访问控制的实现机制。图 6-2 以 ACL 示例,(Own,R,W)表示读、写、管理操作。之所以将管理操作从读/写中分离出来,是因为管理员会对控制规则本身或文件属性等作修改,即修改 ACL。例如,对于客体 Object1 来讲,Alice 对它的访问权限集合为(Own,R,W),Bob 只有读取权限(R),John 拥有读/写操作的权限(R,W)。

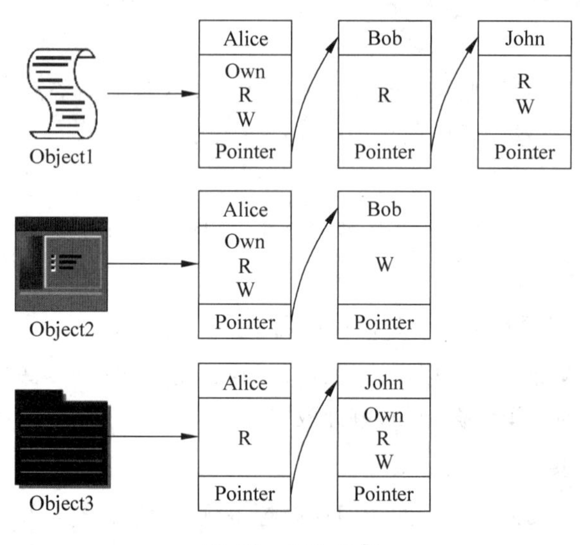

图 6-2 ACL 示例

图 6-3 是以 ACCL 示例,ACCL 以主体为中心建立的访问权限表。“能力”这个概念可以解释为请求访问的发起者所拥有的一个授权标签,授权标签表明持有者可以按照某种访问方式访问特定的客体。也就是说,如果赋予某个主体一种能力,那么这个主体就具有与该

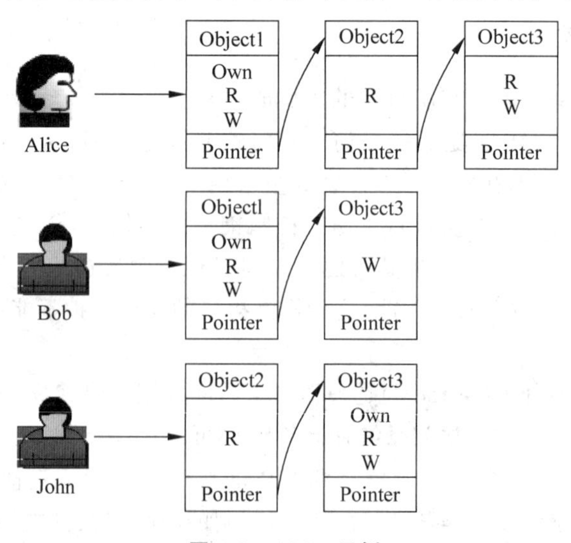

图 6-3 ACCL 示例

能力对应的权限。在此示例中，Alice 被赋予一定的访问控制能力，其具有的权限包括：对 Object1 拥有的访问权限集合为(Own，R，W)，对 Object2 拥有只读权限集(R)，对 Object3 拥有读和写的权限(R，W)。

ACM 是通过矩阵形式表示主体用户和客体资源之间的授权关系的方法。表 6-1 为 ACM 示例，采用二维表的形式来存储访问控制策略，每一行为一个主体的访问能力描述，每一列为一个客体的访问能力描述，整个矩阵可以清晰地体现出访问控制策略。与 ACL 和 ACCL 一样，ACM 的内容同样需要特权用户或特权用户组来进行管理。另外，如果主体和客体很多，那么 ACM 将会成几何级增长，这样对于增长了的矩阵而言，会有大量的冗余空间，如主体 John 和客体 Object2 之间没有访问关系，但也存在授权关系项。

表 6-1 ACM 示例

客体 主体	Object1	Object2	Object3
Alice	Own，R，W	R	R，W
Bob	R	Own，R，W	
John	R，W		Own，R，W

DAC 对用户提供了灵活的数据访问方式，授权主体(特权用户、特权用户组的成员以及对客体拥有 Own 权限的主体)均可以完成赋予和回收其他主体对客体资源的访问权限，使得 DAC 广泛应用于商业和工业环境中。但由于 DAC 允许用户任意传递权限，没有访问文件 file1 权限的用户 A 可能从有访问权限的用户 B 那里得到访问权限，因此，DAC 模型提供的安全防护还是相对比较低的，不能为系统提供充分的数据保护。

6.1.3 强制访问控制

另一种策略是根据主体被信任的程度和客体所含信息的机密性和敏感程度来决定主体对客体的访问权。用户和客体都被赋予一定的安全级别，用户不能改变自身和客体的安全级别，只有管理员才能确定用户的安全级别且当主体和客体的安全级别满足一定的规则时，才允许访问。这一策略称为强制访问控制。在强制访问控制模型中，一个主体对某客体的访问权只能有条件地转让给其他主体，而这些条件是非常严格的。例如，Bell-LaPadula 模型规定，安全级别高的用户和进程不能向比他们安全级别低的用户和进程写入数据。Bell-LaPadula 模型的访问控制原则可简单地表示为“无上读、无下写”，该模型是第一个将安全策略形式化的数学模型，是一个状态机模型，即用状态转换规则来描述系统的变化过程。Lattice 模型和 Biba 模型也属于强制访问控制模型。强制访问控制一般通过安全标签来实现单向信息流通。

强制访问控制(MAC)是一种多级访问控制策略，系统事先给访问主体和受控客体分配不同的安全级别属性，在实施访问控制时，系统先对访问主体和受控客体的安全级别属性进行比较，再决定访问主体能否访问该受控客体。为了对 MAC 模型进行形式化描述，首先需要将访问控制系统中的实体对象分为主体集 S 和客体集 O，然后定义安全类 $SC(x) = \langle L, C\rangle$，其中 x 为特定的主体或客体，L 为有层次的安全级别 Level，C 为无层次的安全范畴 Category。在安全类 SC 的两个基本属性 L 和 C 中，安全范畴 C 用来划分实体对象的归属，而同属于一个安全范畴的不同实体对象由于具有不同层次的安全级别 L,因而构成了一定的偏序关系。例如,TS(Top Secret)表示绝密级,S(Secret)表示秘密级,当主体 s 的安全类别为 TS,而客体 o 的安全类别为 S 时,s 与 o 的偏序关系可以表述为 SC(s)≥SC(o)。依靠不同实体安全级别之间存在的偏序关系,主体对客体的访问可以分为以下四种形式。

(1) 向下读(Read Down,RD):主体安全级别高于客体信息资源的安全级别时,即 SC(s)≥SC(o),允许读操作。

(2) 向上读(Read Up,RU):主体安全级别低于客体信息资源的安全级别时,即 SC(s)≤SC(o),允许读操作。

(3) 向下写(Write Down,WD):SC(s)≥SC(o)时,允许写操作。

(4) 向上写(Write Up,WU):SC(s)≤SC(o)时,允许写操作。

由于 MAC 通过分级的安全标签实现了信息的单向流动,因此它一直被军方采用,其中最著名的是 Bell-LaPadula 模型和 Biba 模型。Bell-LaPadula 模型具有只允许向下读、向上写的特点,可以有效防止机密信息向下级泄露,保护机密性;Biba 模型则具有只允许向上读、向下写的特点,可以有效地保护数据的完整性。

表 6-2 为 MAC 信息流安全控制,可以看出机密层次的主体对于比它密级高的客体,它只有写操作权限;而对于比它级别低的客体,则拥有读操作权限。这符合 RD 和 WU,与 Bell-LaPadula 模型的信息流控制一致,可以保证信息的机密性。

表 6-2 MAC 信息流安全控制

主体 \ 客体	TS	C	S	U	
TS	R/W	R	R	R	High
C	W	R/W	R	R	↓
S	W	W	R/W	R	
U	W	W	W	R/W	Low

注:绝密(Top Secret,TS),机密(Confidential,C),秘密(Secret,S),无密(Unclassified,U)

6.1.4 基于角色的访问控制

将访问权限分配给一定的角色,用户根据自己的角色获得相应的访问许可权,这便是基于角色的访问控制策略。角色是指一个可以完成一定职能的命名组。角色与组是有区别的,组是一组用户的集合,而角色是一组用户集合外加一组操作权限集合。一般认为 Group 是具有某些相同特质的用户集合。在 UNIX 操作系统中 Group 可以被看成拥有相同访问权限的用户集合,定义用户组时会为该组赋予相应的访问权限。如果一个用户加入了该组,则该用户即具有了该用户组的访问权限,可以看出组内用户继承了组的权限。

如图 6-4 所示,Role(角色)的概念可以这样理解:一个角色是一个与特定工作活动相关联的行为与责任的集合。Role 不是用户的集合,也就与组 Group 不同。当将一个角色与一个组绑定,则这个组就拥有了该角色拥有的特定工作的行为能力和责任。组 Group 和用户 User 都可以看成角色分配的单位和载体。而一个 Role(角色)可以看成具有某种能力或某些属性的主体的一个抽象。

Role 的目的是隔离用户(Subject,动作客体)与 Privilege(权限,指对客体)的一个访问

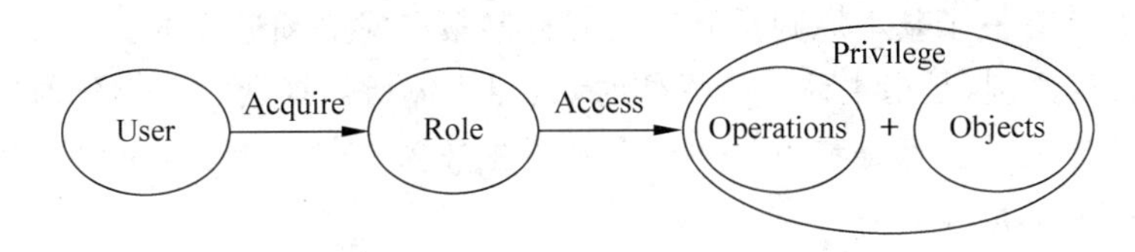

图 6-4 基于角色的访问控制模型

操作，即操作(Operation)+客体对象(Object)。Role 作为一个用户与权限的代理层，所有的授权应该给予 Role 而不是直接给 User 或 Group。RBAC 模型的基本思想是将访问权限分配给一定的角色，用户通过饰演不同的角色获得角色所拥有的访问许可权。

在基于角色的访问控制模型中，只有系统管理员才能定义和分配角色，用户不能自主地将对客体的访问权转让给别的用户。比较而言，自主访问控制配置的力度小、配置的工作量大、效率低，强制访问控制配置的力度大、缺乏灵活性，而基于角色的访问控制策略是与现代的商业环境相结合的产物，具有灵活、方便和安全的特点，是实施面向企业安全策略的一种有效的访问控制方式，目前常用于大型数据库系统的权限管理。下面介绍一个基于角色的访问控制实例。

在银行环境中，用户角色可以定义为出纳员、分行管理者、顾客、系统管理者和审计员，相应的访问控制策略可如下规定：

(1) 允许一个出纳员修改顾客的账号记录(包括存款和取款、转账等)，并允许查询所有账号的注册项。

(2) 允许一个分行管理者修改顾客的账号记录(包括存款和取款，但不包括规定的资金数目的范围)并允许查询所有账号的注册项，也允许创建和终止账号。

(3) 允许一个顾客只询问他自己的账号的注册项。

(4) 允许系统的管理者询问系统的注册项和开关系统，但不允许读或修改用户的账号信息。

(5) 允许一个审计员读系统中的任何数据，但不允许修改任何事情。该策略陈述易于被非技术的组织策略者理解，同时也易于映射到访问控制矩阵或基于组的策略陈述。另外，该策略还同时具有基于身份策略的特征和基于规则策略的特征。

基于角色的访问控制具有如下优势：

(1) 便于授权管理。例如，系统管理员需要修改系统设置等内容时，必须有几个不同角色的用户到场方能操作，从而保证了安全性。

(2) 便于根据工作需要分级。例如，企业财务部门与非财务部门的员工对企业财务的访问权就可由财务人员这个角色来区分。

(3) 便于赋予最小特权。例如，即使用户被赋予高级身份时也未必一定要使用，以便减少损失，只有必要时方能拥有特权。

(4) 便于任务分担，不同的角色完成不同的任务。在基于角色的访问控制中，一个个人用户可能是不止一个组或角色的成员，有时又可能有所限制。

(5) 便于文件分级管理。文件本身也可分为不同的角色，如信件、账单等，由不同角色的用户拥有。

在各种访问控制系统中，访问控制策略的制定实施都是围绕主体、客体和操作权限三者之间的关系展开。有三个基本原则是制定访问控制策略时必须遵守的。

（1）最小特权原则，是指主体执行操作时，按照主体所需权利的最小化原则分配给主体权力。最小特权原则的优点是最大限度地限制了主体实施授权行为，可以避免来自突发事件和错误操作带来的危险。

（2）最小泄漏原则，是指主体执行任务时，按照主体所需要知道信息的最小化原则分配给主体访问权限。

（3）多级安全策略，是指主体和客体间的数据流方向必须受到安全等级的约束。多级安全策略的优点是避免敏感信息的扩散。对于具有安全级别的信息资源，只有安全级别比它高的主体才能够对其进行访问。

6.2 操作系统安全

操作系统是硬件之上的第一层软件，作为计算机系统核心的系统软件，负责控制和管理计算机系统资源，其他软件都依赖于操作系统的支持。因此，操作系统安全是信息系统安全的基础。操作系统的设计和实现非常复杂，好的、完善的操作系统不仅要能有效地组织和管理计算机的各类资源、合理组织计算机工作流程、保证系统的高效运行，还应能阻止各类攻击、保证计算机上各类信息和数据的安全。现代操作系统存在不少的安全漏洞或后门，并且默认的安全设置容易受到攻击。因此，减少安全漏洞或后门对计算机系统的威胁，必须对操作系统设计合理的安全机制。

6.2.1 操作系统安全机制

操作系统不安全的主要原因是操作系统结构体制的缺陷。对操作系统构成的威胁主要有计算机病毒、特洛伊木马、隐秘通道和天窗等。操作系统所具有的安全机制包括身份认证、访问控制、权限管理、内存保护、文件保护、安全审计等。

1. 身份认证机制

身份认证是证明某人或某个对象身份的过程，是保证系统安全的重要措施。身份认证需要用一个标识来表示用户的身份。将用户标识和用户联系的过程称为认证。操作系统的许多保护措施大都基于认证系统的合法用户，身份认证是操作系统中相当重要的一个方面，也是用户获取权限的关键。

2. 访问控制机制

访问控制技术是计算机安全领域一项传统的技术，其基本任务就是防止非法用户进入系统及合法用户对系统资源的非法使用。自主访问控制根据用户的身份及允许访问权限决定其访问操作。强制访问控制是用户与文件都有一个固定的安全属性，系统用该安全属性来决定一个用户是否可以访问某个文件。基于角色的访问控制解决了具有大量用户、数据客体和访问权限的系统中授权管理问题。

3. 最小特权管理机制

最小特权是指在完成某种操作时赋予每个主体（用户或进程）必不可少的特权。最小特权原则一方面给予主体必不可少的特权,保证了所有的主体能在所赋予的特权之下完成所需要完成的任务或操作;另一方面,它只给予主体必不可少的特权,从而限制了每个主体所能进行的操作,确保由于可能的事故、错误、网络部件的篡改等原因造成的损失最小。

4. 可信通路机制

可信通路(Trust Path)是终端人员能借以直接同可信计算基(Trusted Computing Base,TCB)通信的一种机制。可信通路机制只能由有关终端人员或可信计算基启动,并且不能被不可信软件模仿。可信通路机制主要应用在用户登录或注册时,能够保证用户确实是和安全核心通信,防止不可信进程(如特洛伊木马等)模拟系统的登录过程而窃取口令。

5. 隐蔽通道的分析与处理

隐蔽通道是指系统中利用那些本来不是用于通信的系统资源绕过强制访问控制进行非法通信的一种机制。系统内充满着隐蔽通道。对于系统中的每一个信息比特,如果它能由一个进程修改而由另一个进程读取(直接或间接),那它就是一个潜在的隐蔽通道。

6. 安全审计机制

审计为系统进行事故原因的查询、定位,事故发生前的预测、报警以及事故发生之后的实时处理提供详细、可靠的依据和支持,以便有违反系统安全规则的事件发生后能够有效地追查事件发生的地点和过程。操作系统必须能够生成、维护及保护审计过程,防止其被非法修改、访问和毁坏,特别是要保护审计数据,严格限制未经授权的用户访问。

1972 年,J. P. Anderson 指出,开发安全的系统,首先必须建立系统的安全模型,完成安全系统的建模之后,再进行安全内核的设计与实现。历史上,主要安全操作系统模型有 BLP 机密性安全模型、Biba 完整性安全模型、Clark-Wilson 完整性安全模型、信息流模型、RBAC 安全模型、DTE 安全模型、无干扰安全模型等。每一种模型都有一套完善的规则来限制系统中信息的流动。一个安全操作系统的审计机制就是对系统中有关安全的活动进行记录、检查及审核,它的主要目的就是检测和阻止非法用户对计算机系统的入侵,并显示合法用户的误操作。审计作为安全系统的重要组成部分,评价小型操作系统安全性的主要依据是 1985 年发布的美国国防部开发的可信计算机系统评价准则(Trusted Computer System Evaluation Criteria,TCSEC),该标准把安全级别从低到高分成四个类别,每个类别又分为几个级别。TCSEC 定义的大致内容如下。

A:校验级保护,提供低级别手段。

B3:安全域,数据隐藏与分层、屏蔽。

B2:结构化内容保护,支持硬件保护。

B1:标记安全保护,例如 System V 等。

C2:有自主的访问安全性,区分用户。

C1:不区分用户,基本的访问控制。

D:没有安全性可言,如 MS DOS。

为了实现对信息或数据的访问控制功能,Windows 操作系统提供了特有的访问控制机制。

(1) CPU 的工作模式。

出于安全性和稳定性的考虑,从 Intel 80386 开始,该系列的 CPU 可以运行于 ring0~

ring3 从高到低四个不同的权限级，对数据也提供相应的四个保护级别。运行于较低级别的代码不能随意调用高级别的代码和访问较高级别的数据，而且也只有运行在 ring0 层的代码可以直接对物理硬件进行访问。Windows 只利用了 CPU 的两个运行级别。一个被称为内核模式，对应 80x86 的 ring0 层，它是操作系统的核心部分，设备驱动程序就是运行在该模式下；另一个被称为用户模式，对应 80x86 的 ring3 层，操作系统的用户接口部分以及所有的用户应用程序都运行在该级别。Windows 对运行在内核模式的组件空间不提供读/写保护。运行于内核模式的进程可以执行任何指令、访问任何地址，而运行于用户模式的进程访问的地址空间是受到限制的，能够执行的指令也是受限的，例如，这些进程不能更改其子进程之外的别的进程的状态等。

(2) 定时器(timer)。

操作系统通过启用定时器来限制用户程序对 CPU 的使用，并能防止用户程序修改定时器，因而能够防止用户程序滥用 CPU 的行为。

(3) 内存保护。

目前操作系统都能限制一个用户进程访问其他用户进程私有地址空间的行为，限制方法包括使用栅栏、重定位、基址/限址寄存器，对内存分段、分页等。对于共享的内存地址也提供了锁保护措施。

(4) 文件保护。

在 Windows 中，文件和目录以及所有的基本操作系统数据结构都被称为对象，每个对象有一个拥有者，对对象的访问需要主体出示访问令牌，只有访问令牌能和对象的访问控制列表中的访问控制条目匹配，系统才允许该主体访问该对象。

(5) 安全组件。

Windows 的安全组件包括安全标识符(SID)、访问令牌(Access Token)、安全描述符、访问控制列表(ACL)和访问控制条目(ACE)。

其中安全标识符(SID)是分给所有用户、组和计算机的统计上的唯一号码。每次一个新的用户或组被建立时，它就收到一个唯一的 SID。当 Windows 安装和建立时，一个新的 SID 就分给那台计算机了。SID 唯一地标识用户、组和计算机，不仅在特定的计算机上，也包括与其他计算机交互时的。在用户被验证之后，系统会分配给用户一个访问令牌。访问令牌是系统访问资源的"入场券"，只要用户试图访问某种资源，就要出示访问令牌。然后系统对照请求对象的访问控制列表检查访问令牌。如果被许可，则以适当的方式认可访问。访问令牌只有在登录过程期间才能被分发，所以对用户访问权限的任何改变，都要求用户先注销，然后重新登录后接收更新的访问令牌。Windows 中每个对象有一个安全描述符，作为它属性的一部分。安全描述符由对象所有者的 SID、POSIX 子系统使用的组的 SID、自主访问控制列表和系统访问控制列表组成。访问控制条目即访问控制列表的表项，每个访问控制条目包含用户或组的 SID 和分配给该对象的权限。管理工具为一个对象列出访问权限时总是按照用户字母顺序列的，所以管理员的访问权限总在前面。安全模型是对安全策略所表达的安全需求的简单、抽象和无歧义的描述，而模型的实现则描述了如何把特定的机制应用于系统中，从而实现某一特定安全策略所需的安全保护。

目前，Windows 2000 以上版本的操作系统均能达到 C2 级安全。C2 级安全标准的主要特征：自主的访问控制；对象再利用必须由系统控制；用户标识和认证；能够审查所有安全相关事件和个人活动、只有管理员才有权限访问设计记录。

6.2.2 操作系统攻击技术

对操作系统的威胁有多种手段，下面从主动攻击和被动攻击等方面进行介绍。

1. 针对认证的攻击

操作系统通过认证手段鉴别并控制计算机用户对系统的登录和访问，但由于操作系统提供了多种认证登录手段，利用系统在认证机制方面的缺陷或者不健全之处，可以实施对操作系统的攻击。包括：利用字典攻击或者暴力破解等手段，获取操作系统的账号、口令；利用 Windows 的 IPC $ 功能，实现空连接并传输恶意代码；利用远程终端服务即 3389 端口，开启远程桌面控制等。

2. 基于漏洞的攻击

系统漏洞是攻击者对操作系统进行攻击时经常利用的手段。系统存在漏洞的情况下，通过攻击脚本，可以使攻击者远程获得对操作系统的控制。Windows 操作系统的漏洞由微软公司每月定期以安全公告的形式对外公布，对系统威胁最大的漏洞包括远程溢出漏洞、本地提权类漏洞、用户交互类漏洞等。

3. 直接攻击

直接攻击是攻击者在对方防护很严密的情况下，通常采用的一种攻击方法。例如，当操作系统的补丁及时打上，并配备防火墙、防病毒、网络监控等基本防护手段时，通过上面的攻击手段就难以奏效。此时，攻击者采用电子邮件，以及 QQ、MSN 等即时消息软件，发送带有恶意代码的信息，通过诱骗对方点击，安装恶意代码。这种攻击手段，可直接穿过防火墙等防范手段对系统进行攻击。

4. 被动攻击

被动攻击是在没有明确的攻击目标，并且对方防范措施比较严密情况下的一种攻击手段。主要是通过建立或者攻陷一个对外提供服务的应用服务器，篡改网页内容，设置恶意代码，诱骗普通用户点击的情况下，对普通用户进行的攻击。由于普通用户不知网页被篡改后含有恶意代码，自己点击后被动地安装上恶意软件，从而被实施了对系统的有效渗透。

5. 攻击成功后恶意软件的驻留

攻击一旦成功后，恶意软件的一个主要功能是对操作系统的远程控制，并通过信息回传、开启远程连接、进行远程操作等手段造成目标计算机的信息泄漏。恶意软件一旦入侵成功，将采用多种手段在目标计算机进行驻留，例如通过写入注册表实现开机自动启动，采用 rootkit 技术进行进程、端口、文件隐藏等，目的就是实现自己在操作系统中不被发现，以更长久地对目标计算机进行控制。

6.2.3 Windows 系统安全体系结构

如图 6-5 所示，Windows 系统采用的是层次性的安全架构，整个安全架构的核心是安全策略，完善的安全策略决定了系统的安全性。Windows 系统的安全策略明确了系统各个安全组件如何协调工作，Windows 系统安全开始于用户认证，是其他安全机制能够有效实施的基础，处于安全框架的最外层。常见的认证机制包含登录口令和令牌。

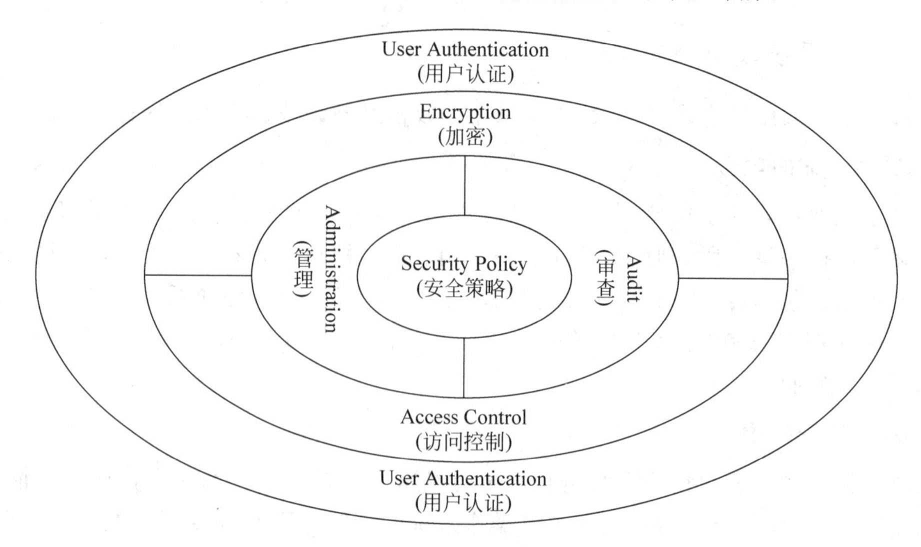

图 6-5 Windows 系统的安全架构

加密和访问控制处于用户认证之后，是保证系统安全的主要手段，加密保证了系统与用户之间的通信及数据存储的机密性；访问控制则维护了用户访问的授权原则。审查和管理处于系统的内核层，负责系统的安全配置和事故处理，审查可以发现系统是否曾经遭受过攻击或者正在遭受攻击，并进行追查；管理则是为用户有效控制系统提供功能接口。

Windows 系统的安全性主要围绕安全主体展开，保护其安全性。安全主体主要包括用户、组、计算机以及域等。用户是 Windows 系统中操作计算机资源的主体，每个用户必须先行加入 Windows 系统，并被指定唯一的账户，组是用户账户集合的一种容器，同时组也被赋予了一定的访问权限，放到一个组中的所有账户都会继承这些权限；计算机是指一台独立计算机的全部主体和客体资源的集合，也是 Windows 系统管理的独立单元；域是使用域控制器(Domain Controller，DC)进行集中管理的网络，域控制器是共享的域信息的安全存储仓库，同时也作为域用户认证的中央控制机构。

Windows 系统的安全性主要是由它的安全子系统来提供，安全子系统既可以用于工作站，也可以用于服务器，区别只在于服务器版的用户账户数据库可以用于整个域，而工作站版的数据库只能本地使用。如图 6-6 所示，Windows 系统的安全性服务运行在两种模式下，安全参考监视器(Security Reference Monitor，SRM)运行在内核模式下，作为 Windows Executive 的一部分；而用于与用户进行交互的主要安全服务即本地安全机构主要包括身份认证、访问控制和事件审查等。

安全引用监视器(SRM)是 Windows 系统所有安全服务的基础，运行在内核模式下，负责检查一个用户是否有权限访问一个客体对象或者是否有权利完成某些动作，对每个客体对象的访问必须得到内核层 SRM 的有效性访问授权，否则访问无法完成。SRM 的另一个功能是与 LSA 配合来监视用户对客体对象的访问，并生成事件日志传送给事件记录器保存，为管理员的事件审计提供依据。

LSA 安全服务主要由本地安全机构子系统(Local Security Authority SubsyStem，LSASS)登录模块 WinLogon 两个服务来完成。WinLogon 是系统启动时自动加载的一个进程，监视

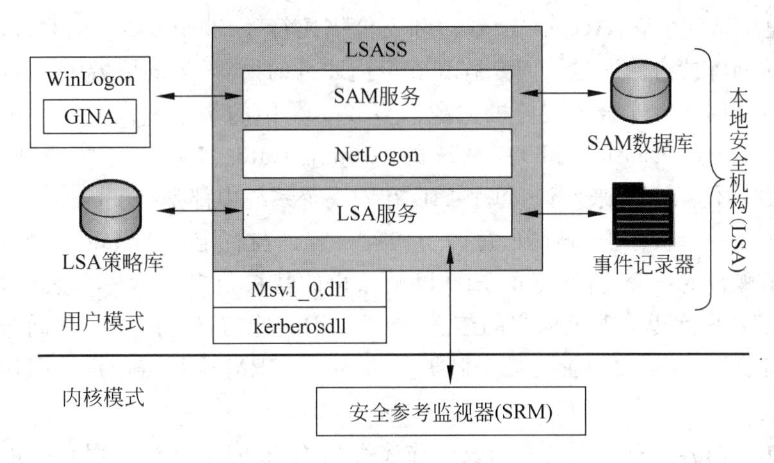

图 6-6　Windows 安全子系统

整个登录过程，同时可以加载 GINA(Graphical Identification and Authentication)进程，提供图形化的认证界面。LSASS 主要包括 LSA 服务、安全账户管理(Security Account Management，SAM)、网络登录服务 NetLogon 等基本组件。

LSA 服务是用户与系统的交流通道，它提供了许多服务程序帮助用户完成许多工作，主要包括提供交互式登录认证服务、创建用户的访问令牌、储存和映射用户权限、设置和管理审核策略等。LSA 与用户交涉涉及许多服务进程，与 WinLogon 合作完成用户登录；调用 Msv1_0. dll 支持 NT LanMan 认证的服务，调用 Kerberos. dll 支持 Kerberos 认证的服务，可见 LSA 可以为系统提供丰富的认证机制。

SAM 是实现用户身份认证的主要依据，在 SAM 数据库保存着用户账号和口令等数据，为 LSA 提供数据查询。NetLogon 是进行域登录的重要部件，首先通过安全通道与域中控制器建立连接，然后再通过安全的通道传递用户的口令，完成域登录。图 6-7 是 Windows 登录认证流程，SSPI(Security Support Provider Interface)是微软公司提供的公用 API 接口，第三方利用该接口获得不同的安全性服务而不必修改协议本身。

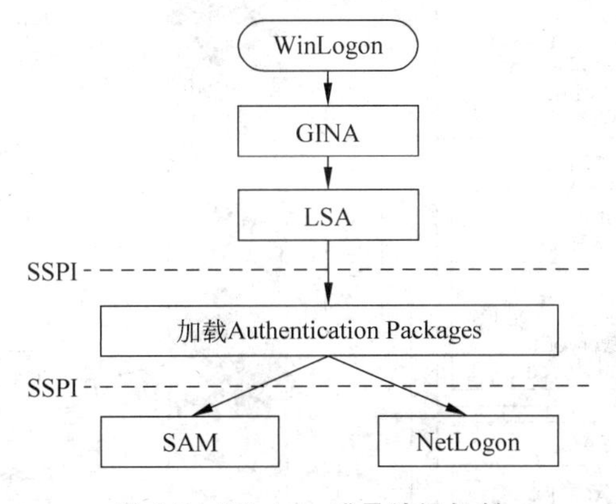

图 6-7　Windows 登录认证机制

6.2.4　Windows 系统的访问控制

Windows 系统的访问控制是其安全性的基础构建之一。访问控制模块有两个主要的组成部分：笔试访问令牌(Access Token)和安全描述符(Security Descriptor)，它们分别被访问者和被访问者持有。通过访问令牌和安全描述符的内容，Windows 可以确定持有令牌的访问者能否访问持有安全描述符的对象。Windows 中的每个账户或账户组都有一个安全标识符(Security IDentity，SID)，系统的 Administrator、Users 等账户或者账户组在 Windows 内部均使用 SID 来标识，每个 SID 在同一个系统中都是唯一的。

访问令牌是一个被保护的对象，每一个访问令牌都与特定的 Windows 账户相关联，访问令牌包含该账户的 SID、所属组的 SID 以及账户的特权信息。当一个账户登录的时候，LSA 会从内部数据库里读取该账户的信息，然后使用这些信息生成一个访问令牌。当用户试图访问系统资源时，需要将拥有的令牌提供给 SRM，SRM 会检查用户试图访问的对象的访问控制列表。

每个被访问的客体对象都与一个安全描述符相关联，安全描述符用来描述客体对象的属性及安全规则，包含客体对象所有者的 SID 和 ACL。ACL 包含自主访问控制列表(Discretionary Access Control List，DACL)和系统访问控制列表(System Access Control List，SACL)。DACL 由多个访问控制项(Access Control Entry，ACE)组成，每个访问控制项的内容描述了允许或拒绝特定账户对这个对象执行特定操作。SACL 是为系统审查服务的，它的内容决定了当特定账户对该客体对象执行特定操作时，其行为是否会被记录到系统日志中。

图 6-8 所示，Smith 的进程 Thread A 访问客体对象 FILE. txt，则 SRM 依据 Smith 的访问令牌的信息和 FILE. txt 的安全描述符进行审核，由于安全描述符中 DACL 包含有访问控制项 ACE1，其内容是拒绝 Smith 的读操作 Read、写操作 Write 和执行操作 Execute，因此 SRM 拒绝 Thread A；而 SRM 根据 DACL 的内容允许 Thread B 访问 FILE. txt。

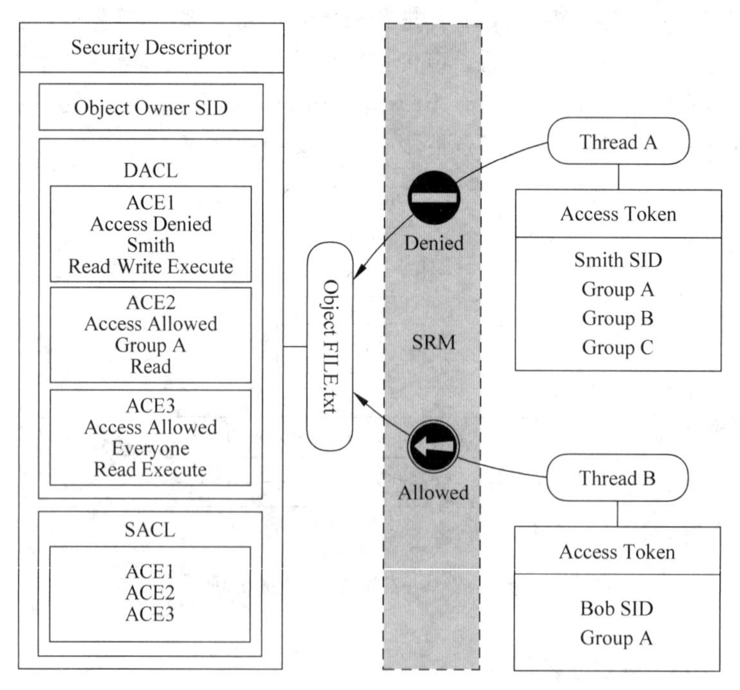

图 6-8 Windows 访问控制模型

6.2.5 Windows 活动目录与组策略

Windows 网络管理中有两个非常重要的技术，活动目录（Active Directory，AD）和组策略（Group Policy，GP），它们协调工作有效提升了 Windows 网络的安全性。AD 存储有关网络对象的信息，让管理员和用户轻松查找和使用这些信息。AD 是一个面向网络对象管理的综合目录服务，网络对象包括用户、用户组、计算机、打印机、应用服务器、域、组织单元和安全策略服务。AD 是各种网络对象的索引集合和数据存储的视图，把分散的网络对象建立索引目录，存储在活动目录的数据库内。

图 6-9 为 AD 的管理划分模型，AD 把整个域作为一个完整目录进行管理，域模式要求用户进行网络登录，用户只要在域中有一个账户，登录成功可以在整个域网络中漫游。同时，AD 把域划分为若干个组织单元（Organizational Unit，OU），OU 是域中用户和组、文件、打印机等资源对象以及其他 OU 的集合。可见，OU 可以划分下级 OU，下级 OU 能够继承父 OU 的访问权限。每一个 OU 有自己的管理员，负责 OU 的权限管理，从而实现 AD 的多层次管理。

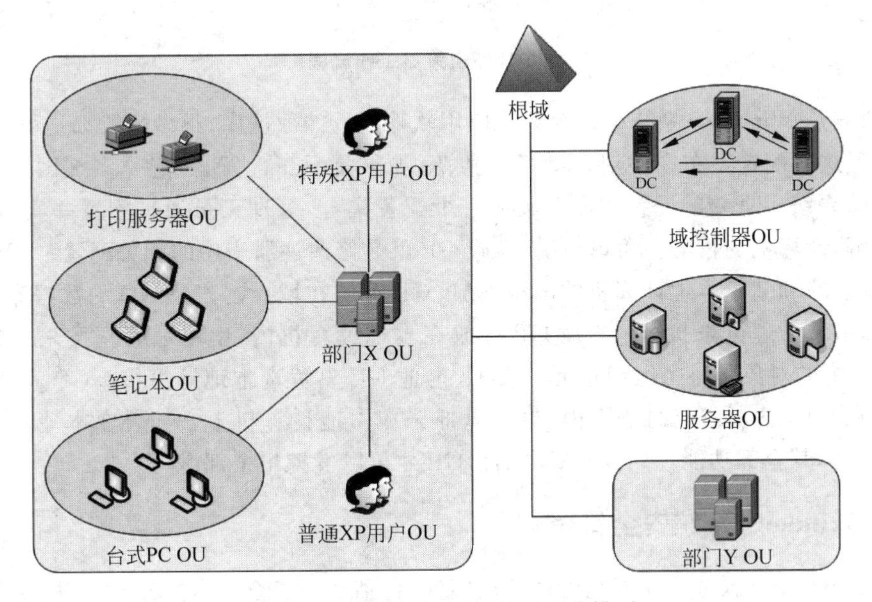

图 6-9 活动目录（AD）的管理划分模型

AD 的功能包括基于目录的用户和资源管理、基于目录的网络服务和基于网络的应用管理。基于目录的用户和资源管理为用户提供网络对象的统一视图，基于目录的网络服务主要包括 DNS、WINS、DHCP、证书服务等，基于网络的应用管理包括管理企业通讯录、用户组管理、用户身份认证、用户授权管理和应用系统支撑等。

AD 是 Windows 网络中重要的安全管理平台，组策略（Group Policy，GP）是其安全性的重要体现。GP 是依据特定的用户或计算机的安全需求定制的安全配置规则。如图 6-10 所示，管理员针对每个组织单元（OU）定制不同的 GP，并将这些 GP 存储在 AD 的相关数据库内，可以强制推送到客户端实施 GP。AD 可以使用 GP 命令来通知和改变已经登录的用户的 GP，并执行相关安全配置。

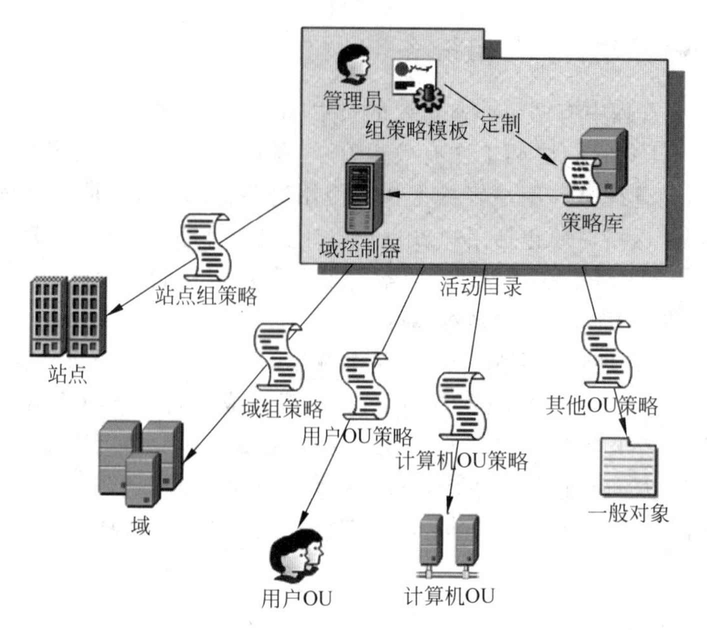

图 6-10 组策略工作流程

注册表是 Windows 系统中保存系统应用软件配置的数据库，很多配置都是可以自定义设置的，但这些配置发布在注册表的各个角落，如果是手工配置，可想是多么困难和烦琐。GP 可以将系统中重要的配置功能汇集成一个配置集合，管理人员通过配置并实施 GP，达到直接管理计算机的目的。简单地说，实施 GP 就是修改注册表中的相关配置。GP 分为基于活动目录的和基于本地计算机的两种：AD GP 存储在域控制器上 AD 的数据库中，它的定制实施由域管理员来执行；本地 GP 存放在本地计算机内，由本地管理员来定制实施。AD GP 实施的对象是整个组织单元(OU)；本地 GP 只负责本地计算机。GP 和 AD 配合 GP 部署在 OU、站点或域的范围内，也可以部署在本地计算机上。部署在本地计算机时，GP 不能发挥其全部功能，只有和 AD 配合，GP 才可以发挥出全部潜力。

6.2.6 Windows 系统安全管理

Windows 安全服务依托安全管理功能实现，包括账户安全、文件安全和主机安全。

1. Windows 系统账户安全

Windows Server 2003 操作系统的合法账户，才能访问网络上的资源，基于 Internet 的非法入侵是从寻找账户的漏洞开始的。Windows 依靠账户来管理用户，控制用户对资源的访问，每一个需要访问网络的用户都要有一个账户。Windows 用户分为域用户账户、本地用户账户和内置用户账户。

(1) 域用户账户。

域用户账户是用户访问域的唯一凭证，该账户在域控制器上建立，作为活动目录的一个对象保存在域的数据库中。用户在域中的任何一台计算机登录到域中的时候必须提供一个合法的域用户账户，该账户将被域控制器所验证。

SAM 作为保存域用户账户的数据库，位于域控制器的\%systemroot%\NTDS\

NTDS.DIT文件中。每个账户都被Windows签订一个唯一的SID,保证账户在域中的唯一性,SID作为账户的属性不能被修改,账户被删除SID将不复存在。Windows系统中SID对应用户权限,因此只要SID不同,新建账户不会继承原有账户的权限与组的隶属关系。

(2) 本地用户账户。

Windows Server 2003在工作组模式或作为域中的成员服务器时,计算机操作系统中存在的是本地用户和本地组。本地用户账户的作用范围仅限于在创建该账户的计算机上,以控制用户对该计算机上的资源的访问。当用户访问在工作组模式下的计算机时,必须具有被访问计算机的本地账户,本地账户存储在%SystemRoot%\system32\config\Sam数据库中,这些账户在被访问计算机上必须是唯一的。本地用户账户验证由创建该账户的计算机进行,因此这种类型账户的管理是分散的,并且也有一个唯一的SID标志,记录账户的权限和组的隶属关系。

(3) 内置用户账户。

Windows Server 2003自带账户,系统安装好后这些账户已经存在,并且赋予相应的权限以完成某些特定的工作。Windows内置用户账户包括Administrator和Guest,内置账户不允许被删除,Administrator不允许被屏蔽,但内置账户允许被更名。Administrator账号被赋予在域中和在计算机中不受限制的权利,用于管理本地计算机或域,具体地说,创建其他用户账号和组、实施安全策略、管理打印机和分配用户对资源的访问权限等。Guest是在域或计算机中的用户临时访问时使用的,默认情况下不允许对域或计算机中的设置和资源做永久性的更改。

在规划Windows Server 2003域时,注意考虑账户的命名约定和账户的密码约定。账号命名约定包括:域用户账号的用户登录名在AD中必须唯一;域用户账号的完全名称在创建该用户账号的域中必须唯一;本地用户账号在创建该账号的计算机上必须唯一;如果用户名称有重复,则应该在账号上区别出来;对于临时雇员应该做出特殊的命名,以便标示出来。账户、密码约定包括:尽量避免带有明显意义的字符或数字的组合,最好采用大小写和数字的无意义混合;对于不同级别的安全要求,确定用户的账号、密码是由管理员控制还是由账号的拥有者控制;定期更改密码,尽量使用不同的密码;有关密码的策略可以由系统管理员在密码策略管理工具中加以规定,以保护系统的安全性。

2. Windows系统文件安全

Windows Server 2003使用NTFS文件系统格式,该结构提供数据文件访问控制机制。NTFS权限是基于NTFS分区实现,支持用户对文件的访问权限,支持对文件和文件夹的加密,NTFS权限可以实现高度的本地安全性。

(1) 通过对用户赋予NTFS权限可以有效地控制用户对文件和文件夹的访问。

在NTFS分区上的每一个文件和文件夹都有一个ACL列表,该表记录每一个用户和组对该资源的访问权限。在默认情况下,NTFS权限具有继承性,即文件和文件夹继承来自上层文件夹的权限。NTFS权限分为特殊NTFS权限和标准NTFS权限两类,标准NTFS权限是特殊NTFS权限的特定组合,特殊NTFS权限规定了用户访问资源的所有行为。

Windows将一些常用的特殊NTFS权限组合为标准NTFS权限,当需要分配权限时将一个标准NTFS权限分解为多个特殊NTFS权限,简化权限的分配和管理。

(2) NTFS权限的使用原则。

一个用户可能属于多个组,组对某种资源被赋予了不同的权限,根据NTFS权限法则判断用户对资源有何种访问权限。权限最大原则:当一个用户同时属于多个组,而这些组又有可能被对某种资源赋予了不同的访问权限,则用户对该资源最终有效权限是在这些组中最宽松的权限,即加权限,将所有的权限加在一起即为该用户的权限。

文件权限超越文件夹权限原则,当用户或组对某个文件夹以及该文件夹下的文件有不同的访问权限时,用户对文件的最终权限是用户被赋予访问该文件的权限,即文件权限超越文件的上级文件夹的权限,用户访问该文件夹下的文件不受文件夹权限的限制,而只受被赋予的文件权限的限制。

拒绝权限超越其他权限原则,当用户对某个资源有拒绝权限时,该权限覆盖其他任何权限,即在访问该资源的时候只有拒绝权限是有效的。当有拒绝权限时权限最大法则无效。因此对于拒绝权限的授予应该慎重考虑。

(3) NTFS权限的继承。

在同一个NTFS分区内或不同的NTFS分区之间移动或复制一个文件或文件夹时,该文件或文件夹的NTFS权限会发生不同的变化。在同一分区内移动的实质就是在目的位置将原位置上的文件或文件夹搬过来,因此文件和文件夹仍然保留有在原位置的一切NTFS权限。

在不同NTFS分区之间移动文件或文件夹,文件和文件夹会继承目的分区中文件夹的权限,实质就是在原位置删除该文件或文件夹,并且在目的位置新建该文件或文件夹。

在同一个NTFS分区内复制文件或文件夹,文件和文件夹将继承目的位置中的文件夹的权限。在不同NTFS分区之间复制文件或文件夹,文件和文件夹将继承目的位置中文件夹的权限。

(4) 共享文件夹权限管理。

共享文件夹是被用来向网络用户提供对文件资源的访问,可以包括应用程序、公用数据或用户个人数据。共享文件夹的读权限:用户可以显示文件夹名称、文件名、文件属性,运行程序文件,对共享文件夹内的文件夹作出改动。修改权限:用户可以创建文件夹、向文件夹中添加文件、改变文件中的数据、向文件中添加数据、改变文件属性、删除文件夹和文件。完全控制权限:用户可以改变文件权限、获取文件的所有权并执行修改权限允许的所有任务。

(5) 文件的加密与解密。

在Windows Server 2003的NTFS文件系统中内置了EFS加密系统,利用EFS加密系统可以对保存在硬盘上的文件进行加密,其加密和解密过程对应用程序和用户而言是完全透明的。文件或文件夹被加密后,未经许可对加密文件或文件夹进行物理访问的入侵者都无法阅读这些文件或文件夹中的内容。通常将要加密的文件置于一个文件夹中,再对该文件夹加密,可以一次加密大量的文件。在该文件夹下创建的所有文件和子文件夹都会被加密。

3. Windows系统主机安全

Windows Server 2003主机安全是针对单个主机设置的安全规则,保护计算机上的重要数据。系统安全策略定义了用户在使用计算机、运行应用程序和访问网络等方面的行为,通过这些约束避免了各种对网络安全的有意或无意的伤害。安全策略是一个事先定义好的一系列应用于计算机的行为准则，应用这些安全策略将使用户有一致的工作方式，防止用户破坏计算机上的各种重要配置，保护网络上的敏感数据。在 Windows Server 2003 中安全策略是以本地安全设置和组策略两种形式出现的。本地安全设置是基于单个计算机的安全性而设置的。对于较小的组织，或者在网络中没有应用活动目录的网络，适用于本地安全设置。而组策略可以在站点、组织单元或域的范围内实现，通常在较大规模并且实施活动目录的网络中应用组策略。

(1) 实施本地安全设置。

本地安全设置只能在不属于某个域的计算机上实现，其中可设定的值较少，对用户的约束也较少。如果要在整个网络中约束用户使用计算机的行为，则必须在每一个计算机上实施本地安全设置。本地安全设置包括账户策略、本地策略、公钥策略和 IP 安全策略。

(2) 配置并实施组策略。

在 Windows Server 2003 活动目录中，组策略主要作用是规定用户和计算机的使用环境，还应用于成员服务器、域控制器以及管理范围内的其他计算机。组策略设置定义了系统管理员需要管理的用户桌面环境的各种组件。要为特定用户组创建特殊的桌面配置，可使用组策略对象编辑器创建组策略对象，组策略对象又与选定的活动目录对象相关联。

组策略包括两部分：用户配置策略，是指定对应于某个用户账户的策略，这样不论该账户在域内哪个计算机上登录，其工作环境都是一样的；计算机配置策略，是指定对应于某台计算机的策略，这样不论哪个账户在该计算机上登录，其工作环境都是一样的。

(3) 使用预定义安全性模板。

Windows Server 2003 包含多个安全性模板适用于不同安全需求，利用这些模板网络管理人员可以简化策略的设定和实施操作。预定义的安全模板包括 4 种安全级别。基本级别的模板为 Windows 定义的默认的安全级别，包括以下设定：默认的工作站、默认的服务器、默认的域控制器，可以在\systemroot\security\templates 文件夹中找到这几个模板。兼容标准的模板包括商用应用程序的所有功能，使之仍然可以有效地运行，该模板为兼容工作站或服务器模板。安全模板有可能会影响到一些商用应用程序的某些功能的运行，主要包括安全的工作站或服务器、安全的域控制器。高度安全模板，不会考虑应用程序是否会受到这些设定的影响，在通常情况下这类模板要慎重使用，主要包括高安全的工作站或服务器、高安全的域控制器。

6.3　数据库安全

现有计算机信息系统多采用数据库存储和管理大量的关键数据，因此数据库的安全问题也是系统安全的一个关键环节，了解针对数据的攻击技术，并采取相应的数据库安全防范措施，也是系统安全技术人员所需要关注的重点。

6.3.1 数据库安全技术

1. 数据库的完整性

数据库的完整性包括：

(1) 实体完整性，指表和它模仿的实体一致。

(2) 域完整性，指某一数据项的值是合理的。

(3) 参照完整性，指在一个数据库的多个表中保持一致性。

(4) 用户定义完整性，由用户自定义。

(5) 分布式完整性。

数据库的完整性可通过数据库完整性约束机制来实现。这种约束是一系列预先定义好的数据完整性规划和业务规则，这些数据规则存放于数据库中，防止用户输入错误的数据，以保证所有数据库中的数据是合法的、完整的。

数据库完整性约束包括非空约束、默认值约束、唯一性约束、主键约束、外部键约束和规则约束。这种约束是加在数据库表的定义上的，它与应用程序中维护数据库完整性不同，它不用额外地编写程序，代价小而且性能高。在多网络用户的客户机/服务器体系下，需要对多表进行插入、删除、更新等操作时，使用存储过程可以有效防止多客户同时操作数据库时带来的死锁和破坏数据完整一致性问题。此外，通过封锁机制可以避免多个事务并发执行存取同一数据时出现的数据不一致问题。

2. 存取控制机制

访问控制是数据库系统的基本安全需求之一，为了使用访问控制来保证数据库的安全，必须使用相应的安全策略和安全机制保证其实施。数据库常用的存取控制机制是基于角色的存取控制模型。

基于角色的存取控制模型的特征是根据安全策略划分出不同的角色，对每个角色分配不同的操作许可，同时为用户指派不同的角色，用户通过角色间接地对数据进行存取。角色由数据库管理员管理分配，用户和客体无直接关系，他只有通过角色才可以拥有角色所拥有的权限，从而存取客体。用户不能自主地将存取权限授予其他用户。基于角色的存取控制机制可以为用户提供强大而灵活的安全机制，可以让管理员在接近部门组织的自然形式来进行用户权限划分。

3. 视图机制

通过限制可由用户使用的数据，可以将视图作为安全机制。用户可以访问某些数据，进行查询和修改，但是表或数据库的其余部分是不可见的，也不能进行访问。无论在基础表(1 个或多个)上的权限集合有多大，都必须授予、拒绝或废除访问视图中数据子集的权限。

例如，某个表的 salary 列中含有保密职员信息，但其余列中含有的信息可以让所有用户使用。可以定义一个视图，它包含表中除敏感的 salary 列以外所有的列。只要表和视图的所有者相同，授予视图上的 SELECT 权限就使用户得以查看视图中非保密列而无须对表本身具有任何权限。通过定义不同的视图及有选择地授予视图上的权限可以将用户、组或角色限制在不同的数据子集内。

4. 数据库加密

一般而言,数据库系统提供的基本安全技术能够满足普通的数据库应用,但对于一些重要部门或敏感领域的应用,仅靠上述这些措施难以保证数据的安全性,某些用户仍可能非法获取用户名和口令越权使用数据库,甚至直接打开数据库文件窃取或篡改信息。因此,有必要对数据库中存储的重要数据进行加密处理,以实现数据存储的安全保护。

较之传统的数据加密技术,数据库加密系统有其自身的要求和特点。数据库数据的使用方法决定了它不可能以整个数据库文件为单位进行加密。当符合检索条件的记录被检索出来后,就必须对该记录迅速解密,然而该记录是数据库文件中堆积的一段,无法从中间开始解密。因此,必须解决随机地从数据库文件中某一段数据开始解密的问题,故数据库加密只能对数据库中的数据进行部分加密。

6.3.2 数据库攻击技术

针对数据库的攻击有多种形式,攻击的最终目标是控制数据库服务器或者得到对数据库的访问权限。主要的数据库攻击手段包括:

1. 弱口令攻击

获取目标数据库服务器的管理员口令有多种方法和工具,例如针对SQL服务器的SQLScan字典口令攻击、SQLDict字典口令攻击、SQLServerSniffer嗅探口令攻击等工具。获取了SQL数据库服务器的口令后,即可利用SQL远程连接并进入SQL数据库内获得敏感信息。

2. SQL注入攻击

SQL注入攻击的具体过程:首先是由攻击者通过向Web服务器提交特殊参数,向后台数据库注入精心构造的SQL语句,达到获取数据库里的表的内容或者挂网页木马,进一步利用网页木马再挂上木马。攻击者通过提交特殊参数和精心构造的SQL语句后,根据返回的页面判断执行结果、获取敏感信息。因为SQL注入是从正常的WWW端口访问,而且表面看起来与一般的Web页面访问没有区别,所以目前通用的防火墙都不会对SQL注入发出警报,如果管理员没查看IIS日志的习惯,可能被入侵很长时间也不被察觉。

SQL注入的手法相当灵活,在注入时会遇到意外情况。在实际攻击过程中,攻击者根据具体情况进行分析,构造巧妙的SQL语句,从而达到渗透的目的,而渗透的程度和网站的Web应用程序的安全性和安全配置有很大关系。

3. 利用数据库漏洞进行攻击

利用数据库本身的漏洞实施攻击,获取对数据库的控制权和对数据的访问权,或者利用漏洞实施权限的提升。不同版本数据库的漏洞不一样。例如,Oracle 9.2.0.1.0存在认证过程的缓冲区溢出漏洞,攻击者通过提供一个非常长的用户名,会使认证出现溢出,允许攻击者获得对数据库的控制,这使得没有正确的用户名和密码也可获得对数据库的控制。利用Oracle的left outer joins漏洞可以实现权限的提升。当攻击者利用left outer joins实现查询功能时,数据库不做权限检查,使攻击者获得他们一般不能访问的表的权限。

6.3.3 数据库的安全防范

为了有效防止针对数据库的攻击，要从前台的Web页面和后台的数据库服务器设置等多个层次进行统一考虑。

1. 编写安全的Web页面

SQL注入漏洞是因为Web程序员所编写的Web应用程序没有严格地过滤从客户端提交至服务器的参数而引起的。所以，要防范SQL注入攻击，首先要从编写安全的Web应用程序开始做起。

对于客户端提交过来的参数，都要进行严格的过滤，检查当中是否存在着特殊字符，要注意的特殊字符有：单引号；双引号；当前使用的数据库服务器所支持的注释符号，例如，SQL Server所使用的注释号是“--”，MySQL所使用的注释号是“/*”等。除此之外，还有SQL语句中所使用的关键字，这些关键字包括select、insert、update、and、where等。除了严格检验参数，还要注意不向客户端返回程序发生异常的错误信息，这是因为SQL注入很大程度上是依赖程序的异常信息获取服务器的信息的，所以不能为攻击者留下任何线索。

2. 设置安全的数据库服务器

(1) SQL Server。

SQL Server的安全性设置要通过安装、设置和维护三个阶段进行综合考虑。在安装阶段，将数据库默认自动或者手动安装使用Windows认证，这将把暴力攻击SQL Server本地认证机制的攻击者拒之门外。为数据库分配一个强壮的SA账户密码，也是安装过程中需要考虑的一个重要事情。

在设置阶段，使用服务器网络程序(Server Network Utility)可禁用所有的netlib，这将使对数据库的远程访问无效，同时也将使SQL Server不再响应SQLPing等对数据库的扫描和探测行为。激活数据库的日志功能可以在攻击者进行暴力破解时能够有效鉴别。此外，禁止SQL Server Enterprise Manager自动为服务账号分配权限，禁用Ad Hoc查询，设置操作系统访问控制列表，清除危险的扩展存储过程等措施将阻止一些攻击者对数据库的非法操作。

在维护阶段，采取及时更新服务包和漏洞补丁，分析异常的网络通信数据包，创建SQL Server警报等方法，可以为管理员提供针对数据库的更加有效的防范措施。

(2) Oracle。

Oracle Oracle数据库的安全性防范措施也需要综合考虑多方面的因素，包括可设置监听器密码，运行监听器控制程序连接相关的监听器时，可通过密码保护监听器的安全；删除PL/SQL外部存储功能，堵住攻击者对其的非法使用；确保所有数据库用户的默认密码已经更改为安全的新密码；为保证数据库实例的安全，及时更新最新补丁也是非常重要的一项安全措施。当然，如果Oracle数据库的前端是一个Web服务器，则Web前端将是外部攻击者的第一站，Oracle的安全也离不开Web前端的安全。

(3) MySQL。

MySQL数据库的安全性防范措施主要包括消除授权表的通配符、使用安全密码、检查配置文件的许可、对客户端服务器传输进行加密、禁用远程访问功能和积极监控MySQL的访问日志。

MySQL 访问控制系统是通过一系列授权表进行,授权表在数据库、表和列定义每一位用户的访问级别,同时定义某用户普适许可或使用通配符的权限,确保用户获得的访问权限恰好足够他们完成任务即可。为 MySQL 根账户设置一个密码,并且每一个用户账户都设置自己的密码,确保没有使用具有启发式信息的容易被识破的密码,例如生日、用户姓名字母等。用户账号、密码以纯文本形式存储在 MySQL 的 per-user 文件中,很容易就会被读取;因此把这些文件存储在非公共区域,或者,存储在用户账户的私人主目录下,权限设置为 0600(只能被根用户读写)。

客户端服务器事务是以明文信息方式传输,黑客容易发现这些数据包并从中获取敏感信息;因此,需要激活 MySQL 设置中的 SSL 或 OpenSSH 的安全外壳实用程序,为传输数据创造一个安全加密通道,未经授权用户就很难读取传输数据。如果用户不需要远程访问服务器,那么强制所有 MySQL 连接都通过 socket 文件通信,大大降低受到网络攻击的风险;设置服务器使用了--skip-networking 选项启动,可以屏蔽 MySQL 的 TCP/IP 网络连接,确保没有用户能够远程连接到系统。MySQL 日志文件记录客户端连接、查询和服务器错误,通用查询日志(General Query Log)以时间戳记录了每一个客户端连接和断开连接,以及客户端执行每一次查询的情况;监控 MySQL 日志,发现网络入侵攻击的源头。

6.4 软件系统安全

在众多应用系统中,往往运行了多种软件系统实现其对外服务的功能。软件的安全性也是影响系统安全的一个重要方面。

6.4.1 开发安全的程序

大部分的溢出攻击是由于不良的编程习惯造成的。现在常用的 C 和 C++语言因为宽松的程序语法限制而被广泛使用,它们在营造了一个灵活高效的编程环境的同时,也在代码中潜伏了很大的风险隐患。为避免溢出漏洞的出现,在编写程序的同时就需要将安全因素考虑在内,软件开发过程中可利用多种防范策略,如编写正确的代码,改进 C 语言函数库,数组边界检查,使堆栈向高地址方向增长,程序指针完整性检查等,以及利用保护软件的保护策略,如 StackGuard 对付恶意代码等,来保证程序的安全性。目前有几种基本的方法保护缓冲区免受溢出的攻击和影响:

(1) 规范代码写法,加强程序验证。

(2) 通过操作系统使得缓冲区不可执行,从而阻止攻击者植入攻击代码。

(3) 利用编译器的边界检查来实现缓冲区的保护。

(4) 在程序指针失效前进行完整性检查。

6.4.2 IIS 应用软件系统的安全性

IIS 4.0 和 IIS 5.0 版本曾经出现过严重的缓冲区溢出漏洞,在上面介绍了软件系统攻击技术和防范技术后,从 IIS 的安全性入手,简要介绍应用软件的安全性防范措施。IIS 是

Windows 系统中的 Internet 信息和应用程序服务器，利用 IIS 可以方便地配置 Windows 平台，并且 IIS 和 Windows 系统管理功能完美地融合在一起，使系统管理人员获得和 Windows 完全一致的管理。

为有效防范针对 IIS 的溢出漏洞攻击，首先需要对 IIS 了解其缓冲区溢出漏洞所在之处，然后进行修补。IIS 4.0 和 IIS 5.0 的应用非常广，但由于这两个版本的 IIS 存在很多安全漏洞，它的使用也带来了很多安全隐患。

IIS 常见漏洞包括 idc & ida 漏洞、“.htr”漏洞、NT Site Server Adsamples 漏洞、.printer 漏洞、Unicode 解析错误漏洞、Webdav 漏洞等。因此，了解如何加强 Web 服务器的安全性，防范由 IIS 漏洞造成的入侵就显得尤为重要。

例如，默认安装时，IIS 支持两种脚本映射：管理脚本(.ida 文件)、Internet 数据查询脚本(.idq 文件)。这两种脚本都由 idq.dll 来处理和解释。而 idq.dll 在处理某些 URL 请求时存在一个未经检查的缓冲区，如果攻击者提供一个特殊格式的 URL，就可能引发一个缓冲区溢出。通过精心构造发送的数据，攻击者可以改变程序执行流程，从而执行任意代码。当成功地利用这个漏洞入侵系统后，攻击者就可以在远程获取 Local System 的权限了。

在“Internet 服务管理器”中，右击网站目录，选择“属性”命令，在网站目录属性对话框的“主目录”界面中，单击“配置”按钮。在弹出的“应用程序配置”对话框的“应用程序映射”界面，删除无用的程序映射。在大多数情况下，只需要留下.asp 一项即可，将.ida、.idq、.htr 等全部删除，以避免利用.ida、.idq 等这些程序映射存在的漏洞对系统进行攻击。

6.4.3 软件系统攻击技术

常见的利用软件缺陷对应用软件系统发起攻击的技术包括缓冲区溢出攻击、堆溢出攻击、栈溢出攻击、格式化串漏洞利用等，在上述漏洞利用成功后，往往借助于 shellcode 跳转或者执行攻击者的恶意程序。

1. 缓冲区溢出利用

如果应用软件存在缓冲区溢出漏洞，可利用此漏洞实施对软件系统的攻击。缓冲区是内存中存放数据的地方。在程序试图将数据放到机器内存中的某一个位置的时候，如果没有足够的空间就会发生缓冲区溢出。攻击者写一个超过缓冲区长度的字符串，程序读取该段字符串，并将其植入到缓冲区，由于该字符串长度超出常规的长度，这时可能会出现两个结果：一个结果是过长的字符串覆盖了相邻的存储单元，导致程序出错，严重的可导致系统崩溃；另一个结果就是利用这种漏洞可以执行任意指令，从而达到攻击者的某种目的。程序运行的时候，将数据类型等保存在内存的缓冲区中。为了不占用太多的内存，一个由动态分配变量的程序在程序运行时才决定给它们分配多少内存空间。如果在动态分配缓冲区中放入超长的数据，就会发生溢出。这时候程序就会因为异常而返回，如果攻击者用自己攻击代码的地址覆盖返回地址，这个时候，通过 eip 改变返回地址，可以让程序转向攻击者的程序段，如果在攻击者编写的 shellcode 里面集成了文件的上传、下载等功能，获取到 root 权限，那么就相当于完全控制了被攻击方。也就达到了攻击者的目的。

2. 栈溢出利用

程序每调用一个函数，就会在堆栈里申请一定的空间，我们把这个空间称为函数栈，而随着函数调用层数的增加，函数栈一块块地从高端内存向低端内存地址方向延伸。反之，随着进程中函数调用层数的减少，即各函数调用的返回，函数栈会一块块地被遗弃而向内存的高址方向回缩。各函数的栈大小随着函数的性质的不同而不等，由函数的局部变量的数目决定。进程对内存的动态申请是发生在 Heap（堆）里的。也就是说，随着系统动态分配给进程的内存数量的增加，Heap（堆）有可能向高址或低址延伸，依赖于不同 CPU 的实现。但一般来说是向内存的高地址方向增长的。当发生函数调用时，先将函数的参数压入栈中，然后将函数的返回地址压入栈中，这里的返回地址通常是 Call 的下一条指令的地址。例如定义 buffer 时程序可分配 24 个字节的空间，在 strcpy 执行时向 buffer 里复制字符串时并未检查长度，向 buffer 里复制的字符串如果超过 24 个字节，就会产生溢出。如果向 buffer 里复制的字符串的长度足够长，把返回地址覆盖后程序就会出错。一般会报段错误或者非法指令，如果返回地址无法访问，则产生段错误，如果不可执行则视为非法指令。

3. 堆溢出利用

堆内存由分配的很多的大块内存区组成，每一块都含有描述内存块大小和其他一些细节信息的头部数据。如果堆缓冲区遭受了溢出，攻击者能重写相应堆的下一块存储区，包括其头部。如果重写堆内存区中下一个堆的头部信息，则在内存中可以写进任意数据。然而，不同目标软件各自特点不同，堆溢出攻击实施较为困难。

4. 格式化串漏洞利用

所谓格式化串，就是在 * printf()系列函数中按照一定的格式对数据进行输出，可以输出到标准输出，即 printf()，也可以输出到文件句柄、字符串等，对应的函数有 fprintf、sprintf、snprintf、vprintf、vfprintf、vsprintf、vsnprintf 等。能被黑客利用的地方也就出在这一系列的 * printf()函数中。在正常情况下这些函数只是把数据输出，不会造成什么问题，但是 * printf()系列函数有三条特殊的性质，这些特殊性质如果被黑客结合起来利用，就会形成漏洞。

可以被黑客利用的 * printf()系列函数的三个特性：参数个数不固定造成访问越界数据；利用%n 格式符写入跳转地址；利用附加格式符控制跳转地址的值。

5. shellcode 技术

缓冲区溢出成功后，攻击者如希望控制目标计算机，必须用 shellcode 实现各种功能。shellcode 是一堆机器指令集，基于 x86 平台的汇编指令实现，用于溢出后改变系统的正常流程，转而执行 shellcode 代码从而完成对目标计算机的控制。1996 年 Aleph One 在 Underground 发表的论文给这种代码起了一个 shellcode 的名称，从而延续至今。

6.5 信息系统安全

在组织对信息的依赖越来越强的今天，任何关键信息系统运转的终端或者数据的丢失都可能会给组织造成不可估量的损失。如何有效地保证数据信息的完整性、可用性和保密性是信息系统安全研究的一个重点内容。

6.5.1 数据的安全威胁

随着社会对计算机和网络的依赖性越来越大,如何保证计算机中数据的完整性、保密性和可用性成为每一个计算机使用者关心的重点。数据的完整性和可用性就是保证计算机系统上的数据和信息处于一种完整和未受损的状态。

针对数据完整性、可用性、保密性最常见的威胁来自攻击者或者计算机操作员、硬件故障、网络故障和灾难。攻击者的目的是对信息进行窃取或者破坏,计算机操作员也存在误删误改的误操作行为,这都对数据的安全性构成巨大的威胁。而除了人为造成的问题之外,硬件故障和网络故障也是计算机运行过程中常见的故障,它们也将破坏数据的安全属性,严重时造成数据的丢失。而往往在毫无防备的情况下突然袭来的灾难,使系统数据的安全属性遭受更严重的挑战,所有系统连同数据顷刻间全部毁坏。为此,针对数据的安全威胁进行应对,将有效提高数据的完整性、保密性和可用性。

6.5.2 数据的加密存储

数据安全性的重要一点是保障数据的保密性,通常采用的技术是数据在存储过程中采用加密算法实现数据在介质中加密存放。数据保密性的目的,在于当数据介质遭受盗窃或者非法复制后,仍然可以保证关键数据不被泄漏。

在 Windows 操作系统中,NTFS 文件系统通过 EFS(Encrypt File System)数据加密技术实现数据的加密存储。当启用 EFS 时,Windows 创建一个随机生成的文件加密密钥(FEK),在数据写入到磁盘时,透明地用这个 FEK 加密数据。然后 Windows 用公钥加密 FEK,把加密的 FEK 和加密的数据放在一起。公钥是第一次使用 EFS 时,Windows 自动生成的公私钥对中的公钥。FEK 是对称密钥,它加密的数据只能在用户有相关私钥才能解密出 FEK,再解密出加密的数据。

此外,PGP(Pretty Good Privacy)除了对电子邮件进行加密以防止非授权者阅读外,它也可实现对存储介质中的数据进行加密。PGP 采用公钥密码算法对数据进行加密,它可创建一个 PGPdisk 虚拟加密磁盘,所有数据写入此磁盘空间后,数据都处于加密状态,只有输入正确的 passphrase,才能访问加密的数据信息。此块磁盘空间的数据即使被窃取,也始终处于加密状态,从而保证了数据的安全。

6.5.3 数据备份和恢复

数据备份作为信息安全的一个重要内容,其重要性却往往被人们忽视。只要发生数据传输、数据存储和数据交换,就有可能产生数据故障,如果没有采取数据备份和数据恢复手段与措施,就会导致数据的丢失。有时造成的损失是无法弥补与估量的。数据故障的形式是多种多样的。通常,数据故障可划分为系统故障、事务故障和介质故障三大类。计算机的应用越来越广泛,但使用计算机系统处理日常业务在提高效率的同时,也产生了新的问题,即数据失效问题。一旦发生数据失效,组织就会陷入困境:客户资料、技术文件、财务账务等数据可能被损坏得面目全非,而允许恢复时间可能只有短短几天或更少。如果系统无法顺利恢复,最终结局不堪设想。所以组织的信息化程度越高,备份和灾难恢复措施就越重要。

数据备份与数据恢复是保护数据的最后手段，也是防止主动型信息攻击的最后一道防线。数据备份不仅仅是简单的文件复制，在多数情况下是指数据库备份。所谓数据库备份，是指制作数据库结构和数据的副本，以便在数据库遭到破坏时能够恢复数据库。备份的内容不但包括用户的数据库内容，而且还包括系统的数据库内容。需要注意的是，大容量的备份不等于简单的文件复制，也不等于文件的永久性归档，它是要求一种高速、大容量的存储介质将所有的文件(网络系统、应用软件、用户数据)进行全面的复制与管理。

1. 数据备份的方式

数据备份有多种方式，在不同的情况下，应该选择最合适的方法。按备份的数据量来说，有完全备份、增量备份、差分备份与按需备份四种。完全备份，备份系统中的所有数据，特点是备份所需的时间最长，但恢复时间最短，操作最方便，也最可靠；增量备份，只备份上次备份以后有变化的数据，特点是备份时间较短，占用空间较少，但恢复时间较长；差分备份，只备份上次完全备份以后有变化的数据，特点是备份时间较长，占用空间较多，但恢复时间较快；按需备份，根据临时需要有选择地进行数据备份。

决定采用何种备份方式，还取决于以下两个重要因素：备份窗口，完成一次给定备份所需的时间，这个备份窗口由需要备份数据的总量和处理数据的网络架构的速度来决定；恢复窗口，恢复整个系统所需的时间，恢复窗口的长短取决于网络的负载和磁带库的性能及速度。在实际应用中，必须根据备份窗口和恢复窗口的大小，以及整个数据量，决定采用何种备份方式。一般来说，差分备份避免了完全备份和增量备份的缺陷，又具有它们的优点。差分备份无须每天都做系统完全备份，并且灾难恢复很方便，只需要上一次完全备份磁带和灾难发生前一天磁带就可以完全恢复数据，因此采用完全备份结合差分备份的方式较为适宜。

2. 数据备份的状态

按备份状态来划分，有物理备份和逻辑备份两种。物理备份是指将实际物理数据库文件从一处复制到另一处的备份，冷备份、热备份都属于物理备份。所谓冷备份，也称脱机(Offline)备份，是指以正常方式关闭数据库，并对数据库的所有文件进行备份。其缺点是需要一定的时间来完成，在备份期间，最终用户无法访问数据库，而且这种方法不易做到实时的备份。所谓热备份，也称联机(Online)备份，是指在数据库打开和用户对数据库进行操作的情况下进行的备份；也指通过使用数据库系统的复制服务器，连接正在运行的主数据库服务器和热备份服务器，当主数据库的数据修改时，变化的数据通过复制服务器可以传递到备份数据库服务器中，保证两个服务器中的数据一致。这种热备份方式实际上是一种实时备份，两个数据库分别运行在不同的机器上，并且每个数据库都写到不同的数据设备中。逻辑备份就是将某个数据库的记录读出并将其写入到一个文件中，这是经常使用的一种备份方式。MS-SQL 和 Oracle 等都提供 Export/Import 工具来用于数据库的逻辑备份。

3. 数据备份的层次

从备份的层次上划分，可分为硬件冗余和软件备份。目前的硬件冗余技术有双机容错、磁盘双工、磁盘阵列(RAID)与磁盘镜像等多种形式。硬件冗余也有它的不足，一是不能解决因病毒或人为误操作引起的数据丢失以及系统瘫痪等灾难；二是如果错误数据也写入备份磁盘，硬件冗余也会无能为力。理想的备份系统应使用硬件容错来防止硬件障碍，使用软件备份和硬件容错相结合的方式来解决软件故障或人为误操作造成的数据丢失。从备份地点来划分还可分为本地备份和异地备份。此外，在计算机网络系统中，还要注意区分数据备份与服务器容错的不同含义。

4. 服务器容错

高可用性系统的主要功能是保证在计算机系统的软硬件出现单点故障时，通过集群软件实现业务的正常切换，保证业务不间断、不停顿。高可用性系统是一组通过高速网络连接的计算机集合，通过高可用集群软件相互协作，作为一个整体对外提供服务。在集群中的每台服务器都分别运行后台检测进程和控制进程，定时收集磁盘、网络、串口等信息，当检测进程发现集群中某台服务器出现故障后，将对这台故障服务器进行接管处理，接管后 IP 地址动态切换，并由集群中的正常服务器自动启动故障服务器的应用程序和数据库，保证系统和应用服务不间断。高可用性系统通过多个服务器的相互备份实现了服务器单点故障时业务的正常进行，例如服务机的双网卡或多网卡，以及 RAID(冗余磁盘阵列)等。由于集群系统在计算上的内在关联性，决定了节点之间的数据交换量较大，特别当集群内节点数增加到几十乃至几百时，内部网络传输数据的速率是整个系统计算速度的瓶颈。较高的传输带宽和尽量低的传输延时是高可用系统所追求的主要目标。

5. 网络备份

传统的单机备份，备份设备连接到服务器，所以服务器负担重，备份操作安全性差。当服务器采用双机或集群时，备份设备只能通过其中的一台服务器进行备份。当网络中业务主机较多，并且需要实施备份操作的系统平台和数据库版本不同时，通过网络备份服务器对局域网中的不同业务主机数据进行备份就是一个最佳的选择。网络备份是通过在网络备份服务器上安装备份服务器端软件，在需要进行数据备份的业务主机上安装网络备份客户端软件，客户端软件将备份的数据通过网络传到备份服务器进行备份。网络备份使每台服务器负担减轻，备份操作安全性高，而且可通过一台网络备份服务器备份多台业务主机和服务器。网络备份可通过网络备份软件跨平台实时备份正在使用的数据库和文件，支持多服务器环境平行作业备份操作。通过网络备份软件也可以很好地对备份介质进行管理，实现全自动备份和恢复，可实现定时备份，并支持完全备份、增量备份、差量备份等多种备份策略。网络备份为局域网中的数据备份提供了高效的备份管理手段。

网络备份技术在具有自身优势的同时缺点也十分明显，它占用大量网络资源，也占用一定的主机资源，同时备份时间较长。为此，更加高效的备份技术 SAN(Storage Area Network，存储区域网)出现后解决了这些问题。存储区域网(SAN)是一种采用了光纤接口将磁盘阵列和前端服务器连接起来的高速专用子网。SAN 结构允许服务器连接任何存储设备，即 SAN 将多个存储设备通过光纤交换网络与服务器互联，使存储系统有更好的可靠性和扩展性。SAN 减少了对局域网网络资源的占用，改善了数据传输性能；改善了数据访问途径和访问速度，服务器可以通过光纤网络高速、远距离地访问共享存储设备。管理人员也可以集中管理存储系统，强化备份和恢复策略，提高整个系统的效率。同时，通过光纤交换机和集线器，存储设备可以无限扩展，主机节点的增加和替换可以减少对系统的影响。SAN 结构以一种共享存储系统的方式支持异构服务器的集群，保证了系统的高可用性。它支持所有服务器和存储设备的硬件互联，服务器增加存储容量变得非常简单。

6. 归档和分级存储管理

归档和分级存储管理是与网络备份不同的另一种数据备份技术。它可用来解决网络上的数据不断增长，造成数据量过大，计算机存储空间无法满足数据库存储需求的情况。归档是指将数据复制或者打包存放，以便能长时间地进行保存。归档的主要作用是长期保存数据，将有价值的数据安全地保存较长的时间。文件归档可以通过文档服务器对重要文档进行统一备份管理。普通信息数据一般通过数据压缩工具进行压缩，然后定期复制后存储下来。另一种常用的归档方法是使用备份系统，将关键数据备份到可移动介质中存放。分级存储管理是一种对用户和管理员而言都透明的、提供归档功能的自动化备份系统。分级存储管理与归档的区别，在于它把数据进行了迁移，而不是纯粹复制。分级存储管理系统选择将文件进行迁移，然后将文件复制到存储介质中，当文件被正确地复制后，一个与原文件具有相同名字的标志文件被创建，但它只占用比原文件小得多的磁盘空间。当用户想访问这个标志文件时，分级存储管理介入进来，将原始数据从正确的存储介质中恢复过来。分级存储管理主要用于当数据变得越来越陈旧时，陈旧的数据将从计算机的存储介质中转移到另一种存储介质中存放，以节省原计算机系统中有限的存储空间。

数据备份系统和高可用性系统可以避免由于软硬件故障、人为操作失误和病毒造成的数据完整性、可用性的破坏。但是，当计算机系统遭受如地震、火灾和恐怖袭击时，上述技术仍然无法解决。这时，就要靠数据容灾系统保护数据的完整可用性。数据容灾系统主要原理是在远程建立一套和本地计算机系统功能相同的计算机系统，当本地计算机系统受到意外灾难后，在远程仍然保存了完整的数据。数据容灾系统除了在本地包含高可用性系统和数据备份系统之外，还包括数据远程复制系统和远程高可用性系统。数据远程复制系统主要保证本地数据中心和远程备份数据中心的数据一致性，数据远程复制一般通过软件数据复制和硬件数据复制技术实现，具体复制方式主要包括同步方式和异步方式。远程高可用性系统主要保证本地发生灾难后，业务及时切换到远程备份系统，它基于本地高可用性系统之上，实现远程故障的诊断、分类，并及时采取相应的故障接管措施。

当发生数据故障或者系统失效时，需要利用已备份的数据或其他手段，及时对原系统进行恢复，以保证数据安全性以及业务的连续性。对于一个计算机业务系统，所有引起系统非正常宕机的事故，都可以成为灾难。当无法预计的各种事故或灾难导致数据丢失时，及时采取灾难恢复措施，可以将企业或组织的损失降低到最低。一般灾难发生时，留给系统管理员的恢复时间往往相当短。但现有的备份措施没有任何一种能够使系统从大的灾难中迅速恢复过来。

通常情况下，系统管理员想要恢复系统至少需要下列几个步骤：①恢复硬件；②重新装入操作系统；③设置操作系统（驱动程序设置，系统，用户设置）；④重新装入应用程序，进行系统设置；⑤用最新的备份恢复系统设置。

系统备份与普通数据备份的不同在于，它不仅仅备份系统中的数据，还备份系统中安装的应用程序、数据库系统、用户设置、系统参数等信息，以便需要时迅速恢复整个系统。

系统备份方案中必须包含灾难恢复措施，灾难恢复同普通数据恢复的最大区别在于：在整个系统都失效时，用灾难恢复措施能够迅速恢复系统而不必重装系统。需要注意的是，备份不等于单纯的复制，因为系统的重要信息无法用复制的方式备份下来，而且管理也是备份的重要组成部分。管理包括自动备份计划、历史记录保存、日志管理、报表生成等，没有管理功能的备份，不能算是真正意义上的备份，因为单纯的复制并不能减轻繁重的备份任务。数据备份与灾难恢复密不可分，数据备份是灾难恢复的前提和基础，而灾难恢复是在此基础之上的具体应用。灾难恢复的目标与计划决定了所需要采取的数据备份策略。而与数据备份策略有紧密的联系。

在网络环境中，系统和应用程序安装起来并不是那么简单，系统管理员必须找出所有的安装盘和原来的安装记录进行安装，然后重新设置各种参数、用户信息、权限等，这个过程可能要持续好几天。因此，最有效的方法是对整个网络系统进行备份。这样，无论系统遇到多大的灾难，都能够应付自如。为保证数据的完整性和可用性，常采用备份、归档、分级存储、镜像、RAID 以及远程容灾等技术实现对数据的安全保障。

6.5.4 信息系统灾备技术

信息系统灾备是指信息系统的灾难备份与恢复，包括灾难前的备份与灾难后的恢复两层含义。灾难备份是指利用技术、管理手段以及相关资源确保关键数据、关键数据处理系统和关键业务在灾难发生后可以恢复的过程。

信息化发展的趋势也是我们要建设以及确定今后灾备方向的一个重要因素。现在信息的重要性，已经远远超过了系统设备本身，信息系统的信息量增长非常惊人，信息有效地保存已经成为一个很严峻的问题。在信息领域，灾备系统可以理解为是以存储系统作为基本支持系统、以网络作为基本传输手段、以容错软/硬件技术为直接技术手段、以管理技术为重要辅助手段的综合系统。

一般情况下，信息系统灾难发生的原因有三种，分别是自然灾难、人为灾难和技术灾难。自然灾难所产生的直接后果就是本地数据信息难以获取或保全、本地系统难以在短时间内恢复或重建、灾难对信息系统的影响和范围难以控制。人为灾难的后果是丢失或泄漏重要数据信息、性能降低乃至丧失系统服务功能、软件系统崩溃或者硬件设备损坏。技术灾难的后果是造成信息、数据的损害或丢失。

灾难备份系统的目的就是通过建立远程备用数据处理中心，将生产中心数据实时或非实时地复制到备份中心。

灾备核心技术主要包括存储技术、信息系统评估和系统重构技术、信息安全技术和系统管理技术。

灾备存储技术主要包括虚拟化存储技术、多存储版本的管理技术、删除重复数据技术、集群并行存储技术、高效能存储技术等。灾备体系结构技术其核心包括容错系统结构、数据恢复技术、系统恢复技术、业务连续性服务。灾备信息安全技术主要用于保障数据在存储与传输过程中的安全性问题、网络系统的可靠和安全连接问题、计算机系统的安全性问题、使用用户的身份安全问题和系统操作的不可抵赖性问题等。其核心包括数据安全性技术、网络安全技术、系统安全技术、身份安全技术、安全审计技术。灾备系统管理技术是灾备的关键支撑技术，包括数据信息管理、灾难应急管理、系统恢复管理、灾难影响评估与决策支持。

灾备技术未来发展方向：从围绕着数据存储向围绕着应用服务转变，存储技术由集中式向分布式、虚拟化发展，从孤立专用系统向综合服务系统转变；围绕服务的灾备技术发展方向，保障业务连续性，要求数据完整而可用、系统快速重建、应用快速部署；新型容灾体系结构研究；灾备存储未来方向包括虚拟化灾备存储技术、重复数据删除与压缩技术、分布式灾备存储技术；灾备综合服务系统建设，即建立第三方中立机构形式的外包灾备系统，重点解决的问题包括公信力问题、数据的安全性、维护的便捷性、可扩展性、可共享性等。

6.6 实　训

实训　EasyRecovery 数据备份与恢复

实训目的：理解数据备份的概念，熟悉常用的数据备份方法；理解数据恢复的原理，了解常见的恢复种类，熟悉常用数据恢复软件；能用数据恢复软件 EasyRecovery Professional 进行数据恢复。

实训准备：

数据备份工作是系统管理员的重要工作和职责，数据备份的方法很多，备份的手段也多种多样，双机异地备份是商业服务器数据安全的基本要求。实验前要求复习备份的概念和方法，深入理解备份、增量备份、系统备份、数据备份、持续性数据保护等概念，掌握数据备份的常用方法。

确定备份计划主要考虑以下几个方面：

(1) 确定备份的频率。确定备份频率要考虑两个因素：一是系统恢复时的工作量，二是系统活动的事务量。数据库备份可以是每个月、每一周甚至是每一天进行，而事务日志备份可以是每一周、每一天甚至是每一小时进行。

(2) 确定备份的内容、介质和存放地点。

(3) 确定备份采用动态备份还是静态备份。

(4) 估计备份需要的存储空间量。在执行备份前，应该估计备份需要使用的存储空间量。

(5) 确定备份的人员。

执行数据库恢复以前，应注意以下两点：

(1) 在数据库恢复前，应该删除故障数据库，以便删除对故障数据库的任何引用。

(2) 在数据库恢复前，必须限制用户对数据库的访问，数据库的恢复是静态的，应使用企业管理器或在系统存储过程中设置数据库为单用户。

实训内容：

1. Windows XP 文件备份与还原

(1) 运行备份工具：选择“开始”|“程序”|“附件”|“系统工具”|“备份”命令。初次运行是以向导模式运行的，为了方便讲解，单击“高级模式”打开备份工具的主界面，如图 6-11 所示。

(2) 对某些资料进行备份：在 Windows XP“备份”中，选中“高级模式”，在图 6-11 中，单击“备份”，出现如图 6-12 所示。

在图 6-12 中，单击“下一步”|“浏览”，选择备份文件以及保存位置并输入备份的名称，如图 6-13 所示。

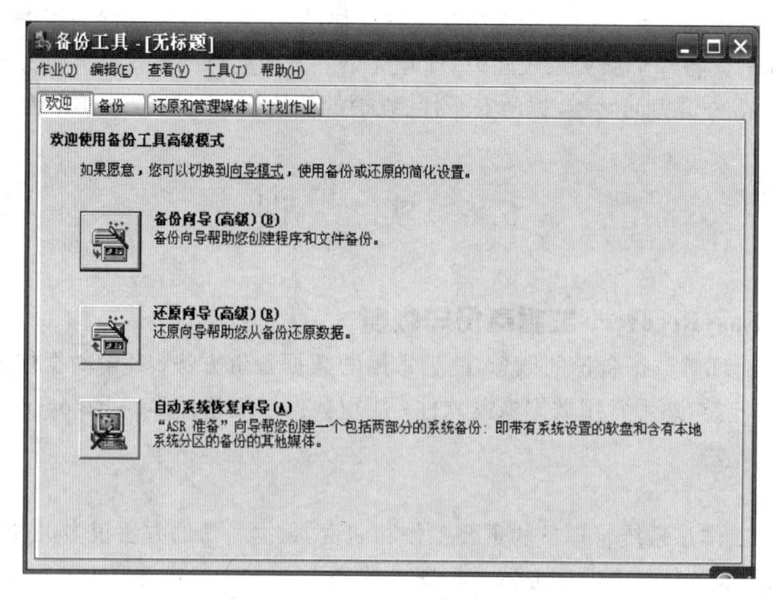

图 6-11 备份工具主界面

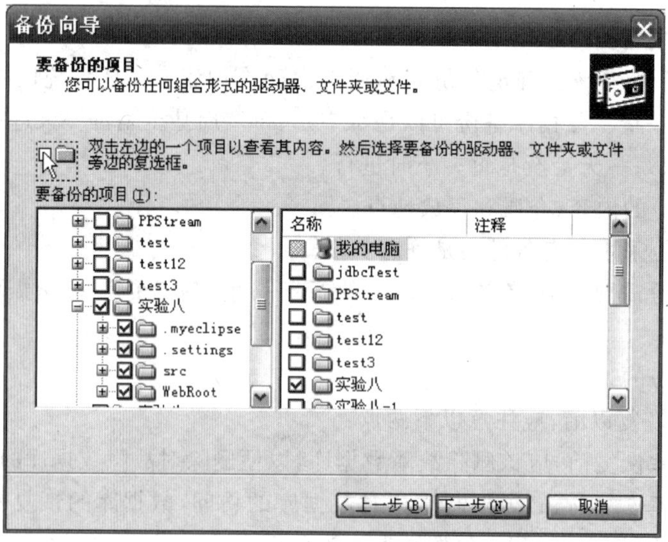

图 6-12 利用备份向导备份

在图 6-13 中，单击“下一步”|“完成”，这样就建立了一个后缀名为 Backup 的备份文件，如图 6-14 所示。

最好把备份文件放到另外的存储器中，如第二个硬盘、U 盘、刻录光盘等，以免主硬盘有问题导致数据与备份一起丢失。

(3) 对备份进行还原(以还原刚创建的 Backup.bkf 这个备份文件为例)。在图 6-11 中，单击“还原向导”|“下一步”，在“要还原的项目”里选择需要还原的项目和对应的文件夹(在文件列表框选中需要还原的文件)，如图 6-15 所示。如果你重装了系统导致没有还原项目列表的话，可以单击“浏览”按钮来找到备份文件。

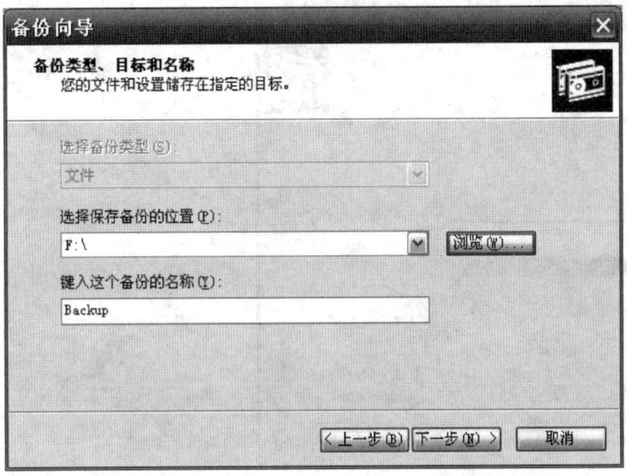

图 6-13　选择备份位置

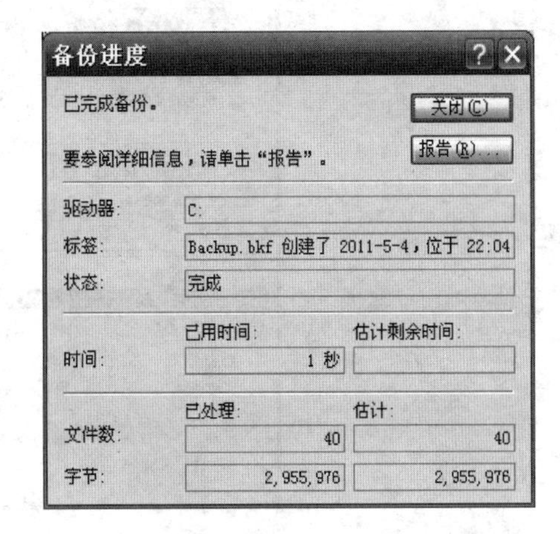

图 6-14　备份进度

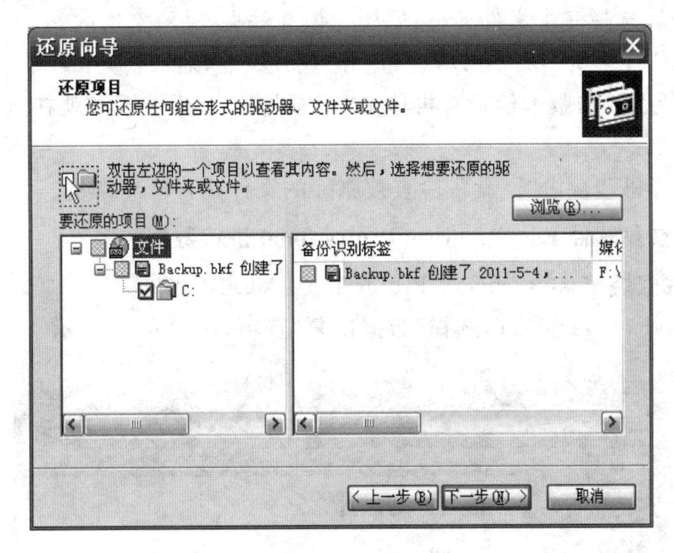

图 6-15　利用备份还原向导进行还原

在图 6-15 中，单击"下一步"|"完成"就把原来的备份还原到以前备份的源地址了。选择"高级"还原选项，可以对还原位置作出选择，如图 6-16 所示。

原位置：备份时的文件位于哪里就恢复到哪里。

替换位置：自己选择还原的文件保存的位置，但保持原有的目录结构。

单个文件夹：自己选择还原文件保存的位置，但不保存原有的目录结构。

2. Windows 7 文件备份与还原

(1) 在 Windows 7 桌面，双击"计算机"，选择"系统属性"→"系统保护"，然后选择想要开启高级备份与还原功能的磁盘，这里选择"D 盘"，单击"配置"按钮。

(2) 创建系统还原点，填入还原点描述，这里填入 D，然后单击"创建"按钮，创建成功后单击"关闭"按钮。

(3) 双击桌面"计算机"，右击"D 盘"，选择"属性"→"以前的版本"，在这里能看到刚刚开启备份与还原功能的磁盘为我们创建的还原点文件，它是一个版本文件。

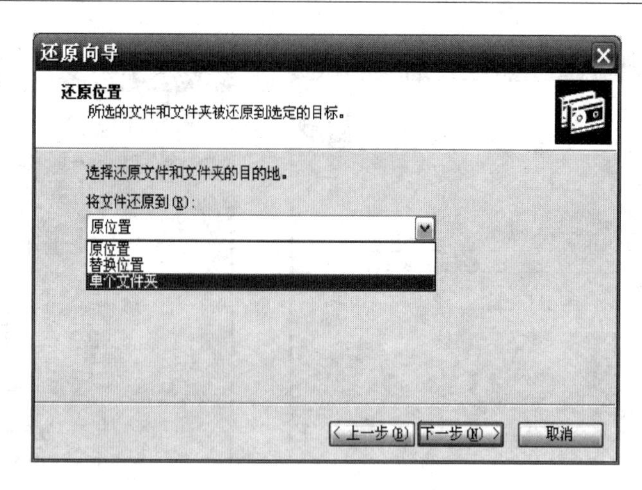

图 6-16 高级还原选项设置

(4) 打开 D 盘,选择一个文件夹,然后删除该文件夹,并清空回收站。

(5) 双击桌面“计算机”,右击“D 盘”,选择“属性”→“以前的版本”,单击“D 盘”(这就是系统为我们备份的以前的版本信息),再单击“还原”按钮。系统现在就在进行以前版本的还原操作。

(6) 打开“计算机”,双击“D 盘”,检查被删除的文件是否已经恢复。

3. 使用数据恢复软件 EasyRecovery Professional 进行数据恢复

(1) 解压缩并安装 EasyRecovery Professional V6.10.07。

(2) 打开 EasyRecovery.exe,选择“数据恢复”选项,如图 6-17 所示。

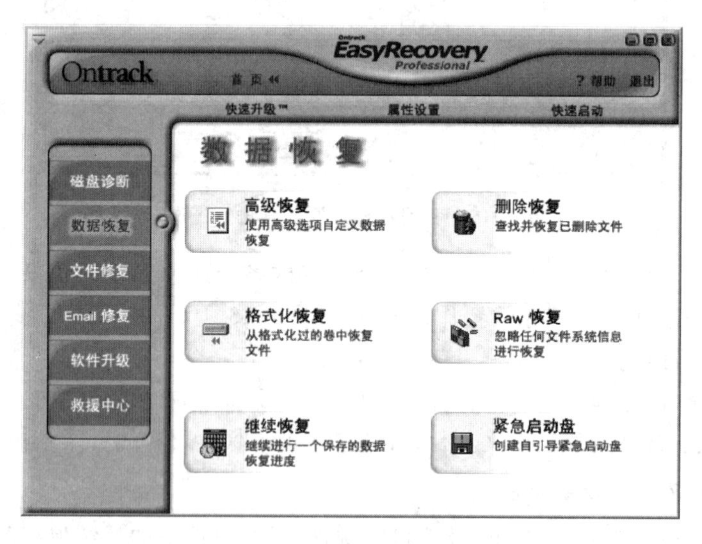

图 6-17 EasyRecovery 软件界面

单击“高级恢复”按钮,首先会弹出“目标文件警告”对话框,在此对话框中,EasyRecovery 要求用户将要恢复的文件复制到除源文件位置以外的安全位置。

如果系统中有多个被损坏的分区,不要将文件从一个分区恢复到另一个损坏的分区,这种情况下,可以使用可移动的介质或者另一个未损坏的硬盘驱动器作为目标位置。在该对话框中,选中"不要再显示此消息"复选框,然后单击"确定"按钮,如图 6-18 所示。

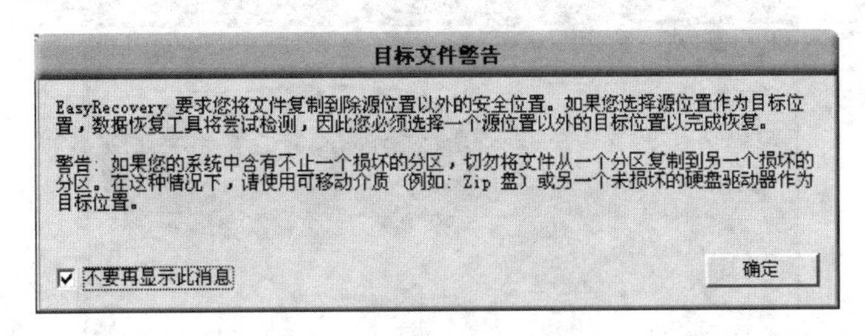

图 6-18　将文件恢复至安全位置

(3) 在"高级恢复"界面中,选择要查找的分区,然后单击"高级选项"按钮,如图 6-19 所示。

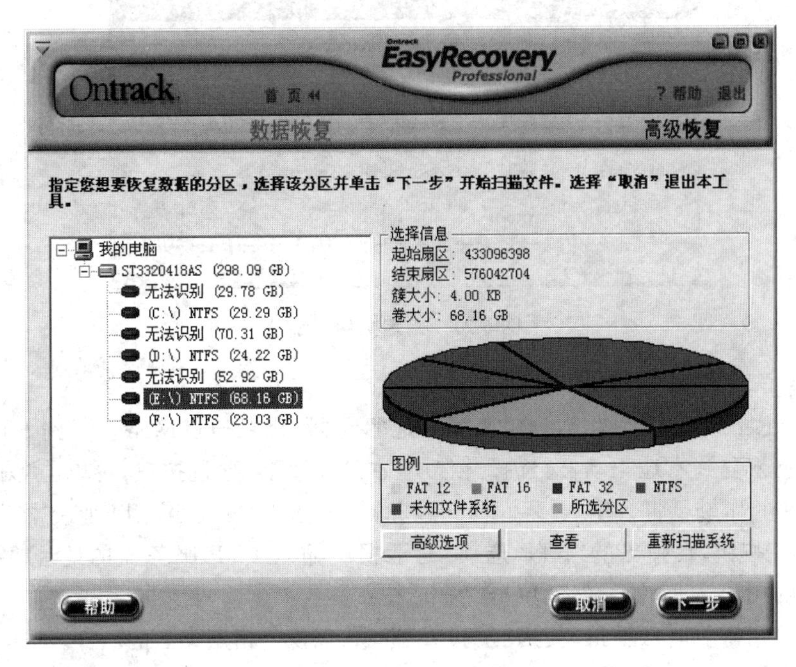

图 6-19　高级恢复界面

(4) 在弹出的"高级选项"对话框中,包含"分区信息"、"文件系统扫描"、"分区设置"和"恢复选项"4 个选项卡。在"分区信息"选项卡中,可以设置起始扇区和结束扇区。当分区不可见时,可以在此输入起始和结束扇区,如果分区可见则保留默认值,如图 6-20 所示。

在"文件系统扫描"选项卡的"文件系统"下拉列框表中选择分区的文件类型,可以在 FAT12、FAT16、FAT32 和 NTFS 之间选择,如图 6-21 所示。在选择"高级扫描"单选按钮后,单击"高级选项"按钮,从中可以设置"簇大小"和"起始数据"。

在"分区设置"选项卡中,如果分区已经损坏,选择"使用 MFT"选项可以使用当前 MFT 扫描文件;如果分区被意外格式化了,选择"忽略 MFT"选项,该选项将忽略所有文件系统结构并简单地扫描文件数据。在"恢复选项"选项卡中,允许用户忽略扫描过程中找到的含有无效属性或已被删除的文件。当所有设置完成后,单击"确定"按钮,再单击"下一步"按钮。

(5) 这时 EasyRecovery 将开始扫描分区,当扫描到数据后,选中要恢复的文件或者文

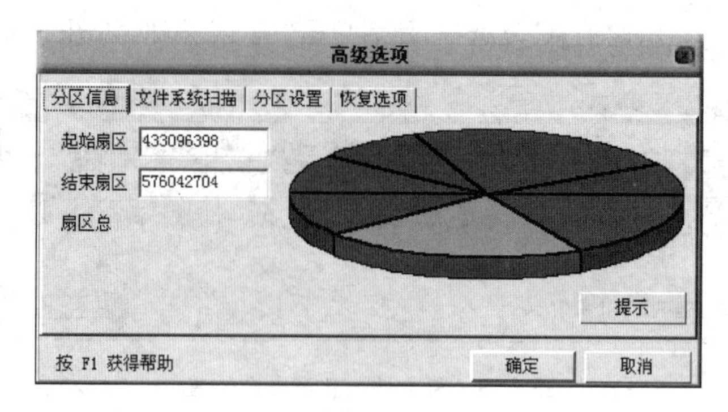

图 6-20　设置高级选项

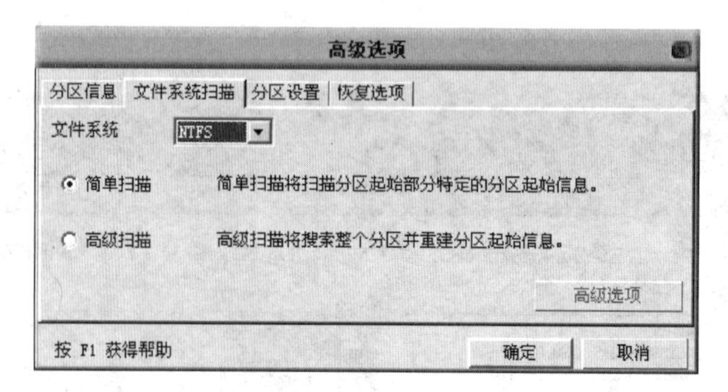

图 6-21　确定文件系统

件夹，然后单击“下一步”按钮。

(6) EasyRecovery 可以将数据恢复到本地驱动器，或者通过网络恢复到 FTP 服务器。如果要将数据恢复到本地驱动器，选择“恢复至本地驱动器”单选按钮，再单击“浏览”按钮选择目标文件夹；如果要将数据恢复到 FTP 服务器，则选择“恢复至 FTP 服务器”选项，并单击“FTP 选项”按钮，在弹出的“FTP 选项”对话框中输入 FTP 服务器的地址、端口及具有“上传”权限的用户名及密码，然后单击“确定”按钮。

在进行数据恢复时，还可以使用“过滤器”选项，以恢复指定类型的文件。选中“使用过滤器”复选框，然后单击“过滤器选项”按钮，在弹出的“过滤器选项”对话框中，选择要过滤的文件，在“指定文件名”文本框中指定要恢复文件的文件名或扩展名(支持“*”和“?”通配符，“*”代表所有，“?”代表一个字符)。在下拉列表中选择要恢复的文件类型，单击“确定”按钮返回，然后再进行恢复时，将恢复指定的文件，如图 6-22 所示。

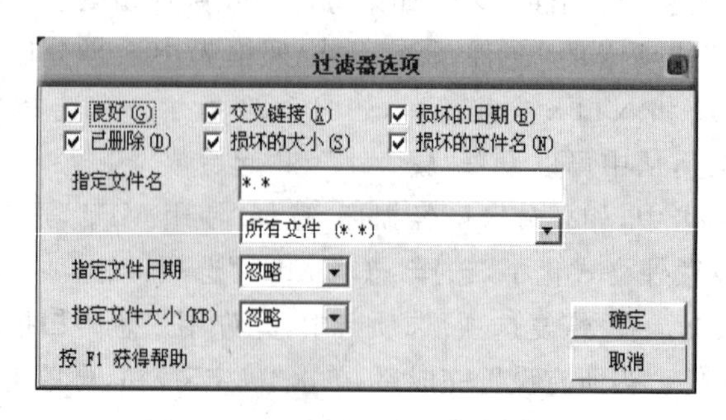

图 6-22　恢复指定文件

第7章 信息内容安全

随着网络及信息化技术的发展与普及，各种信息化服务及网络应用越来越多，在为广大使用者提供便利及良好服务的同时，也存在着大量的非法信息服务及网络应用，如盗版的音像制品及软件、非法的电子出版物、信用卡欺骗网站以及宣扬反动暴力和色情网站等。这些非法信息严重地阻碍影视、出版、软件、金融以及电子商务等行业的正常发展，甚至危害到社会稳定及国家安全。

7.1 概 述

信息内容安全主要包括两方面，一方面是指针对合法的信息内容加以安全保护，如对合法的音像制品及软件的版权保护；另一方面是指针对非法的信息内容实施监管，如对网络色情信息的过滤等。互联网的发展与普及使电子出版物的传播和交易变得便捷，侵权盗版活动也呈日益猖獗之势。近年来，数字产品的版权纠纷案件越来越多，原因是数字产品被无差别地大量复制是轻而易举的事情，如果没有有效的技术措施及法律来阻止，这个势头必更加严重。为了打击盗版犯罪，一方面要通过立法来加强对知识产权的保护；另一方面要有先进的技术手段来保障法律的实施。

1. 内容保护

信息隐藏技术以其特有的优势，引起人们的好奇与关注。人们首先想到的就是在数字产品中加入版权信息来表明版权的所有者，它可以作为侵权诉讼中的证据，而为每件产品编配的唯一产品序列号也可以用来识别购买者，从而为追查盗版者提供线索。目前信息隐藏还没有一个准确和公认的定义。

一般认为，信息隐藏是信息安全研究领域中与密码技术紧密相关的一个分支。信息隐藏和信息加密都是为了保护秘密信息的存储和传输，使之免遭敌手的破坏和攻击，但两者之间有着显著的区别。信息加密是利用对称密钥密码或公开密钥密码把明文变换成密文，信息加密所保护的是信息的内容。信息隐藏是将秘密信息嵌入到表面上看起来无害的宿主信息中，攻击者无法直观地判断他所监视的信息中是否含有秘密信息。换句话说，含有隐匿信息的宿主信息不会引起别人的注意和怀疑，同时隐匿信息又能够为版权者提供一定的版权保护。

针对内容保护技术大多数都是基于密码学和隐写术发展起来的，如数据锁定、隐写标记、数字水印和数字版权管理(DRM)等技术，其中最具有发展前景和实用价值的是数字水印和数字版权管理。

数据锁定是指出版商把多个软件或电子出版物集成到一张光盘上出售，盘上所有的内容均被分别进行加密锁定，不同的用户买到的均是相同的光盘，每个用户只需付款买他所需内容的相应密钥，即可利用该密钥对所需内容解除锁定，而其余不需要的内容仍处于锁定状态，用户是无法使用的。隐匿标记是指利用文字或图像的格式（如间距、颜色等）特征隐藏特定信息。例如，在文本文件中，字与字间、行与行间均有一定的空白间隔，把这些空白间隔精心改变后可以隐藏某种编码的标记信息以识别版权所有者，而文件中的文字内容不需作任何改动。

数字水印是镶嵌在数据中，并且不影响合法使用的具有可鉴别性的数据。它一般应当具有不可察觉性、抗擦除性、稳健性和可解码性。为了保护版权，可以在数字视频内容中嵌入水印信号。如果制定某种标准，可以使数字视频播放机能够鉴别到水印，一旦发现在可写光盘上有不许复制的水印，表明这是一张经非法复制的光盘，因而拒绝播放。还可以使用数字视频复制机检测水印信息，如果发现不许复制的水印，就不去复制相应内容。

数字版权管理(Digital Rights Management，DRM)技术是专门用来保护数字化版权的产品。DRM 的核心是数据加密和权限管理，同时也包含了上述提到的几种技术。DRM 特别适合基于互联网应用的数字版权保护，目前已经成为数字媒体的主要版权保护手段。

2. 内容监管

在对合法信息进行有效的内容保护的同时，针对大量的充斥暴力、色情等非法内容的媒体信息（特别是网络媒体信息）的内容监管也十分必要。面向网络信息内容的监管主要涉及两类，一类是静态信息，主要是存在于各个网站中的数据信息，如挂马网站的有关网页、色情网站上的有害内容以及钓鱼网站上的虚假信息等；另一类是动态信息，主要是在网络中流动的数据信息，如网络中传输的垃圾邮件、色情及虚假网页信息等。

针对静态信息的内容监管技术主要包括网站数据获取技术、内容分析技术、控管技术等，其中网站数据获取技术是指通过访问网站采集网站中的各种数据；内容分析技术是指对采集到的网站数据进行整理分析，判断其危害性，主要涉及协议分析还原、内容析取、模式匹配、多媒体信息分析以及有害程度判定等技术；控管技术是指对违法的网站实施有效的控制管理，将其危害性减少到最低程度，主要涉及阻断对有害网站的访问以及报警技术等。

对于动态信息进行内容监管所采取的技术主要包括网络数据获取技术、内容分析技术、控管技术等。其中网络数据获取技术是指通过在网络关键路径上设置数据采集点，以监听捕获通过该路径的所有网络报文数据。有关内容分析技术和控管技术部分基本上与对静态信息采取的处理技术相同。

7.2 版权保护

版权（又称“著作权”）保护是内容保护的重要部分，其最终目的不是如何防止使用，而是如何控制使用，版权保护的实质是一种控制版权作品使用的机制。数字版权管理(Digital Rights Management，DRM)技术就是以一定安全算法实现对数字内容的保护，包括电子书、视频、音频、图片等数字内容。DRM 技术的目的是从技术上防止数字内容的非法复制，用户必须在得到授权后才能使用数字内容。DRM 涉及的主要技术包括数字标识技术、安全和加密技术以及安全存储技术等。DRM 技术方法主要有两类，一类是采用数字水印技术；另一类是以数据加密和防复制为核心的 DRM 技术。

7.2.1 DRM技术

DRM技术自产生以来，得到了工业界和学术界的普遍关注，被视为数字内容交易和传播的关键技术。国际上已有丰富的产品和系统，如Microsoft WMRM、IBM EMMS、Real Networks Helix DRM以及Adobe Content Server等。国内的DRM技术发展同样很快，特别是在电子书以及电子图书馆方面，如北大方正Apabi数字版权保护技术、书生的SEP技术、超星的PDG等。Microsoft的Windows XP操作系统和Office XP等系列软件中也使用了DRM技术。

如图7-1所示，DRM系统结构分为服务器和客户端两部分，DRM服务器的主要功能是管理版权文件的分发和授权；DRM客户端主要功能是依据受版权保护文件提供的信息申请授权许可证，并依据授权许可信息解密受保护文件，提供给用户使用。首先，原始文件经过版权处理生成被加密的受保护文件，同时生成针对该受版权保护文件的授权许可，并且在受保护文件头部存放着密钥识别码和授权中心的URL等内容，另外还负责提供受版权保护的文件给用户，支持授权许可证的申请和颁发。

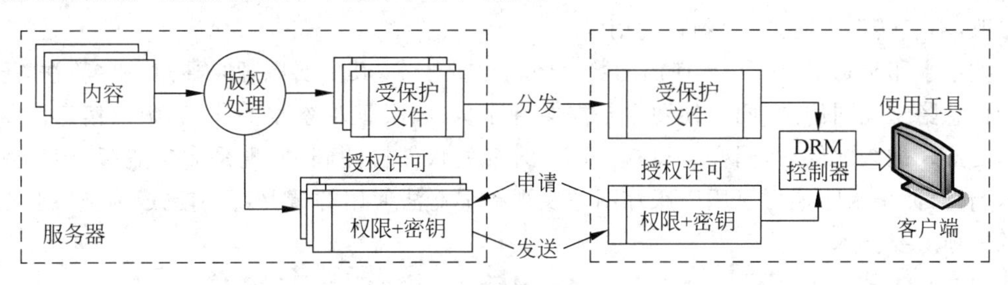

图7-1 DRM工作原理

目前DRM所保护的内容主要分为三类，包括电子书、音视频文件和电子文档。电子书是指利用计算机技术将文字、图片、声音、影像等内容合成的数字化信息文件，可以借助于特定的软、硬件设备进行阅读。音视频是指利用计算机等设备播放的数字化的视听媒体文件。电子文档是指人们在社会活动中形成的、以存储介质为载体的文字材料。三种信息内容的共同特点是便于复制和网络传播，同时也容易受到非法盗版的影响。

Adobe在传统印刷出版领域内一直有着深刻的影响，Adobe的可移植文档格式（PDF）早已成为电子版文档分发的公开实用标准。Adobe公司用于保护PDF格式电子书籍的版权保护方案的核心是ACS（Adobe Content Server）软件，出版商可以利用ACS的打包服务功能对可移植文档格式的电子书进行权限设置（如打印次数、阅读时限等），从而建立数字版权管理。ACS是一种保障eBook销售安全的DRM系统。

方正的Apabi数字版权保护软件主要由Maker、Rights Server、Retail Server和Reader四部分组成。Apabi Maker是将多种格式的电子文档转化成eBook的格式，这是一种“文字＋图像”的格式，可以完全保留原文件中字符和图像的所有信息，不受操作系统、网络环境的限制；Apabi Rights Server主要用于出版社端服务器，提供数据版权管理和保护、电子图书加密和交易的安全鉴定；Apabi Retail Server主要用于书店端服务器，提供的功能与Apabi Rights Server类似；Apabi Reader是用来阅读电子图书的工具，通过浏览器，用户可以在网上买书、读书、下载，建立自己的电子图书馆。

Microsoft 公司于 1999 年 8 月发布了 Windows Media DRM。最新版本的 Windows Media DRM 10 系列包括了服务器和软件开发包 SDKs，它将更好地保护媒体文件的版权。软件开发者可以使用 Windows Media 管理版权，开发用于加密和分发许可证的程序和获取许可证并解密播放媒体文件的播放器程序。加密后的媒体文件可以用于流媒体播放或被直接下载到本地，消费者可以通过 DRM 兼容播放器和兼容的播放设备来播放经过加密的数字媒体文件。

RMS(Rights Management Services)是微软公司开发的，适用于电子文档保护的数字内容管理系统。在企业内部有各种各样的数字内容文档，常见的是与项目相关的文案、市场计划、产品资料等，这些内容通常仅允许在企业内部使用。RMS 结构与图 7-1 所示的结构相类似，主要分为服务器和客户端两部分。客户端按角色不同又分为权限许可授予者和权限许可接受者。RMS 服务器存放由企业确定的信任实体数据库，信任实体包括可信任的计算机、个人、用户组和应用程序，对数字内容的授权包括读、复制、打印、存储、传送、编辑等，授权还可附加一些约束条件，如权限的作用时间和持续时间等。例如，一份财务报表可限定仅能在某一时刻由某人在某台电脑上打开，且只能读，不能打印，不能屏幕复制，不能存储，不能修改，不能转发，到另一时刻自动销毁。

数字水印也是 DRM 经常使用的数字版权保护技术，其主要原理是通过一些算法，把重要的信息隐藏在图像中，同时使图像基本保持原状(肉眼很难察觉变化)。版权信息以数字水印的形式加入图像后，同样可以被 DRM 的有关软件检测到，发现是非法盗版，则拒绝播放。当然，数字水印还可以用于跟踪图像及视频被非法使用的情况，目前已成为数字版权保护的一项重要技术。

7.2.2 数字水印

原始的水印(Watermark)是指在制作纸张过程中通过改变纸浆纤维密度的方法而形成的，“夹”在纸中而不是在纸的表面，迎光透视时可以清晰看到的有明暗纹理的图像或文字。数字水印(Digital Watermark)也是用来证明一个数字产品的拥有权、真实性。数字水印是通过一些算法嵌入在数字产品中的数字信息，如产品的序列号、公司图像标志以及有特殊意义的文本等。数字水印分为可见数字水印和不可见数字水印。可见数字水印主要用于声明对产品的所有权、著作权和来源，起到广告宣传或使用约束的作用，例如电视台播放节目时的台标既起到广告宣传的作用，又可声明所有权。不可见数字水印应用的层次更高，制作难度更大，应用面也更广。

一个数字水印(后简称为“水印”)方案一般包括三个基本方面：水印的形成、水印的嵌入和水印的检测。水印的形成主要是指选择有意义的数据，以特定形式生成水印信息，如有意义的文字、序列号、数字图像(商标、印鉴等)或者数字音频片段的编码。一般水印信息可以根据需要制作成可直接阅读的明文信息，也可以是经过加密处理后的密文。

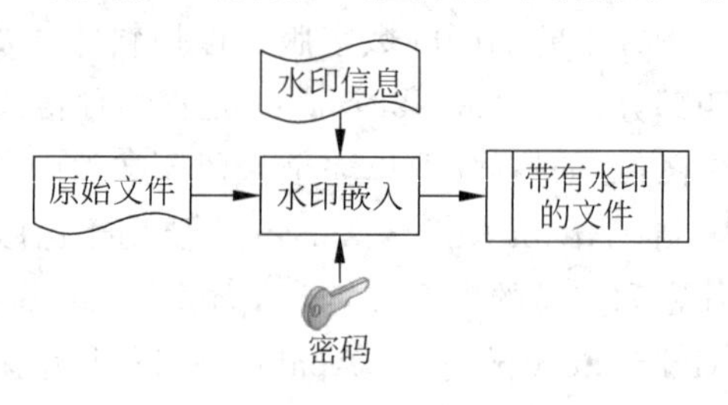

图 7-2 水印嵌入模型

如图 7-2 所示，水印的嵌入与密码体系的加密环节类似，一般分为输入、嵌入处理和输出三部分，输入包括原始宿主文件、水印信息和密码。嵌入处理完成的主要任务是对输入的原始文件进行分析选择嵌入点，将水印信息以特定的方式嵌入到一个或多个嵌入点，在整个过程中可能需要密码参与。输出则是将处理过的数据整理为带有水印信息的文件。

如图7-3所示，水印的检测一般分为两部分工作，分别是检测水印是否存在和提取水印信息。水印的检测方式主要分为盲水印检测和非盲水印检测，盲水印检测主要指不需要原始数据(原始宿主文件和水印信息)参与，直接检测水印信号是否存在；非盲水印检测是在原始数据参与下进行水印检测。图7-3中水印提取及比较主要针对不可见水印，一般可见水印可以直接由视觉识别。

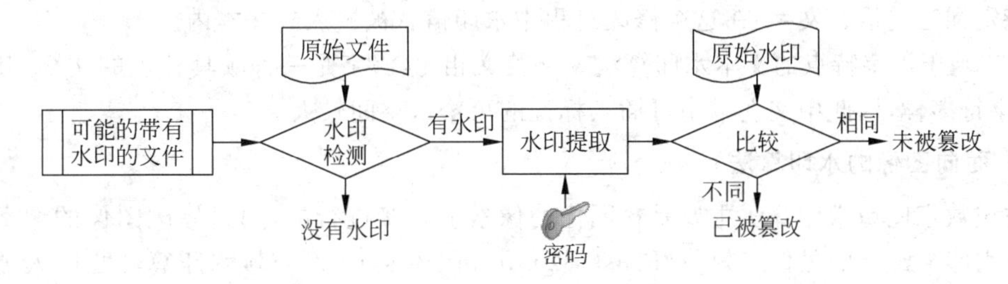

图7-3 水印检测模型

数字水印的使用一般要以不破坏原始数据的欣赏价值、使用价值为原则，因此数字水印具有以下基本特征。

(1) 隐蔽性(不可见水印)：指水印与原始数据紧密结合并隐藏其中，不影响原始数据正常使用的特性。

(2) 鲁棒性：在不破坏多媒体主观质量的前提下，对多媒体数据经过有意或无意的操作后，数字水印仍能保持完整性并能被鉴别出来。这些操作包括所有可能的信号处理，如加入信号、滤波、剪切、编码，也包括所有未经授权的恶意攻击。这是版权保护的一项关键特征。

(3) 安全性：未授权者不能伪造水印或检测出水印。密码技术对水印的嵌入过程进行置乱加强安全性，从而避免没有密钥的使用者恢复和修改水印。

(4) 易用性：指水印的嵌入和提取算法是否简单易用，主要指水印嵌入算法和水印提取算法的实用性和执行效率等。

7.2.3 数字水印算法

近年来，数字水印技术研究取得了很大的进步，出现了许多优秀的数字水印算法，特别是针对图像数据以及音视频数据。

1. 面向文本的水印算法

纯文本文档指ASCII码文档或计算机源代码文档。这样的文档没有格式信息，编辑简单，使用方便，但是因为这种类型的文档不存在可插入标记的可辨认空间，很难嵌入秘密信息，需要保护和认证的正式文档很少采用纯文本格式。格式化的文档一般指除了文本信息之外，有很多用来标记文字格式和版面布局的冗余信息，如Word文件、PDF文件等。对于这类文档，可以把水印信息嵌入到这类文档的格式化编排中，如行间距、字间距、字体、文字大小和颜色等不足以被人眼发现的微小变化都可以用来进行信息的隐藏。常见的方法如下。

(1) 基于文档结构微调的文本水印算法，主要指通过对文本文档空间域的变换来嵌入数据；文档的空间域不仅包括文本的字符、行、段落的结构布局，也包括了字符的形状和颜色。

(2) 基于语法的文本水印算法，这类算法是在语法规则基础上建立起来的，主要有两类：一类是按照语法规则对载体文本中的词汇进行替换来隐藏水印信息，另一类是按照语法规则对载体文本中的标点符号进行修改来隐藏水印信息。

(3) 基于语义的文本水印算法，这类算法的基本原理是将一段正常的语言文字修改为包含特定词汇的语言文字，在这个修改过程中水印信息被嵌入到文本内。

(4) 基于汉字特点的文本水印算法。和英文相比，汉字是一种颇具特色的文字，其结构独特、字符多样，因此中文文本中可插入标记的可辨认空间较大。

2. 面向图像的水印算法

空域数字图像水印算法主要是在图像的像素上直接进行的，通过修改图像的像素值嵌入数字水印。经典的最低有效位(Least Significant Bits，LSB)空域水印算法是以人类视觉系统不易感知为准则，在原始载体数据的最不重要的位置上嵌入数字水印信息。该算法的优势是可嵌入的水印容量大，不足是嵌入的水印信息很容易被移除。

变换域数字水印算法是在图像的变换域进行水印嵌入的，将原始图像经过正交变换，将水印嵌入到图像的变换系数中去。常用的变换有离散傅里叶变换(Discrete Fourier Transform，DFT)、离散余弦变换(Discrete Cosine Transform，DCT)、离散小波变换(Discrete Wavelet Transform，DWT)等。

3. 面向音视频的水印算法

根据音频水印载体类型，音频水印技术可分为基于原始音频和基于压缩音频两种。基于原始音频方法是在未经编码压缩的音频信号中直接嵌入水印。基于压缩音频方法指音频信号在压缩编码过程中嵌入水印信息，输出的是含水印的压缩编码的音频信号。

视频可以认为是由一系列连续的静止图像在时间域上构成的序列，因此视频水印技术与图像水印技术在应用模式和设计方案上具有相似之处。数字视频水印主要包括基于原始视频的水印、基于视频编码的水印和基于压缩视频的水印。

4. NEC 算法

NEC 算法是由 NEC 实验室的 Cox 等人提出的，在数字水印算法中占有重要地位。Cox 认为水印信号应该嵌入到那些人感觉最敏感的源数据部分，在频谱空间中，这些重要部分就是低频分量。这样，攻击者在破坏水印的过程中，不可避免地会引起图像质量的严重下降。水印信号应该由具有高斯分布的独立同分布随机实数序列构成。这使得水印抵抗多复制联合攻击的能力大大增强。NEC 算法具有较强的鲁棒性、安全性、透明性等。

5. 生理模型算法

人的生理模型包括人类视觉系统(Human Visual System，HVS)和人类听觉系统(Human Auditory System，HAS)等。生理模型算法的基本思想是利用人类视觉的掩蔽现象，从 HVS 模型导出可觉察差异(Just Noticeable Difference，JND)，利用 JND 描述来确定图像的各个部分所能容忍的数字水印信号的最大强度。人类视觉对物体的亮度和纹理具有不同程度的感知性,可以调节嵌入水印信号的强度。

7.3 内容监管

内容监管是内容安全的另一重要方面,如果监管不善,会对社会造成极大的影响,其重要性不言而喻。内容监管涉及很多领域,其中基于网络的信息已经成为内容监管的首要目标。一般来说,病毒、木马、色情、邪教、严重的虚假欺骗以及垃圾邮件等有害的网络信息都需要进行监管。

7.3.1 网络信息内容过滤

内容监管首先需要解决的就是如何制定监管的总体策略,总体策略主要包括监管的对象、监管的内容、对违规内容如何处理等。首先如何界定违规内容(那些需要禁止的信息),既能够禁止违规内容,又不会殃及合法应用。其次对于可能存在违规信息的网站如何处理,一种方法是通过防火墙禁止对该网站的全部访问,这样比较安全,但也会禁止掉其他有用内容;另一种方法是允许网站部分访问,只是对那些有害网页信息进行拦截,但此种方法存在拦截失败的可能性。

如图 7-4 所示,内容监管系统模型可以被分为监管策略和监管处理两部分。监管策略主要是指依据监管需求制定的规则及规范,具体体现在内容监管系统的设计中,一般包括数据获取策略、敏感内容定义、违规定义以及处理策略等;监管处理主要指依据监管需求设计的对相关数据进行检查及联动处理的程序模块,一般包括数据获取、数据调整、敏感信息搜索、违规判定以及违规处理等。

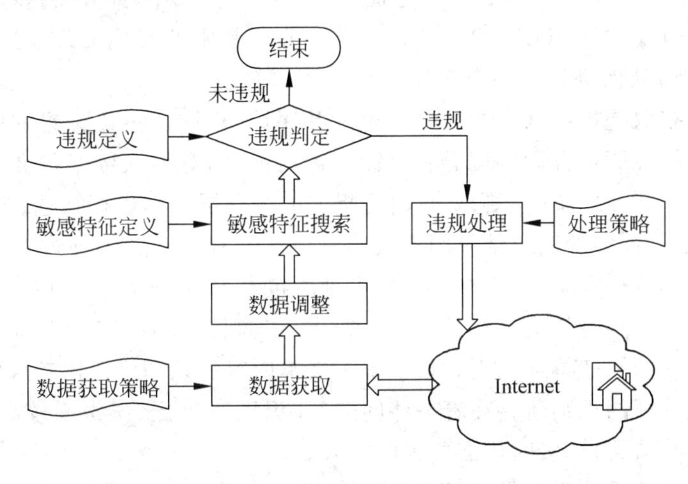

图 7-4　内容监管系统模型

1. 内容监管策略

内容监管需求是制定内容监管策略的依据,内容监管策略是内容监管需求的形式化表示。数据获取策略主要确定监管对象的范围、采用何种方式获取需要检测的数据;敏感特征定义是指用于判断网络信息内容是否违规的特征值,如敏感字符串、图片等;违规定义是指依据网络信息内容中包含敏感特征值的情况判断是否违规的规则；违规处理策略是指对于违规载体(网站或网络连接)的处理方法，如禁止对该网站的访问、拦截有关网络连接等。

2. 数据获取

数据获取技术分为主动式和被动式两种形式。主动式数据获取是指通过访问有关网络连接而获得其数据内容，网络爬虫是典型的主动式数据获取技术，如图 7-5 所示，网络爬虫实际上就是一个网页自动提取的程序。

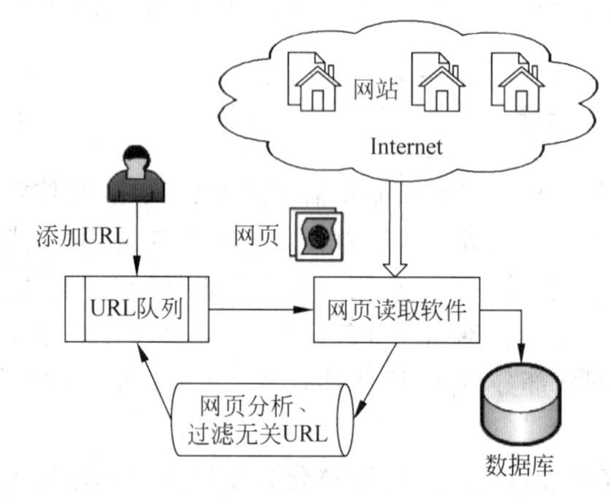

图 7-5 网络爬虫示意

网络爬虫的基本工作原理是，首先选取一部分精心挑选的种子 URL；将这些 URL 放入待抓取 URL 队列；从待抓取 URL 队列中取出待抓取的 URL，解析 DNS，并且得到主机的 IP，并将 URL 对应的网页下载下来，存储进已下载网页库中，此外将这些 URL 放进已抓取 URL 队列；分析已抓取 URL 队列中的 URL，分析其中的其他 URL，并且将 URL 放入待抓取 URL 队列，从而进入下一个循环。

被动式数据获取是指在网络的特定位置设置探针，获取流经该位置的所有数据。被动式数据获取主要解决两个方面的问题：探针位置的选择，对出入数据报文的采集。数据调整主要指针对数据获取模块(主要是协议栈)提交的应用层数据进行筛选、组合、解码以及文本还原等工作，数据调整的输出结果用于敏感特征搜索等。敏感特征搜索实际上就是依据事先定义好的敏感特征策略，在待查内容中识别所包含的敏感特征值，搜索的结果可以作为违规判定的依据。敏感特征值可以是文本字符串、图像特征、音频特征等，它们分别用于不同信息载体的内容的敏感特征识别。目前基于文本内容的识别已经比较成熟并达到可实用化，而图像、音频特征的识别还存在着一些问题，如识别率较低、误报率较高等，难以实现全面有效的程序自动监管，更多时候需要人的介入。

违规判定程序的设计思想是将敏感特征搜索结果与违规定义相比较，判断该网络信息内容是否违规。违规定义是说明违规内容应具有的特征，即敏感特征。每个敏感特征由敏感特征值和特征值敏感度(某特征值对违规的影响程度，也可以看做权重)两个属性来描述。敏感特征的搜索结果具有敏感特征值的广度(包含相异敏感特征值的数量)和敏感特征值的深度(包含同一个特征值的数量)两个指标。违规处理目前主要采用的方法与入侵检测相似，报警就是通知有关人员违规事件的具体情况，封锁 IP 一般是指利用防火墙等网络设备阻断对有关IP地址的访问，而拦截连接则是针对某个特定访问连接实施阻断，向通信双方发送RST数据包阻断TCP连接就是常用的拦截方法。

7.3.2　垃圾邮件处理

垃圾邮件(Spam)现在还没有一个非常严格的定义，一般来说，凡是未经用户许可(与用户无关)就强行发送到用户的邮箱中的任何电子邮件就称为垃圾邮件。

目前主要采用的技术有过滤、验证查询和挑战。过滤(Filter)技术是相对来说最简单、又最直接的垃圾邮件处理技术，主要用于邮件接收系统来辨别和处理垃圾邮件。验证查询技术主要指通过密码验证及查询等方法来判断邮件是否为垃圾邮件，包括反向查询、雅虎的DKIM(Domain Keys Identified Mail)技术、Microsoft的SenderID技术、IBM的FairUCE(Fair use of Unsolicited Commercial E-mail)技术以及邮件指纹技术等。基于挑战的反垃圾技术是指通过延缓邮件处理过程，来阻碍发送大量邮件。

反垃圾邮件系统是设置在企业邮件系统服务器之前的阻挡垃圾邮件进入邮件系统的一套装置或者设备。该设备接收所有进入到企业内部的邮件，对邮件进行处理，让良性邮件进入企业邮件服务器。反垃圾邮件系统建立在基于Linux或者BSD的加固的操作系统之上，也有个别厂商基于其他操作系统制作解决方案。硬件的形式及加固操作系统使垃圾邮件防火墙更加不容易被黑客等攻击。一个良好的反垃圾邮件系统不仅可以阻断垃圾邮件，而且可以保护邮件服务器不受其他形式的攻击。图7-6为一个典型的反垃圾邮件系统。

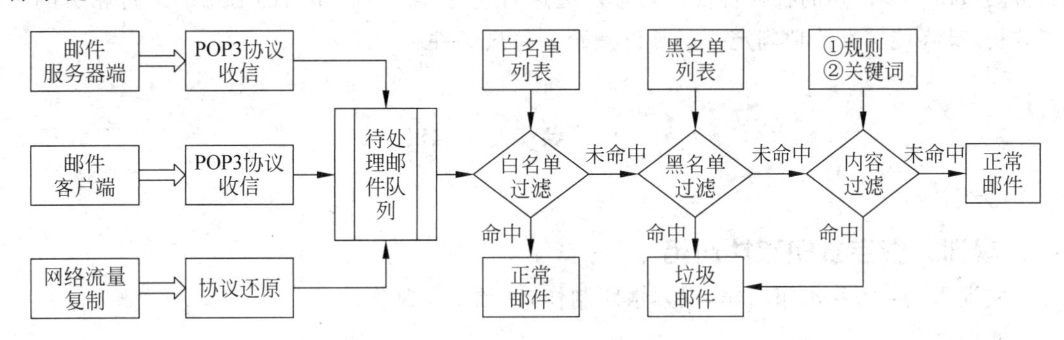

图7-6　典型的反垃圾邮件系统

垃圾邮件发送的商业模型是大规模地发出同样的邮件，通常几天或者几周内甚至几个月内发送数以百万计的邮件，这些邮件虽然可能在细微处有所变化，但是通过特定的算法，却可以将这些邮件的共同特征提取出来。为此，反垃圾邮件网关厂家设置了大量"蜜罐"，或者说诱骗邮件地址，是用于收集大量的垃圾邮件。再依靠特定的算法，将这些邮件的共同特征——邮件指纹提取出来，存入邮件指纹库。反垃圾邮件网关厂家收到邮件后，发送相关的信息到远程的邮件指纹数据库中进行核对，从而迅速地确认这封邮件是否垃圾。这种指纹分析的方法和当前反病毒体系中病毒特征码的原理是一样的。在面对一些最新出现的或罕见的垃圾邮件时，它没有多大效用。但是对于那些大量发送的相同的垃圾邮件，这种方法却具有最高的效率。而且这种方法几乎不会产生误判。

垃圾邮件技术如今变得愈加复杂，许多垃圾邮件变得与正常的邮件几乎一样，在这些邮件中含有URL链接，这个链接往往指向一些不健康的网站，或某个商品促销的网站。反垃圾邮件网关厂家为此创建了意图分析技术，构建了垃圾邮件 URLS 地址数据库。它检查邮件中的 URL 链接，确定邮件是否垃圾邮件。

贝叶斯分析采用过去事件的知识预测未来事件。应用到反垃圾邮件领域，贝叶斯过滤与以前收到的垃圾邮件与合法邮件中的相同词语与短语出现的频率对比此邮件中有问题的词语与短语，来确定垃圾邮件的可能性。它能自动适应垃圾邮件变化，是一种动态的智能过滤技术。贝叶斯过滤技术，它采用了全新的分词技术，同时支持单字节和双字节语种，需要学习的样本数量更少。贝叶斯能保正系统始终具有较高的过滤率，其他的过滤技术是一种静态的技术，依赖于规则库或特征库的更新。而贝叶斯是智能的技术，它能自动学习新的垃圾邮件，调整自己的字词频度表，使得系统始终维持较高的过滤水准。采用了分用户贝叶斯后，使得不同邮件用户个性化的需求得以真正的实现。一般反垃圾邮件分用户个性化设置仅限于个人黑白名单。无法满足不同用户对邮件的不同偏好，然而用户通过调整培训自己的分用户贝叶斯数据库，就可以简单地实现这一功能。

基于规则的评分系统也被称为人工智能(AI)系统，每一条规则对应一定的评分，一封邮件与规则库进行比较，每符合一条规则加上该规则评分，获得的分数越高，该邮件是垃圾邮件的可能性就越高。如果一封邮件超过一定得分门槛(阈值)，该邮件将被分类为垃圾邮件。在这些规则中，可以用来识别变化的词语或短语，例如垃圾邮件引擎侦测到变化型文字，垃圾邮件引擎会自动回复到原先的字词，例如 V. I. A. G. R. A 回复为 VIAGRA。这些规则不仅包括语义分析，还包括对垃圾邮件发送工具的检测、对邮件中含有图片形态和比重的检测，HTML 格式的各种特征规则等。通过对一封邮件所有相关的信息都进行相关的智能分析，最终能够准确地判定一封邮件是否为垃圾邮件。

7.4 实 训

实训 数字水印软件应用

实训目的：图片水印制作，视频水印制作，音频水印制作。

实训准备：

Photo Watermark Professional 是一款非常专业的水印制作软件，操作方法比较简单，支持批量操作，可以使用文本、图片的混合来设计水印。自动对象可以从图片中提取出不同的 exif 数据，多级透明设置，并支持 jpeg、tiff、bmp、gif、png 多种格式输出。

VidLogo 是一款视频 Logo 编辑工具。它可以修改视频 Logo 文件，为视频添加 Logo 或水印等，支持作为水印的图像格式有 BMP、JPEG、GIF，还可以使用 AVI 文件。能够给 AVI、ASF、WMV、DivX、Xvid、3ivx、MP4 格式的视频添加水印。

实训内容：

1. Photo Watermark Professional 图片水印制作

(1) 运行 Photo Watermark Professional V7.0.5.2，界面如图 7-7 所示。

(2) 打开需要加入水印的图片文件并添加三个水印：一个时间、两个文本。其中第二个文本水印通过右上角“文本编辑器”输入内容，如图 7-8 所示。

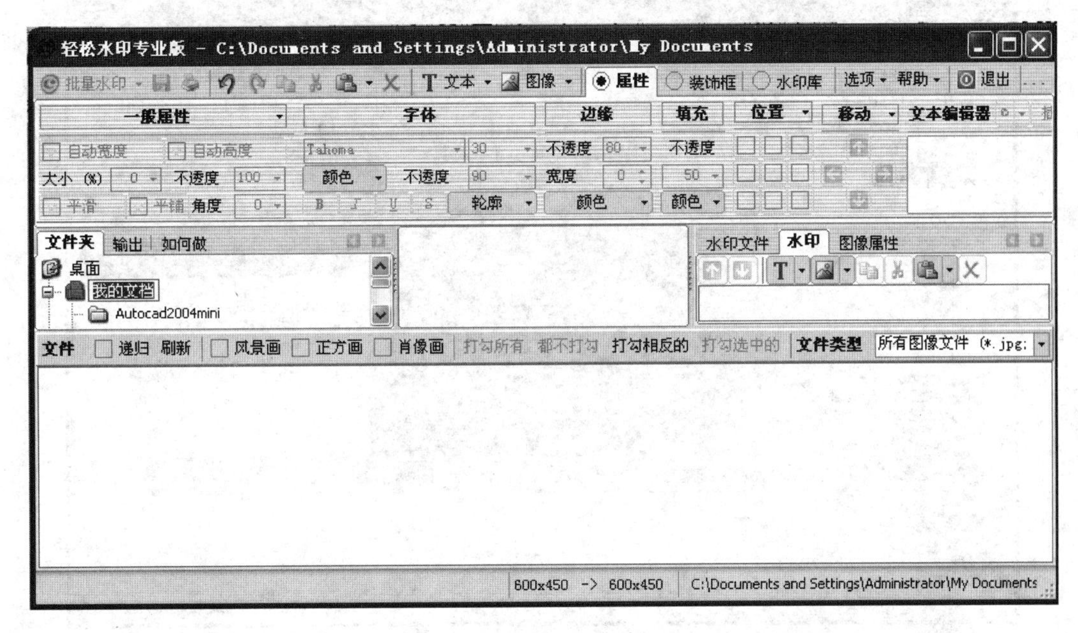

图 7-7　PhotoWatermark Professional 运行界面

图 7-8　在图片中添加时间和文本

(3) 若要隐藏某个水印对象，可通过将左上角“一般属性”中“不透度”属性值设置为 0，如图 7-9 的时间水印设置成不可见水印。

图 7-9 将时间一般属性中不透明参数设置为 0

(4) 文本水印格式常用凸文、凹文、阴影等，图像水印常从“编辑”菜单下进行设置，“图像特效”中的特效是最常用的工具。Photo Watermark 支持多水印操作。选择“文件”→“保存”或“批量加水印”命令，水印制作就完成了。

2. VidLogo 视频水印制作

(1) 运行 VidLogo，界面如图 7-10 所示。

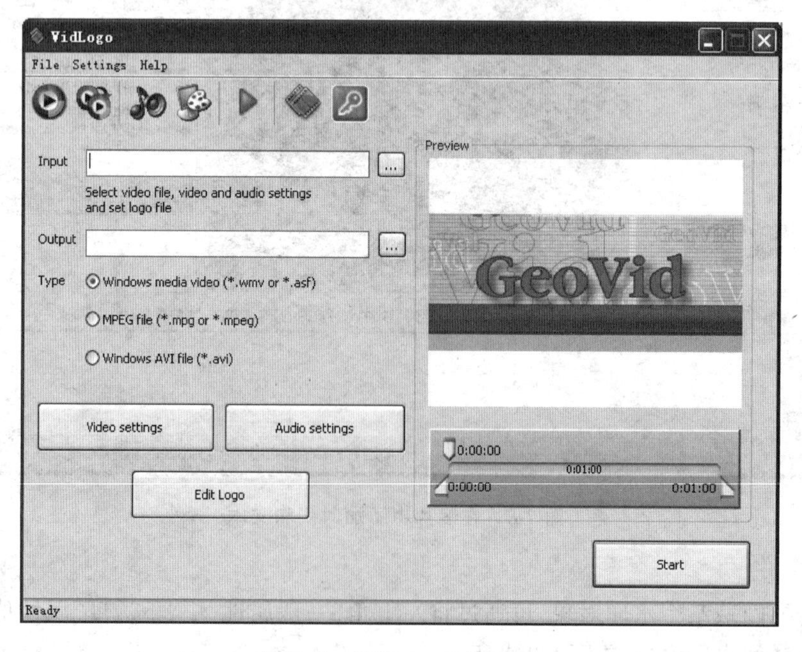

图 7-10 VidLogo 运行界面

(2) 单击 Edit Logo 按钮,在弹出的界面中选择用做水印的图像或视频,调整大小以及放置的位置,确定后,回到开始界面,然后单击 Start 按钮,该视频中便加入了水印信息,如图 7-11 和图 7-12 所示。对于图片水印,还可以通过 Pick Color 设置透明色。

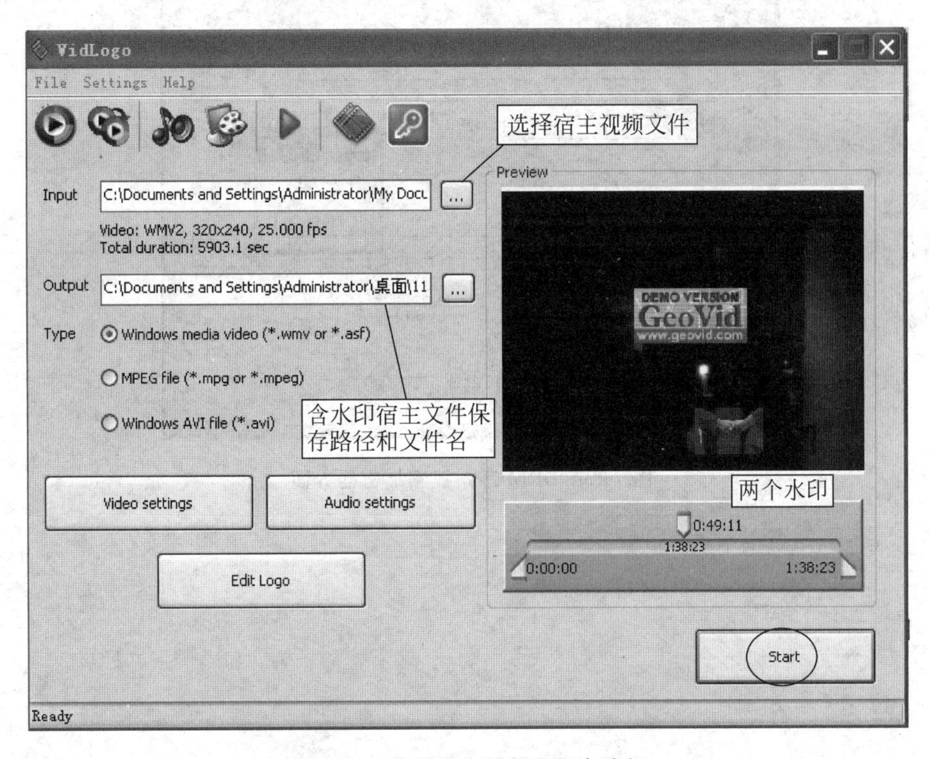

图 7-11 选择宿主视频及保存路径

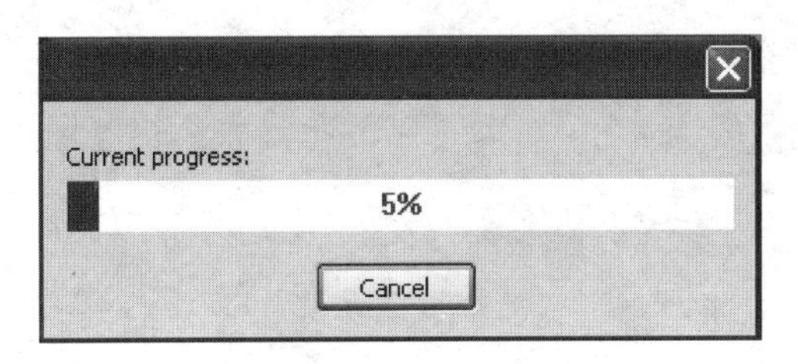

图 7-12 视频制作进程

3. DRM 音频水印制作

为音频加水印其实质就是在现有音乐源信息内嵌入数据信息,包括版权方面的信息,比如国际标准记录码、用户 ID、使用守则和其他特许权的跟踪信息。

对音频水印的制作可以用"DRM 音频视频加密器"软件,DRM 的英文全称为 Digital Right Management,是指数字版权管理。该软件制作的水印可以防止对这些信息的非法复制和压缩,因为在声音的低频系统加入水印信息对原始数据的影响很小,两者在听觉的差别基本分辨不出来,却为打击盗版提供了有力的证据。

"DRM 音频视频加密器"软件试用版的界面如图 7-13 所示。

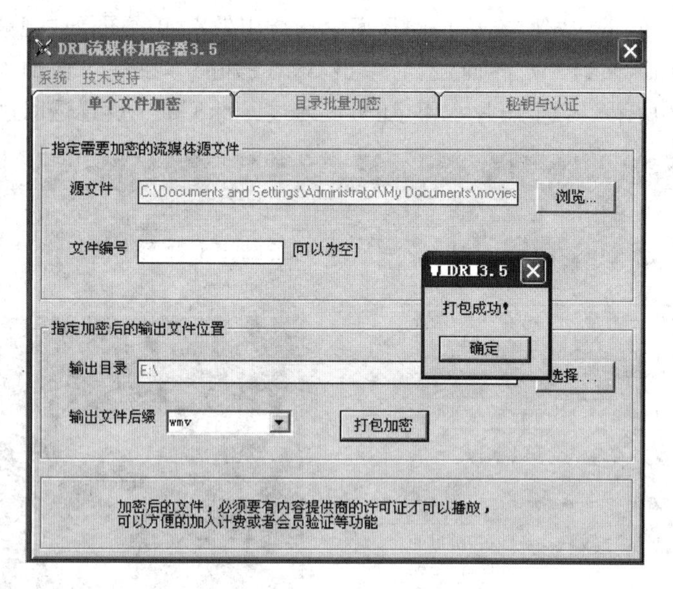

图 7-13 DRM 音频视频加密器界面

第8章　云计算与云安全

云计算(Cloud Computing)是基于互联网的相关服务的增加、使用和交付模式，通常涉及通过互联网来提供动态易扩展且经常是虚拟化的资源。云计算是一种按使用量付费的模式，这种模式提供可用的、便捷的、按需的网络访问，进入可配置的计算资源共享池(资源包括网络、服务器、存储、应用软件和服务)，这些资源能够被快速提供，只需投入很少的管理工作，或与服务供应商进行很少的交互。云计算是一种商业计算模型，它将计算任务分布在大量计算机构成的资源池上，使各种应用系统能够根据需要获取计算力、存储空间和信息服务。

8.1　云计算概述

2006年8月9日，Google首席执行官埃里克·施密特(Eric Schmidt)在搜索引擎大会(SES San Jose 2006)上首次提出云计算(Cloud Computing)的概念。Google云端计算源于Google工程师克里斯托弗·比希利亚所做的Google 101项目。

2007年10月，Google与IBM开始在美国大学校园，包括卡内基梅隆大学、麻省理工学院、斯坦福大学、加州大学伯克利分校及马里兰大学等，推广云计算的计划，这项计划希望能降低分布式计算技术在学术研究方面的成本，并为这些大学提供相关的软硬件设备及技术支持(包括数百台个人计算机及BladeCenter与System x服务器，这些计算平台将提供1600个处理器，支持包括Linux、Xen、Hadoop等开放源代码平台)。而学生则可以通过网络开发各项以大规模计算为基础的研究计划。

2008年1月30日，Google宣布在台湾启动“云计算学术计划”，将与台湾台大、交大等学校合作，将这种先进的大规模、快速云计算技术推广到校园。

云计算的基本组成如图8-1所示。

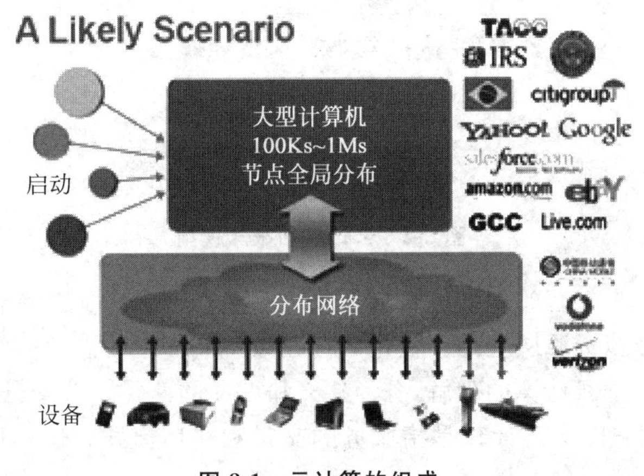

图8-1　云计算的组成

云计算主要经历了四个阶段,依次是电厂模式、效用计算、网格计算和云计算。

电厂模式阶段:电厂模式就好比是利用电厂的规模效应,来降低电力的价格,并让用户使用起来更方便,且无须维护和购买任何发电设备。

效用计算阶段:在1960年前后,当时计算设备的价格是非常高昂的,远非普通企业、学校和机构所能承受,所以很多人产生了共享计算资源的想法。1961年,人工智能之父麦肯锡在一次会议上提出了“效用计算”这个概念,其核心借鉴了电厂模式,具体目标是整合分散在各地的服务器、存储系统以及应用程序来共享给多个用户,让用户能够像把灯泡插入灯座一样来使用计算机资源,并且根据其所使用的量来付费。但由于当时整个IT产业还处于发展初期,很多强大的技术还未诞生,比如互联网等,所以虽然这个想法一直为人称道,但是总体而言“叫好不叫座”。

网格计算阶段:网格计算研究如何把一个需要非常巨大的计算能力才能解决的问题分成许多小的部分,然后把这些部分分配给许多低性能的计算机来处理,最后把这些计算结果综合起来攻克大问题。可惜的是,由于网格计算在商业模式、技术和安全性方面的不足,使得其并没有在工程界和商业界取得预期的成功。

云计算阶段:云计算的核心与效用计算和网格计算非常类似,也是希望IT技术能像使用电力那样方便,并且成本低廉。但与效用计算和网格计算不同的是,现在在需求方面已经有了一定的规模,同时在技术方面也已经基本成熟了。云计算的概念模型如图8-2所示。

图8-2 云计算的概念模型

云计算是近5年来兴起的一种网络应用模式,该应用的独特性在于它是完全建立在可自我维护和管理的虚拟资源层上的。使用者可以按不同需求动态改变需要访问的资源和服务的种类和数量。对于云计算的理解,分为狭义和广义的两类。狭义云计算是指IT基础设施的交付和使用模式;广义云计算是指服务的交付和使用模式。这种服务可以是IT和软件、互联网相关的，也可以是任意其他的服务，它具有超大规模、虚拟化、可靠安全等独特功效。

1. 虚拟化技术

虚拟化的目的在于集中IT管理任务，简化运维流程与降低成本，同时改善企业计算资源有效利用率和可用性，使得企业更能够快速响应商务需求以及提升竞争力。简单地说，虚拟化就是改善传统的一台物理服务器上运行一个应用程序的模式，让物理服务器硬件及网络资源能够被充分利用的配置，使得一台物理服务器上能够运行多个互相独立的虚拟机，并执行多个应用服务程序。图8-3所示为云计算模式，以较少的硬件资源实现更多更有效率的企业服务，节省总拥有成本。虚拟化可实现于私有云、混合云与共有云计算平台上，取决于企业服务形态与需求。虚拟机是一个由软件实现，完全隔离的客操作系统(Guest OS)，运行于原本的主操作系统(Host OS)中，并有独立的计算环境。虚拟机就像物理机一样，包含自己的CPU、内存(RAM)、外存(DISK)和网卡(NIC)等。虚拟机完全是由软件构成的，就是由一个或多个文件所组成，完全没有硬件组件。因此，虚拟机提供了企业IT环境更多的弹性与好处，尤其是更快的服务维护及部署和更简单的备份管理。

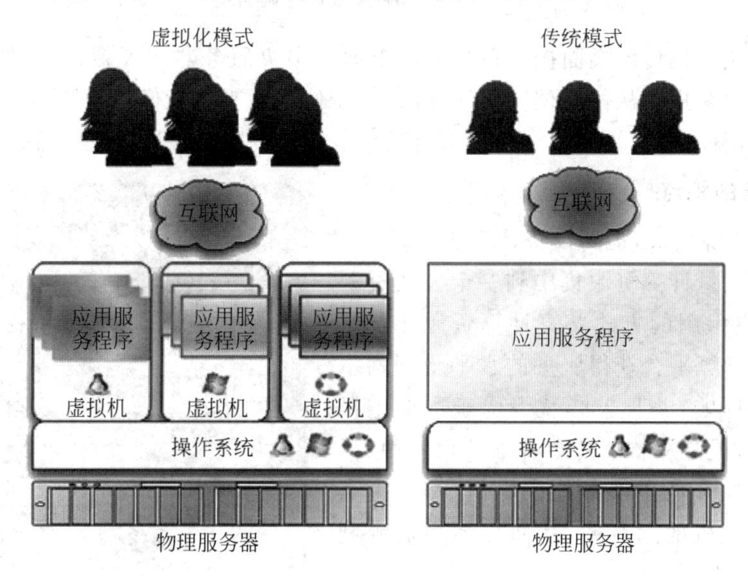

图8-3　云计算模式

除了虚拟化服务器之外，更进一步，IT基础架构及数据中心都可被虚拟化，使得企业可自动化整合IT基础架构，通过计算资源分享达到更有成本效益的资源管理配置，提升整体企业运维的效率与弹性。举个简单的例子，当企业在部署应用服务的时候，都会遇到这个问题：应该部署多少计算资源才能够满足各种情况下的服务访问，配置太多不符合成本效益，因为80%的时间服务器都没有被有效利用；配置太少又无法满足在高峰期的使用者访问，造成服务品质下降甚至服务中断。有了虚拟化基础架构，所有计算资源可以共享，当有需要时虚拟机可及时开启，自动化随时调整响应企业服务需求。IT基础架构的虚拟化(见图8-4)也是由软件来实现，提供了一层系统架构以区隔底层硬件(物理机、存储、网络)与虚拟机和运行在上的应用服务程序。虚拟化基础架构基本上包含以下组件功能：虚拟机和虚拟机管理程序(Hypervisor)；资源管理、配置和备份功能；IT管理流程自动化程序，比如错误复原。

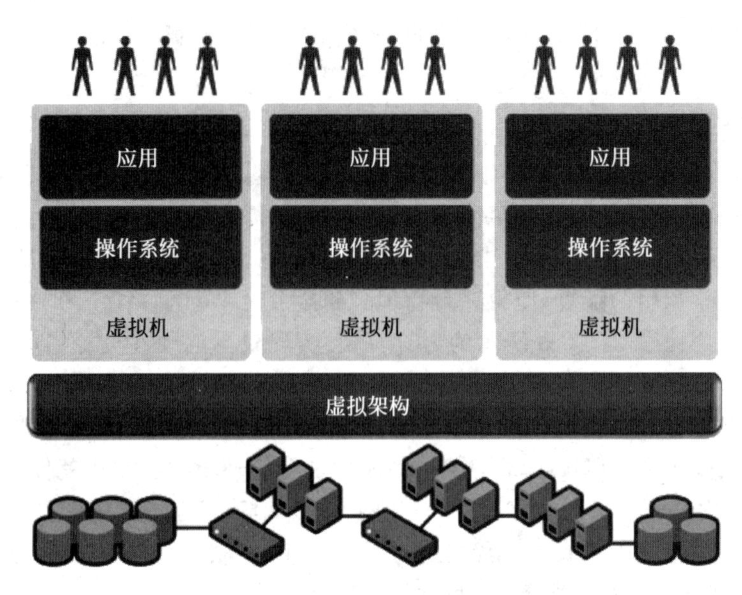

图 8-4 VMWare 虚拟化基础架构

桌面虚拟化是把传统桌面操作系统运行于远端中央服务器的虚拟机上，使用者通过现有的物理机或瘦客户端从任何位置访问桌面，对于使用者来说就像用传统桌面一样，同时提供了更多的方便性、管理性和安全防护部署的集成。图 8-5 所示为虚拟桌面基础架构。

2. 云计算的特点

(1) 计算资源集成，提高设备计算能力。

云计算把大量计算资源集中到一个公共资源池中，通过多主租用的方式共享计算资源。虽然单个用户在云计算平台获得服务的水平受到网络带宽等各因素影响，并且未必获得优于本地主机所提供的服务，但是从整个社会资源的角度而言，整体的资源调控降低了部分地区峰值荷载，提高了部分荒废的主机的运行率，从而提高了资源利用率。

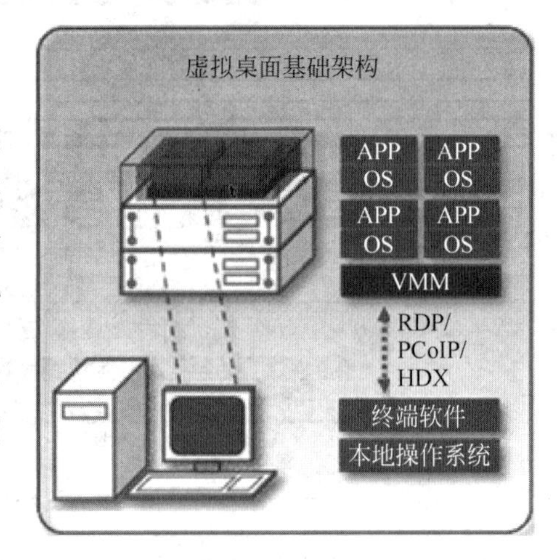

图 8-5 虚拟桌面基础架构

(2) 分布式数据中心保证系统容灾能力。

分布式数据中心可将云端的用户信息备份到地理上相互隔离的数据库主机中，甚至用户自己也无法判断信息的确切备份地点。该特点不仅仅提供了数据恢复的依据，也使得网络病毒和网络黑客的攻击失去目的性而变成徒劳，大大提高系统的安全性和容灾能力。

(3) 软硬件相互隔离减少设备依赖性。

虚拟化层将云平台上方的应用软件和下方的基础设备隔离开来。技术设备的维护者无法看到设备中运行的具体应用。同时对软件层的用户而言基础设备层是透明的，用户只能看到虚拟化层中虚拟出来的各类设备。这种架构减少了设备依赖性，也为动态的资源配置提供了可能。

(4) 平台模块化设计体现高可扩展性。

目前主流的云计算平台均根据 SPI 架构在各层集成功能各异的软硬件设备和中间件软件。大量中间件软件和设备提供针对该平台的通用接口,允许用户添加本层的扩展设备。部分云与云之间提供对应接口,允许用户在不同云之间进行数据迁移。类似功能更大程度上满足了用户需求,集成了计算资源,是未来云计算的发展方向之一。

(5) 虚拟资源池为用户提供弹性服务。

云平台管理软件将整合的计算资源根据应用访问的具体情况进行动态调整,包括增大或减少资源的要求。因此,云计算对于非恒定需求的应用,如对需求波动很大、阶段性需求等,具有非常好的应用效果。在云计算环境中,既可以对规律性需求通过事先预测事先分配,也可根据事先设定的规则进行实时公平调整。弹性的云服务可帮助用户在任意时间得到满足需求的计算资源。

(6) 按需付费降低使用成本。

作为云计算的代表按需提供服务、按需付费是目前各类云计算服务中不可或缺的一部分。对用户而言,云计算不但省去了基础设备的购置运维费用,而且能根据企业成长的需要不断扩展订购的服务,不断更换更加适合的服务,提高了资金的利用率。

8.2　云计算服务

云计算服务是指将大量用网络连接的计算资源统一管理和调度,构成一个计算资源池向用户按需服务。用户通过网络以按需、易扩展的方式获得所需资源和服务。云计算包括三个层次服务:基础设施即服务(IaaS)、平台即服务(PaaS)和软件即服务(SaaS)。所谓层次,是分层体系架构意义上的"层次",如图 8-6 所示。

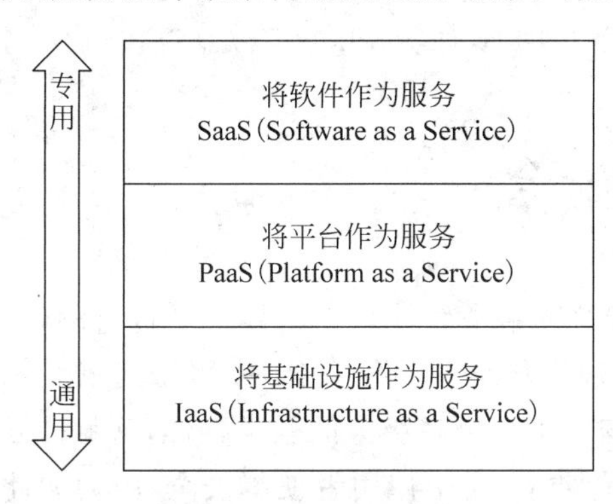

图 8-6　云计算服务层次

IaaS(Infrastructure as a Service)基础设施级服务,消费者通过 Internet 可以从完善的计算机基础设施获得服务。IaaS 是把数据中心、基础设施等硬件资源通过 Web 分配给用户的商业模式。

PaaS(Platform as a Service)平台级服务,是指将软件研发的平台作为一种服务,以 SaaS 的模式提交给用户。因此 PaaS 也是 SaaS 模式的一种应用。但是,PaaS 的出现可以加快 SaaS 的发展,尤其是加快 SaaS 应用的开发速度。PaaS 服务使得软件开发人员可以在不购买服务器等设备环境的情况下开发新的应用程序。

SaaS(Software as a Service)软件级服务,是一种通过 Internet 提供软件的模式,用户无须购买软件,而是向提供商租用基于 Web 的软件,来管理企业经营活动。SaaS 模式大大降低了软件的使用成本和客户的管理维护成本,由于软件是托管在服务商的服务器上,可靠性也更高。

Amazon 开发了弹性计算云(Elastic Computing Cloud,EC2)和简单存储服务(Simple Storage Service,S3)为企业提供计算和存储服务。EC2 向客户提供虚拟执行环境租赁服务,供企业开发、测试或执行应用程序使用,客户可以按需选择内存空间、运算单位及存储空间等环境。S3是一个公开的服务,Web应用程序开发人员可以使用它存储数字资产,包括图片、视频、音乐和文档,S3提供一个RESTful API以编程方式实现与该服务的交互。

AWS已经具备云计算的三个基本特征:用户需要的IT资源不在自己的数据中心里面,这些资源可以通过互联网获得,没有固定的投资成本。AWS(Amazon Web Services, Amazon Web 服务)包括四种服务:S3提供无限制存储空间,存储是每月每GB为15美分;EC2根据配置不同,服务器容量是每小时10～80美分,用户可以选择不同的服务器配置,对实际用到的计算处理量进行付费;Simple Queuing Service(一种简单的消息队列);处在测试阶段的SimpleDB(简单的数据库管理)。目前,Amazon通过互联网提供计算处理、存储、消息队列、数据库管理系统等"即插即用"型服务。

Google Drive是谷歌公司推出的一项在线云存储服务,用户通过统一的谷歌账户进行登录;通过这项服务,用户可以获得15GB的免费存储空间;同时如果用户有更大需求,则可以通过付费方式获得更大的存储空间。Google Drive服务有本地客户端版本、网络界面版本,针对Google Apps客户推出,配上特殊域名;Google向第三方提供API接口,允许从其他程序上传内容到Google Drive。Google Drive支持直接从网页浏览器打开多达30多种文件格式,包括高清视频和Photoshop文件,采用与其他App服务一样的基础架构,拥有同样的管理工具和安全可靠性。集中式管理,新的控制工具可以让管理员删除或者添加个人或者群组用户的存储空间;安全性,通过对传输于浏览器和服务器之间的数据进行加密,同时采取两步认证方式,以防止非授权的账户登录获取记录;数据镜像,即使在某个服务器宕机的情况下,数据仍然将是安全与可用的,因为将数据同步到了多个数据中心;可用性,Google保证99.9%时间正常运行,因此无须担心数据的可用性,任何时候需要时都可以获得想要的数据。Google Drive提供15GB免费存储空间足够用户日常使用,如果用户需要更大的空间,可选择升级至100GB空间,每月费用为4.99美元;或升级至200GB,月费9.99美元;或升级至400GB,月费19.99美元;或升级至1TB,月费49.99美元。

8.3　云计算安全

云安全(Cloud Security)通过网状的大量客户端对网络中软件行为的异常进行监测,获取互联网中木马、恶意程序的最新信息,推送到服务端进行自动分析和处理,再把病毒和木马的解决方案分发到每一个客户端。整个互联网,变成了一个超级大的杀毒软件,这就是云安全计划的宏伟目标。云安全的策略构想是:使用者越多,每个使用者就越安全,因为如此庞大的用户群,足以覆盖互联网的每个角落,只要某个网站被挂马或某个新木马病毒出现,就会立刻被截获。

云安全技术是P2P技术、网格技术、云计算技术等分布式计算技术混合发展、自然演化的结果。云安全的核心思想与反垃圾邮件网格非常接近,垃圾邮件泛滥而无法用技术手段很好地自动过滤,是因为所依赖的人工智能方法不是成熟技术。垃圾邮件的最大的特征是:它会将相同的内容发送给数以百万计的接收者。为此,可以建立一个分布式统计和学习平台,以大规模用户的协同计算来过滤垃圾邮件:首先,用户安装客户端,为收到的每一封邮件计算出一个唯一的“指纹”，通过比对“指纹”可以统计相似邮件的副本数，当副本数达到一定数量，就可以判定邮件是垃圾邮件；其次，由于互联网上多台计算机比一台计算机掌握的信息更多，因而可以采用分布式贝叶斯学习算法，在成百上千的客户端机器上实现协同学习过程，收集、分析并共享最新的信息。反垃圾邮件网格体现了真正的网格思想，每个加入系统的用户既是服务的对象，也是完成分布式统计功能的一个信息节点，随着系统规模的不断扩大，系统过滤垃圾邮件的准确性也会随之提高。用大规模统计方法来过滤垃圾邮件的做法比用人工智能的方法更成熟，不容易出现误判假阳性的情况，实用性很强。

反垃圾邮件网格就是利用分布在互联网中的千百万台主机的协同工作，来构建一道拦截垃圾邮件的“天网”。反垃圾邮件网格思想提出后，被 IEEE Cluster 2003 国际会议选为杰出网格项目在香港作了现场演示，在 2004 年网格计算国际研讨会上作了专题报告和现场演示，引起较为广泛的关注。既然垃圾邮件可以如此处理，病毒、木马等亦然，这与云安全的思想就相去不远了。

云安全技术原理，是网络时代信息安全的最新体现，它融合了并行处理、网格计算、未知病毒行为判断等新兴技术和概念，通过网状的大量客户端对网络中软件行为的异常进行监测，获取互联网中木马、恶意程序的最新信息，推送到服务器端进行自动分析和处理，再把病毒和木马的解决方案分发到每一个客户端，如图 8-7 所示。

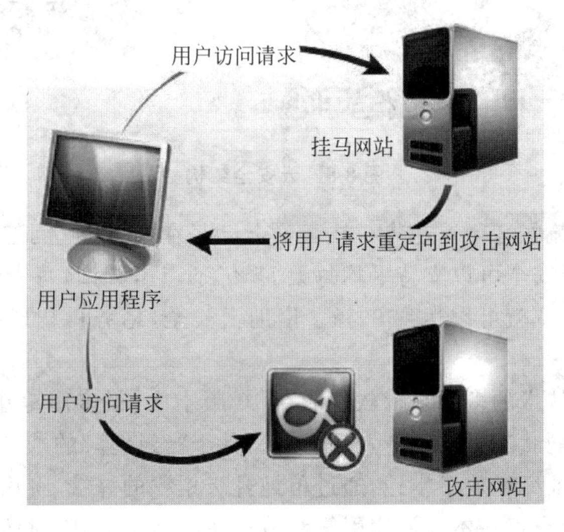

图 8-7　云安全示意

未来杀毒软件将无法有效地处理日益增多的恶意程序。来自互联网的主要威胁正在由电脑病毒转向恶意程序及木马，在这样的情况下，采用的特征库判别法显然已经过时。云安全技术应用后，识别和查杀病毒不再仅仅依靠本地硬盘中的病毒库，而是依靠庞大的网络服务，实时进行采集、分析以及处理。整个互联网就是一个巨大的“杀毒软件”，参与者越多，每个参与者就越安全，整个互联网就会更安全。图 8-8 所示为云安全架构。

云安全的概念提出后，曾引起了广泛的争议，许多人认为它是伪命题。但事实胜于雄辩，云安全的发展像一阵风，瑞星、趋势、卡巴斯基、MCAFEE、SYMANTEC、江民科技、PANDA、金山、360 安全卫士等都推出了云安全解决方案。我国安全企业金山、360、瑞星等都拥有相关的技术并投入使用。金山的云技术使得自己的产品资源占用得到极大的减少，

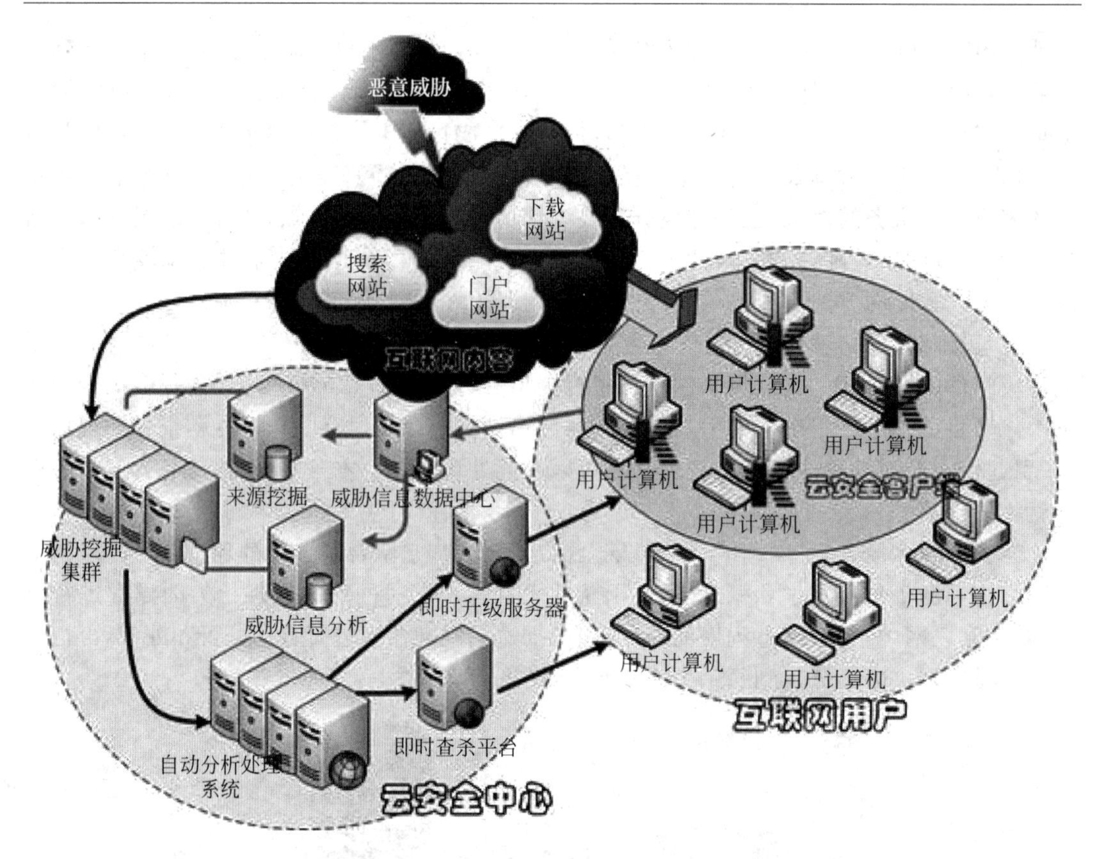

图 8-8　云安全架构

在很多老机器上也能流畅运行。趋势科技云安全已经在全球建立了五大数据中心，几万部在线服务器。据悉，云安全可以支持平均每天 55 亿条点击查询，每天收集分析 2.5 亿个样本，资料库第一次命中率就可以达到 99%。借助云安全，趋势科技现在每天阻断的病毒感染最高达 1000 万次。

在基于“云安全”技术的多种杀毒软件的 2010 版本中，很多用户在使用后已感觉到，其新版极大降低了在不同状态下的整体资源占用。基于“云计算”的杀毒软件打破了传统杀毒软件此前须将病毒特征库存放于本地，通过单纯升级累积的弊端，将病毒定义和特征库置于服务端(云端)，使得用户仅在本地调用引擎和特征库的情况下，随时访问和借助几千万的病毒特征库来识别对应威胁，并通过已被多次验证的，对病毒木马样本高达 99%的检测率，证明了云杀毒技术的优势所在。基于“云安全”技术的专业杀毒软件，可以给用户提供更为全面的防御功能，它可以针对现有病毒不断的发生、病毒创造非常快的特点，推出云安全技术，并将此技术应用到了产品当中，给用户提供了足够的安全保障。

8.4　瑞星云安全解决方案

自从 1988 年莫里斯蠕虫出现直到 2004 年，全球截获的电脑病毒总数有 10 万，其中大部分是木马病毒。只要电脑接入互联网，就会立刻面临木马病毒的包围：电子邮件带毒、即时通信工具带毒、网上下载的电影和 MP3 带毒、网页上被植入木马……在国内各大 IT 论坛上经常能听到电脑用户的抱怨，不管使用什么杀毒软件，都难以阻挡病毒，只能将电脑一次次重装。而国外反病毒公司 Trend Micro 的 CEO 也曾表示，目前反病毒业界的状况糟糕极了。即使是一名病毒分析工程师，每天最多能分析 20 个左右新病毒，面对成几何级数爆炸增长的新木马病毒，反病毒公司何以承担如此严峻的任务？如果依然沿袭以往的反病毒模式，安全厂商将被淹没在木马病毒的汪洋大海中。

1. 让每一台电脑都变成一个木马监测站

考虑上述因素，除了利用主动防御技术、未知病毒分析技术等提高杀毒软件的查杀能力之外，还需要对传统的木马病毒截获、分析处理方法做根本性的变革，才可以有效应对木马病毒泛滥的严峻局势。瑞星云安全计划的内容是，将用户和瑞星技术平台通过互联网紧密相连，组成一个庞大的木马/恶意软件监测、查杀网络，每个瑞星卡卡 6.0 用户都为云安全计划贡献一份力量，同时分享其他所有用户的安全成果，如图 8-9 所示。

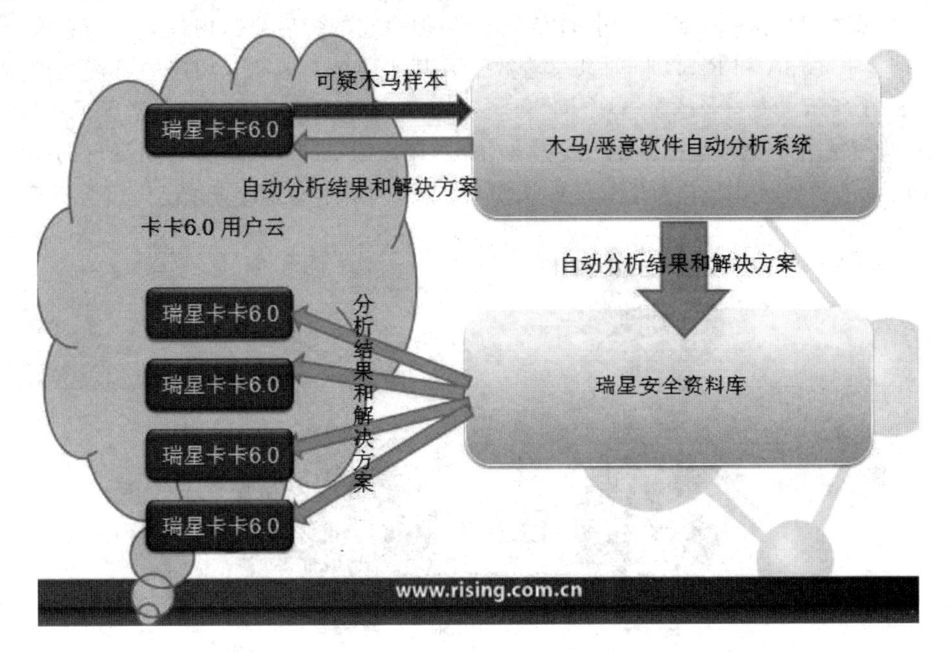

图 8-9　全民防御绝杀木马

瑞星卡卡 6.0 的自动在线诊断模块，是云安全计划的核心之一，每当用户启动电脑，该模块都会自动检测并提取电脑中的可疑木马样本，并上传到瑞星木马/恶意软件自动分析系统(Rs Automated Malware Analyzer，RsAMA)，整个过程只需要几秒钟。随后 RsAMA 将把分析结果反馈给用户，查杀木马病毒，并通过瑞星安全资料库(Rising Security Database，RsSD)，分享给其他所有瑞星卡卡 6.0 用户。由于此过程全部通过互联网并经程序自动控制，可以在最大程度上提高用户对木马和病毒的防范能力。理想状态下，从一个盗号木马攻击某台电脑，到整个云安全网络对其拥有免疫、查杀能力，仅需几秒的时间。

2. 瑞星如何每天处理 10 万个新木马病毒

瑞星如何分析、处理每天收到的 8 万～10 万个新木马病毒样本的呢？光凭人力肯定是无法解决这个问题的，云安全计划的核心是瑞星 RsAMA，该系统能够对大量病毒样本进行自动分类与共性特征分析。借助该系统,能让病毒分析工程师的处理效率成倍提高。虽然每天收集到的木马病毒样本有8万~10万个,但是瑞星的自动分析系统能够根据木马病毒的变种群自动进行分类,并利用变种病毒家族特征提取技术分别将每个变种群的特征进行提取。这样,对数万个新木马病毒进行自动分析处理后,真正需要人工分析的新木马病毒样本只有数百个。病毒处理流程如图8-10所示。瑞星拥有近20年的反病毒经验,是国内最早将行为模式判断、虚拟机脱壳和智能主动防御等新技术应用在产品中的厂商,也最早提出族群式查杀的概念。其RsAMA自开始搭建,目前每天可以处理10万个可疑木马样本。

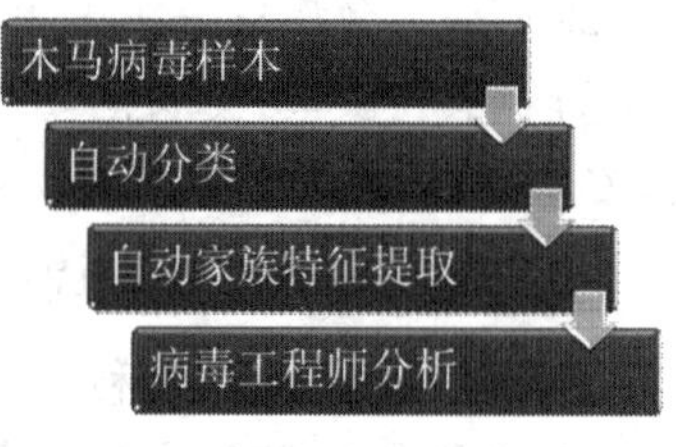

图8-10 病毒处理流程

3. 互联网就是杀毒软件

每一个瑞星卡卡6.0的用户都为云安全计划贡献力量,同时分享所有用户的安全成果。瑞星卡卡6.0本身只是一个数兆大小的安全工具,但是它的背后是国内最大的信息安全专业团队,是瑞星RsAMA和RsSD,同时共享着数千万其他瑞星卡卡6.0用户的可疑文件监测成果,如图8-11所示。参与者越多,整个网络越安全。随着瑞星卡卡6.0用户数量的不断增长,新木马病毒暴露在监测节点面前的几率就会增大,瑞星RsAMA收取并分析处理的样本就会同步提升,而每一个瑞星卡卡6.0用户从RsSD所获得的新木马病毒查杀能力就会提高。

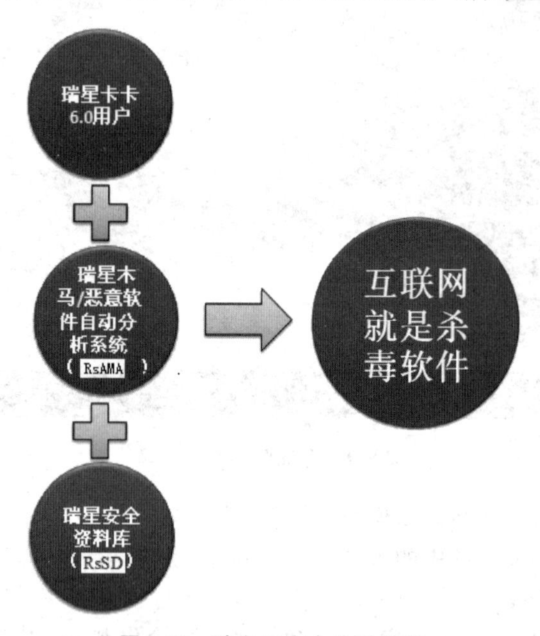

图8-11 瑞星云安全体系架构

8.5 趋势云安全解决方案

趋势科技云安全智能保护网络能在最新网络威胁到达用户的计算机之前予以拦截,从而带来了比传统方法更加智能、更高效率的安全性。云安全智能保护网络充分利用了趋势科技的各种解决方案和服务架构，把独特的互联网与云端技术和客户端(包含所有的趋势科技网络安全专家客户端)结合起来，无论您是在家里、或是在公司网络还是在漫游中，都能够迅速并自动保护您的网络安全。趋势科技云安全智能保护网络针对所有网络威胁类型提供实时的共同智能保护——从恶意文件、垃圾邮件、网络钓鱼和网络威胁到拒绝服务攻击、网络漏洞甚至是数据丢失。通过把各种活动联系起来判断它们是否有害。这是因为网络威胁的单一行为看起来可能是无害的，但是当同时探测到多种行为和活动时，就很有可能发现有害的活动。主要组件包括网络信誉技术、电子邮件信誉技术、文件信誉技术、行为关联信誉技术、邻里监督自动反馈机制、威胁情报。图 8-12 所示为以组建为基础的安全体系架构。

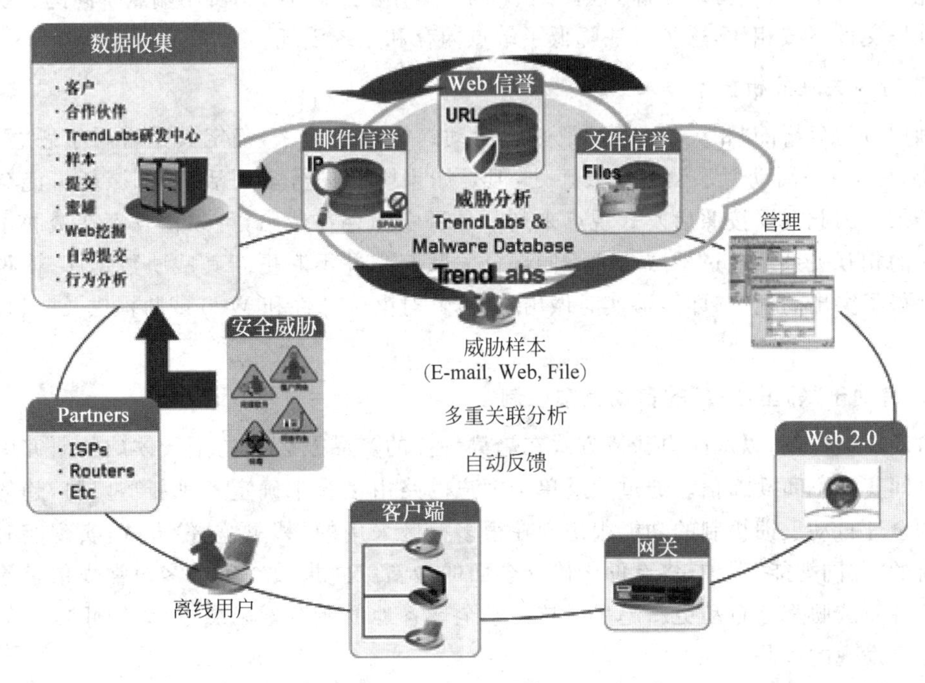

图 8-12　云安全体系架构

1. 网络信誉技术

趋势科技的 Web 信誉服务按照恶意软件行为分析所发现的网站页面、历史位置变化和可疑活动迹象等因素来制定信誉分数，从而追踪网页的可信度。然后将通过该技术继续扫描网站并防止用户访问被感染的网站。为了提高准确性、降低误报率，趋势科技 Web 信誉服务为网站的特定网页或链接制定了信誉分值，而不是对整个网站进行分类或拦截，因为通常合法网站只有一部分受到攻击，而信誉可以随时间而不断变化。通过信誉分值的比对，就可以知道某个网站潜在的风险级别。当用户访问具有潜在风险的网站时，就可以及时获得系统提醒或阻止，从而帮助用户快速地确认目标网站的安全性。通过 Web 信誉服务，可以防范恶意程序源头。由于对 0 day 攻击的防范是基于网站的可信程度而不是真正的内容，因此能有效预防恶意软件的初始下载，用户进入网络前就能够获得防护能力。

2. 电子邮件信誉技术

电子邮件信誉服务按照已知垃圾邮件来源的信誉数据库检查 IP 地址，同时利用可以实时评估电子邮件发送者信誉的动态服务对 IP 地址进行验证。信誉评分通过对 IP 地址的

“行为”、“活动范围”以及以前的历史进行不断的分析而加以细化。按照发送者的 IP 地址，恶意电子邮件在云中即被拦截，从而防止僵尸或僵尸网络等 Web 威胁到达网络或用户的计算机。

3. 文件信誉服务技术

文件信誉服务技术可以检查位于端点、服务器或网关处的每个文件的信誉。检查的依据包括已知的良性文件清单和已知的恶性文件清单，即现在所谓的防病毒特征码。高性能的内容分发网络和本地缓冲服务器将确保在检查过程中使延迟时间降到最低。由于恶意信息被保存在云中，因此可以立即到达网络中的所有用户。而且，和占用端点空间的传统防病毒特征码文件下载相比，这种方法降低了端点内存和系统消耗。

4. 行为关联分析技术

利用行为分析的“相关性技术”把威胁活动综合联系起来，确定其是否属于恶意行为。Web 威胁的单一活动似乎没有什么害处，但是如果同时进行多项活动，那么就可能会导致恶意结果。因此需要按照启发式观点来判断是否实际存在威胁，可以检查潜在威胁不同组件之间的相互关系。通过把威胁的不同部分关联起来并不断更新其威胁数据库，使得趋势科技获得了突出的优势，即能够实时做出响应，针对电子邮件和 Web 威胁提供及时、自动的保护。

5. 有助于“邻里监督”的自动反馈机制

自动反馈机制，以双向更新流方式在趋势科技的产品及公司的全天候威胁研究中心和技术之间实现不间断通信。通过检查单个客户的路由信誉来确定各种新型威胁，趋势科技广泛的全球自动反馈机制的功能很像现在很多社区采用的“邻里监督”方式，实现实时探测和及时的“共同智能”保护，将有助于确立全面的最新威胁指数。单个客户常规信誉检查发现的每种新威胁都会自动更新趋势科技位于全球各地的所有威胁数据库，防止以后的客户遇到已经发现的威胁。

6. 威胁情报

来自全球各地的研究人员将补充趋势科技的反馈和提交内容。在趋势科技防病毒研发支持中心 TrendLabs，员工将提供实时响应，24/7 的全天候威胁监控和攻击防御，以探测、预防并清除攻击。趋势科技综合应用各种技术和数据收集方式，包括“蜜罐”、网络爬行器、客户和合作伙伴内容提交、反馈回路以及 TrendLabs 威胁研究，趋势科技能够获得关于最新威胁的各种情报。通过趋势科技云安全中的恶意软件数据库以及 TrendLabs 研究、服务和支持中心对威胁数据进行分析。

7. 趋势科技云安全产品

虚拟化和云计算使当今的数据中心改换了面貌。但随着各组织纷纷从物理环境迁移至集物理、虚拟以及私有云和公共云于一体的综合环境，许多组织仍然沿用之前的多种传统安全解决方案来应对当前流行的威胁形势。在虚拟环境中，这会增加操作复杂性、降低主机性能和虚拟机密度。在云环境中，传统安全解决方案会造成安全空白，从而影响将关键业务应用转移至灵活的低成本云环境的信心。不幸的是，这将导致无法充分利用虚拟化和云计算技术，从而难以实现投资回报率最大化。

趋势科技服务器深度安全(Deep Security)防护系统提供了一种全方位服务器安全平台,旨在保护您的数据中心和云平台免遭数据泄露和业务中断,并降低运营成本。可以以多种方式组合使用的模块包括防恶意软件、Web 信誉、防火墙、入侵阻止、完整性监控和日志检查,以确保物理、虚拟和云环境中服务器的应用程序以及数据的安全(系统部署如图 8-13 所示)适用于 VMWare 的无代理安全解决方案,也可在所有平台上作为多功能安全客户端使用。无论是以上哪种用途,Deep Security 都可以简化安全操作,同时提升虚拟化和云环境的投资回报率。

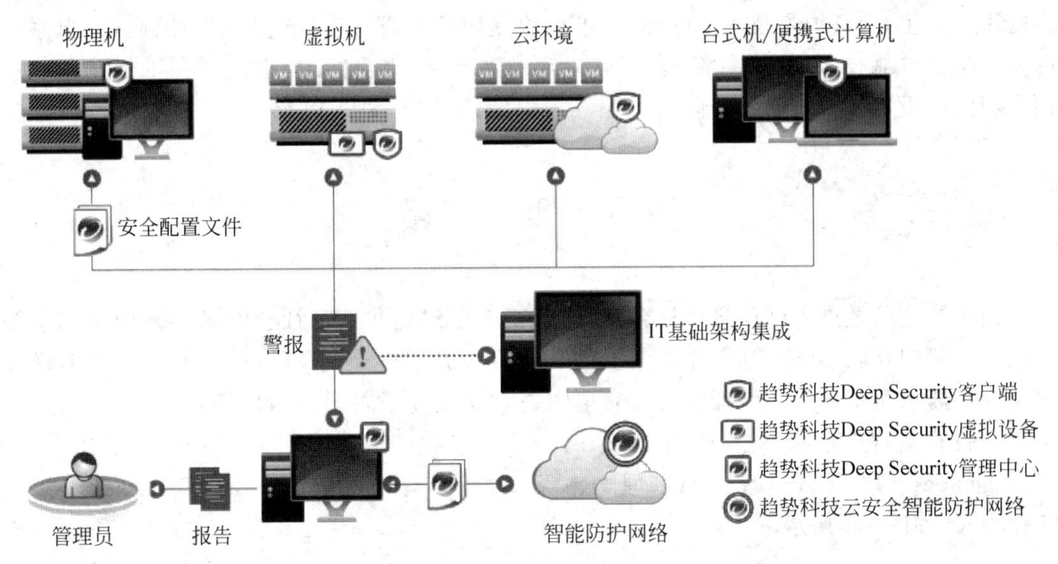

图 8-13　Deep Security 系统部署

8. 趋势云安全特点

各大安全厂商皆宣称具有云安全服务;将客户端视为“搜集代理”,透过网络搜集威胁,并不能称得上真正的云安全。真正使用云安全的直接好处,可以用三个零的理念解释。

零增长的资源占用:将病毒库或威胁知识库放置于云端,而用户本地的资源消耗不再随着威胁数量增长而增长。

零时间的防护部署:透过网络,以信誉“评比”的方式提供防护参考。如访问网站时,云安全 Web 信誉技术提供域名安全定级,再决定是否放行或是阻断访问。相同理念也在文件和邮件上实现,当开启文档时,向云安全服务器查询此文档是否带有恶意行为。威胁知识库部署于互联网,不再需要将庞大的病毒库推向终端。

零时差的威胁间隙:三个信誉技术——Web、邮件、文件信誉技术所形成的“关联分析”,能够从单一独立事件,分析计算出其他威胁的攻击途径。例如,从一个未定级垃圾邮件中,云安全计算首先将此邮件拆解,取出数个未定级链接,再访问链接后获得连接的文档,并分析文档加以判定为恶意软件。云安全智能网络能自动分析并判断最新的威胁途径;以此例来说,此垃圾邮件和其中的带有威胁的链接将定级为恶意软件来源。

第9章 信息安全管理

信息系统的安全管理目标是管好信息资源安全，信息安全管理是信息系统安全的重要组成部分，管理是保障信息安全的重要环节，是不可或缺的。实际上，大多数安全事件和安全隐患的发生，与其说是技术上的原因，不如说是由于管理不善而造成的。因此，信息系统的安全是三分靠技术、七分靠管理，可见管理的重要性。信息安全管理贯穿于信息系统规划、设计、建设、运行、维护各个阶段。

9.1 概　　述

当今社会已经进入到信息化社会，其信息安全是建立在信息社会的基础设施及信息服务系统之间的互联、互通、互操作意义上的安全需求上，安全需求可以分为安全技术需求和安全管理需求两个方面。管理在信息安全中的重要性高于安全技术层面，"三分技术，七分管理"的理念在业界中已经得到共识。信息安全管理体系（Information Security Management System，ISMS）是从管理学惯用的过程模型 PDCA（Plan、Do、Check、Act）发展演化而来，如图 9-1 所示。

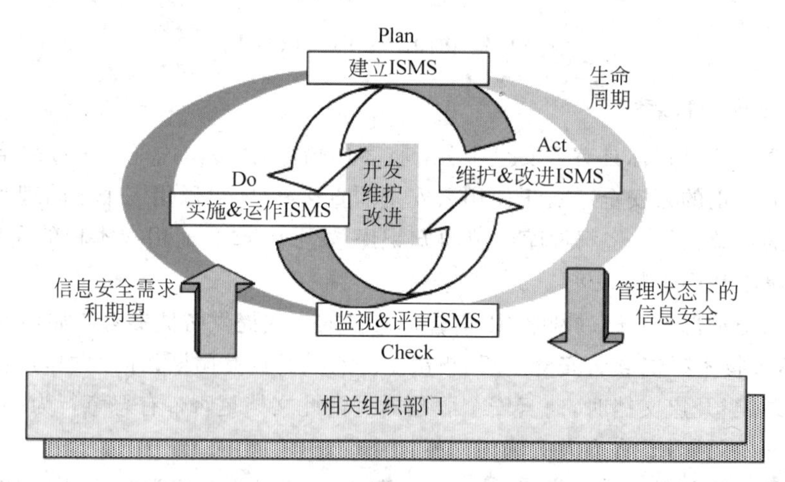

图 9-1　信息安全管理 PDCA 模型

信息安全管理体系（ISMS）是一个系统化、过程化的管理体系，体系的建立不可能一蹴而就，需要全面、系统、科学的风险评估、制度保证和有效监督机制。ISMS 应该体现预防控制为主的思想，强调遵守国家有关信息安全的法律法规，强调全过程的动态调整，从而确保整个安全体系在有效管理控制下，不断改进完善以适应新的安全需求。在建立信息安全管理体系的各环节中，安全需求的提出是 ISMS 的前提，运作实施、监视评审和维护改进是重要步骤，而可管理的信息安全是最终目标。在各环节中，风险评估管理、标准规范管理以及制度法规管理这三项工作直接影响到整个信息安全管理体系是否能够有效实行,因此也具有非常重要的地位。

风险评估(Risk Assessment)是指对信息资产所面临的威胁、存在的弱点、可能导致的安全事件以及三者综合作用所带来的风险进行评估。作为风险管理的基础,风险评估是组织确定信息安全需求的一个重要手段。风险评估管理就是指在信息安全管理体系的各环节中,合理地利用风险评估技术对信息系统及资产进行安全性分析及风险管理,为规划设计完善信息安全解决方案提供基础资料,属于信息安全管理体系的规划环节。

标准规范管理是在规划实施信息安全解决方案时,各项工作遵循国际或国家相关标准规范,有完善的检查机制。国际标准可以分为互操作标准、技术与工程标准、信息安全管理与控制标准三类。互操作标准主要是非标准组织研发的算法和协议经过自发的选择过程,成为事实上的标准,如AES、RSA、SSL以及通用脆弱性描述标准CVE等。技术与工程标准主要指由标准化组织制定的用于规范信息安全产品、技术和工程的标准,如信息产品通用评测准则(ISO 15408)、安全系统工程能力成熟度模型(SSE-CMM)、美国信息安全白皮书(TCSEC)等。信息安全管理与控制标准是指由标准化组织制定的用于指导和管理信息安全解决方案实施过程的标准规范,如信息安全管理体系标准(BS-7799)、信息安全管理标准(ISO 13335)以及信息和相关技术控制目标(COBIT)等。

制度法规管理是指宣传国家及各部门制定的相关制度法规,并监督有关人员是否遵守这些制度法规。每个组织部门(如企事业单位、公司以及各种团体等)都有信息安全规章制度,有关人员严格遵守这些规章制度对于一个组织部门的信息安全来说十分重要,而完善的规章制度和健全的监管机制更是必不可少。除了有关的组织部门自己制定的相关规章制度之外,国家的有关信息安全法律法规更是有关人员需要遵守的。目前在计算机系统、互联网以及其他信息领域中,国家均制定了相关法律法规进行约束管理,如果触犯,势必受到相应的惩罚。根据英国学者巴雷特的归纳,各国对计算机犯罪的立法,主要采取了两种方案,一种是制定计算机犯罪的专项立法,如美国、英国等;另一种是通过修订法典,增加规定有关计算机犯罪的内容,如法国、俄罗斯等。目前我国现行法律法规中,与信息安全有关的已有近百部,涉及网络与信息系统安全、信息内容安全、信息安全系统与产品、保密及密码管理、计算机病毒与危害性程序防治、金融等特定领域的信息安全、信息安全犯罪制裁等多个领域,初步形成了我国信息安全的法律体系。

除了有关信息安全法规及部门规章制度之外,道德规范也是信息领域从业人员及广大用户应该遵守的,包括计算机从业人员道德规范、网络用户道德规范以及服务商道德规范等。信息安全道德规范的基本出发点是一切个人信息行为必须服从于信息社会的整体利益,即个体利益服从整体利益;对于运营商来说,信息网络的规划和运行应以服务于社会成员整体为目的。信息安全风险管理是信息安全管理的重要部分,是规划、建设、实施及完善信息安全管理体系的基础和主要目标。其核心内容包括风险评估和风险控制两个部分。风险管理的概念来源于商业领域,主要指对商业行为或目的投资的风险进行分析、评估与管理,力求以最小的风险获得最大的收益。

9.2 信息安全风险管理

信息安全风险管理是信息安全管理的重要部分，是规划、建设、实施及完善信息安全管理体系的基础和主要目标，其核心内容包括风险评估和风险控制两部分。风险管理的概念来源于商业领域，主要指对商业行为或目的投资的风险进行分析、评估和管理，力求以最小的风险获得最大的收益。风险的观念及管理应自始至终贯穿于整个信息安全管理体系。

9.2.1 风险评估

风险评估主要包括风险分析和风险评价。风险分析是指全面地识别风险来源及类型；风险评价是指依据风险标准估算风险水平，确定风险的严重性。一般认为，与信息安全风险有关的因素主要包括资产、威胁、脆弱性、安全控制等。

(1) 资产(Assets)是指对组织具有价值的信息资源，是安全策略保护的对象。

(2) 威胁(Threat)主要指可能导致资产或组织受到损害的安全事件的潜在因素。

(3) 脆弱性(Vulnerability)一般指资产中存在的可能被潜在威胁所利用的缺陷或薄弱点，如操作系统漏洞等。

(4) 安全控制(Security Control)是指用于消除或减低安全风险所采取的某种安全行为，包括措施、程序及机制等。

如图 9-2 所示，信息安全中存在的风险因素之间相互作用、相互影响。在信息安全管理过程中，安全风险随各因素的变化呈现动态调整演变趋势，威胁、脆弱性、安全事件及资产等风险因素的增加均会扩大安全风险，只有安全控制的实施才能有效地减少风险。

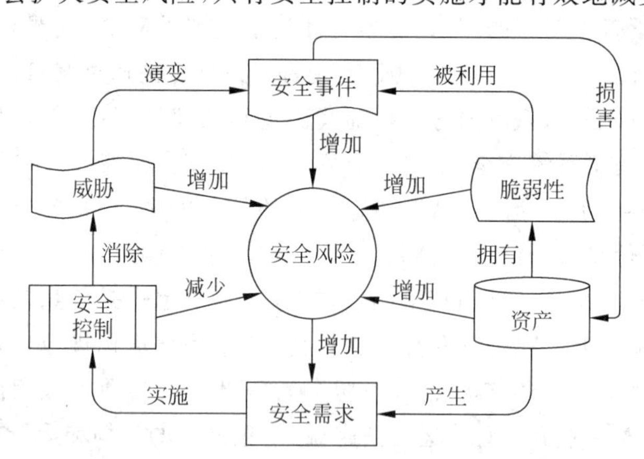

图 9-2 信息安全风险因素及相关关系

风险可以描述成关于威胁发生概率和发生时的破坏程度的函数，用数学符号描述如下：

$$R_i(A_i, T_i, V_i) = P(T_i) \times F(T_i)$$

由于某组织部门可能存在很多资产和相应的脆弱性，故该组织的资产总风险可以描述如下：

$$R_{总} = \sum_{i=1}^{n} R_i(A,T,V) = \sum_{i=1}^{n} P(T_i) \times F(T_i)$$

上述关于风险的数学表达式，只是给出了风险评估的概念性描述，并不是具体的评估计算公式。由于对某个特定组织的信息资产进行的安全风险评估直接服务于安全需求，所以风险评估需要完成以下四个任务。识别组织面临的各种风险，了解总体的安全状况；分析计算风险概率，预估可能带来的负面影响；评价组织承受风险的能力，确定各项安全建设的优先等级；推荐风险控制策略，为安全需求提供依据。风险评估的操作范围可以是整个组织，也可以是组织中的某一部门，或者独立的信息系统、特定系统组件和服务等。针对不同的情况，选择适当的风险评估方法对有效地完成评估工作来说十分重要。目前，常见的风险评估方法有基线评估、详细评估和组合评估。

1. 基线评估

基线评估(Baseline Assessment)是有关组织根据其实际情况(所在行业、业务环境与性质等)，对信息系统进行安全基线检查(将现有的安全措施与安全基线规定的措施进行比较，计算之间的差距)，得出基本的安全需求，给出风险控制方案。所谓的基线就是在诸多标准规范中确定的一组安全控制措施或者惯例，这些措施和惯例可以满足特定环境下的信息系统的基本安全需求，使信息系统达到一定的安全防护水平。组织采用国际标准和国家标准(如 BS 7799-1、ISO 13335-4)、行业标准或推荐(例如德国联邦安全局 IT 基线保护手册)以及来自其他具有相似商务目标和规模的组织的惯例作为安全基线。基线评估的优点是需要的资源少、周期短、操作简单，是经济有效的风险评估途径。基线评估的缺点是，比如基线水准的高低难以设定，如果过高，可能导致资源浪费和限制过度；如果过低，可能难以达到所需的安全要求。

2. 详细评估

详细评估(Detailed Assessment)是指组织对信息资产进行详细识别和评价，对可能引起风险的威胁和脆弱性进行充分的评估，根据全面系统的风险评估结果来确定安全需求及控制方案。这种评估途径集中体现了风险管理的思想，全面系统地评估资产风险，在充分了解信息安全具体情况下，力争将风险降低到可接受的水平。详细评估的优点在于组织可以通过详细的风险评估对信息安全风险有较全面的认识，能够准确确定目前的安全水平和安全需求。详细的风险评估可能是一个非常耗费资源的过程，包括时间、精力和技术，因此组织应该仔细设定待评估的信息资产范围，以减少工作量。

3. 组合评估

组合评估要求首先对所有的系统进行一次初步的风险评估，依据各信息资产的实际价值和可能面临的风险，划分出不同的评估范围，对于具有较高重要性的资产部分采取详细风险评估，而其他部分采用基线风险评估。组合评估将基线和详细风险评估的优势结合起来，既节省了评估所耗费的资源，又能确保获得一个全面系统的评估结果，而且组织的资源和资金能够应用到最能发挥作用的地方，具有高风险的信息系统能够被优先关注。组合评估的缺点是如果初步的高级风险评估不够准确，可能导致某些本需要详细评估的系统被忽略。

9.2.2 风险控制

风险控制是信息安全风险管理在风险评估完成之后的另一项重要工作。任务是对风险评估结论及建议中的各项安全措施进行分析评估，确定优先级以及具体实施的步骤。风险控制的目标是将安全风险降低到一个可接受的范围内。消除所有风险往往是不切实际的，甚至也是近乎不可能的，安全管理人员有责任运用最小成本来实现最合适的控制，使潜在安全风险对该组织造成的负面影响最小化。

风险控制通常采用三种手段来降低安全风险，它们分别是风险承受、风险规避和风险转移。风险承受是指运行的信息系统具有良好的健壮性，可以接受潜在的风险并稳定运行，或采取简单的安全措施，就可以把风险降低到一个可接受的级别。风险规避是指通过消除风险出现的必要条件(如识别出风险后，放弃系统某项功能或关闭系统)来规避风险。风险转移是指通过使用其他措施来补偿损失，从而转移风险，如购买保险等。

一般来说，风险控制措施是以消除风险产生条件、切断风险形成的路线为基本手段，最终阻止风险的发生或降低风险到可接受的水平。如图 9-3 所示，判断风险是否存在可以通过系统的分析过程得出。可以看出风险发生的必要条件主要包括存在可被利用的脆弱性、威胁源、攻击成本较小以及风险预期不可接受等。风险控制就是要消除或减低这些条件，具体做法如下。

(1) 当存在系统脆弱性时，减少或修补系统脆弱性，降低脆弱性被攻击利用的可能性。

(2) 当系统脆弱性可利用时，运用层次化保护、结构化设计以及管理控制等手段，防止脆弱性被利用或降低被利用后的危害程度。

(3) 当攻击成本小于攻击可能的获利时，运用保护措施，通过提高攻击者成本来降低攻击者的攻击动机，如加强访问控制，限制系统用户的访问对象和行为，降低攻击获利。

(4) 当风险预期损失较大时，优化系统设计、加强容错容灾以及运用非技术类保护措施来限制攻击的范围，从而将风险降低到可接受范围。

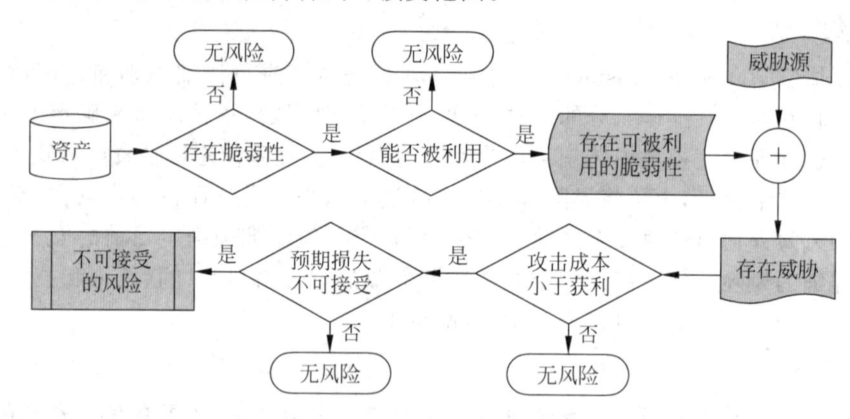

图 9-3　安全风险的分析与判断

具体的风险控制措施主要分为技术类、运营类、管理类，如表 9-1 所示。实施风险控制措施是一个系统化工程。美国 NIST 制定的 SP800 系列标准给出了详细的具体流程，分为如下七个步骤。

第一步，对实施控制措施的优先级进行排序，分配资源时，对标有不可接受的高等级的风险项应该给予较高的优先级。

第二步，评估所建议的安全选项，风险评估结论中建议的控制措施对于具体的单位及其信息系统可能不是最适合或最可行的，因此要对所建议的控制措施的可行性和有效性进行分析，选择出最适当的控制措施。

第三步，进行成本效益分析，为决策管理层提供风险控制措施的成本效益分析报告。

第四步，在成本效益分析的基础上，确定即将实施的成本有效性最好的安全措施。

第五步，遴选出那些拥有合适的专长和技能，可实现所选控制措施的人员（内部人员或外部合同商），并赋以相应责任。

第六步，制定控制措施的实现计划，计划内容主要包括风险评估报告给出的风险、风险级别以及所建议的安全措施，实施控制的优先级队列、预期安全控制列表、实现预期安全控制时所需的资源、负责人员清单、开始日期、完成日期以及维护要求等。

第七步，分析计算出残余风险，风险控制可以降低风险级别，但不会根除风险，因此安全措施实施后仍然存在残余风险。

表 9-1　风险控制措施分类

类　别	措　施	属　性
技术类	身份认证技术	预防性
	加密技术	预防性
	防火墙技术	预防性
	入侵检测技术	检查性
	系统审计	检查性
	蜜罐、蜜网技术	纠正性
运营类	物理访问控制，如重要设备使用授权等	预防性
	容灾、容侵，如系统备份、数据备份等	预防性
	物理安全检测技术、防盗技术、防火技术等	检查性
管理类	责任分配	预防性
	权限管理	预防性
	安全培训	预防性
	人员控制	预防性
	定期安全审计	检查性

9.3　信息安全标准

目前有关信息安全的国际标准很多，在前面提到的互操作、技术与工程、信息安全管理与控制三类标准中，技术与工程标准最多也最详细，它们有效地推动了信息安全产品的开发及国际化，如 CC、SSE-CMM 等标准。互操作标准多数为所谓的“事实标准”，这些标准对信息安全领域的发展同样做出了巨大的贡献，如 RSA、DES、CVE 等标准。信息安全管理与控制标准的意义在于可以更具体有效地指导信息安全具体实践，其中 BS 7799 就是这类标准的代表，其卓越成绩也已得到业界共识。

1996 年，通用标准（Common Criteria，CC）TESEC、ITSEC、CTCPEC、FC 等信息安全标准的基础上演变形成。1996 年，ISO/IEC TR 1333 被提出，其目的是为有效实施 IT 安全管理提供建议和支持，是一个信息安全管理方面的指导性标准，早期被称作《IT 安全管理指南》（Guidelines for the Management of IT Security，GMITS），新版称作《信息和通信技术管理》(Management of Information and Communications Technology Security,MICTS)。SSE-CMM(System Security Engineering Capability Maturity Model)是由美国国家安全局(NSA)开发的专门用于系统安全工程的能力成熟度模型。CVE(Common Vulnerabilities and Exposures)即通用漏洞及暴露,是 IDnA(Intrusion Detection and Assessment)的行业标准,为每一个信息安全漏洞给出一个通用的名称和标准化的描述。1995 年,BS 7799 是英国标准协会(British Standards Institute,BSI)针对信息安全管理而制定的标准,2000 年被采纳为 ISO/IEC 17799,采用层次结构在形式定义安全策略的基本架构。1996 年,COBIT(Control Objectives for Information and related Technology),目前国际上通用的信息系统审计标准,提出了机密性、完整性、可用性、有效性、高效性、可靠性和符合性七个控制目标。

9.3.1　信息技术安全性通用评估标准

CC 标准是 The Common Criteria for Information Technology security Evaluation 的缩写,即《信息技术安全性通用评估标准》的简称在美国和欧洲等推出的测评准则上发展起来的,其发展演变如图 9-4 所示。CC 标准提倡安全工程的思想,通过对信息安全产品的开发、评价、使用全过程的各个环节的综合考虑来确保产品的安全性。CC 文档在结构上分为三个部分,这三个部分相互依存、缺一不可,可从不同层面描述了 CC 标准的结构模型。第一部分“简介和一般模型”,介绍 CC 中的有关术语、基本概念和一般模型以及与评估有关的一些框架,附录部分主要介绍“保护轮廓”和“安全目标”的基本内容;第二部分“安全功能要求”,这部分以“类、子类、组件”的方式提出安全功能要求,对每一个“类”的具体描述除正文之外,在提示性附录中还有进一步的解释;第三部分“安全保证要求”,定义了评估保证级别,介绍了“保护轮廓”和“安全目标”的评估,并同样以“类、子类、组件”的方式提出安全保证要求。

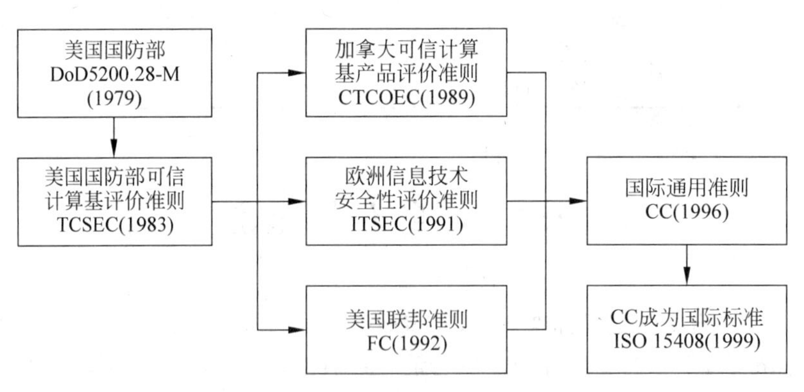

图 9-4　CC 标准的演进历程

CC 标准对安全需求的表示形式给出了一套定义方法,并将安全需求分成产品安全功能方面的需求和安全保障措施方面的需求两个独立范畴来定义。产品安全功能方面的需求称为安全功能需求,主要用于描述产品应该提供的安全功能。安全保障措施方面的需求称为安全保证需求,主要用于描述产品的安全可信度以及为获取一定的可信度应该采取的措施。在 CC 标准中,安全需求以类、族、组件的形式进行定义,给出了对安全需求进行分组归类的方法。首先,对全部安全需求进行分析,根据不同的侧重点,划分成若干大组,每个大组就称为一个类；每个类的安全需求，根据不同的安全目标，又划分为若干族。每个族的安全需求，根据不同的安全强度和能力，进一步划分，用组件来表示更小的组。因此，安全需求由类构成，类由族构成，族由组件构成。组件是 CC 标准中最小的可选安全需求集，是安全需求的具体表现形式。表 9-2 给出了安全需求定义部分的安全功能需求类和安全保证需求类。

表 9-2 安全需求类定义

安全功能需求类(共 11 项)	安全保证需求类(共 7 项)
安全审计类	构造管理类
通信类	发行与使用类
加密支持类	开发类
用户数据保护类	指南文档类
身份识别与认证类	生命周期支持类
安全管理类	测试类
隐私类	脆弱性评估类
安全功能件保护类	
资源使用类	
安全产品访问类	
可信路径/通道类	

安全需求定义中的"类、族、组件"体现的是分类方法，安全需求由组件体现，选择需求组件等同选择安全需求。CC 标准定义了三种类型的组织结构用于描述产品安全需求，分别是安全组件包、保护轮廓定义和安全对象定义。安全组件包是把多个安全需求组件组合在一起所得到的组件集合。保护轮廓定义是一份安全需求说明书，是针对某一类安全环境确立相应的安全目标，进而定义为实现这些安全目标所需要的安全需求。保护轮廓定义的主要内容包括定义简述、产品说明、安全环境、安全目标、安全需求、应用注释和理论依据等。安全对象定义是一份安全需求与概要设计说明书，不同的是安全对象定义的安全需求是为某一特定的安全产品而定义的，具体的安全需求可通过引用一个或多个保护轮廓定义来定义，也可从头定义。安全对象定义的组成部分主要包括定义简述、产品说明、安全环境、安全目标、安全需求、产品概要说明、保护轮廓定义的引用声明和理论依据等。CC 标准定义了一套评价保证级别，可记为 EAL，作为描述产品的安全可信度的尺度。CC 标准通过评价产品的设计方法、工程开发、生命周期、测试方案和脆弱性评估等方面所采取的措施来确立产品的安全可信度。如表 9-3 所示，CC 标准按安全可信度由低到高一次定义了七个安全可信度级别，EAL 的各个级别都涉及多个安全保障需求的内容。EAL 给出了产品获取不同级别安全可信度的可行性及所付出的相应代价之间的权衡关系。

CC 标准体现了软件工程与安全工程相结合的思想。信息安全产品必须按照软件工程和安全工程的方法进行开发才能较好地获得预期的安全可信度。安全产品从需求分析到产品的最终实现，整个开发过程可依次分为应用环境分析、明确产品安全环境、确立安全目标、形成产品安全需求、安全产品概要设计、安全产品实现等几个阶段。各个阶段顺序进行，前一个阶段的工作结果是后一个阶段的工作基础。前面阶段的工作也需要根据后面阶段工作的反馈内容进行完善拓展，形成循环往复的过程。开发出来的产品经过安全性评价和可用性鉴定后，再投入实际使用。

表 9-3 安全可信度级别

级别	定义	可信度级别描述
EAL1	职能式测试级	表示信息保护问题得到了适当的处理
EAL2	结构式测试级	表示评价时需要得到开发人员的配合，该级提供低中级的独立安全保证
EAL3	基于方法学的测试与检查级	要求在设计阶段实施积极的安全工程思想，提供中级的独立安全保证
EAL4	基于方法学的设计、测试与审查级	要求按照商业化开发惯例实施安全工程思想，提供中高级的独立安全保证
EAL5	半形式化的设计与测试级	要求按照严格的商业化开发惯例，应用专业安全工程技术及思想，提供高等级的独立安全保证
EAL6	半形式化验证的设计与测试级	通过在严格的开发环境中应用安全工程技术来获取高的安全保证，使产品能在高度危险的环境中使用
EAL7	形式化验证的设计与测试级	目标是使产品能在极端危险的环境中使用。目前只限于可进行形式化分析的安全产品

CC标准在评价安全产品时，把待评价的安全产品及其相关指南文档资料作为评价对象。定义了三种评价类型，分别为安全功能需求评价、安全保证需求评价和安全产品评价。第一项评价的目的是证明安全功能需求是完全的、一致的和技术良好的，能用做可评价的安全产品的需求表示；第二项评价的目的是证明安全保证需求是完全的、一致的和技术良好的，可作为相应安全产品评价基础，如果安全保证需求中含有安全功能需求一致性的声明，还要证明安全保证需求能完全满足安全功能需求；第三项安全产品评价的目的是要证明被评价的安全产品能够满足安全保证的安全需求。

9.3.2 信息安全管理体系标准

BS 7799是英国标准协会(British Standards Institute，BSI)针对信息安全管理而制定的一个标准，共分为两个部分。第一部分BS 7799—1是《信息安全管理实施细则》，也就是国际标准化组织的ISO/IEC 17799标准的部分，主要提供给负责信息安全系统开发的人员参考使用，其中分11个标题，定义了133项安全控制(最佳惯例)。第二部分BS 7799—2是《信息安全管理体系规范》(即ISO/IEC 27001)，其中详细说明了建立、实施和维护信息安全管理体系的要求，可用来指导相关人员去应用ISO/IEC 17799，其最终目的是建立适合企业所需的信息安全管理体系。在BS 7799—1《信息安全管理实施细则》中，从11个方面定义了133项控制措施，这11个方面分别是：安全策略；组织信息安全；资产管理；人力资源安全；物理和环境安全；通信和操作管理；访问控制；信息系统获取、开发和维护；信息安全事件管理；业务连续性管理；符合性。

在BS 7799—2《信息安全管理体系规范》中详细说明了建立、实施和维护信息安全管理体系的要求，指出实施机构应该使用某一风险评估标准来鉴定最适宜控制的对象，对自己的需求采取适当的安全控制。建立ISMS需要6个基本步骤，具体如下：

(1) 定义信息安全策略。信息安全策略是组织信息安全的最高方针，需要根据组织内各个部门的实际情况，分别制定不同的信息安全策略。

(2) 定义ISMS的范围。ISMS的范围描述了需要进行信息安全管理的领域轮廓，组织根据自己的实际情况,在整个范围或个别部门构架 ISMS。

(3) 进行信息安全风险评估。信息安全风险评估的复杂程度将取决于风险的复杂程度和受保护资产的敏感程度,所采用的评估措施应该与组织对信息资产风险的保护需求相一致。

(4) 信息安全风险管理。根据风险评估的结果进行相应的风险管理。

(5) 确定控制目标和选择控制措施。控制目标的确定和控制措施的选择原则是费用不超过风险所造成的损失。

(6) 准备信息安全适用性声明。信息安全适用性声明记录了组织内相关的风险控制目标和针对每种风险所采取的各种控制措施。

1985 年发布了第一个标准 GB 4943《信息技术设备的安全》,并于 1994 年发布了第一批信息安全技术标准。截至 2008 年,国家共发布有关信息安全技术、产品、测评和管理的国家标准 69 项。我国信息安全标准体系包括 6 个部分,分别是基础标准、技术与机制、管理标准、测试标准、密码技术和保密技术,如图 9-5 所示。在我国众多的信息安全标准中,公安部主持制定、国家质量技术监督局发布的中华人民共和国国家标准 GB 17895—1999《计算机信息系统安全保护等级划分准则》被认为我国信息安全标准奠基石。准则将信息系统安全分为 5 个等级:自主保护级、系统审计保护级、安全标记保护级、结构化保护级和访问验证保护级。

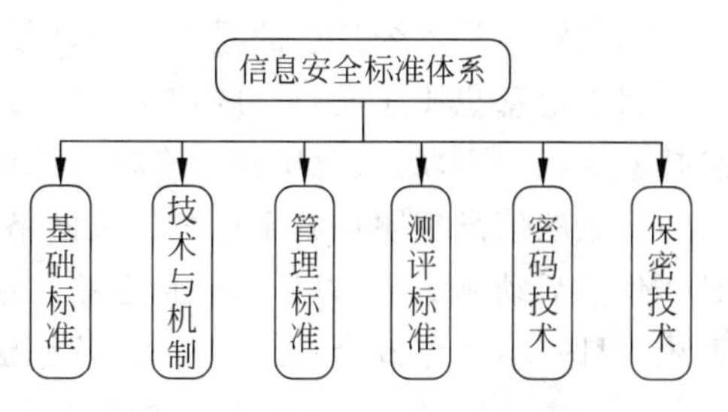

图 9-5　国家信息安全标准体系

第一级,用户自主保护级:本级的计算机信息系统可信计算基通过隔离用户与数据,使用户具备自主安全保护的能力。

第二级,系统审计保护级:与用户自主保护级相比,本级计算机信息系统可信计算基实施了粒度更细的自主访问控制,通过登录规程、审计安全性相关事件和隔离资源,使用户对自己的行为负责。

第三级,安全标记保护级:本级的计算机信息系统可信计算基具有系统审计保护级所有功能。

第四级,结构化保护级:本级的计算机信息系统可信计算基建立于一个明确定义的形式化安全策略模型之上,它要求将第三级系统中的自主和强制访问控制扩展到所有主体与客体。

第五级,访问验证保护级:本级的计算机信息系统可信计算基满足访问监控器需求。访问监控器仲裁主体对客体的全部访问。

9.4　信息安全法律法规及道德规范

国家层面的信息安全管理机构和组织主要致力于信息安全战略、信息安全政策及法律法规、信息安全标准与认证、信息安全治理、信息安全国际合作等方面的规划与实施。“推进信息安全等级保护等基础性工作,指导监督政府部门、重点行业的重要信息系统与基础信息网络的安全保障工作，加强信息安全的立法，加快形成法律规范、行政监管、行业自律、技术保障、公众监督、社会教育相结合的互联网管理体系”是一段时期内国家信息安全管理工作的主要任务。

我国信息安全法规主要涉及信息系统安全保护、国际联网管理、商用密码管理、计算机病毒防治和安全产品检测与销售五个方面。所有这些法律和规章奠定了中国加强信息网络安全保护和打击网络违法犯罪活动的法律基础。1999 年 9 月发布的 GB 17859—1999《计算机信息系统安全保护等级划分准则》是我国计算机信息系统安全等级管理的重要标准。

9.4.1 信息犯罪

信息资源是当今社会的重要资产，围绕信息资源的犯罪已成为影响社会安定的重要因素。目前信息犯罪还没有权威定义，总结各界对信息犯罪的理解，可以认为信息犯罪是以信息技术为犯罪手段，故意实施的有社会危害性的，依据法律规定，应当予以刑罚处罚的行为。目前多数的信息犯罪均属于计算机及网络犯罪。公安部给出的定义，“所谓计算机犯罪，就是在信息活动领域中，以计算机信息系统或计算机信息知识作为手段，或者针对计算机信息系统，对国家、团体或个人造成危害，依据法律规定，应当予以刑罚处罚的行为”。网络犯罪就是行为主体以计算机或计算机网络为犯罪工具或攻击对象，故意实施的危害计算机网络安全的，触犯有关法律规范的行为。

信息犯罪一般可以分为两类，一类是以信息资源为侵害对象，另一类是以非信息资源的主体为侵害对象。以信息资源为犯罪对象的犯罪常见的有：信息破坏，犯罪主体出于某种动机，利用非法手段进入未授权的系统或对他人的信息资源进行非法控制，具体表现为故意利用损坏、删除、修改、增加、干扰等手段，对信息系统内部硬件、软件以及传输的信息进行破坏，从而导致网络信息丢失、篡改、更换等，严重的可引起系统或网络的瘫痪；信息窃取，此类犯罪是指未经信息所有者同意，擅自秘密窃取或非法使用其信息的犯罪行为；信息滥用，这类犯罪是指由使用者违规操作，在信息系统中输入或者传播非法数据信息，毁灭、篡改、取代、涂改数据库中储存的信息，给他人造成损害的犯罪行为。

信息犯罪具有较大的危害性，具体危害如下。妨害国家安全和社会稳定的信息犯罪：犯罪主体利用网络信息造谣、诽谤或者发表、传播有害信息，煽动颠覆国家政权、推翻社会制度、分裂国家及破坏国家统一等。妨害社会秩序和市场秩序的信息犯罪：犯罪主体利用信息网络从事虚假宣传、非法经营及其他非法活动，对社会秩序和正规的市场秩序造成恶劣影响。例如一些犯罪分子利用网上购物的无纸化和实物不可见的特点，发布虚假商品出售信息，在骗取购物者钱财之后便销声匿迹，致使许多消费者上当受骗。此种行为严重破坏了市场经济秩序和社会秩序。妨害他人人身、财产权利的信息犯罪：犯罪主体利用信息网络侮辱诽谤他人或者骗取他人财产(包含信息财产)。例如通过信息网络，以窃取及公布他人隐私、编造各种丑闻以及窃取他人信用卡信息等方法为手段，以达到损害他人的隐私权、名誉权和骗取他人财产的目的。

信息犯罪具有如下一些显著特点。智能化：以计算机及网络犯罪为例，犯罪者大多是掌握计算机和网络技术的专业人才。多样性：信息技术手段的多样性，必然造就信息犯罪行为的多样性。隐蔽性强：犯罪分子可能只需要向计算机输入错误指令或简单篡改软件程序，作案时间短，甚至可以设计成犯罪程序在一段时间后才运行发作，致使一般人很难觉察到。侦查取证困难：以计算机犯罪为例，实施犯罪一般为异地作案，而且所有证据均为电子数据，犯罪分子可能在实施犯罪后，直接毁灭电子犯罪现场，致使侦查工作和罪证采集相当困难。犯罪后果严重：信息安全专家普遍认为信息犯罪危害性的大小，取决于信息资源的社会作用，作用越大，信息犯罪的后果越严重。

9.4.2　网络信任体系

在网络环境下研究信任管理的动因可以归纳为两个方面：①分析我们在现实世界中传统的、用来建立信任关系所依赖的相关信息，并在互联网中找到充足的相应的替代品；在不同的应用环境中找出产生信任的新的相关信息元素。②充分利用 IT 和互联网，建立和收集这些相关信息，然后对采集的信息进行加工处理，最后给出被信任者的信任等级或信任度，以便信任决策和改善信任环境。安全和信任是互为基础、互相依赖的。安全是通过建立安全环境、安全网络和安全通信来保障所计算事件的可信性来提供对信任的支持；反过来，信任的建立也可以在某种程度上帮助避免安全风险。

信任机制可以看成一种软的安全机制。一般来说，安全机制的目的是提供一种对恶意实体的防护措施，但是，在很多情况下我们需要保护自己免受恶意资源信息的侵扰。信息提供者可能提供错误的或具有误导性的信息，传统的安全机制往往无法防御这种威胁，而信任系统可以进行防御。信任是一种社会现象，在计算机学者开始研究这个问题之前，它一直是心理学、社会学和管理学领域的研究对象，虽然信任的重要性在信息科学领域获得了广泛的认可，但其含义却是相当复杂的。到目前为止，这一概念在计算机与信息科学领域尚没有一个统一的、一致的定义，研究人员往往根据它在具体的应用场合下的不同表现形式来进行不同的定义。

在信息科学领域中，几个公认较好的信任定义如下。

定义 1：如果一个实体 A 面临①和②两个选择，其中选择①可导致收益(Va＋)，选择②可导致损失(Va－)，并且 A 知道(Va＋)和(Va－)的出现依附于另外一个实体 B。如果 A 在这种情况下做出了选择，我们就认为 A 做了一个信任决定，如果 A 两个都不选，我们就说 A 做了一个不信任决定。

上述定义说明，信任是一个实体对另外一个实体在某一方面的主观度量，信任与否依赖于收益，而且随实体对(Va＋)和(Va－)估计的不同而不同。

定义 2：信任是一个实体 A 期望另一个实体 B 完成一个特殊活动的主观概率，实体 B 所完成的特殊活动对 A 的收益有影响。

这一定义突出反映了信任实体之所以被信任，是因为被信任实体具有较高的可靠性。但后来有人发现具有较高的可靠性并不足以构成信任关系。

定义 3(决策性信任)：信任是指在给定环境下，一个实体在感觉相对安全的情况下，对一件事情或另外一个实体愿意依赖的程度，即使这种依赖可能招致负面影响。

上述定义尽管非常模糊，但很多学者认为该定义更具有一般性，它不仅包含了信任本身应该包含的依赖、可靠、正面效应和负面效应，而且也包含了信任者对待信任风险的态度。

综合上述不同的定义形式，信任具有下列基本特征。

(1) 主观性：信任实体对被信任实体的信任程度受信任实体的个性影响，即同一个被信任实体的行为表现在不同的信任实体处所获得的信任程度是有差异的。

(2) 非对称性：实体间的信任关系一般不是对等的，如在某件事情上 Alice 非常信任 Bob，但 Bob 未必同样程度地相信 Alice。

(3) 上下文依赖性：一种环境下的信任关系在另外一种环境下未必成立，如 Alice 信任 Bob 会代自己买机票，但 Alice 不见得会相信 Bob 会代自己买机票。

(4) 可度量性：一个实体对另外实体的信任程度有大小之分，信任程度的大小称为信任度，目前尚没有统一的量化标准。

(5) 动态性：实体的可信性会随着时间的推移和实体后来的行为表现而改变。

(6) 递减传递性：如果 Alice 信任 Bob，而 Bob 信任 Eric，则一般认为 Alice 能在一定程度上信任 Eric。这一特征也称为推荐信任性。Alice 对 Eric 的信任度，应小于或等于 Alice 对 Bob 和 Bob 对 Eric 的信任度的最小值。

网络信任是信任在特定环境下的表现形式。我们可以把网络信任分为供应方信任、接入方信任、代理信任、身份信任和上下文信任。供应方信任描述的是服务方或资源提供者对请求方而言的可信性。这种信任的目的在于保护用户免受恶意的或不可靠的服务提供者的攻击。接入方信任描述的是请求服务的主体对服务提供方而言的可信性。这种信任涉及访问控制技术，典型实例是服务器的接入要求客户方提供身份证明并根据用户身份开放相应的服务类型。代理信任描述的是对代表相应实体参与网上活动的普通代理或移动代理的信任。分布式计算是计算机网络时代的关键技术。移动代理是一个代替人或其他程序执行某种任务的程序，它在复杂的网络系统中能自主地从一台主机移动到另一台主机，最后返回结果和消息。身份信任描述的是对一个网络实体的身份是否真实地信任。实现身份信任的信任系统往往称为认证系统，典型代表有基于 X.509 证书的身份验证系统和 PGP 系统。身份信任系统往往是信息安全领域讨论的重点问题。上下文信任也称环境信任，它描述的是相关实体对必要的系统或机构所构建的网络的可信性程度，这种类型的信任包括基础设施、保险、法律系统、法律的强制性和社会的稳定性。

从概念上可以看出，网络信任是分层次的，供方信任和接入方必须建立在身份信任的基础之上。而上下文信任处于信任的最底层。一个完善的网络信任建立机制，应该能详细描述信任形成所依赖相关信息的数据类型，包括这些数据的产生、分布情况与收集办法，以及如何利用收集到的数据进行信任度的合理计算和推理。根据这种信任建立机制所开发的完善的信任管理系统应当包括如下的基本构件：信任信息收集模块、信任度评估模块、信任传播模块和信任协商模块。网络空间中的信任既没有因稳固的社会关系而带来义务的关联，也没有因对方的背景特征带来信任的保证。网上信任关系的建立机制一方面借鉴了现实社会中的信任关系建立机制，另一方面由于网络的虚拟性与匿名性等特征，使网上信任的建立机制又有别于现实社会。

综合国内外现有的商业系统和有关科研人员的研究成果，我们把网络中信任关系的建立方法归纳为如下三种：①基于身份证明；②基于另外实体的推荐或声望；③基于自己过去的交往经验。

(1) 基于身份证明。在这种机制下，每一个实体通过表明自己的身份获得对方的信任，以这种方式设计的系统往往以二元逻辑来表达信任关系，即通过身份验证就完全信任，没有通过身份验证则完全不信任。

身份的表明方式根据环境的需要可强可弱，很多简单系统通过口令机制来实现，风险性较大的应用环境往往采用复杂的认证技术来实现，如携带证书、令牌等。在要求保护用户隐私和保密性强的环境，还往往通过属性证书、公平交换等密码方式建立信任。上述系统的主要目标一般是对资源实施访问控制，所以往往和访问控制系统相结合实施，根据预先定义的策略对不同身份的用户开放不同的权限。该信任机制的缺陷是信任方必须提前知道被信任方的身份或所属的组织。这种机制在大型网络中实施，特别是在互联网上具有很大的局限性。该机制实施中证书的签发往往由可信赖第三方完成，我们可以把这种信任建立机制看成通过法制手段或公证机构建立的。目前我国网上银行、证券等系统就是这种系统的代表。

(2) 基于另外实体的推荐或声望。现实生活中，当双方以前没有直接接触时，信任者可以征询已经信任朋友的意见来确定与陌生人的信任关系，这种思想在网络中也得到了实现，我们把基于这种思想设计的系统称为推荐系统。

推荐系统的实现依据是：有效的评价机制是信任建立和管理的必要前提，这种评价必须是在不同信息源的帮助下形成和不断更新的。目前这种推荐信任建立机制获得了广泛的商业应用，国内外比较大型的电子商务网站的信任评价系统很多都是基于此的。这种系统的明显不足是，信任度的表述和度量的合理性有待进一步解释(信任度是一个对方的全局名声和自己对该实体感觉的函数)，很多系统中信任度计算过于简单化。另外一个严重不足是不能很好地解决恶意推荐对信任度评估的影响，对推荐信任进行的处理过于简单化，往往是简单的算术均值。推荐系统的典型代表有 eBay 在线拍卖网站的 rating 方案、淘宝网和 PGP 电子邮件系统等。

(3) 基于自己过去的交往经验。在网络环境下一般不单独使用这种建立信任的方法构成系统，其仅用来作为增强网络信任的一个重要因素。

我国政府对网络信任体系的建设是高度重视的，2006 年 2 月 23 日，国务院办公厅转发了国家网络与信息安全协调小组制定的《关于网络信任体系建设的若干意见》(国办发[2006]11 号文件)，这是我国信息化建设和信息安全保障的又一重要文件。网络信任体系是整个社会信任体系中的一部分，它的建设也应该纳入整个社会信任体系的框架，形成一个科学的、严谨的、结构合理的体系。随着整个社会信息化进程的推进，经济领域的个人和企业征信系统的建设、户籍管理领域的身份证体系建设均已在电子化管理方面取得了很大成绩，网络信任体系的构建应该充分吸收上述社会信任体系已有的建设成果。美国政府推行的“社会安全保障号码”和信用的绑定性，以及其使用的多功能性、方便性值得我国在建设网络信任体系中借鉴。

9.4.3 网络文化与舆情控制

信息安全关系到国家文化安全。西方国家在“民主”、“自由”和“人权”的幌子下，利用网络向世界推销自己的价值标准、道德文化和思想观念，夺取思想舆论制高点的“没有硝烟的战争”一直在进行。在西方强大的网络舆论攻势下，我国民族传统文化的继承和发扬遭到挑战，社会意识形态遭受严重威胁，社会价值观念和道德规范遭受严重冲击。在网上进一步唱响主旋律，广泛传播社会主义核心价值体系，大力弘扬中华文化和中华民族传统美德，努力建设积极健康、共建共享的网上精神家园，推动中国特色网络文化实现新的跨越和发展，是安全网络文化建设的核心内容。

2011 年 10 月 25 日，中共十七届六中全会通过的《中共中央关于深化文化体制改革推动社会主义文化大发展大繁荣若干重大问题的决定》(以下简称《决定》)提出,要加强和改进网络文化建设和管理,加强网上舆论引导。《决定》指出,加强网上思想文化阵地建设,是社会主义文化建设的迫切任务。要认真贯彻"积极利用、科学发展、依法管理、确保安全"的方针,加强和改进网络文化建设和管理,加强网上舆论引导,唱响网上思想文化主旋律。《决定》要求:实施网络内容建设工程,推动优秀传统文化瑰宝和当代文化精品的网络传播,制作适合互联网和手机等新兴媒体传播的精品佳作,鼓励网民创作格调健康的网络文化作品。支持重点新闻网站加快发展,打造一批在国内外有较强影响力的综合性网站和特色网站,发挥主要商业网站建设性作用,培育一批网络内容生产和服务骨干企业;发展网络新技术、新业态,占领网络信息传播制高点。广泛开展文明网站创建,推动文明办网、文明上网,督促网络运营服务企业履行法律义务和社会责任,不为有害信息提供传播渠道。加强对社交网络和即时通信工具等的引导和管理,规范网上信息传播秩序,培育文明理性的网络环境。依法惩处传播有害信息行为,深入推进整治网络淫秽色情和低俗信息专项行动,严厉打击网络违法犯罪。加大网上个人信息保护力度,建立网络安全评估机制,维护公共利益和国家信息安全。

网络监控是一个比较大的概念。信息安全领域的网络监控主要包括通信内容的监控、信息设备使用监控、信息系统漏洞审查和网站监控等内容。本节针对网站监控中的不良信息监控和网络舆情监控两部分内容作简单介绍。当然,这种监控必须是国家授权机构依法进行的。对于广大普通用户而言,其计算机或手机被恶意程序攻击的主要原因是打开了非法站点或带有恶意代码的网页或短信。另外,不良网络游戏、欺诈信息、黄色网站等网络内容严重毒害了社会风气。

例如,"百度一下,你就可能上当"。2011 年 8 月 15 日 CCTV 经济信息联播:"百度公司自称是全球最大的中文搜索引擎,目前已覆盖了 95%以上的中国网民,每天响应数亿次搜索请求。很多网民都习惯了用百度来获取信息。按照我们网民上网的习惯,一般都是从上到下、从左到右阅读,而且以我们的常识来考虑,搜索排在最前面的都应该是自然搜索的结果。然而记者在调查中了解到,推广链接已经成为百度的一种经营模式。呈现在网页上的并不是自然呈现的搜索结果,而是被百度人工干预过的,那些给百度付过钱的网站链接会被优先安排在首页最显眼、最受人关注的位置。

虽然百度这个做法有其经营上的考虑,却让骗子们有了可乘之机,很多山寨网站和钓鱼网站均呈现在搜索结果中。"网站不良信息监控系统是一种主动防御方法,其主要任务是:①及时发现不良信息;②对不良信息源进行有效滤除与阻断;③建立可靠的资料储存系统和权威的举证机制,实现对不良信息的控制提供电子举证。网站不良信息监控系统的框架如图 9-6 所示。内容检查是实现网站不良信息监控系统的关键部分,其实现思路是提取、搜索、滤除、审计。内容提取主要是实现不同信息的分类,目前可以分为文字信息、图像信息、视频信息或音频信息,而后根据不同信息采取不同的处理方式。

按照目前的技术发展情况和实际需要,现阶段对于网站信息的内容安全监管主要针对文字信息数据。由于智能技术的发展远未能达到可以自动对如影音、图像等信息进行识别处理的程度,所以目前尚不可能由计算机替代人工来进行此类信息的处理分析。最常见并已投入使用的文字信息内容检测技术,就是利用关键词和短语的匹配检索来进行安全检查。对于不同语种的信息,匹配查询的情况略有不同。英文词与词是用空格隔开的,因而非常便

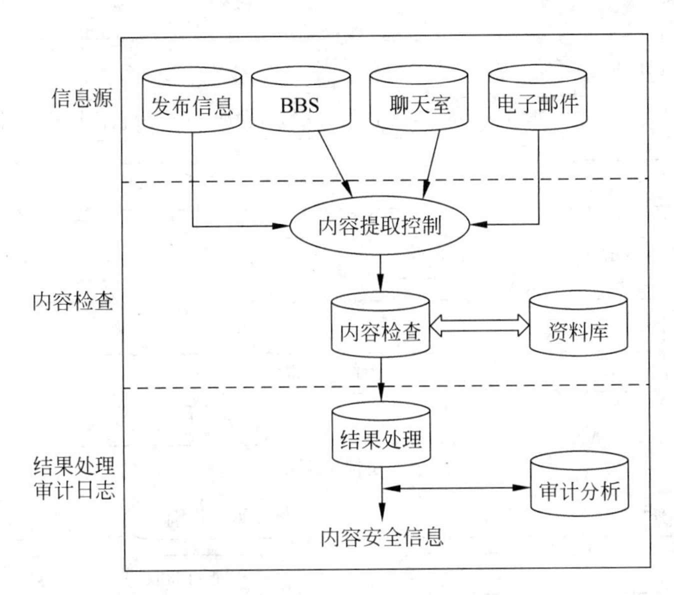

图 9-6　网站不良信息监控系统框架

于计算机的处理，而中文词与词间没有分隔符，需要建立专门的中文分词系统。中文分词系统由于涉及计算语言学等多种学科，其开发具有一定难度。另外，网站不良信息监控系统的运行不仅需要大量的数据资料，也会产生大量的数据。这些数据包括内容安全标准、智能检索知识库、不良信息来源记录和摘要、要求采取信息访问限制的信息源地址记录以及系统运行产生的各种日志 IP 文件等。合理地存储和管理这些信息并及时更新对系统的正常运行非常重要。

网络舆情从一定程度上反映了社会关心的热点问题，及时监控、汇集、研判是引导危机舆论的重要前提。利用信息采集、自然语言智能处理(文本挖掘)和全文检索等技术构建的舆情监控系统，通过对互联网的新闻、论坛和博客上各类信息进行汇集、分类、整合、筛选等处理，能完成舆情要素的识别、抽取和实时统计功能。舆情监控系统的架构一般由网络信息采集系统、舆情分析引擎、舆情服务平台三部分构成。其中网络信息采集系统负责从互联网采集新闻、论坛、博客、评论等舆情信息，并存储到舆情数据库中，通过舆情搜索引擎对海量的舆情数据进行实时索引；舆情分析引擎负责对舆情数据库进行智能分析和加工。用户可以通过舆情服务平台浏览舆情信息，通过简报生成等功能完成对舆情的深度加工。军犬网络舆情监控系统架构如图 9-7 所示。

9.4.4　信息安全道德规范

信息安全道德规范应该基于三个原则，即整体原则、兼容原则和互惠原则。整体原则是指一切信息活动必须服从于社会国家等团体的整体利益，个体利益服从整体利益，不得以损害团体整体利益为代价谋取个人利益。兼容原则是指社会的各主体间的信息活动方式应符合某种公认的规范和标准，个人的具体行为应该被他人及整个社会所接受，最终实现信息活动的规范化和信息交流的无障碍化。互惠原则是指任何一个使用者必须认识到，每个个体均是信息资源使用者和享受者，也是信息资源的生产者和提供者，在拥有享用信息资源的权利的同时，也应承担信息社会对其成员所要求的责任。信息交流是双向的，主体间的关系是

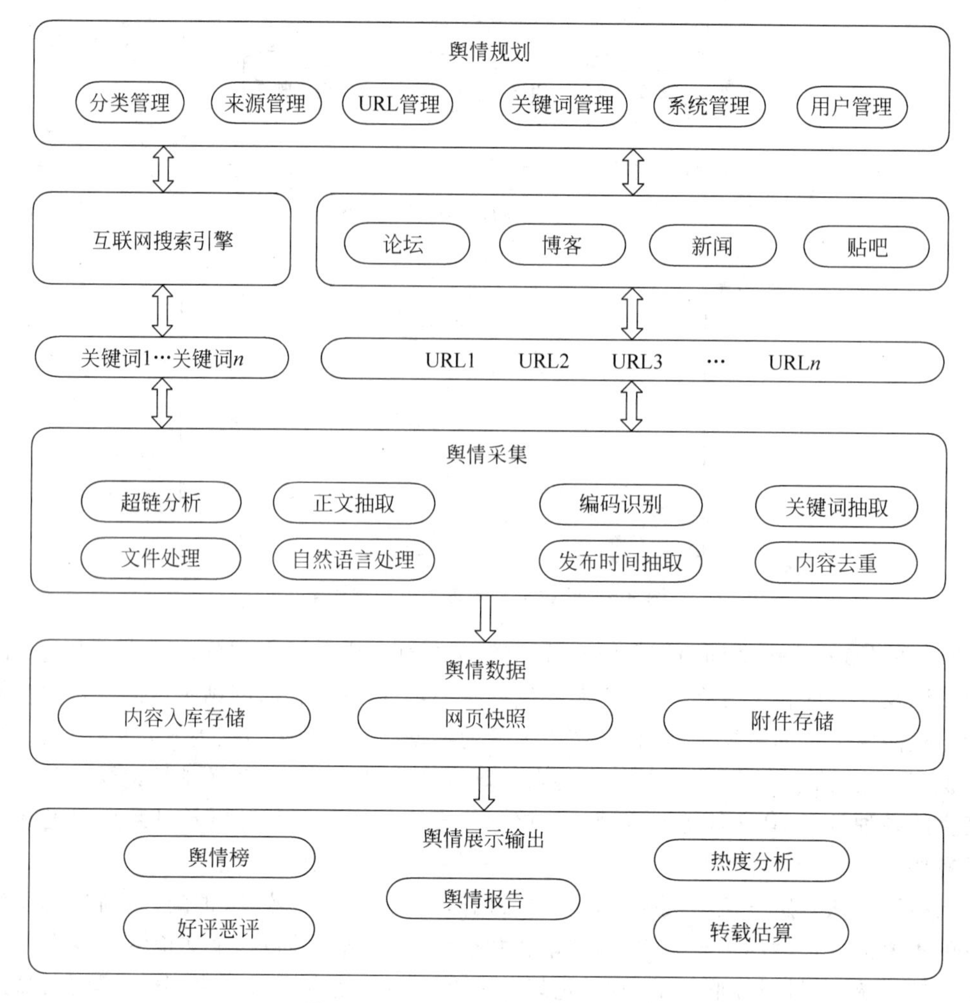

图 9-7 军犬网络舆情监控系统架构

交互式的，权利和义务是相辅相成的。

在信息安全道德规范中，计算机道德和网络道德是当今信息社会最重要的道德规范。美国计算机伦理学会为计算机伦理学制定的十条戒律，也可说是计算机行为规范，这些规范是一个计算机用户在任何环境中都应该遵循的最基本的行为准则，具体内容：不应用计算机去伤害别人；不应干扰别人的计算机工作；不应窥探别人的文件；不应用计算机进行偷窃；不应用计算机作伪证；不应使用或复制你没有付钱的软件；不应未经许可而使用别人的计算机资源；不应盗用别人的智力成果；应该考虑你所编的程序的社会后果；应该以深思熟虑和慎重的方式来使用计算机。美国计算机协会提倡的伦理道德和职业规范基本内容：为社会和人类做出贡献；避免伤害他人；要诚实可靠；要公正并且不采取歧视性行为；尊重包括版权和专利在内的财产权；尊重知识产权；尊重他人的隐私；保守秘密。

自 2002 年起，中国互联网协会颁布了一系列行业自律规范，主要包括：《中国互联网行业自律公约》(2002 年)，《互联网新闻信息服务自律公约》(2003 年)，《互联网站禁止传播淫秽、色情等不良信息自律规范》(2004 年)，《中国互联网协会互联网公共电子邮件服务规范》(2004 年)，《搜索引擎服务商抵制违法和不良信息自律规范》(2004 年)，《中国互联网网络版权自律公约》(2005年),《文明上网自律公约》(2006年),《抵制恶意软件自律公约》(2006年),《博客服务自律公约》(2007年),《中国互联网协会反垃圾短信息自律公约》(2008年),《中国互联网协会短信息服务规范》(2008年)。2006年4月我国发布《文明上网自律公约》,自律条文基本内容：自觉遵纪守法,倡导社会公德,促进绿色网络建设；提倡先进文化,摒弃消极颓废,促进网络文明健康；提倡自主创新,摒弃盗版剽窃,促进网络应用繁荣；提倡互相尊重,摒弃造谣诽谤,促进网络和谐共处；提倡诚实守信,摒弃弄虚作假,促进网络安全可信；提倡社会关爱,摒弃低俗沉迷,促进少年健康成长；提倡公平竞争,摒弃尔虞我诈,促进网络百花齐放；提倡人人受益,消除数字鸿沟,促进信息资源共享。

9.4.5　信息安全法律法规

随着社会信息化的不断升入,建立完善信息安全法律体系是当今重要课题。一方面法律法规是震慑和惩罚信息犯罪的重要工具,另一方面法律法规也是合法实施各项信息安全技术的理论依据。

国外信息安全立法活动从20世纪60年代开始,1973年瑞典颁布《瑞典国家数据保护法》。随后,美国先后颁布了《信息自由法》、《计算机欺诈和滥用法》、《计算机安全法》、《国家信息基础设施保护法》、《通信净化法》、《个人隐私法》、《儿童网上保护法》、《爱国者法案》、《联邦信息安全管理法案》、《关键基础设施标识、优先级和保护》和《涉密国家安全信息》等法律法规。另外,德国颁布《信息和通信服务规范法》、法国颁布《互联网络宪章》、英国颁布《三R互联网络安全规则》、俄罗斯颁布《联邦信息、信息化和信息保护法》、日本颁布《电信事业法》,欧洲理事会颁布《网络犯罪公约》。

我国信息安全法律体系建设从20世纪80年代开始,1994年2月颁布《中华人民共和国计算机信息系统安全保护条例》,赋予公安机关行使对计算机信息系统的安全保护工作的监督管理职权。1995年2月颁布《中华人民共和国人民警察法》,明确公安机关具有监督管理计算机信息系统安全的职责。我国有关信息安全的立法原则是重点保护、预防为主、责任明确、严格管理和促进社会发展。

我国的信息安全法律法规从性质和适用范围上可分为四类。

(1) 通用性法律法规。如宪法、国家安全法、国家秘密法等,这些法律没有针对信息安全的规定,但约束的对象包括危害信息安全行为。

中华人民共和国宪法第四十条规定:“中华人民共和国公民的通信自由和通信秘密受法律的保护。除因国家安全或者追查刑事犯罪的需要,由公安机关或者检察机关依照法律规定的程序对通信进行检查外,任何组织或者个人不得以任何理由侵犯公民的通信自由和通信秘密。”

中华人民共和国国家安全法的第十条规定:“国家安全机关因侦察危害国家安全行为的需要,根据国家有关规定,经过严格的批准手续,可以采取技术侦察措施。”

第十一条规定:“国家安全机关为维护国家安全的需要,可以查验组织和个人的电子通信工具、器材等设备、设施。”

第二十一条规定:“任何个人和组织都不得非法持有、使用窃听、窃照等专用间谍器材。”中华人民共和国保守国家秘密法的第三条规定:“一切国家机关、武装力量、政党、社会团体、企业事业单位和公民都有保守国家秘密的义务。”

(2) 惩戒信息犯罪的法律。这类法律包括《中华人民共和国刑法》、《全国人大常委会关于维护互联网安全的决定》等。这类法律中的有关法律条文可以作为规范和惩罚网络犯罪的法律规定。

《中华人民共和国刑法》的第二百一十九条规定:"有下列侵犯商业秘密行为之一,给商业秘密的权利人造成重大损失的,处三年以下有期徒刑或者拘役,并处或者单处罚金;造成特别严重后果的,处三年以上七年以下有期徒刑,并处罚金。"

侵犯商业秘密行为包括:以盗窃、利诱、胁迫或者其他不正当手段获取权利人的商业秘密的;披露、使用或者允许他人使用以前项手段获取的权利人的商业秘密的;违反约定或者违反权利人有关保守商业秘密的要求,披露、使用或者允许他人使用其所掌握的商业秘密的。

(3) 针对信息网络安全的特别规定。这类法律规定主要有《中华人民共和国计算机信息系统安全保护条例》、《中华人民共和国计算机信息网络国际联网管理暂行规定》、《中华人民共和国计算机软件保护条例》等。这些法律规定的立法目的是保护信息系统、网络以及软件等信息资源,从法律上明确哪些行为构成违反法律法规,并可能被追究相关民事或刑事责任。

(4) 规范信息安全技术及管理方面的规定。这类法律主要有《商用密码管理条例》、《计算机信息系统安全专用产品检测和销售许可证管理办法》、《计算机病毒防治管理办法》等。商用密码管理条例的第三条规定:"商用密码技术属于国家秘密。国家对商用密码产品的科研、生产、销售和使用实行专控管理。"第七条规定:"商用密码产品由国家密码管理机构指定的单位生产。未经指定,任何单位或者个人不得生产商用密码产品。"

参考文献

[1] 谢希仁. 计算机网络. 第5版. 北京：电子工业出版社，2008

[2] 吴功宜. 计算机网络. 第2版. 北京：清华大学出版社，2007

[3] 吴功宜. 计算机网络高级教程. 北京：清华大学出版社，2007

[4] 胡道元. 网络安全. 第2版. 北京：清华大学出版社，2008

[5] 王育民. 网络安全技术与实践. 北京：清华大学出版社，2005

[6] 葛秀慧. 计算机网络安全管理. 北京：清华大学出版社，2008

[7] 甘刚. 网络攻击与防御. 北京：清华大学出版社，2008

[8] 杜晔. 网络攻防技术教程. 武汉：武汉大学出版社，2008

[9] 钱宇杰. TCP/IP协议深入分析. 北京：清华大学出版社，2009

[10] 凌力. 网络协议与网络安全. 北京：清华大学出版社，2007

[11] 王常吉. 信息与网络安全实验教程. 北京：清华大学出版社，2007

[12] 王新昌. 信息安全技术实验. 北京：清华大学出版社，2007

[13] 高敏芬. 信息安全实验教程. 天津：南开大学出版社，2007

[14] 周继军. 网络与信息安全基础. 北京：清华大学出版社，2008

[15] 李建华. 信息安全综合实践. 北京：清华大学出版社，2010

[16] 王清贤. 网络安全协议. 北京：高等教育出版社，2009

[17] 胡国胜. 信息安全基础. 北京：电子工业出版社，2011

[18] 牛少彰. 信息安全概论. 第2版. 北京：北京邮电大学出版社，2011

[19] 翟健宏. 信息安全导论. 北京：科学出版社，2011

[20] 牛少彰. 信息安全导论. 北京：国防工业出版社，2012

[21] 王继林. 信息安全导论. 西安：西安电子科技大学出版社，2012

[22] 黄明祥. 信息与网络安全概论. 第3版. 北京：清华大学出版社，2010

[23] 任伟. 现代密码学. 北京：北京邮电大学出版社，2011

[24] William Stallings. 网络安全基础应用与标准. 第4版(影印版). 北京：清华大学出版社，2010

[25] Michael J Donahoo,Kenneth L Calvert. TCP/IP Sockets编程(C语言编程实现). 陈宗斌，译. 北京：清华大学出版社，2009

[26] 黄传河. 网络安全防御技术实践教程. 北京：清华大学出版社，2010

[27] 金汉均. VPN虚拟专用网安全实践教程. 北京：清华大学出版社，2010

[28] 王继龙. 局域网安全管理实践教程. 北京：清华大学出版社，2009

[29] 于工. 现代密码学原理与实践. 西安：西安电子科技大学出版社，2009

[30] 张健. 密码学原理及应用技术. 北京：清华大学出版社，2011

教师服务

感谢您选用清华大学出版社的教材！为了更好地服务教学，我们为授课教师提供本书的教学辅助资源，以及本学科重点教材信息。请您扫码获取。

教辅获取

本书教辅资源，授课教师扫码获取

样书赠送

管理科学与工程类重点教材，教师扫码获取样书

清华大学出版社

E-mail: tupfuwu@163.com
电话：010-83470332 / 83470142
地址：北京市海淀区双清路学研大厦 B 座 509

网址：http://www.tup.com.cn/
传真：8610-83470107
邮编：100084